深度学习从 0 到 1

覃秉丰　编著

电子工业出版社
Publishing House of Electronics Industry
北京·BEIJING

内 容 简 介

深度学习是人工智能研究领域中一个极其重要的方向。本书是一本介绍深度学习理论与实战应用的教程。从深度学习的发展历史、单层感知器、线性神经网络、BP 神经网络一直介绍到深度学习算法卷积神经网络和长短时记忆网络,并从图像、自然语言处理和音频信号三方面分别介绍了深度学习算法的实际应用。案例实战部分使用的深度学习框架为 Tensorflow 2/Keras。

本书内容全面,结构清晰,通俗易懂,既可作为深度学习/人工智能技术爱好者或相关工作人员的基础教材,也可以作为高校相关专业的教材。

未经许可,不得以任何方式复制或抄袭本书之部分或全部内容。
版权所有,侵权必究。

图书在版编目(CIP)数据

深度学习从 0 到 1 / 覃秉丰编著. —北京:电子工业出版社,2021.6
ISBN 978-7-121-41193-9

Ⅰ. ①深… Ⅱ. ①覃… Ⅲ. ①机器学习 Ⅳ.①TP181

中国版本图书馆 CIP 数据核字(2021)第 091265 号

责任编辑:张 迪(zhangdi@phei.com.cn)
印　　刷:北京天宇星印刷厂
装　　订:北京天宇星印刷厂
出版发行:电子工业出版社
　　　　　北京市海淀区万寿路 173 信箱　邮编 100036
开　　本:787×1 092　1/16　印张:30.75　字数:787 千字
版　　次:2021 年 6 月第 1 版
印　　次:2023 年 4 月第 2 次印刷
定　　价:138.00 元

凡所购买电子工业出版社图书有缺损问题,请向购买书店调换。若书店售缺,请与本社发行部联系,联系及邮购电话:(010)88254888,88258888。
质量投诉请发邮件至 zlts@phei.com.cn,盗版侵权举报请发邮件至 dbqq@phei.com.cn。
本书咨询联系方式:(010)88254469,zhangdi@phei.com.cn。

本书谨献给我的妻子刘露斯,以及正在阅读此书的各位读者朋友。
愿人工智能给我们带来更美好的未来。

前　言

1. 本书的由来

本书的前言可能有点长，因为这是我和大家的第一次见面，我希望可以把关于我和这本书的故事讲清楚，让大家对我有一个更好的了解，说不定哪天我们会成为朋友。

大约在 3 年前的某个下午，电子工业出版社的张迪编辑联系到我，让我写一本关于人工智能的书。第一次有人找我写书，不免有些小激动，想象中写书是一件很酷的事情，真正写的时候才知道写书是一件很苦的事情。

我最早是从 2015 年开始接触人工智能技术的，公司内部刚好需要开发人工智能相关的产品。当时谷歌的深度学习框架 Tensorflow 都还没有开源，我主要是学习了一些机器学习相关的算法和应用。随着 Tensorflow 在 2015 年 11 月开源，AlphaGo 在 2016 年 3 月战胜人类顶级围棋选手，我知道新的人工智能时代就要到来了。2016 年，我学习了当时最热门的两个深度学习框架 Tensorflow 和 Caffe，并用这两个框架完成了公司里面的一些深度学习项目。

当时市面上关于深度学习的书籍和学习资料非常少，所以在 2017 年的时候我录制了一些深度学习相关的视频教程放到了网上，就有了后来出版社找我写书的故事。差不多每个月都会有出版社的人联系我出书，我才知道原来获得出书的机会不难，真正难的是认真坚持把一本书写好。这本书历时 3 年，但也不是真的写了 3 年，写的过程中断断续续也暂停了很多次。我估算了一下真正写书的时间大概是用了 1000 个小时。

最近三年我做了很多场人工智能的线下培训，给中国移动、中国电信、中国银行、华夏银行、太平洋保险、国家电网、中海油、格力电器等企业，以及多个研究所的科研人员和多个高校的老师上过课，大家学完后的反馈基本上都是挺好的。本书的内容也算是我的教学经验的一个总结。同时这几年我也给学校、医院、企业、气象局完成过多项人工智能项目。我觉得一个好的 AI 技术传播者应该同时具备一线技术人员的开发经验和丰富的实际教学经验。

2. 人工智能的学习

这里想跟大家简单聊一下关于人工智能的学习。人工智能是一门需要"内外兼修"的学科，既要修炼外功招式，又要进行内功修行。这里的外功招式主要指的是使用编程语言去实现一些人工智能的算法，完成一些落地应用；而内功修行指的是对算法理论的理解。

很多时候武功招式是很容易学的，可以短时间内快速提升，但同时也很容易达到一定的上限。如果想要突破上限更进一步，就要把内功给修炼好。所以我们在学习人工智能相关技术的时候，应尽量把相关算法的理论理解清楚，同时要多写代码，提高编程能力，并在实践过程中加深对算法的理解。

3. 本书的特色

本书的脉络框架主要是根据深度学习知识由浅入深的发展来编写的，对于 Tensorflow 的使用技巧基本上不会单独讲解，而是会结合深度学习理论知识或实际应用案例来讲解。所以很多 Tensorflow 的使用技巧在目录上可能没有得到很好的体现，这些 Tensorflow 使用技巧的彩蛋在书里的程序中等着大家发现哦！相信大家看完这本书以后就可以熟练掌握 Tensorflow 的使用了。

本书是一本"内外兼修"的书，既包含详细的算法理论的介绍，又包括详细的代码讲解。我一直在思考人工智能技术的教学方式，所以也形成了自己的教学风格和对教育的理解。这一套方式方法收到过很多同学的积极反馈，但也不一定适合所有人。我觉得不同的教学风格就像是不同类型的音乐，每个人喜欢的音乐类型可能都会不一样。AI 教育的发展需要各种类型的教学方式百花齐放。

本书的主要特色总结如下。

（1）**所有公式推导都有详细步骤，并解释每个符号**。数学公式是算法的根本，要理解算法的本质，就要理解数学公式的含义，所以掌握一些基础的与深度学习相关的数学内容也是很重要的。大家看到数学一般都会比较头痛，所以本书中的所有数学公式都会列出详细推导步骤，并解释每个相关符号的含义，帮助大家理解。

（2）**注释每一行代码**。我一直觉得我在教学中使用的代码具有一定的个人风格，代码逻辑结构清晰，程序在容易理解的基础上尽量精简，最大的特点可能就是注释比代码多。我给这种代码风格起个名字吧，这样以后一说大家就知道了，就起个直白的名字，叫作"全注释代码"。我觉得对于初学者而言，最好是可以理解每一行代码、每个函数、函数中所使用的每个参数，这样学习会感觉比较扎实。所以本书中的所有代码都是全注释代码。

（3）**程序皆为完整程序**。本书一共 82 个代码应用案例，所有的代码都是可以从头到尾运行的完整程序，并附带真实的运行结果，不存在程序片段样例。我觉得程序片段对于初学者的学习不太友好，大家拿到一个程序片段往往还是不知道如何使用，或者用起来的时候出现很多错误，所以我在书中使用的所有程序都是可以从头到尾直接运行的完整程序。

（4）**一图胜千言**。深度学习中的很多模型结构、计算流程之类的内容很难用公式或者语言表达清楚，但往往一张好的图片就可以说明一切。本书一共使用了约 500 张图片，在本书的创作过程中，大约有 200 个小时花在画图，以及思考如何画图上。

（5）**逻辑结构清晰，讲解细致**。这个不需要多介绍，大家看的时候就知道了。

4. 免费配套学习视频——我的 B 站

本书免费配套学习视频可以到我的 B 站主页查找。另外，我的 B 站中还有大量 Python、机器学习、深度学习、计算机视觉、论文讲解的学习视频：

https://space.bilibili.com/390756902

如果大家觉得我创作的内容不错，可以帮我多多宣传，感谢！

5．勘误和支持

本书很多思想和知识体系都是我基于自己的理解建立的，由于本人水平有限，本书一定存在不少理解不当或者不准确的地方，恳请大家批评指正。如果大家有更多宝贵意见，欢迎发送邮件至邮箱 qinbf@ai-xlab.com，或者到我的 Github 留言：https://github.com/Qinbf/Deep-Learning-Tensorflow2/issues。期待大家的真挚反馈和支持。

6．致谢

在本书的撰写和研究期间，感谢我的妻子刘露斯对我的支持和鼓励。感谢我的朋友王惠东对本书部分章节的校阅。感谢电子工业出版社张迪编辑的耐心等待，感谢出版社对本书的耐心修订和整理。最后感谢各位读者朋友选择了这本书，感谢大家的信任。

覃秉丰

2021 年 5 月于上海

目　　录

第1章　深度学习背景介绍 ·· 1
　1.1　人工智能 ··· 1
　1.2　机器学习 ··· 3
　　　1.2.1　训练数据、验证数据和测试数据 ·· 4
　　　1.2.2　学习方式 ·· 4
　　　1.2.3　机器学习常用算法 ··· 5
　1.3　人工智能、机器学习、神经网络及深度学习之间的关系 ······························ 10
　1.4　深度学习的应用 ··· 11
　1.5　神经网络和深度学习的发展史 ·· 16
　　　1.5.1　神经网络的诞生：20世纪40年代到20世纪60年代 ···························· 16
　　　1.5.2　神经网络的复兴：20世纪80年代到20世纪90年代 ···························· 17
　　　1.5.3　深度学习：2006年至今 ·· 17
　1.6　深度学习领域中的重要人物 ··· 18
　1.7　新一轮人工智能爆发的三要素 ·· 19
　1.8　参考文献 ··· 19

第2章　搭建Python编程环境 ··· 21
　2.1　Python介绍 ·· 21
　2.2　Anaconda安装 ··· 21
　2.3　Jupyter Notebook的简单使用 ··· 25
　　　2.3.1　启动Jupyter Notebook ·· 26
　　　2.3.2　修改Jupyter Notebook默认启动路径 ·· 26
　　　2.3.3　Jupyter Notebook浏览器无法打开 ··· 28
　　　2.3.4　Jupyter Notebook基本操作 ··· 28

第3章　单层感知器与线性神经网络 ··· 31
　3.1　生物神经网络 ·· 31
　3.2　单层感知器 ··· 32
　　　3.2.1　单层感知器介绍 ·· 32
　　　3.2.2　单层感知器计算举例 ·· 32
　　　3.2.3　单层感知器的另一种表达形式 ··· 33
　3.3　单层感知器的学习规则 ·· 33
　　　3.3.1　单层感知器的学习规则介绍 ··· 33
　　　3.3.2　单层感知器的学习规则计算举例 ··· 34
　3.4　学习率 ·· 37
　3.5　模型的收敛条件 ·· 38
　3.6　模型的超参数和参数的区别 ·· 38

  3.7 单层感知器分类案例 ·· 39
  3.8 线性神经网络 ·· 42
    3.8.1 线性神经网络介绍 ·· 42
    3.8.2 线性神经网络分类案例 ·· 42
  3.9 线性神经网络处理异或问题 ·· 45

第 4 章 BP 神经网络 ·· 50
  4.1 BP 神经网络介绍及发展背景 ··· 50
  4.2 代价函数 ·· 51
  4.3 梯度下降法 ·· 51
    4.3.1 梯度下降法介绍 ·· 51
    4.3.2 梯度下降法二维例子 ·· 53
    4.3.3 梯度下降法三维例子 ·· 55
  4.4 Delta 学习规则 ·· 56
  4.5 常用激活函数讲解 ·· 56
    4.5.1 sigmoid 函数 ·· 57
    4.5.2 tanh 函数 ·· 57
    4.5.3 softsign 函数 ·· 58
    4.5.4 ReLU 函数 ·· 59
  4.6 BP 神经网络模型和公式推导 ··· 61
    4.6.1 BP 网络模型 ·· 62
    4.6.2 BP 算法推导 ·· 63
    4.6.3 BP 算法推导的补充说明 ··· 65
  4.7 BP 算法推导结论总结 ··· 67
  4.8 梯度消失与梯度爆炸 ·· 67
    4.8.1 梯度消失 ·· 67
    4.8.2 梯度爆炸 ·· 69
    4.8.3 使用 ReLU 函数解决梯度消失和梯度爆炸的问题 ······················· 69
  4.9 使用 BP 神经网络解决异或问题 ··· 70
  4.10 分类模型评估方法 ·· 74
    4.10.1 准确率/精确率/召回率/F1 值 ·· 74
    4.10.2 混淆矩阵 ·· 77
  4.11 独热编码 ·· 77
  4.12 BP 神经网络完成手写数字识别 ·· 78
  4.13 Sklearn 手写数字识别 ·· 83
  4.14 参考文献 ·· 84

第 5 章 深度学习框架 Tensorflow 基础使用 ··· 85
  5.1 Tensorflow 介绍 ··· 86
    5.1.1 Tensorflow 简介 ·· 86
    5.1.2 静态图和动态图机制 Eager Execution ··· 86
    5.1.3 tf.keras ··· 87

- 5.2 Tensorflow-cpu 安装 ·········· 88
  - 5.2.1 Tensorflow-cpu 在线安装 ·········· 88
  - 5.2.2 安装过程中可能遇到的问题 ·········· 89
  - 5.2.3 Tensorflow-cpu 卸载 ·········· 91
  - 5.2.4 Tensorflow-cpu 更新 ·········· 91
  - 5.2.5 Tensorflow-cpu 指定版本的安装 ·········· 91
- 5.3 Tensorflow-gpu 安装 ·········· 91
  - 5.3.1 Tensorflow-gpu 了解最新版本情况 ·········· 91
  - 5.3.2 Tensorflow-gpu 安装 CUDA ·········· 92
  - 5.3.3 Tensorflow-gpu 安装 cuDNN 库 ·········· 94
  - 5.3.4 Tensorflow-gpu 在线安装 ·········· 95
  - 5.3.5 Tensorflow-gpu 卸载 ·········· 95
  - 5.3.6 Tensorflow-gpu 更新 ·········· 95
- 5.4 Tensorflow 基本概念 ·········· 95
- 5.5 Tensorflow 基础使用 ·········· 96
- 5.6 手写数字图片分类任务 ·········· 100
  - 5.6.1 MNIST 数据集介绍 ·········· 100
  - 5.6.2 softmax 函数介绍 ·········· 101
  - 5.6.3 简单 MNIST 数据集分类模型——没有高级封装 ·········· 101
  - 5.6.4 简单 MNIST 数据集分类模型——keras 高级封装 ·········· 104

第6章 网络优化方法 ·········· 106

- 6.1 交叉熵代价函数 ·········· 106
  - 6.1.1 均方差代价函数的缺点 ·········· 106
  - 6.1.2 引入交叉熵代价函数 ·········· 109
  - 6.1.3 交叉熵代价函数推导过程 ·········· 109
  - 6.1.4 softmax 与对数似然代价函数 ·········· 110
  - 6.1.5 交叉熵程序 ·········· 112
- 6.2 过拟合 ·········· 114
  - 6.2.1 什么是过拟合 ·········· 114
  - 6.2.2 抵抗过拟合的方法 ·········· 117
- 6.3 数据增强 ·········· 117
- 6.4 提前停止训练 ·········· 119
- 6.5 Dropout ·········· 121
  - 6.5.1 Dropout 介绍 ·········· 121
  - 6.5.2 Dropout 程序 ·········· 123
- 6.6 正则化 ·········· 125
  - 6.6.1 正则化介绍 ·········· 125
  - 6.6.2 正则化程序 ·········· 126
- 6.7 标签平滑 ·········· 129
  - 6.7.1 标签平滑介绍 ·········· 129

		6.7.2 标签平滑程序	130
6.8	优化器		132
	6.8.1	梯度下降法	132
	6.8.2	Momentum	133
	6.8.3	NAG	133
	6.8.4	Adagrad	133
	6.8.5	Adadelta	134
	6.8.6	RMRprop	134
	6.8.7	Adam	134
	6.8.8	优化器程序	135
6.9	参考文献		137

第7章 Tensorflow 模型的保存和载入 ... 138

7.1	Keras 模型保存和载入		138
	7.1.1	Keras 模型保存	138
	7.1.2	Keras 模型载入	139
7.2	SavedModel 模型保存和载入		140
	7.2.1	SavedModel 模型保存	140
	7.2.2	SavedModel 模型载入	141
7.3	单独保存模型的结构		142
	7.3.1	保存模型的结构	142
	7.3.2	载入模型结构	143
7.4	单独保存模型参数		144
	7.4.1	保存模型参数	144
	7.4.2	载入模型参数	145
7.5	ModelCheckpoint 自动保存模型		146
7.6	Checkpoint 模型保存和载入		149
	7.6.1	Checkpoint 模型保存	149
	7.6.2	Checkpoint 模型载入	151

第8章 卷积神经网络（CNN） ... 154

8.1	计算机视觉介绍		154
	8.1.1	计算机视觉应用介绍	154
	8.1.2	计算机视觉技术介绍	155
8.2	卷积神经网简介		158
	8.2.1	BP 神经网络存在的问题	158
	8.2.2	局部感受野和权值共享	158
8.3	卷积的具体计算		159
8.4	卷积的步长		161
8.5	不同的卷积核		162
8.6	池化		163
8.7	Padding		164

8.8	常见的卷积计算总结	166
	8.8.1 对1张图像进行卷积生成1张特征图	166
	8.8.2 对1张图像进行卷积生成多张特征图	166
	8.8.3 对多张图像进行卷积生成1张特征图	167
	8.8.4 对多张图像进行卷积生成多张特征图	168
8.9	经典的卷积神经网络	168
8.10	卷积神经网络应用于MNIST数据集分类	170
8.11	识别自己写的数字图片	172
8.12	CIFAR-10数据集分类	175
8.13	参考文献	177
第9章	**序列模型**	**178**
9.1	序列模型应用	178
9.2	循环神经网络（RNN）	179
	9.2.1 RNN介绍	179
	9.2.2 Elman network 和 Jordan network	180
9.3	RNN的不同架构	180
	9.3.1 一对一架构	180
	9.3.2 多对一架构	181
	9.3.3 多对多架构	181
	9.3.4 一对多架构	181
	9.3.5 Seq2Seq架构	182
9.4	传统RNN的缺点	182
9.5	长短时记忆网络（LSTM）	183
9.6	Peephole LSTM 和 FC-LSTM	186
	9.6.1 Peephole LSTM介绍	186
	9.6.2 FC-LSTM介绍	187
9.7	其他RNN模型	188
	9.7.1 门控循环单元（GRU）	188
	9.7.2 双向RNN	189
	9.7.3 堆叠的双向RNN	190
9.8	LSTM网络应用于MNIST数据集分类	190
9.9	参考文献	192
第10章	**经典图像识别模型介绍（上）**	**193**
10.1	图像数据集	193
	10.1.1 图像数据集介绍	193
	10.1.2 ImageNet的深远影响	194
	10.1.3 ImageNet Challenge 历年优秀作品	195
10.2	AlexNet	196
10.3	VGGNet	199
10.4	GoogleNet	201

- 10.4.1 1×1 卷积介绍 …… 202
- 10.4.2 Inception 结构 …… 203
- 10.4.3 GoogleNet 网络结构 …… 205
- 10.5 Batch Normalization …… 208
  - 10.5.1 Batch Normalization 提出背景 …… 208
  - 10.5.2 数据标准化（Normalization） …… 209
  - 10.5.3 Batch Normalization 模型训练阶段 …… 209
  - 10.5.4 Batch Normalization 模型预测阶段 …… 210
  - 10.5.5 Batch Normalization 作用分析 …… 211
- 10.6 ResNet …… 212
  - 10.6.1 ResNet 背景介绍 …… 212
  - 10.6.2 残差块介绍 …… 213
  - 10.6.3 ResNet 网络结构 …… 214
  - 10.6.4 ResNet-V2 …… 219
- 10.7 参考文献 …… 221

第 11 章 经典图像识别模型介绍（下） …… 222
- 11.1 Inception 模型系列 …… 222
  - 11.1.1 Inception-v2/v3 优化策略 …… 222
  - 11.1.2 Inception-v2/v3 模型结构 …… 224
  - 11.1.3 Inception-v4 和 Inception-ResNet 介绍 …… 229
- 11.2 ResNeXt …… 233
  - 11.2.1 分组卷积介绍 …… 233
  - 11.2.2 ResNeXt 中的分组卷积 …… 235
  - 11.2.3 ResNeXt 的网络结构 …… 236
- 11.3 SENet …… 238
  - 11.3.1 SENet 介绍 …… 239
  - 11.3.2 SENet 结果分析 …… 242
- 11.4 参考文献 …… 244

第 12 章 图像识别项目实战 …… 245
- 12.1 图像数据准备 …… 245
  - 12.1.1 数据集介绍 …… 245
  - 12.1.2 数据集准备 …… 246
  - 12.1.3 切分数据集程序 …… 247
- 12.2 AlexNet 图像识别 …… 249
- 12.3 VGGNet 图像识别 …… 253
- 12.4 函数式模型 …… 255
  - 12.4.1 函数式模型介绍 …… 255
  - 12.4.2 使用函数式模型进行 MNIST 图像识别 …… 256
- 12.5 模型可视化 …… 257
  - 12.5.1 使用 plot_model 进行模型可视化 …… 257

12.5.2　plot_model 升级版 260
12.6　GoogleNet 图像识别 261
12.7　Batch Normalization 使用 263
12.8　ResNet 图像识别 265
12.9　ResNeXt 图像识别 267
12.10　SENet 图像识别 270
12.11　使用预训练模型进行迁移学习 274
　　12.11.1　使用训练好的模型进行图像识别 274
　　12.11.2　使用训练好的模型进行迁移学习 276
　　12.11.3　载入训练好的模型进行预测 279

第13章　验证码识别项目实战 282
13.1　多任务学习介绍 282
13.2　验证码数据集生成 283
13.3　tf.data 介绍 285
　　13.3.1　tf.data 概述 285
　　13.3.2　使用 tf.data 完成多任务学习：验证码识别 286
13.4　使用自定义数据生成器完成验证码识别 294
　　13.4.1　使用自定义数据生成器完成模型训练 294
　　13.4.2　使用自定义数据生成器完成模型预测 298
13.5　挑战变长验证码识别 302
　　13.5.1　挑战变长验证码识别模型训练 302
　　13.5.2　挑战变长验证码识别模型预测 308
13.6　CTC 算法 313
　　13.6.1　CTC 算法介绍 313
　　13.6.2　贪心算法（Greedy Search）和集束搜索算法（Beam Search） 314
　　13.6.3　CTC 存在的问题 316
　　13.6.4　CTC 算法：验证码识别 316

第14章　自然语言处理（NLP）发展历程（上） 329
14.1　NLP 应用介绍 329
14.2　从传统语言模型到神经语言模型 332
　　14.2.1　规则模型 332
　　14.2.2　统计语言模型 333
　　14.2.3　词向量 334
　　14.2.4　神经语言模型 336
14.3　word2vec 338
　　14.3.1　word2vec 介绍 338
　　14.3.2　word2vec 模型训练 338
　　14.3.3　word2vec 训练技巧和可视化效果 339
14.4　CNN 在 NLP 领域中的应用 340
14.5　RNN 在 NLP 领域中的应用 342

	14.6	Seq2Seq 模型在 NLP 领域中的应用	343
	14.7	Attention 机制	344
		14.7.1 Attention 介绍	344
		14.7.2 Bahdanau Attention 介绍	346
		14.7.3 Luong Attention 介绍	348
		14.7.4 谷歌机器翻译系统介绍	351
		14.7.5 Attention 机制在视觉和语音领域的应用	352
	14.8	参考文献	354

第 15 章 自然语言处理（NLP）发展历程（下） ... 355

- 15.1 NLP 新的开始：Transformer 模型 ... 355
  - 15.1.1 Transformer 模型结构和输入数据介绍 ... 355
  - 15.1.2 Self-Attention 介绍 ... 357
  - 15.1.3 Multi-Head Attention 介绍 ... 360
  - 15.1.4 Layer Normalization 介绍 ... 363
  - 15.1.5 Decoder 结构介绍 ... 364
  - 15.1.6 Decoder 中的 Multi-Head Attention 和模型训练 ... 365
- 15.2 BERT 模型 ... 367
  - 15.2.1 BERT 模型介绍 ... 368
  - 15.2.2 BERT 模型训练 ... 369
  - 15.2.3 BERT 模型应用 ... 370
- 15.3 参考文献 ... 373

第 16 章 NLP 任务项目实战 ... 374

- 16.1 一维卷积英语电影评论情感分类项目 ... 374
  - 16.1.1 项目数据和模型说明 ... 374
  - 16.1.2 一维卷积英语电影评论情感分类程序 ... 375
- 16.2 二维卷积中文微博情感分类项目 ... 378
- 16.3 双向 LSTM 中文微博情感分类项目 ... 384
- 16.4 堆叠双向 LSTM 中文分词标注项目 ... 387
  - 16.4.1 中文分词标注模型训练 ... 387
  - 16.4.2 维特比算法 ... 391
  - 16.4.3 中文分词标注模型预测 ... 393
- 16.5 最新的一些激活函数介绍 ... 397
  - 16.5.1 Leaky ReLU ... 397
  - 16.5.2 ELU ... 399
  - 16.5.3 SELU ... 400
  - 16.5.4 GELU ... 401
  - 16.5.5 Swish ... 402
- 16.6 BERT 模型的简单使用 ... 403
  - 16.6.1 安装 tf2-bert 模块并准备预训练模型 ... 403
  - 16.6.2 使用 BERT 模型进行文本特征提取 ... 404

16.6.3 使用 BERT 模型进行完形填空 ·406
16.7 BERT 电商用户多情绪判断项目 ·407
  16.7.1 项目背景介绍 ·407
  16.7.2 模型训练 ·408
  16.7.3 模型预测 ·412
16.8 参考文献 ·415

第17章 音频信号处理 ·416
17.1 深度学习在声音领域的应用 ·416
17.2 MFCC 和 Mel Filter Banks ·417
  17.2.1 音频数据采集 ·417
  17.2.2 分帧加窗 ·418
  17.2.3 傅里叶变换 ·419
  17.2.4 梅尔滤波器组 ·421
  17.2.5 梅尔频率倒谱系数（MFCC）·423
17.3 语音分类项目 ·425
  17.3.1 librosa 介绍 ·425
  17.3.2 音频分类项目——模型训练 ·427
  17.3.3 音频分类项目——模型预测 ·430

第18章 图像风格转换 ·433
18.1 图像风格转换实现原理 ·433
  18.1.1 代价函数的定义 ·434
  18.1.2 格拉姆矩阵介绍 ·435
18.2 图像风格转换项目实战 ·436
18.3 遮挡图像风格转换项目实战 ·441
18.4 参考文献 ·443

第19章 生成对抗网络 ·444
19.1 生成对抗网络的应用 ·444
19.2 DCGAN 介绍 ·447
19.3 手写数字图像生成 ·449
19.4 参考文献 ·454

第20章 模型部署 ·455
20.1 Tensorflow Serving 环境部署 ·455
20.2 运行客户端和服务器程序 ·456
  20.2.1 准备 SavedModel 模型 ·456
  20.2.2 启动 Tensorflow Serving 服务器程序 ·457
  20.2.3 Tensorflow Serving 客户端 gRPC 程序 ·459
  20.2.4 Tensorflow Serving 客户端 REST API 程序 ·461

专业术语汇总 ·463
结束语 ·471

第 1 章 深度学习背景介绍

本章将主要介绍人工智能、机器学习、神经网络和深度学习相关的一些概念、应用、发展史、重要人物等背景信息。这些背景知识虽然对我们的实际应用没有直接帮助，但是可以加深我们对人工智能这个行业的理解，属于内功修行的范畴。

1.1 人工智能

1997 年 5 月 3 日—1997 年 5 月 11 日，一场别开生面的比赛在纽约的公平大厦举行，吸引了全世界的关注。对垒的双方分别是世界国际象棋冠军卡斯帕罗夫和 IBM 的超级计算机"深蓝"。经过 6 场激烈的比赛，"深蓝"最终战胜了卡斯帕罗夫，赢得了具有特殊意义的胜利。而这一次比赛也载入了人类的史册。

而另一场可以载入人类史册的人机大战发生在 2016 年 3 月 9 日—2016 年 3 月 15 日。这一次的比赛双方是世界顶级围棋棋手李世石和 Google 的人工智能 AlphaGo。赛前有很多人并不看好 AlphaGo，认为 AlphaGo 会惨败。没想到 AlphaGo 最终以 4∶1 大胜李世石，从而一战成名。由于 AlphaGo 的胜利，AlphaGo 用到的**深度学习（Deep Learning）**技术和**人工智能（Artificial Intelligence，AI）**也成为了当下最热门的技术话题。

AI 第一次被提出来是在 1956 年，是由 4 位图灵奖得主、信息论创始人和一位诺贝尔得主在美国达特茅斯会议（Dartmouth Conference）上一同定义出来的。人工智能只是一个抽象概念，它不是任何具体的机器或算法。任何类似于人的智能或高于人的智能的机器或算法都可以称为人工智能。例如，几年前我们去洗车的时候会看到洗车店写着自动化洗车，看起来很高级。今天我们再去看，可能它改成了人工智能洗车，看起来更高级。实际上它的技术并没有改变，只是改了一个名字。随着人工智能技术的大热，很多商品都挂上了人工智能的标签，实际上任何看起来有一点智能的算法和机器都可以称为人工智能，所以人工智能这个标签并不能代表某个商品的技术水平。

提到人工智能，不得不说到一个非常著名的关于人工智能的测试，**图灵测试（Turing Test）**。图灵测试是由计算机科学之父图灵提出来的，指的是测试者和被测试者（被测试者有可能是人或机器）在隔离的情况下，测试者通过一些装置（如键盘）向被测试者提问。经过多次测试之后，如果有 30% 的测试者不能确定被测试者是人还是机器，那么说明这台机器通过了测试。

虽然图灵测试早在 1950 年被提出，但是至今没有机器能够很好地通过图灵测试。偶尔会有一些新闻报道说某某机器通过了图灵测试，但是这些通过图灵测试的机器往往会受到很多人质疑，并且经不住多次实验。

人工智能早期阶段，迅速解决了一些对于人类来说比较困难，但是对于计算机来说相对容易的问题，如下棋、推理和路径规划等。我们下象棋的时候，通常需要思考很久才能推算出几步棋之后棋盘战局的变化，并且经常还会有看错和看漏的情况。而计算机能在一瞬间计算出七八步棋甚至十几步棋之后棋盘的情况，并从中选出对自己最有利的下法来与对手对弈。面对如此强大的对手，人类早在 20 年前就已经输了。可能有人会想到人工智能在象棋领域早就战胜了人类最顶尖的选手，为什么在围棋领域一直到 2016 年才出了个 AlphaGo 把人类顶级棋手击败。比起象棋，围棋的局面发展的可能性要复杂得多。或许我们在设计象棋 AI 的时候可以使用暴力计算的方法，把几步之内所有可能的走法都遍历一次，然后选一个最优下法。同样的方法放到围棋上就行不通了，围棋每一步的可能性都太多了，用暴力计算法设计出来的围棋 AI，它的棋力是很差的。虽然 AlphaGo 的计算非常快，可以在短时间完成大量运算，但是 AlphaGo 比其他棋类 AI 强的地方并不是计算能力，而是它的算法，也可以理解为它拥有更强大的"智慧"。就像是进行小学速算比赛，题目是 100 以内的加减法，10 个小学生为一队，1 个数学系的博士为另一队。如果比赛内容是 1min 哪个队做的正确题目多，小学生队肯定是能够战胜数学博士的。如果是进行大学生数学建模比赛，那 10000 个小学生也赢不了 1 个数学博士。对于解决复杂的问题，需要的往往不只是计算速度，更多的应该是智慧。

对于一些人类比较擅长的任务，如图像识别、语音识别和自然语言处理等，计算机却完成得很差。人类的视觉从眼睛采集信息开始，但起到主要作用的是大脑。人类的每个脑半球中都有着非常复杂的视觉皮层，包含着上亿个神经元，以及几百亿条神经元之间的连接。人类的大脑就像是一台超级计算机，可以轻松处理非常复杂的图像问题。神经元之间的电信号可以快速传递，但是就像前面说到的，对于复杂的问题，计算速度只是一方面。人类的视觉能力是通过几亿年的不断进化和不断演变最终才得到的，更强的视觉和听觉能力使得人类可以拥有更强的生存能力。

在人工智能的早期阶段，计算机的智能通常是基于人工制定的"规则"，我们可以通过详细的规则去定义下棋的套路和推理的方法，以及路径规划的方案。但是我们却很难用规则去详细描述图片中的物体，如我们要判断一张图片中是否存在猫。那我们首先要通过规则去定义一只猫，如图 1.1 所示。

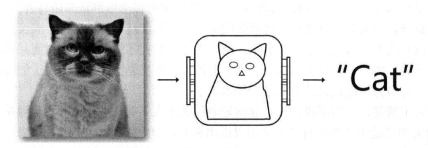

图 1.1 猫（Cat）

观察图 1.1 中的猫，我们可以知道猫有一个圆脑袋、两个三角形的耳朵、又胖又长的身体和一条长尾巴，然后可以定义一套规则来在图片中寻找猫。这看起来好像是可行的，但是如果我们遇到的是图 1.2 和图 1.3 中的猫（我家领养的猫，刚来的时候上厕所比较臭，故取名"臭臭"）该怎么办？

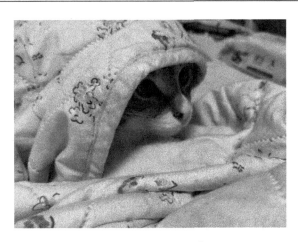

图 1.2 藏起来的"臭臭"　　　　图 1.3 盘成一团的"臭臭"

猫可能只露出身体的一部分，可能会摆出奇怪的造型，那么我们又要针对这些情况定义新的规则。从这个例子中大家应该能看得出来，即使是一只很普通的家养宠物，都可能会出现无数种不同的外形。如果我们使用人工定义的规则去定义这个物体，那么可能需要设置非常大量的规则，并且效果也不一定会很好。仅仅一个物体就这么复杂，而现实中常见的各种物体成千上万，所以在图像识别领域，使用人为定义的规则去做识别肯定是行不通的。很多其他的领域也同样存在这种问题。

1.2 机器学习

由于人们没有办法设计出足够复杂的规则来精确描述世界，所以 AI 系统需要具备自我学习的能力，即从原始数据中获取有用的知识。这种能力被称为机器学习（Machine Learning）。

人工智能是抽象的概念，而机器学习是具体的可以落地的算法。机器学习不是一个算法，而是一大类具体智能算法的统称。使用机器学习算法，我们可以解决生活中如人脸识别、垃圾邮件分类和语音识别等具体问题。

机器学习其实与人类学习的过程类似。打个比方：假如我们现在都是原始人，并不知道太阳和月亮是什么东西。但是我们可以观察天上的太阳和月亮，并且把太阳出来时的光线和温度记录下来，把月亮出来时的光线和温度记录下来（这就相当于是收集数据）。观察了 100 天之后，我们进行思考，总结这 100 天的规律。我们可以发现，太阳和月亮是交替出现的（偶尔同时出现可以忽略）。太阳出来的时候，光线比较亮，温度比较高；月亮出来的时候，光线比较暗，温度比较低（这相当于是分析数据，建立模型）。之后我们看到太阳准备落山、月亮准备出来的时候，我们就知道温度要降低，可能要多穿树叶或毛皮（原始人没有衣服），光线也准备要变暗了（预测未来的情况）。机器学习也可以利用已有的数据进行学习，获得一个训练好的模型，然后可以利用此模型预测未来的情况。

图 1.4 中表现了机器学习与人类思维的对比。我们可以使用历史数据来训练一个机器学习的模型，模型训练好之后，放入新的数据，这样模型就可以对新的数据进行预测分析。人类也善于从以往的经验中总结规律，当遇到新的问题时，我们可以根据之前的经验来预测未来的结果。

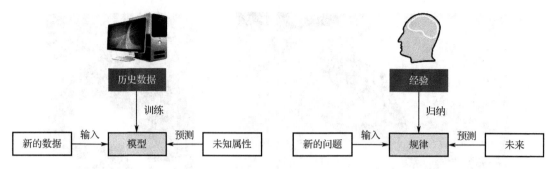

图 1.4 机器学习与人类思维的对比

1.2.1 训练数据、验证数据和测试数据

通常我们在做机器学习分析的时候会把数据分成两大部分：一部分是**训练数据**（**Training Data**），可以用来训练，构建模型；另一部分是**测试数据**（**Testing Data**），可以用来验证模型的好坏。这两部分就有点像我们上学时课本中的习题。正文中的例题是训练数据，有答案和详细讲解，是用来教我们学习新知识的，可以看作用来对我们进行训练。而课后习题是测试数据，我们要先做题，做完之后再对答案，是用来检查我们学习效果的。

有时我们会把数据分成 3 部分，即**训练集**（**Training Set**）、**验证集**（**Validation Set**）和**测试集**（**Testing Set**）。训练集还是用来训练模型。验证集是在模型的训练阶段评估模型的好坏，可以用于确定模型的参数或结构。等模型训练好，并且结构和参数都调整好之后，再用测试集来评估模型的好坏。通常我们可以把所有数据的 60%分配给训练集、20%分配的验证集、20%分配给测试集。或者 80%分配给训练集、10%分配给验证集、10%分配给测试集。不过这个数据划分不是绝对的，还需要看具体情况。有时候我们只划分训练集和测试集，训练集用于训练模型，不管在模型的训练阶段还是最后的测试阶段，都是用测试集来进行测试。

K 折交叉检验（**K-fold Cross-Validation**）——K 折交叉检验的大致思想是把数据集分成 K 份，每次取一份作为测试集，取余下的 K-1 份作为训练集。重复训练 K 次，每次训练都从 K 个部分中选一个不同的部分作为测试集（要保证 K 个部分的数据都分别做过测试），剩下的 K-1 份做训练集。最后把得到的 K 个结果做平均。

1.2.2 学习方式

在机器学习或者人工智能领域，不同的问题可能会有不同的学习方式。主要的学习方法如下所示。

1. 监督学习

监督学习（**Supervised Learning**）——监督学习也称为有监督学习，通常可以用于**分类**（**Classification**）和**回归**（**Regression**）的问题。它的主要特点是，所有的数据都有与之相对应的**标签**（**Label**）。例如，我们想做一个识别手写数字的模型，那么我们的数据集就是大量手写数字的图片，并且每一张图片都有对应的标签，如图 1.5 所示。

图 1.5 是一个手写数字 3，所以这张图片的标签可以设置为 3。同样

图 1.5 标签为 3

地,如果是一张手写数字 8 的图片,那么该图片的标签就可以是 8。或者我们要建立一个判别垃圾邮件的模型,那我们先要对邮件进行标记,标记出哪些属于垃圾邮件和哪些不属于垃圾邮件,然后建立模型。

监督学习在建模过程中,会将预测结果与训练数据的实际结果(也就是标签)做对比,如果预测结果跟实际结果不符合,将通过一些方式去调整模型的参数,直到模型的预测结果能达到比较高的准确率。

2. 非监督学习

非监督学习(Unsupervised Learning)——非监督学习也称为无监督学习,通常可以用于**聚类(Clustering)**的问题。非监督学习中,所有的数据都是没有标签的。可以使用机器学习的方法让数据自动聚类。例如,许多公司都拥有庞大的客户信息数据库,使用非监督学习的方法就可以自动对客户进行市场分割,将客户分到不同的细分市场中,从而有助于我们对不同细分市场的客户进行更有效的销售或者广告推送。或许我们事先并不知道有哪些细分市场,也不知道哪些客户属于细分市场 A 和哪些客户属于细分市场 B。不过没关系,我们可以让非监督学习算法在数据中挖掘这一切信息。

3. 半监督学习

半监督学习(Semi-Supervised Learning)——半监督学习是监督学习和非监督学习相结合的一种学习方式,通常可以用于分类和回归问题。主要用来解决使用少量带标签的数据和大量没有标签的数据进行训练与分类的问题。此类算法首先试图对没有标签的数据进行建模,然后再对带有标签的数据进行预测。说个题外话,半监督学习一般用得比较少,原因很简单,因为标签不足的情况通常很容易解决,只要找很多人来打标签就可以了。大型 AI 公司可能会有几百人的数据标注团队,每天的工作就是给各种数据打标签。因为顶尖大公司的 AI 技术相差不是很大,想要把产品的效果做得更好,就需要大量的带标签的数据。所以现在有一句叫作"人工智能,先有人工,后有智能,有多少人工,就有多少智能"。这是玩笑话,大家看看就好,标签很重要,但人工智能的核心还是算法,说不定以后有一天我们可以开发出不需要标签就可以什么都学会的算法。

4. 强化学习

强化学习(Reinforcement Learning)——强化学习灵感来源于心理学中的行为主义理论,即有机体如何在环境给予的奖励或惩罚的刺激下,逐步形成对刺激的预期,产生能够获得最大利益的习惯性行为。强化学习没有任何的标签来告诉算法应该怎么做,它会先去尝试做一些动作,然后得到一个结果,通过判断这个结果是对还是错来对之前的动作进行反馈。AlphaGo 中就用到了强化学习。不过目前强化学习的落地应用还比较少,大部分的应用还都只是用于打游戏。

1.2.3 机器学习常用算法

机器学习的算法有很多,下面给大家简单介绍一些机器学习中常用的算法。

1. 决策树

决策树（Decision Tree）——决策树是一种简单但又使用广泛的监督学习分类算法。它是一种分而治之的决策过程，把一个复杂的预测问题，通过树的分支节点，划分成两个或多个较为简单的子集，从结构上划分为不同的子问题。当分支节点满足一定停止规则时，该分支节点就会停止分叉，得到分类结果。例如，一棵女生去相亲的简单决策树如图 1.6 所示。

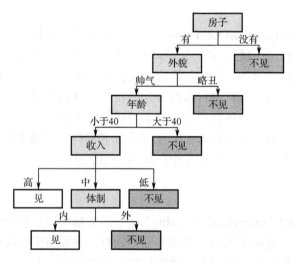

图 1.6　一棵女生去相亲的简单决策树

2. 线性回归

线性回归（Linear Regreesion）——线性回归是一种监督学习的算法。在线性回归中，数据使用线性预测函数来建模，模型建立好之后可以用来预测未知的值，也就是可以根据现在预测未来。举个例子，假入我们有一组房屋面积和房屋价格的数据，我们可以利用这些数据来建立回归模型，如图 1.7 所示。

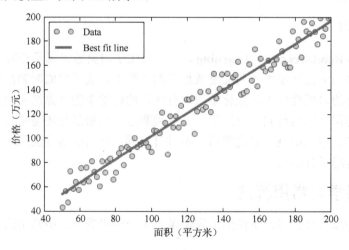

图 1.7　线性回归

模型建立好之后,我们可以得到一条最符合房屋面积和房屋价格关系的直线。根据这个模型,我们可以把一个新的房屋面积输入,就能得到该房屋的价格预测值。

3. KNN 算法

KNN(K-Nearest Neighbor)算法——KNN 算法又称为 K 近邻分类(K-Nearest Neighbor Classification)算法,是一种监督学习算法。最简单的最近邻算法就是遍历所有已知标签的样本集中的数据,计算它们和需要分类的样本之间的距离[这里的距离一般指的是**欧氏距离(Euclidean Distance)**],同时记录目前的最近点。KNN 算法查找的是已知标签的样本集中跟需要分类的样本最邻近的 K 个样本,需要分类的样本最终的标签是由这 K 个样本的标签决定的,采用的方式是"多数表决"。也就是在这 K 个样本中哪种标签最多,那么需要分类的样本就归为哪一类。如图 1.8 所示,方形表示分类 1,圆形表示分类 2,图中正中心的五角星表示需要分类的样本。当 K 等于 1 时,其实就是计算距离五角星最近的样本属于哪一个分类。图 1.8 中,我们可以看到距离五角星最近的是方形,属于分类 1,所以我们可以把五角星归为分类 1。

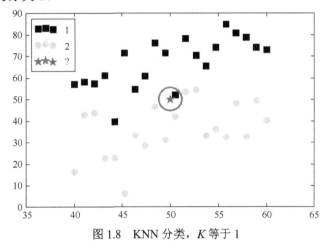

图 1.8 KNN 分类,K 等于 1

当我们取 K=5 时,其实就是找出距离五角星最近的 5 个样本,然后统计这 5 个样本哪种分类比较多。如图 1.9 所示,我们可以看到图中有 1 个方形和 4 个圆形,那么圆形比较多,所以我们可以把五角星归为分类 2。

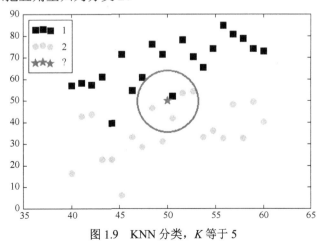

图 1.9 KNN 分类,K 等于 5

这里我们可以看到，五角星最终的分类跟 K 的取值有很大关系。K 值取多少，模型的效果才比较好呢？这可能需要对模型进一步调试才能得到答案，如我们可以不断改变 K 值，然后用测试集来做测试，最终选取一个可以使得测试误差比较小的 K 值。

4．K-Means 算法

K-Means 算法——K-Means 算法是一种无监督学习算法，通常可以用于聚类分析。所谓聚类问题，就是给定一个元素集合 A，集合中的每个元素有 n 个可观测的属性。我们需要使用某种方法把 A 划分为 k 个子集，并且要使得每个子集内部元素之间的差异尽可能小，不同子集之间元素的差异尽可能大。K-Means 算法的计算过程比较直观也比较简单：

（1）先从没有标签的元素集合 A 中随机取 k 个元素，作为 k 个子集各自的重心。

（2）分别计算剩下的元素到 k 个子集重心的距离（这里的距离也可以使用欧氏距离），根据距离将这些元素分别划归到最近的子集。

（3）根据聚类结果，重新计算重心（重心的计算方法是计算子集中所有元素各个维度的算数平均数）。

（4）将集合 A 中的全部元素按照新的重心重新聚类。

（5）重复第（4）步，直到聚类结果不再发生变化。

K-Means 算法的运行过程如图 1.10～图 1.12 所示。

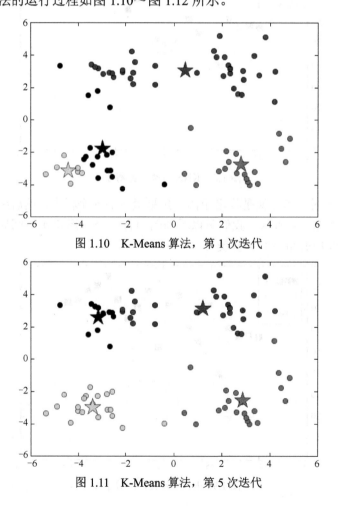

图 1.10　K-Means 算法，第 1 次迭代

图 1.11　K-Means 算法，第 5 次迭代

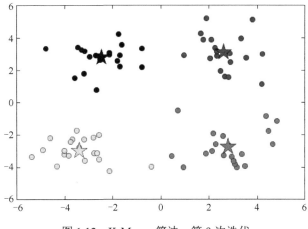

图 1.12 K-Means 算法，第 9 次迭代

聚类模型一共迭代了 9 次，最终收敛。从图 1.10～图 1.12 中可以看出，第 1 次迭代的时候，模型的聚类效果是很差的，一看就不太合理。迭代了 5 次之后，模型有了一些改善，聚类的效果已经不错了，不过看得出来还有一些提高的空间。迭代 9 次之后，模型就训练好了，很好地把没有标签的数据分成了 4 类。相同类别之间的差距比较小，不同类别之间的差距比较大。

5．神经网络算法

神经网络（Neural Network）算法——神经网络算法是一种模拟人类大脑神经网络结构构建出来的算法。神经网络的结构可以有多层，多层的神经网络可以由**输入层（Input Layer）、隐藏层（Hidden Layers）**和**输出层（Output Layer）**组成。其中隐藏层可能有 0 到多个，所以最简单的神经网络就只有输入层和输出层。神经网络的每一层都由若干个**神经元（Neuron）**节点组成。

信号从输出层传入网络，与神经元的**权值（Weights）**作用后再经过**激活函数（Activation Function）**传入下一层。每一层信号的输出都是下一层的输入，直到把信号传到输出层得出结果。**神经网络**的网络结构如图 1.13 所示。

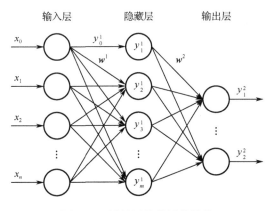

图 1.13 神经网络的网络结构

神经网络是深度学习的重要基础，在后面的章节中我们会从头开始详细学习神经网络

的搭建及应用，这里只是先做一个简单介绍。

除上面介绍的这些算法外，机器学习领域还有很多其他的算法，如朴素贝叶斯（Naive Bayes）、支持向量机 SVM（Support Vector Machine）和 Adaboost 等。

1.3 人工智能、机器学习、神经网络及深度学习之间的关系

新闻媒体在报道 AlphaGo 的时候，可能将人工智能、机器学习、神经网络和深度学习这几个词都用到过。对于初学者来说，难免容易混淆。

1. 人工智能

人工智能——我们先说说人工智能，人工智能是这几个词中最早出现的。1956 年，在美国达特茅斯会议（Dartmouth Conference）上被提出。人工智能其实是一种抽象的概念，并不是指任何实际的算法。人工智能可以对人的意识和思维进行模拟，但又不是人的智能。有时候我们还会把人工智能分为**弱人工智能（Weak AI）**和**强人工智能（Strong AI）**。

弱人工智能是擅长于单个方面技能的人工智能。例如，AlphaGo 能战胜了众多世界围棋冠军，在围棋领域所向披靡，但它只会下围棋，做不了其他事情。目前人工智能相关的技术，如图像识别、语言识别和自然语言处理等，基本都是处于弱人工智能阶段。

强人工智能指的是在各方面都能和人类智能差不多的人工智能，人类能干的脑力劳动它都能干。创造强人工智能比创造弱人工智能难度要大很多，我们现阶段还做不到，只有在一些科幻电影中才能看到。著名的教育心理学教授 Linda Gottfredson 把智能定义为："一种宽泛的心理能力，能够进行思考、计划、解决问题、抽象思维、理解复杂理念、快速学习和从经验中学习等操作。"强人工智能在进行这些操作时应该跟人类一样得心应手。

2. 机器学习

机器学习——机器学习是最近 20 多年兴起的一门多领域交叉学科，涉及概率论、统计学、逼近学、凸分析和计算复杂性理论等多门学科。关于机器学习，上一小节我们已经做了一些讨论说明，我们可以发现机器学习包含很多具体的算法。既然人工智能是飘在天上的概念，那我们就需要一些具体的算法使得人工智能可以落地应用，而一般来说，这些具体的智能算法可以统称为机器学习算法。

3. 神经网络

神经网络——神经网络是众多机器学习算法中的其中一个，是模仿人类大脑神经结构构建出来的一种算法，构建出来的网络称为**人工神经网络（Artificial Neural Networks，ANN）**。神经网络算法在机器学习中并不算特别出色，所以一开始的时候并没有引起人们的特别关注。神经网络的发展已经经历了 3 次发展浪潮：20 世纪 40 年代到 20 世纪 60 年代，神经网络的雏形出现在**控制论（Cybernetics）**中；20 世纪 80 年代到 20 世纪 90 年代，表现为**连接主义（Connectionism）**。直到 2006 年，神经网络重新命名为深度学习，再次兴起。

4. 深度学习

深度学习——深度学习的基础其实就是神经网络，之所以后来换了一种叫法，主要是

由于之前的神经网络算法中网络的层数不能太深，也就是不能有太多层网络，网络层数过多会使网络无法训练。随着神经网络理论的发展，科学家研究出了多种方式使得训练深层的网络也成为可能，深度学习由此诞生，如**卷积神经网络**（**Convolutional Neural Network**，**CNN**）、**长短时记忆网络**（**Long Short Term Memory Network**，**LSTM**）和**深度残差网络**（**Deep Residual Network**）等都属于深度学习，其中深度残差网络的深度可以到达1000层，甚至更多。深层的网络有助于挖掘数据中深层的特征，可以使网络拥有更强大的性能。

如图1.14所示，描绘了人工智能、机器学习、神经网络和深度学习之间的关系。

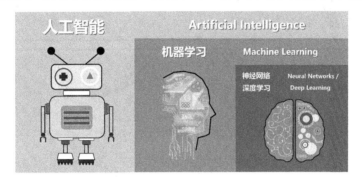

图1.14　人工智能、机器学习、神经网络和深度学习之间的关系

1.4　深度学习的应用

深度学习最早兴起于图像识别，在最近几年可以说是已经深入各行各业。深度学习在计算机视觉、语音识别、自然语言处理、机器人控制、生物信息、医疗、法律、金融、推荐系统、搜索引擎、电脑游戏和娱乐等领域均有应用。

图像识别——图像识别可以说是深度学习最早实现突破性成就的领域。如今计算机对图片的识别能力已经跟人类不相上下。我们把一张图片输入神经网络，经过网络的运算，最后可以得到图片的分类。如图1.15所示，我们可以看到，对于每一张图片，神经网络都给出了5个最有可能的分类，排在最上面的可能性最大。图1.15中的置信度表示的就是该图片的概率值。

图1.15　图像识别

目标检测——利用深度学习我们还可以识别图片中的特定物体，然后对该物体进行标注，如图 1.16 所示。

图 1.16　目标检测[1]

人脸识别——深度学习还可以识别图像中的人脸，判断是男人还是女人，判断人的年龄，判断图像中的人是谁等，如图 1.17 所示。

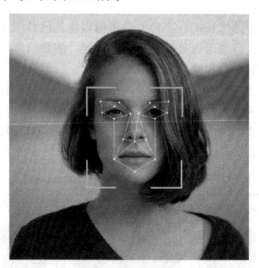

图 1.17　人脸识别

目标分割——目标分割可以识别出图中的物体，并且可以划分出物体的边界，如图 1.18 所示。

描述图片——把一张图片输入神经网络中，就可以输出对这张图片的文字描述，如图 1.19 所示。

图 1.18　目标分割[2]

图 1.19　图片描述

图片风格转换——利用深度学习实现一张图片加上另一张图片的风格，然后生成一张新的图片，如图 1.20 所示。

语音识别——深度学习还可以用来识别人说的话，把语音数据转换为文本数据，如图 1.21 所示。

文本分类——使用深度学习对多个文本进行分类,比如判断一个评论是好评还是差评，或者判断一篇新闻是属于娱乐新闻、体育新闻还是科技新闻，如图 1.22 所示。

图 1.20　图片风格转换[3]

图 1.21　语音识别

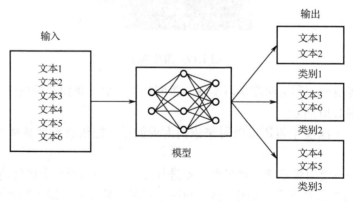

图 1.22　文本分类

机器翻译——使用深度学习进行机器翻译，如图 1.23 所示。

图 1.23　机器翻译

诗词生成——把一个诗词的题目传入神经网络，就可以生成一篇诗词，如图 1.24 所示，其就是 AI 写的一首诗。虽然这首诗有些看不太懂，但是已经"有内味了"。

《夜月》

翠微琪树玉炉香，

不觉嫦娥夜不方。

却忆长安春半夜，

境中境界最相妨。

图 1.24　诗词生成

图像生成——深度学习还可以用来生成图片。比如我们可以打开网站 https://make.girls.moe/#/，设置好动漫人物的头发颜色、头发长度、眼睛颜色、是否戴帽子等信息就可以生成符合条件的动漫人物，并且可以生成无数张不重复的照片，如图 1.25 所示。

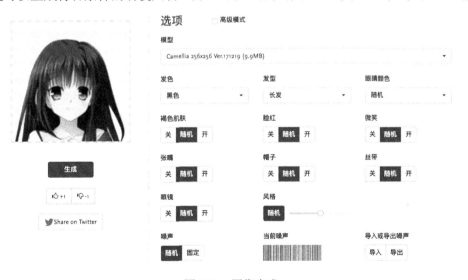

图 1.25　图像生成

这里只是列举了非常少量的例子，深度学习的已经逐渐深入各行各业，深入我们的生活中。

1.5 神经网络和深度学习的发展史

神经网络的发展历史中有过 3 次热潮，分别发展在 20 世纪 40 年代到 20 世纪 60 年代和 20 世纪 80 年代到 20 世纪 90 年代，以及 2006 年至今。每一次神经网络的热潮都伴随着人工智能的兴起，人工智能和神经网络一直以来都有着非常密切的关系。

1.5.1 神经网络的诞生：20 世纪 40 年代到 20 世纪 60 年代

1943 年，神经病学家和神经元解剖学家**麦卡洛克（W.S.McCulloch）**和数学家**匹茨（W.A.Pitts）**在生物物理学期刊发表文章，提出神经元的数学描述和结构。并且证明了只要有足够的简单神经元，在这些神经元互相连接并同步运行的情况下，就可以模拟任何计算函数，这种神经元的数学模型称为 M-P 模型。该模型把神经元的动作描述为：

（1）神经元的活动表现为兴奋或抑制的二值变化；
（2）任何兴奋性突触输入激励后，使神经元兴奋；
（3）任何抑制性突触有输入激励后，使神经元抑制；
（4）突触的值不随时间改变；
（5）突触从感知输入到传送出一个输出脉冲的延时时间是 0.5ms。

尽管现在看来 M-P 模型过于简单，并且观点也不是完全正确，但这个模型被认为是第一个仿生学的神经网络模型。他们提出的很多观点一直沿用至今，如他们认为神经元有两种状态，即兴奋和抑制。这跟后面要提到的单层感知器非常类似，单层感知器的输出不是 0 就是 1。他们最重要的贡献就是开创了神经网络这个研究方向，为今天神经网络的发展奠定了基础。

1949 年，心理学家赫布（Donald Olding Hebb）在他的一本名为 *The organization of behavior: A neuropsychological theory*[4]的书中提出了 Hebb 算法。他也是首先提出"**连接主义**"（Connectionism）这一名词的人之一，这个名词的含义是大脑的活动是靠脑细胞的组合连接实现的。赫布认为，如果源和目的神经元均被激活兴奋时，它们之间突触的连接强度将会增强。他指出在神经网络中，信息存储在连接权值中，并提出假设神经元 A 到神经元 B 的连接权值与从神经元 B 到神经元 A 的连接权值是相同的。他这里提到的这个权值的思想也被应用到了我们目前所使用的神经网络中，我们通过调节神经元之间的连接权值来得到不同的神经网络模型，实现不同的应用。虽然这些理论在今天看来是理所当然的，但在当时看来这是一种全新的想法，算得上是开创性的理论。

1958 年，计算机学家弗兰克·**罗森布拉特（Frank Rosenblatt）**提出了一种神经网络结构，称为**感知器（Perceptron）**。他提出的这个感知器可能是世界上第一个真正意义上的人工神经网络。感知器提出之后，在 20 世纪 60 年代就掀起了神经网络研究的第一次热潮。很多人都认为只要使用成千上万的神经元，他们就能解决一切问题。现在看来可能会让人感觉 "too young too naive"，但感知器在当时确实是影响非凡。

这股感知器热潮持续了 10 年，直到 1969 年，人工智能创始人之一的**明斯基（M. Minsky）**和**佩帕特（S. Papert）**出版了一本名为 *Perceptrons: An introduction to computational* *geometry*[5]的书，书中指出简单的神经网络只能运用于线性问题的求解，能够求解非线性问题的网络应具有隐层，而从理论上还不能证明将感知器模型扩展到多层网络是有意义的。由于**明斯基**在学术界的地位和影响，其悲观论点极大地影响了当时的人工神经网络研究，为刚刚燃起希望之火的人工神经网络泼了一大盆冷水。这本书出版不久之后，几乎所有为神经网络提供的研究基金都枯竭了，没有人愿意把钱浪费在没有意义的事情上。

1.5.2 神经网络的复兴：20 世纪 80 年代到 20 世纪 90 年代

1982 年，美国加州理工学院的优秀物理学家**霍普菲尔德（J.Hopfield）**博士提出了 **Hopfield 神经网络**。Hopfield 神经网络引用了物理力学的分析方法，把网络作为一种动态系统，研究这种网络动态系统的稳定性。

1985 年，**辛顿（G.E. Hinton）**和**塞努斯基（T. J. Sejnowski）**借助统计物理学的概念和方法提出了一种随机神经网络模型，即**玻尔兹曼机（Boltzmann Machine）**。一年后，他们又改进了模型，提出了**受限玻尔兹曼机（Restricted Boltzmann Machine）**。

1986 年，**鲁梅哈特（Rumelhart）**、**辛顿（G.E. Hinton）**和**威廉姆斯（Williams）**提出了 **BP（Back Propagation）算法**[6]（多层感知器的误差反向传播算法）。到今天为止，这种多层感知器的误差反向传播算法还是非常基础的算法，凡是学神经网络的人，必然要学习 BP 算法。我们现在的深度网络模型基本上都是在这个算法的基础上发展出来的。使用 BP 算法的多层神经网络也称为 **BP 神经网络（Back Propagation Neural Network）**。BP 神经网络主要指的是 20 世纪 80 年代到 20 世纪 90 年代使用 BP 算法的神经网络。虽然现在的深度学习也用 BP 算法，但网络名称已经不叫 BP 神经网络了。早期的 BP 神经网络的神经元层数不能太多，一旦网络层数过多，就会使网络无法训练，具体原因在后面的章节中会详细说明。

Hopfield 神经网络、玻尔兹曼机和受限玻尔兹曼机由于目前已经较少使用，所以本书后面章节不再详细介绍这 3 种网络。

1.5.3 深度学习：2006 年至今

2006 年，多伦多大学的教授**希顿（Geoffrey Hinton）**提出了深度学习。他在世界顶级学术期刊"*Science*"上发表了论文"*Reducing the dimensionality of data with neural networks*"[7]，论文中提出了两个观点：①多层人工神经网络模型有很强的特征学习能力，深度学习模型学习得到的特征数据对原始数据有更本质的代表性，这将大大便于分类和可视化问题；②对于深度神经网络很难训练达到最优的问题，可以采用逐层训练方法解决。将上层训练好的结果作为下层训练过程中的初始化参数。在这一文献中，深度模型的训练过程中逐层初始化采用无监督学习方式。

希顿在论文中提出了一种新的网络结构**深度置信网络（Deep Belief Net，DBN）**，这种网络使得训练深层的神经网络成为可能。深度置信网络由于目前已经较少使用，所以本书在后面的章节中将不再详细介绍这种网络。

2012 年，**希顿**课题组为了证明深度学习的潜力，首次参加 ImageNet 图像识别比赛，通过 CNN 网络 AlexNet 一举夺得冠军。也正是由于该比赛，CNN 吸引了众多研究者的注意。

2014 年，香港中文大学教授汤晓鸥领导的计算机视觉研究组开发了名为"DeepID"的深度学习模型，在 LFW（Labeled Faces in the Wild，人脸识别使用非常广泛的测试基准）

数据库上获得了 99.15%的识别率，人用肉眼在 LFW 上的识别率为 97.52%，深度学习在学术研究层面上已经超过了人用肉眼的识别。

2016 年 3 月的人工智能围棋比赛，由位于英国伦敦的谷歌（Google）旗下的 DeepMind 公司开发的 AlphaGo 战胜了世界围棋冠军、职业九段选手李世石，并以 4∶1 的总比分获胜。

2018 年 6 月，OpenAI 的研究人员开发了一种技术，可以在未标记的文本上训练 AI，可以大量减少人工标注的时间。几个月后谷歌推出了一个名为"DeepID"的模型，该模型在学习了几百万个句子以后学会了如何预测漏掉的单词。在多项 **NLP（Natural Language Processing）** 测试中，它的表现都接近人类。随着 NLP 技术的发展，相信将来，AI 可以逐渐理解我们的语言，跟我们进行顺畅的对话，甚至成为我们的保姆、老师或朋友。

今天，人脸识别技术已经应用在了我们生活的方方面面，如上下班打卡，飞机、高铁出行，出门住酒店和刷脸支付等。我们已经离不开深度学习技术，而深度学习技术仍在快速发展中。

1.6 深度学习领域中的重要人物

深度学习领域有很多做出过卓越贡献的大师，下面简单介绍几位。

1．希顿（Geoffrey Hinton）

英国出生的计算机学家和心理学家，以其在神经网络方面的贡献闻名。**希顿**是反向传播算法和对比散度算法的发明人之一，也是深度学习的积极推动者。目前担任多伦多大学计算机科学系教授。

2013 年 3 月加入 Google，领导 Google Brain 项目。

希顿被人们称为"深度学习教父"，可以说是目前对深度学习领域影响最大的人。而且如今在深度学习领域活跃的大师，有很多都是他的弟子，可以说是桃李满天下。

2．燕乐存（Yann LeCun）

法国出生的计算机科学家，他最著名的工作是在光学字符识别和计算机视觉上使用卷积神经网络（CNN），他也被称为卷积网络之父。

曾在多伦多大学跟随**希顿**做博士后。1988 年加入贝尔实验室，在贝尔实验室工作期间开发了一套能够识别手写数字的卷积神经网络系统，并把它命名为"LeNet"，这个系统能自动识别银行支票。

2003 年去了纽约大学担任教授，现在是纽约大学终身教授。

2013 年 12 月加入 Facebook，成为 Facebook 人工智能实验室的第一任主任。

3．本希奥（Yoshua Bengio）

毕业于麦吉尔大学，在 MIT 和贝尔实验室做过博士后研究员，1993 年之后在蒙特利尔大学任教。在预训练问题、自动编码器降噪等领域做出重大贡献。

2017 年初，本希奥选择加入微软成为战略顾问。他表示不希望有一家或者两家公司（他指的显然是 Google 和 Facebook）成为人工智能变革中的唯一大玩家，这对研究社区没有好处，对人类也没有好处。

4．吴恩达（Andrew Ng）

吴恩达是美籍华人，曾经是斯坦福大学计算机科学系和电气工程系的副教授，斯坦福人工智能实验室主任。他还与**科勒**（Daphne Koller）一起创建了在线教育平台 Coursera。

2011 年，吴恩达在 Google 创建了 Google Brain 项目，通过分布式集群计算机开发超大规模的人工神经网络。

2014 年 5 月，**吴恩达**加入百度，负责百度大脑计划，并担任百度公司首席科学家。

2017 年 3 月，**吴恩达**从百度离职，目前自己创业。

曾经神经网络的圈子很小，基本上入了这个圈以后就没什么前途了。正是由于这个圈子里的这些大师前辈们的不懈努力，把神经网络算法不断优化，才有了今天的深度学习和今天人工智能的新局面。

1.7 新一轮人工智能爆发的三要素

这一轮人工智能大爆发的主要原因有 3 个：深度学习算法、大数据和高性能计算。

深度学习算法——之前人工智能领域的实际应用主要是使用传统的机器学习算法，虽然这些传统的机器学习算法在很多领域都取得了不错的效果，但仍然有非常大的提升空间。深度学习出现后，计算机视觉、自然语言处理和语音识别等领域都取得了非常大的进步。

大数据——如果把人工智能比喻成一个火箭，那么这个火箭需要发射升空，它的燃料就是大数据。以前在实验室环境下很难收集到足够多的样本，现在的数据相对以前在数量、覆盖性和全面性方面都获得了大幅提升。一般来说，深度学习模型想要获得好的效果，就需要把大量的数据放到模型中进行训练。

高性能计算——以前高性能计算大家用的是 CPU 集群，现在做深度学习都是用 **GPU**（Graphics Processing Unit）或 **TPU**（Tensor Processing Unit）。想要使用大量的数据来训练复杂的深度学习模型，那就必须要具备高性能计算能力。GPU 就是我们日常所说的显卡，平时主要用于打游戏。但是 GPU 不仅可以用于打游戏，还可以用来训练模型，性价比很高，买显卡的理由又多了一个。如果只是使用几个 CPU 来训练一个复杂模型，可能需要花费几周甚至几个月的时间。把数百块 GPU 连接起来做成集群，用这些集群来训练模型，原来一个月才能训练出来的网络，可以加速到几个小时甚至几分钟就能训练完，可以大大减少模型训练时间。TPU 是谷歌专门为机器学习量身定做的处理器，执行每个操作所需的晶体管数量更少，效率更高。

工欲善其事，必先利其器。下一章节我们将介绍如何搭建 Python 开发环境，为我们后续的学习做准备。

1.8 参考文献

[1] Redmon J, Farhadi A. Yolov3: An incremental improvement[J]. arXiv preprint arXiv:1804.02767, 2018.

[2] He K, Gkioxari G, Dollár P, et al. Mask r-cnn[C]//Proceedings of the IEEE international conference on computer vision. 2017: 2961-2969.

[3] Gatys L A, Ecker A S, Bethge M. A neural algorithm of artistic style[J]. arXiv preprint arXiv:1508.06576, 2015.

[4] Hebb D O. The organization of behavior: A neuropsychological theory[M]. Psychology Press, 2005.

[5] Minsky M, Papert S A. Perceptrons: An introduction to computational geometry[M]. MIT press, 2017.

[6] Rumelhart D E, Hinton G E, Williams R J. Learning representations by back-propagating errors[J]. Nature, 1986, 323(6088): 533-536.

[7] Hinton G E, Osindero S, Teh Y W. A fast learning algorithm for deep belief nets[J]. Neural computation, 2006, 18(7): 1527-1554.

第 2 章　搭建 Python 编程环境

本章的内容与深度学习没有直接关系，但随着人工智能技术的发展，Python 已经成为时下最热门的编程语言之一，广泛应用于机器学习和深度学习中。目前，大多数深度学习框架的主要编程语言都是 Python，Python 可谓是目前人工智能领域的第一语言。本书中使用的所有代码都是 Python 程序，所以这一章我们将主要学习 Python 编程环境的搭建。

如果大家之前有 Python 基础，那这一章的内容就比较简单了，直接跳过也可以。如果大家之前完全没有学过 Python，那么建议大家还是先学习 Python 的使用，不然后续编程实践的内容可能会碰到很多问题。

2.1　Python 介绍

Python 是一种面向对象的解释型计算机程序设计语言，由荷兰人**凡罗森**（Guido van Rossum）于 1989 年发明。Python 具有丰富且强大的库，常被称为"胶水语言"，因为它能够把其他语言（尤其是 C/C++）制作的各种模块轻松地联结在一起。

Python 的主要优点是开发效率高、可移植性强、可拓展性强和应用广泛等，主要缺点是程序运行效率相比 C/C++来说比较慢。

Python 的主要应用领域有系统编程、网络爬虫、人工智能、科学计算、WEB 开发、系统运维、大数据、云计算、量化交易、金融分析和图形界面等。

谷歌：Google App Engine、code.google.com、Google earth、谷歌爬虫和 Google 广告等项目都在大量使用 Python 开发。

CIA：美国中情局网站就是用 Python 开发的。

NASA：美国航天局（NASA）大量使用 Python 进行数据分析和运算。

YouTube：世界上最大的视频网站 YouTube 就是用 Python 开发的。

Dropbox：美国最大的在线云存储网站，全部用 Python 实现，每天网站处理 10 亿文件的上传和下载。

Instagram：美国最大的图片分享社交网站，每天超过 3 千万张照片被分享，全部用 Python 开发。

Facebook：大量的基础库均通过 Python 实现。

Redhat：世界上最流行的 Linux 发行版本中的 yum 包管理工具就是用 Python 开发的。

豆瓣：公司几乎所有的业务均是通过 Python 开发的。

知乎：国内最大的问答社区，通过 Python 开发。

2.2　Anaconda 安装

推荐的 Python 安装方式是使用 Anaconda 对 Python 进行安装。Anaconda 是一个开源的 Python 发行版本，其中包含了 Numpy、Pandas 和 Matplotlib 等多个常用的 Python 包与依赖项。Anaconda 的官方下载地址为“https://www.anaconda.com/download/”。官方下载地址上大家看到的是最新的 Python 安装包的下载。如果想下载之前版本的 Python，可以通过地址“https://repo.continuum.io/archive/”下载。

Python 目前常用的版本有 2.7 和 3.6/3.7/3.8 版本。Python 官方已经宣布以后 Python 2 将会停止维护，会逐渐往 Python 3 的方向发展，所以推荐大家学习 Python 3。之后 Python 的版本还会不断更新，可能还会继续推出 3.9/3.10/4.0 等。

Python 2 和 Python 3 稍微有些差异，但 Python 3.6/3.7/3.8 之间的差异不大，所以我们不一定要安装最新的 Python，因为有些软件可能跟最新的 Python 不兼容。例如，现在 Python 的最新版本是 3.8，那么我们可以安装 3.6/3.7 的版本，这样兼容性会稍微好一些。

Python 程序在 Windows、Linux 和 MacOS 系统中基本上是差不多的，所以在 Windows 系统中可以运行的 Python 程序，在其他系统中一般也是能运行的。

下面将主要讲解 Anaconda 在 Windows 系统中的安装，其他系统的安装方式略有不同。如果你熟悉其他系统，安装起来应该也是很简单的。如果要安装最新版本的 Anaconda，首先打开 Anaconda 下载网址，根据系统选择相应的 Anaconda 安装包。选择 Python 3.7 版本、64 位的安装包进行下载，如图 2.1 所示。

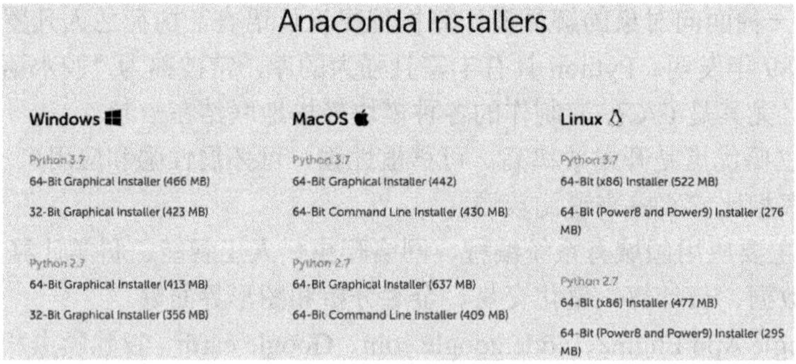

图 2.1 Anaconda 下载

如果要安装之前版本的 Anaconda，可以打开网址“https://repo.continuum.io/archive/”，如图 2.2 所示。

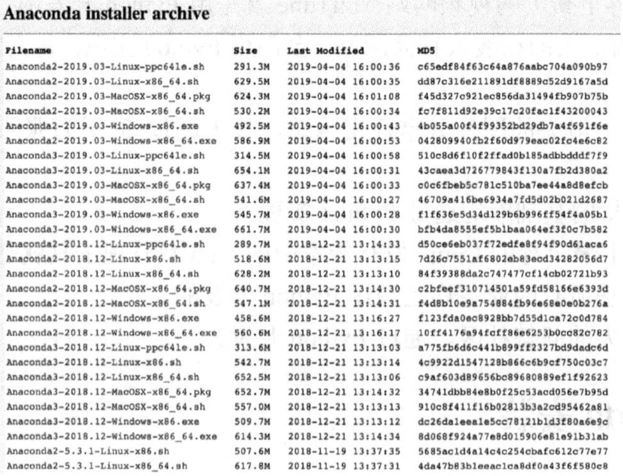
Anaconda installer archive

Filename	Size	Last Modified	MD5
Anaconda2-2019.03-Linux-ppc64le.sh	291.3M	2019-04-04 16:00:36	c65edf84f63c64a876aabc704a090b97
Anaconda2-2019.03-Linux-x86_64.sh	629.5M	2019-04-04 16:00:35	dd87c316e211891df8889c52d9167a5d
Anaconda2-2019.03-MacOSX-x86_64.pkg	624.3M	2019-04-04 16:01:08	f45d327c921ec856da31494fb907b75b
Anaconda2-2019.03-MacOSX-x86_64.sh	530.2M	2019-04-04 16:00:34	fc7f811d92e39c17c20fac1f43200043
Anaconda2-2019.03-Windows-x86.exe	492.5M	2019-04-04 16:00:43	4b055a00f4f99352bd29db7a4f691f6e
Anaconda2-2019.03-Windows-x86_64.exe	586.9M	2019-04-04 16:00:53	042809940fb2f60d979eac02fc4e6c82
Anaconda3-2019.03-Linux-ppc64le.sh	314.5M	2019-04-04 16:00:58	510c8d6f10f2ffad0b185adbbdddf7f9
Anaconda3-2019.03-Linux-x86_64.sh	654.1M	2019-04-04 16:00:31	43caea3d726779843f130a7fb2d380a2
Anaconda3-2019.03-MacOSX-x86_64.pkg	637.4M	2019-04-04 16:00:33	c0c6fbeb5c781c510ba7ee44a8d8efcb
Anaconda3-2019.03-MacOSX-x86_64.sh	541.6M	2019-04-04 16:00:27	46709a416be6934a7fd5d02b021d2687
Anaconda3-2019.03-Windows-x86.exe	545.7M	2019-04-04 16:00:28	f1f636e5d34d129b6b996ff54f4a05b1
Anaconda3-2019.03-Windows-x86_64.exe	661.7M	2019-04-04 16:00:30	bfb4da8555ef5b1baa064ef3f0c7b582
Anaconda2-2018.12-Linux-ppc64le.sh	289.7M	2018-12-21 13:14:33	d50ce6eb037f72edfe8f94f90d61aca6
Anaconda2-2018.12-Linux-x86.sh	518.6M	2018-12-21 13:13:15	7d26c7551af6802eb83ecd34282056d7
Anaconda2-2018.12-Linux-x86_64.sh	628.2M	2018-12-21 13:13:10	84f39388da2c747477cf14cb02721b93
Anaconda2-2018.12-MacOSX-x86_64.pkg	640.7M	2018-12-21 13:14:30	c2bfeef310714501a59fd58166e6393d
Anaconda2-2018.12-MacOSX-x86_64.sh	547.1M	2018-12-21 13:14:31	f4d8b10e9a754884fb96e68e0e0b276a
Anaconda2-2018.12-Windows-x86.exe	458.6M	2018-12-21 13:16:27	f123fda0ec8928bb7d55d1ca72c0d784
Anaconda2-2018.12-Windows-x86_64.exe	560.6M	2018-12-21 13:16:17	10ff4176a94fcff86e6253b0cc82c782
Anaconda3-2018.12-Linux-ppc64le.sh	313.6M	2018-12-21 13:13:03	a775fb6d6c441b899ff2327bd9dadc6d
Anaconda3-2018.12-Linux-x86.sh	542.7M	2018-12-21 13:13:14	4c9922d1547128b866c6b9cf750c03c7
Anaconda3-2018.12-Linux-x86_64.sh	652.5M	2018-12-21 13:13:06	c9af603d89656bc89680889ef1f92623
Anaconda3-2018.12-MacOSX-x86_64.pkg	652.7M	2018-12-21 13:14:32	34741dbb84e8b0f25c53acd056e7b95d
Anaconda3-2018.12-MacOSX-x86_64.sh	557.0M	2018-12-21 13:13:13	910c8f411f16b02813b3a2cd95462a81
Anaconda3-2018.12-Windows-x86.exe	509.7M	2018-12-21 13:13:12	dc26da1eea1e5cc78121b1d3f80a6e9c
Anaconda3-2018.12-Windows-x86_64.exe	614.3M	2018-12-21 13:14:34	8d068f924a77e8d015906e81e91b31ab
Anaconda2-5.3.1-Linux-x86.sh	507.6M	2018-11-19 13:37:35	5685ac1d4a14c4c254cbafc612c77e77
Anaconda2-5.3.1-Linux-x86_64.sh	617.8M	2018-11-19 13:37:31	4da47b83b1eeac1ca8df0a43f6f580c8

图 2.2 各种版本的 Anaconda

图 2.2 中，Anaconda2 表示安装 Python 2；Anaconda3 表示安装 Python 3；Windows、MacOSX 和 Linux 表示对应的操作系统；有 64，表示 64 位的系统；没有 64，表示 32 位的系统。

安装包下载好之后，双击安装包进行安装。如图 2.3 所示，单击"Next"按钮。

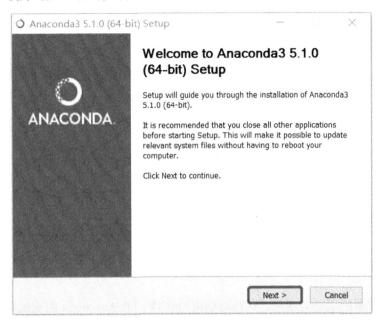

图 2.3　Anaconda 安装流程（1）

弹出如图 2.4 所示的对话框，在该对话框中单击"I Agree"按钮。

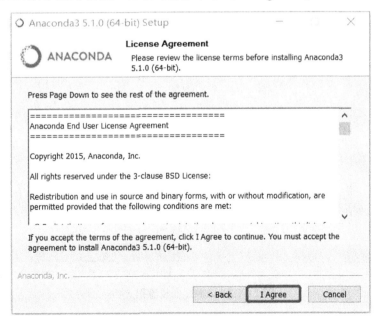

图 2.4　Anaconda 安装流程（2）

弹出如图 2.5 所示的对话框，在该对话框中选择"All Users（repuires admin privileges）"，

单击"Next"按钮。

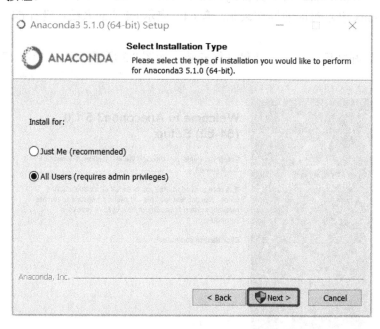

图 2.5　Anaconda 安装流程（3）

弹出如图 2.6 所示的对话框，在该对话框中选择一个 Anaconda 的安装路径，可以是任何路径，不一定要跟图中的路径一致。安装路径选择完后，单击"Next"按钮。

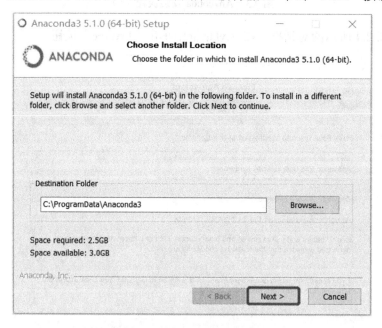

图 2.6　Anaconda 安装流程（4）

弹出如图 2.7 所示的对话框，在该对话框中勾选"Add Anaconda to the system PATH environment variable"和"Register Anaconda as the system Python 3.6"，然后单击"Install"按钮。

至此，Anaconda 就开始安装了。这里需要注意，一定要勾选相应选项，其目的是让软件帮我们自动配置环境变量。

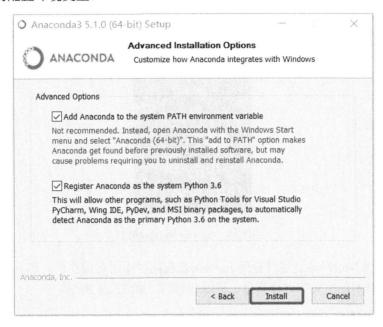

图 2.7 Anaconda 安装流程（5）

安装的过程大家不要心急，耐心等待，不要随意关闭软件的窗口，等确认软件已经安装完毕再关闭窗口。后面软件会有提示是否要安装 VSCode，VSCode 是一款很好用的编译器，可以用于开发各种编程语言写的程序，包括 Python。大家感兴趣的话可以安装，不安装也可以。

2.3 Jupyter Notebook 的简单使用

Python 有非常多的集成开发环境可以使用，如 Jupyter Notebook、Spyder、PyCharm、Eclipse 和 VSCode 等，每种开发环境都各有优缺点，这里就不一一介绍了。如果大家之前已经有熟悉并喜欢的开发环境，则可以继续使用；如果大家是初学者，对各种开发环境不了解，则推荐大家可以先使用 Jupyter Notebook。Jupyter Notebook 的优点是界面和功能都比较简洁，可以实时运行并且查看程序结果，还可以把程序运行的结果保存在文件中。缺点是不太好开发大型程序，但对于初学者来说，我们可能暂时还不会接触到大型程序，Jupyter Notebook 基本就够用了。本书中的程序基本都是在 Jupyter Notebook 中完成的，它是安装完 Anaconda 后自带的一个 Python 开发环境。界面简洁，使用简单，适合快速实验和用于学习。

本书会给大家提供书中 Jupyter Notebook 的程序文件和 Python 的程序文件。Jupyter Notebook 的程序文件是以".ipynb"结尾的，只能在 Jupyter Notebook 中运行，不能在命令提示符/终端运行；Python 的程序文件是以".py"结尾的，不能在 Jupyter Notebook 中运行，可以在其他 Python 集成开发环境或者命令提示符/终端运行。Jupyter Notebook 的程序文件可以在 Jupyter Notebook 环境中转成 Python 的程序文件。

2.3.1 启动 Jupyter Notebook

安装完 Anaconda 后，桌面上不会增加新的图标，我们需要通过搜索 Jupyter Notebook 来找到这个开发环境，Jupyter Notebook 的图标如图 2.8 所示，找到其后，可以通过鼠标右键单击该图标将其快捷方式发送到桌面。

图 2.8　Jupyter Notebook

双击 Jupyter Notebook，可以看到 Jupyter 是在网页中进行编程的，在 Jupyter 的主界面中，我们可以对本地的文件进行新建、删除和修改，如图 2.9 所示。

图 2.9　Jupyter 的主界面

2.3.2 修改 Jupyter Notebook 默认启动路径

大家打开 Jupyter 后，可能会在的其主界面中看到一些熟悉的文件，这些文件正是我们本地的一些文件，其实 Jupyter 的主界面对应的是我们计算机中的一个路径，这个路径是可以修改的，我们可以创建一个新的文件夹，专门用于写 Python 程序。

Jupyter Notebook 默认的启动路径为"C:\User\你的用户名\"。所以，第一次打开 Jupyter Notebook 时，我们会看到"C:\User\你的用户名\"这个路径的文件出现在 Jupyter Notebook 的主界面。其实 Jupyter Notebook 的启动路径不一定要修改，如果你想使用"C:\User\你的用户名\"或者你觉得修改 Jupyter Notebook 默认的启功路径比较麻烦，那么你可以使用默认的"C:\User\你的用户名\"路径作为 Jupyter Notebook 的工作路径。只要把 Python 相关的程序（如书中代码）复制到"C:\User\你的用户名\"路径下，在 Jupyter Notebook 的主界面中就可以看到你复制的程序，然后在 Jupyter Notebook 环境中就可以对这些程序进行修改和运行了。

如果希望把程序存放在其他路径，使用其他路径作为 Jupyter Notebook 的工作路径，则进行下面的操作。

（1）鼠标右键单击 Jupyter Notebook 的图标，查看其属性。如果目标最后有"%USERPROFILE%"，则把后面的"%USERPROFILE%"删掉，如图 2.10 所示。

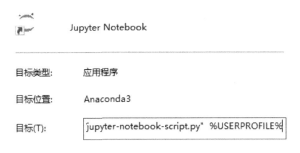

图 2.10　删除"%USERPROFILE%"

（2）生成配置文件，打开命令提示符执行 jupyter notebook --generate-config，我们会看到如图 2.11 所示的结果。

```
C:\Users\qin>jupyter notebook --generate-config
Writing default config to: C:\Users\qin\.jupyter\jupyter_notebook_config.py
```

图 2.11　生成配置文件

我们可以看到配置文件生成的位置。在本书例子中，配置文件生成的位置是"C:\Users\qin\.jupyter\jupyter_notebook_config.py"。进入系统盘，在用户文件夹下可以看到一个 .jupyter 文件夹，如图 2.12 所示。

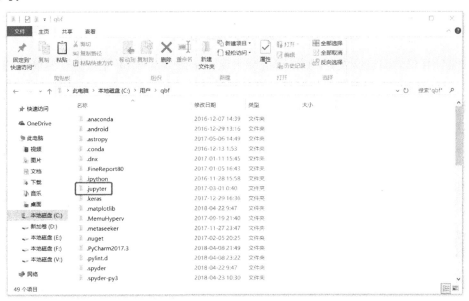

图 2.12　.jupyter 文件夹

（3）在 .jupyter 文件夹中找到 jupyter_notebook_config.py 文件，用文本工具打开 jupyter_notebook_config.py 文件，找"c.NotebookApp.notebook_dir"配置，"#"为注释，先把它前面的"#"去掉，然后填入想要的 Python 程序存放路径，如图 2.13 所示。

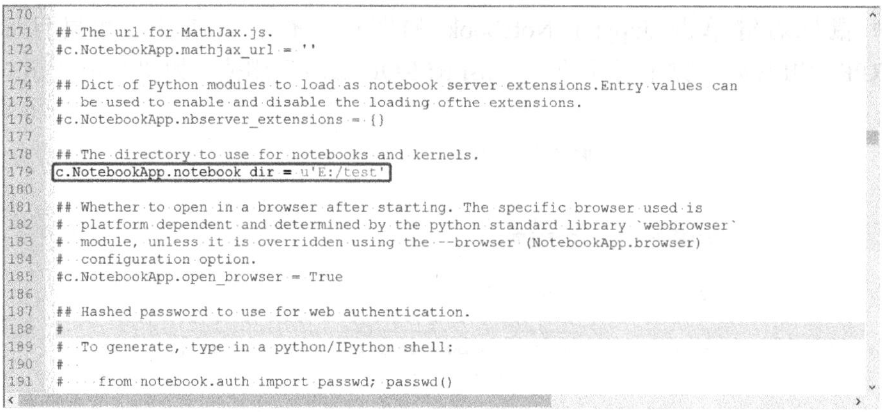

```
170
171    ## The url for MathJax.js.
172    #c.NotebookApp.mathjax_url = ''
173
174    ## Dict of Python modules to load as notebook server extensions.Entry values can
175    #  be used to enable and disable the loading ofthe extensions.
176    #c.NotebookApp.nbserver_extensions = {}
177
178    ## The directory to use for notebooks and kernels.
179    c.NotebookApp.notebook_dir = u'E:/test'
180
181    ## Whether to open in a browser after starting. The specific browser used is
182    #  platform dependent and determined by the python standard library `webbrowser`
183    #  module, unless it is overridden using the --browser (NotebookApp.browser)
184    #  configuration option.
185    #c.NotebookApp.open_browser = True
186
187    ## Hashed password to use for web authentication.
188    #
189    #  To generate, type in a python/IPython shell:
190    #
191    #     from notebook.auth import passwd; passwd()
```

图 2.13　修改 Jupyter 工作路径

图中的例子是在"E/test"下，大家不一定要使用这个路径，可以任意设置其他路径。注意，这里设置的路径必须是本地已经存在的路径，路径最好是全英文，如果路径中有中文，则需要把 jupyter_notebook_config.py 文件另存为 UTF-8 的格式。路径中的斜杠是"/"不是"\"。

顺利的话，重新启动 Jupyter Notebook 就可以看到 Jupyter 的主界面跳转到了设置的路径。

如果是使用 Linux 或者 MacOS 的，则可以先在终端用 cd 命令跳转到程序所在的路径，然后使用命令"jupyter notebook"打开 Jupyter Notebook 软件，这时会看到你的程序所在的路径已经成为 Jupyter Notebook 的工作路径。

2.3.3　Jupyter Notebook 浏览器无法打开

如果计算机的浏览器太老，则有可能会出现 Jupyter Notebook 无法打开的情况，Jupyter Notebook 闪退，或者浏览器一片空白。这个时候可以下载安装一个新的谷歌浏览器，然后再打开 Jupyter Notebook 的配置文件，在任意位置加入如下命令：

```
import webbrowser
webbrowser.register("chrome",None,webbrowser.GenericBrowser(u"C:/ProgramFiles(x86)/Google/Chrome/Application/chrome.exe"))
c.NotebookApp.browser = 'chrome'
```

该命令的作用是把 Jupyter Notebook 的默认浏览器设置为谷歌浏览器，其中 "C:/ProgramFiles(x86)/Google/Chrome/Application/chrome.exe"为谷歌浏览器执行文件所在的位置，每台计算机的位置可能不同，需要自己查看修改。

2.3.4　Jupyter Notebook 基本操作

接下来新建一个文件，单击右上角的"New"按钮，然后单击"Python 3"选项，这样就可以创建一个新的文件了，如图 2.14 所示。

创建好文件之后，可以看到如图 2.15 所示的界面。

图 2.14　创建新文件

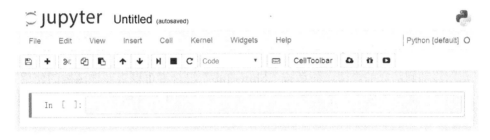

图 2.15　Jupyter 编译界面

单击"Untitled"的位置可以修改文件名，如图 2.16 所示。

图 2.16　Jupyter 修改文件名

然后就可以开始编程了，按照惯例，我们先来写一个"hello world"，写完之后，按"Shift+Enter"组合键执行程序，按住"Shift"键不要放手，然后按"Enter"，如图 2.17 所示。

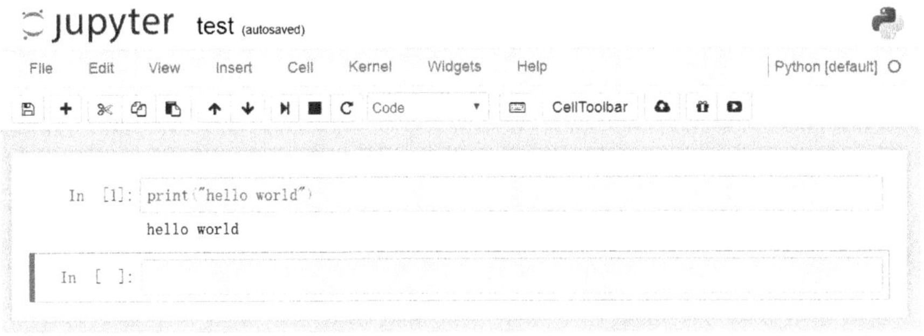

图 2.17　执行 hello world

一个框内可以执行多行代码，如图 2.18 所示。

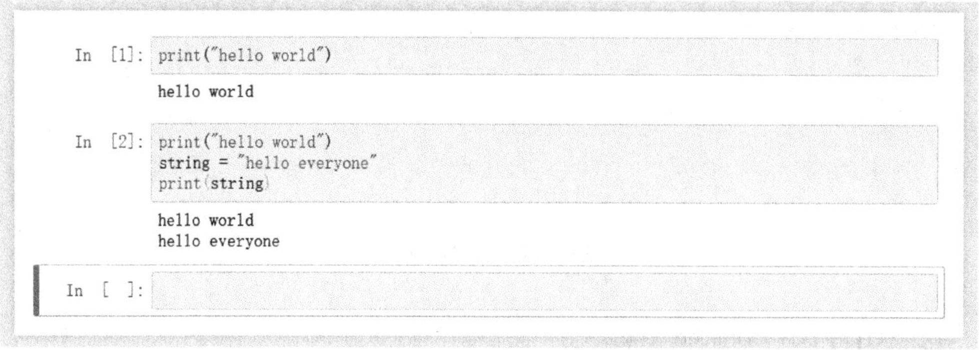

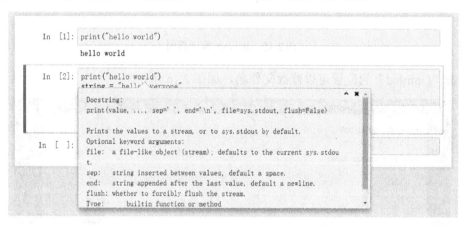

图 2.18　执行多行代码

把光标移动到函数的内部，然后按"Shift+Tab"组合键可以查看该函数的使用方法，先按住"Shift"键不要放手，然后按两下"Tab"键，如图 2.19 所示。

图 2.19　查看函数说明

Jupyter 还有很多神奇的用法，大家有兴趣可以去探索，这里就不过多介绍了。下一章我们将正式开始进入神经网络深度学习的大门。

第 3 章　单层感知器与线性神经网络

本章将要学习的主要内容是神经网络算法的基础——单层感知器和人工神经网络（ANN）。实际上，单层感知器、人工神经网络的设计是从生物体的神经网络结构获得灵感的。模仿生物神经网络，我们构造出了单层感知器，在单层感知器的基础上经过不断的优化才得到了后来的神经网络算法。

3.1　生物神经网络

生物神经网络一般是指由生物的大脑神经元和细胞等组成的网络，用于产生生物的意识，帮助生物进行思考和行动。

神经细胞是构成神经系统的基本单元，简称为神经元。如图 3.1 所示，神经元主要由 3 部分构成：细胞体；轴突；树突。

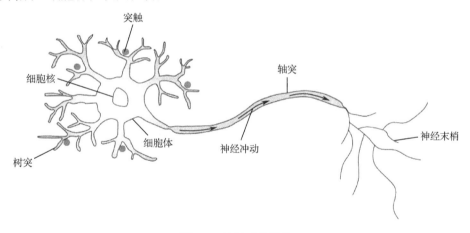

图 3.1　神经元的结构

每个神经元伸出的突起分两种，即树突和轴突。树突分支比较多，每个分支还可以再分支，长度一般比较短，作用是接收信号；轴突只有一个，从细胞体的一个凸出部分伸出，长度一般比较长，作用是把从树突和细胞表面传入细胞体的神经信号传出到其他神经元。轴突的末端分为许多小支，连接到其他神经元的树突上。

大脑可视作由 1000 多亿神经元组成的神经网络。神经元的信息传递和处理是一种电化学活动。树突由于电化学作用接受外界的刺激，通过胞体内的活动体现为轴突电位。当轴突电位达到一定的值时，则形成神经脉冲或动作电位，然后通过轴突末梢传递给其他的神经元。从控制论的观点来看，这一过程可以看作一个多输入单输出非线性系统的动态过程。

3.2 单层感知器

3.2.1 单层感知器介绍

受到生物神经网络的启发，计算机学家弗兰克·罗森布拉特（Frank Rosenblatt）在 20 世纪 60 年代提出了一种模拟生物神经网络的的人工神经网络结构，称为感知器（Perceptron）。图 3.2 为单层感知器的结构。

图 3.2 中，x_1、x_2 和 x_3 为输入信号，类似于生物神经网络中的树突；w_1、w_2 和 w_3 分别为 x_1、x_2 和 x_3 的权值，它可以调节输入信号的大小，让输入信号变大（$w>0$）、不变（$w=0$）或者减小（$w<0$）。可以理解为生物神经网络中的信号作用，信号经过树突传递到细胞核的过程中信号会发生变化。

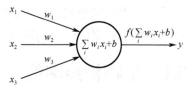

图 3.2 单层感知器的结构

公式 $\sum_i(w_i x_i)+b$ 表示细胞的输入信号在细胞核的位置进行汇总 $\sum_i w_i x_i$，然后再加上该细胞本身自带的信号 b。b 一般称为**偏置值（Bias）**，相当于是神经元内部自带的信号。

$f(x)$ 称为激活函数，可以理解为信号在轴突上进行的线性或非线性变化。在单层感知器中最开始使用的激活函数是 $\text{sign}(x)$ 激活函数。该函数的特点是当 $x>0$ 时，输出值为 1；当 $x=0$ 时，输出值为 0；当 $x<0$ 时，输出值为 -1。$\text{sign}(x)$ 函数如图 3.3 所示。

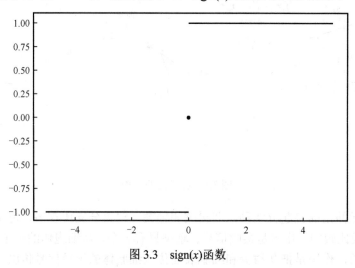

图 3.3 sign(x)函数

y 就是 $f\left(\sum_i(w_i x_i)+b\right)$，为单层感知器的输出结果。

3.2.2 单层感知器计算举例

假如一个单层感知器有 3 个输入：x_1、x_2 和 x_3，同时已知 $b=-0.6$，$w_1=w_2=w_3=0.5$，那么根据单层感知器的计算公式 $f\left(\sum_i(w_i x_i)+b\right)$ 我们就可以得到如图 3.4 所示的计算结果。

x_1	x_2	x_3	y
0	0	0	-1
0	0	1	-1
0	1	0	-1
0	1	1	1
1	0	0	-1
1	0	1	1
1	1	0	1
1	1	1	1

图 3.4 单层感知器的计算

$x_1=0, x_2=0, x_3=0$: $\text{sign}(0.5\times0+0.5\times0+0.5\times0-0.6)=-1$
$x_1=0, x_2=0, x_3=1$: $\text{sign}(0.5\times0+0.5\times0+0.5\times1-0.6)=-1$
$x_1=0, x_2=1, x_3=0$: $\text{sign}(0.5\times0+0.5\times1+0.5\times0-0.6)=-1$
$x_1=0, x_2=1, x_3=1$: $\text{sign}(0.5\times0+0.5\times1+0.5\times1-0.6)=1$
$x_1=1, x_2=0, x_3=0$: $\text{sign}(0.5\times1+0.5\times0+0.5\times0-0.6)=-1$
$x_1=1, x_2=0, x_3=1$: $\text{sign}(0.5\times1+0.5\times0+0.5\times1-0.6)=1$
$x_1=1, x_2=1, x_3=0$: $\text{sign}(0.5\times1+0.5\times1+0.5\times0-0.6)=1$
$x_1=1, x_2=1, x_3=1$: $\text{sign}(0.5\times1+0.5\times1+0.5\times1-0.6)=1$

3.2.3 单层感知器的另一种表达形式

单层感知器的另一种表达形式如图 3.5 所示。

其实这种表达形式跟 3.2.1 小节中的单层感知器是一样的,只不过是把偏置值 b 变成了输入 $w_0 \times x_0$,其中 $x_0=1$。所以 $w_0 \times x_0$ 实际上就是 w_0,把 $\sum_i (w_i x_i)$ 公式展开得到 $w_1 \times x_1 + w_2 \times x_2 + w_3 \times x_3 + w_0$。所以这两个单层感知器的表达不一样,但是计算结果是一样的。图 3.5 所示的表达形式更加简洁,更适合使用矩阵来进行运算。

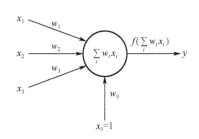

图 3.5 单层感知器的另一种表达形式

3.3 单层感知器的学习规则

3.3.1 单层感知器的学习规则介绍

感知器的学习规则就是指感知器中的权值参数训练的方法,本小节我们暂时先不解释这个学习规则是怎么推导出来的,等第 4 章我们讲到 Delta 学习规则的时候再来解释感知器的学习规则是如何推导的。这里我们可以先接受下面的公式即可。

在 3.2.3 小节中我们已知单层感知器的表达式可以写成

$$y = f\left(\sum_{i=0}^{n}(w_i x_i)\right) \qquad (3.1)$$

式（3.1）中：y 表示感知器的输出；f 是 sign 激活函数；n 是输入信号的个数。

$$\Delta w_i = \eta(t-y)x_i \qquad (3.2)$$

式（3.2）中，Δw_i 表示第 i 个权值的变化；η 表示**学习率（Learning Rate）**，用来调节权值变化的大小；t 是正确的标签（Target）。

因为单层感知器的激活函数为 sign 函数，所以 t 和 y 的取值都为±1。

$t=y$ 时，Δw_i 为 0；$t=1$，$y=-1$ 时，Δw_i 为 $2x_i\eta$；$t=-1$，$y=1$ 时，Δw_i 为 $-2x_i\eta$。由式（3.2）可以推出：

$$\Delta w_i = \pm 2\eta x_i \qquad (3.3)$$

权值的调整公式为

$$w_i := w_i + \Delta w_i \qquad (3.4)$$

3.3.2 单层感知器的学习规则计算举例

假设有一个单层感知器如图 3.2 所示，输入 $x_0=1$、$x_1=0$ 和 $x_2=-1$，权值 $w_0=-5$、$w_1=0$ 和 $w_2=0$，学习率 $\eta=1$，正确的标签 $t=1$（注意，在这个例子中，偏置值 b 用 $w_0 \times x_0$ 来表示，x_0 的值固定为 1）。

Step1：计算感知器的输出。

$$\begin{aligned}
y &= f\left(\sum_{i=0}^{n}(w_i x_i)\right) \\
&= \text{sign}(-5 \times 1 + 0 \times 0 + 0 \times (-1) + 0) \\
&= \text{sign}(-5) \\
&= -1
\end{aligned}$$

由于 $y=-1$ 与正确的标签 $t=1$ 不相同，所以需要对感知器中的权值进行调节。

$$\begin{aligned}
\Delta w_0 &= \eta(t-y)x_0 = 1 \times (1+1) \times 1 = 2 \\
\Delta w_1 &= \eta(t-y)x_1 = 1 \times (1+1) \times 0 = 0 \\
\Delta w_2 &= \eta(t-y)x_2 = 1 \times (1+1) \times (-1) = -2 \\
w_0 &:= w_0 + \Delta w_0 = -5 + 2 = -3 \\
w_1 &:= w_1 + \Delta w_1 = 0 + 0 = 0 \\
w_2 &:= w_2 + \Delta w_2 = 0 - 2 = -2
\end{aligned}$$

Step2：重新计算感知器的输出。

$$\begin{aligned}
y &= f\left(\sum_{i=0}^{n}(w_i x_i)\right) \\
&= \text{sign}(-3 \times 1 + 0 \times 0 + (-2) \times (-1) + 0) \\
&= \text{sign}(-1) \\
&= -1
\end{aligned}$$

由于 $y=-1$ 与正确的标签 $t=1$ 不相同，所以需要对感知器中的权值进行调节。

$$\begin{aligned}
\Delta w_0 &= \eta(t-y)x_0 = 1 \times (1+1) \times 1 = 2 \\
\Delta w_1 &= \eta(t-y)x_1 = 1 \times (1+1) \times 0 = 0
\end{aligned}$$

$$\Delta w_2 = \eta(t-y)x_2 = 1 \times (1+1) \times (-1) = -2$$
$$w_0 := w_0 + \Delta w_0 = -3 + 2 = -1$$
$$w_1 := w_1 + \Delta w_1 = 0 + 0 = 0$$
$$w_2 := w_2 + \Delta w_2 = -2 - 2 = -4$$

Step3：重新计算感知器的输出。
$$y = f\left(\sum_{i=0}^{n}(w_i x_i)\right)$$
$$= \text{sign}(-1 \times 1 + 0 \times 0 + (-4) \times (-1) + 0)$$
$$= \text{sign}(3)$$
$$= 1$$

由于 $y=1$ 与正确的标签 $t=1$ 相同，说明感知器经过训练后得到了我们想要的结果，这样我们就可以结束训练了。

如果将上面的例子写成 Python 程序，则可以得到代码 3-1。

代码 3-1：单层感知器学习规则计算举例

```python
# 导入numpy 科学计算包
import numpy as np
# 定义输入
x0 = 1
x1 = 0
x2 = -1
# 定义权值
w0 = -5
w1 = 0
w2 = 0
# 定义正确的标签
t = 1
# 定义学习率 lr(learning rate)
lr = 1
# 定义偏置值
b = 0
# 循环一个比较大的次数，如100
for i in range(100):
    # 打印权值
    print(w0,w1,w2)
    # 计算感知器的输出
    y = np.sign(w0 * x0 + w1 * x1 + w2*x2)
    # 如果感知器的输出不等于正确的标签
    if(y != t):
        # 更新权值
        w0 = w0 + lr * (t-y) * x0
        w1 = w1 + lr * (t-y) * x1
        w2 = w2 + lr * (t-y) * x2
    # 如果感知器的输出等于正确的标签
    else:
        # 训练结束
        print('done')
        # 退出循环
        break
```

运行结果如下:

```
-5 0 0
-3 0 -2
-1 0 -4
done
```

下面我们还可以用矩阵运算的方式来完成同样的计算,代码 3-2 为以矩阵运算的方式来进行单层感知器学习规则的计算。

代码 3-2:单层感知器学习规则计算举例(矩阵计算)

```
# 导入 numpy 科学计算包
import numpy as np
# 定义输入,用大写字母表示矩阵
# 一般我们习惯用一行表示一个数据,如果存在多个数据,则用多行来表示
X = np.array([[1,0,-1]])
# 定义权值,用大写字母表示矩阵
# 神经网络中权值的定义可以参考神经网络输入和输出神经元的个数
# 本例子中,输入神经元的个数为 3 个,输出神经元的个数为 1 个,所以可以定义 3 行 1 列的矩阵
W = np.array([[-5],
              [0],
              [0]])
# 定义正确的标签
t = 1
# 定义学习率 lr(learning rate)
lr = 1
# 定义偏置值
b = 0
# 循环一个比较大的次数,如 100
for i in range(100):
    # 打印权值
    print(W)
    # 计算感知器的输出,np.dot 可以看作矩阵乘法
    y = np.sign(np.dot(X,W))
    # 如果感知器的输出不等于正确的标签
    if(y != t):
        # 更新权值
        # X.T 表示 X 矩阵的转置
        # 这里一个步骤可以完成代码 3-1 中下面 3 行代码完成的事情:
        # w0 = w0 + lr * (t-y) * x0
        # w1 = w1 + lr * (t-y) * x1
        # w2 = w2 + lr * (t-y) * x2
        W = W + lr * (t - y) * X.T
    # 如果感知器的输出等于正确的标签
    else:
        # 训练结束
        print('done')
        # 退出循环
        break
```

运行结果如下:

```
[[-5]
 [ 0]
 [ 0]]
[[-3]
 [ 0]
 [-2]]
[[-1]
 [ 0]
 [-4]]
done
```

3.4 学习率

学习率是人为设定的一个超参数，主要是在训练阶段用来控制模型参数调整的快慢。关于学习率，主要有 3 个要点需要注意：

（1）学习率 η 的取值范围一般为 0~1；

（2）学习率太大，容易造成权值调整不稳定；

（3）学习率太小，模型参数调整太慢，迭代次数太多。

你可以想象一下在洗热水澡的时候：如果每次调节的幅度很大，那水温不是太热，就是太冷，很难得到一个合适的水温；如果一开始的时候水很冷，每次调节的幅度都非常小，那么需要调节很多次，花很长时间才能得到一个合适的水温。学习率的调整也是这样一个道理。图 3.6 表示不同大小的学习率对模型训练的影响。

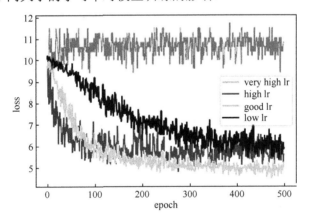

图 3.6　不同大小的学习率对模型训练的影响

图 3.6 中的纵坐标 **loss** 代表**代价函数**（**Loss Function**），在后面的章节中有更详细的介绍，这里我们可以把它近似理解为模型的预测值与真实值之间的误差。我们训练模型的主要目的就是为了降低 loss 值，减少模型的预测值与真实值之间的误差。横坐标 **epoch** 代表模型的**迭代周期**，把所有的训练数据都训练一遍可以称为迭代了一个周期。

从图 3.6 中我们可以看到，如果使用非常大的学习率（very high lr）来训练模型，loss 会一直处于一个比较大的位置，模型不能收敛，这肯定不是我们想要的结果。如果使用比较大的学习率（high lr）来训练模型，loss 会下降很快，但是最终不能得到比较小的 loss，所以结果也不理想。如果使用比较小的学习率（low lr）来训练模型，模型收敛的速度会很慢，模型需要等待很长时间才能收敛。最理想的结果是使用合适的学习率（good lr）来训练模型，使用合适的学习率，模型的 loss 会下降得比较快，并且最后的 loss 也能够下降到一个比较小的位置，结果最理想。

看到这里大家可能会有一个疑问，学习率的值到底取多少比较合适？这个问题其实是没有明确答案的，需要根据建模的经验和测试才能找到合适的学习率。但学习率的选择也有一些小的技巧（Trick）可以使用，比如说最开始我们设置一个学习率为 0.01，经过测试，我们发现学习率太小了，需要调大一点，那么我们可以改成 0.03。如果 0.03 还需要调大，我们可以调到 0.1。同理，如果 0.01 太大了，需要调小，那么我们可以调到 0.003。如果 0.003 还需要调小，我们可以调到 0.001。所以常用的学习率可以选择：

$$1, 0.3, 0.1, 0.03, 0.01, 0.003, 0.001, 0.0003, 0.0001 ...$$

当然，这也不是绝对的，其他的学习率的取值你也可以去尝试。

3.5 模型的收敛条件

通常模型的收敛条件可以有以下 3 个：
（1）loss 小于某个预先设定的较小的值；
（2）两次迭代之间权值的变化已经很小了；
（3）设定最大迭代次数，当迭代次数超过最大迭代次数时停止。

第 1 个条件很容易理解，模型的训练目的就是为了减小 loss，那么我们可以设定一个比较小的数值，每一次训练的时候，我们都同时计算一下 loss 的大小，当 loss 小于某个预先设定的阈值时，就可以认为模型收敛了，那么就可以结束训练。

第 2 个条件的意思是，每一次训练我们可以记录模型权值的变化，如果我们发现两次迭代之间模型的权值变化已经很小了，则说明模型已经几乎不需要做权值的调整了，那么就可以认为模型收敛，可以结束训练。

第 3 个条件是用得最多的方式。我们可以预先设定一个比较大的模型迭代周期，如迭代 100 次，或者 10000 次，或者 1000000 次等（需要根据实际情况来选择）。模型完成规定次数的训练之后，我们就可以认为模型训练完毕。如果达到我们设置的训练次数以后我们发现模型还没有训练好，那我们可以继续增加训练次数，让模型继续训练就可以了。

3.6 模型的超参数和参数的区别

模型的**超参数**（Hyperparameters）是机器学习或者深度学习中经常用到的一个概念，我们可以认为其是根据经验来人为设置的一些与模型相关的参数。比如说前面提到的学习率，学习率需要根据经验来人为设置。比如模型的迭代次数，也是需要在模型训练之前预先进行人为设置。

而前面提到的权值和偏置值则是**参数**（Parameters），一般指的是模型中需要训练的变量。我们会给权值和偏置值进行初始化，随机赋值。模型在训练的过程中会不断调节这些参数，进行模型优化。

3.7 单层感知器分类案例

题目：假设我们有 4 个 2 维的数据，数据的特征分别是(3,3),(4,3),(1,1),(2,1)。(3,3)和(4,3)这两个数据的标签为 1，(1,1)和(2,1)这两个数据的标签为-1。构建神经网络来进行分类。

思路：我们要分类的数据是二维数据，所以只需要 2 个输入节点（一般输入数据有几个特征，我们就设置几个输入神经元），我们可以把神经元的偏置值也设置成一个输入节点，使用 3.2.3 小节中的方式，这样我们需要 3 个输入节点。

输入数据有 4 个：(1,3,3),(1,4,3),(1,1,1),(1,2,1)。

数据对应的标签：(1,1,-1,-1)。

初始化权值 w_1,w_2,w_3：取 0~1 的随机数。

学习率 lr（learning rate）：设置为 0.1。

激活函数：sign 函数。

我们可以构建一个如图 3.7 所示的单层感知器。

如代码 3-3 所示为单层感知器应用案例。

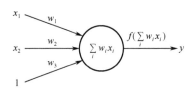

图 3.7 单层感知器

代码 3-3：单层感知器应用案例

```python
import numpy as np
import matplotlib.pyplot as plt
# 定义输入，我们习惯上用一行代表一个数据
X = np.array([[1,3,3],
              [1,4,3],
              [1,1,1],
              [1,2,1]])
# 定义标签，我们习惯上用一行表示一个数据的标签
T = np.array([[1],
              [1],
              [-1],
              [-1]])

# 权值初始化，3 行 1 列
# np.random.random 可以生成 0~1 的随机数
W = np.random.random([3,1])
# 学习率设置
lr = 0.1
# 神经网络的输出
Y = 0

# 更新一次权值
def train():
    # 使用全局变量 W
    global W
    # 同时计算 4 个数据的预测值
    # Y 的形状为(4,1)-4 行 1 列
    Y = np.sign(np.dot(X,W))
    # T - Y 得到标签值与预测值的误差 E，其形状为(4,1)
    E = T - Y
```

```python
# X.T 表示 X 的转置矩阵,形状为(3,4)
# 我们一共有 4 个数据,每个数据 3 个值。定义第 i 个数据的第 j 个特征值为 xij
# 如第 1 个数据的第 2 个特征值为 x12
# X.T.dot(T - Y)为一个 3 行 1 列的数据
# 第 1 行等于: x00×e0+x10×e1+x20×e2+x30×e3,它会调整第 1 个神经元对应的权值
# 第 2 行等于: x01×e0+x11×e1+x21×e2+x31×e3,它会调整第 2 个神经元对应的权值
# 第 3 行等于: x02×e0+x12×e1+x22×e2+x32×e3,它会调整第 3 个神经元对应的权值
# X.shape 表示 X 的形状,X.shape[0]得到 X 的行数,表示有多少个数据
# X.shape[1]得到的列数,表示每个数据有多少个特征值
# 这里的公式跟式(3.2)看起来有些不同,原因是这里的计算是矩阵运算,式(3.2)是单个元素的
    计算。如果在草稿上仔细推算,则你会发现它们的本质是一样的
    delta_W = lr * (X.T.dot(E)) / X.shape[0]
    W = W + delta_W
# 训练 100 次
for i in range(100):
    # 更新一次权值
    train()
    # 打印当前训练次数
    print('epoch:',i + 1)
    # 打印当前权值
    print('weights:',W)
    # 计算当前输出
    Y = np.sign(np.dot(X,W))
    # .all()表示 Y 中的所有值跟 T 中的所有值都对应相等时结果才为真
    if(Y == T).all():
        print('Finished')
        # 跳出循环
        break


#————————以下为画图部分————————#
# 正样本的 x、y 坐标
x1 = [3,4]
y1 = [3,3]
# 负样本的 x、y 坐标
x2 = [1,2]
y2 = [1,1]


# 计算分类边界线的斜率和截距
# 神经网络的信号总和为 w0×x0+w1×x1+w2×x2
# 当信号总和大于 0 时经过激活函数,模型的预测值会得到 1
# 当信号总和小于 0 时经过激活函数,模型的预测值会得到-1
# 所以,当信号总和 w0×x0+w1×x1+w2×x2=0 时,其为分类边界线表达式
# 我们在画图的时候,把 x1, x2 分别看作平面坐标系中的 x 和 y
# 可以得到: w0 + w1×x + w2 × y = 0
# 经过通分: y = -w0/w2 - w1×x/w2,因此可以得到:
k = - W[1] / W[2]
d = -W[0] / W[2]
# 设定两个点
xdata = (0,5)
# 通过两个点来确定一条直线,用红色的线画出分界线
plt.plot(xdata,xdata * k + d,'r')
# 用蓝色的点画出正样本
```

```
plt.scatter(x1,y1,c='b')
# 用黄色的点画出负样本
plt.scatter(x2,y2,c='y')
# 显示图案
plt.show()
```

运行结果如下：

```
epoch: 1
weights: [[0.83669451]
 [0.58052698]
 [0.25564497]]
epoch: 2
weights: [[0.73669451]
 [0.43052698]
 [0.15564497]]
epoch: 3
weights: [[0.63669451]
 [0.28052698]
 [0.05564497]]
……
epoch: 16
weights: [[-0.01330549]
 [0.13052698]
 [0.20564497]]
epoch: 17
weights: [[-0.11330549]
 [-0.01947302]
 [ 0.10564497]]
Finished
```

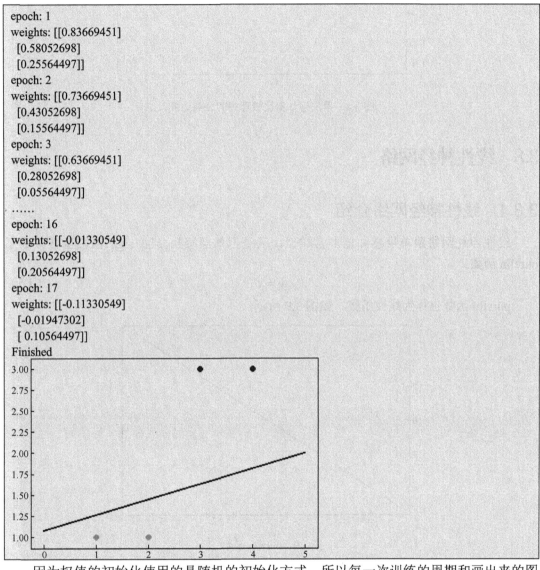

因为权值的初始化使用的是随机的初始化方式，所以每一次训练的周期和画出来的图可能都是不一样的。这里我们可以看到单层感知器的一个问题，虽然单层感知器可以顺利地完成分类任务，但是使用单层感知器来做分类的时候，最后得到的分类边界距离某一个类别比较近，而距离另一个类别比较远，并不是一个特别理想的分类效果。图 3.8 中的分类效果应该才是比较理想的分类效果，分界线在两个类别比较中间的位置。

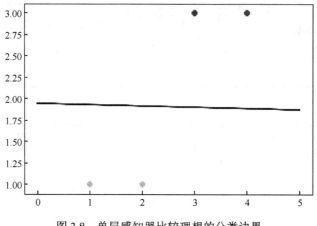

图 3.8 单层感知器比较理想的分类边界

3.8 线性神经网络

3.8.1 线性神经网络介绍

线性神经网络跟单层感知器非常类似，只是把单层感知器的 sign 激活函数改成了 purelin 函数：

$$y = x \tag{3.5}$$

purelin 函数也称为线性函数，如图 3.9 所示。

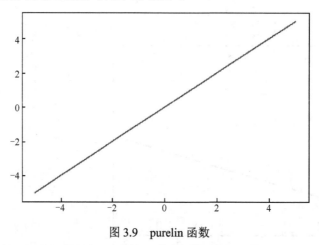

图 3.9 purelin 函数

3.8.2 线性神经网络分类案例

参考"单层感知器案例"，我们这次使用线性神经网络来完成相同的任务。线性神经网络的程序跟单层感知器的程序非常相似，大家可以思考一下需要修改哪些地方。

大家可以仔细阅读代码 3-4，找到修改了的部分。

代码 3-4：线性神经网络案例

```
import numpy as np
```

```python
import matplotlib.pyplot as plt
# 定义输入，我们习惯上用一行代表一个数据
X = np.array([[1,3,3],
              [1,4,3],
              [1,1,1],
              [1,2,1]])
# 定义标签，我们习惯上用一行表示一个数据的标签
T = np.array([[1],
              [1],
              [-1],
              [-1]])

# 权值初始化，3 行 1 列
# np.random.random 可以生成 0~1 的随机数
W = np.random.random([3,1])
# 学习率设置
lr = 0.1
# 神经网络的输出
Y = 0

# 更新一次权值
def train():
    # 使用全局变量 W
    global W
    # 同时计算 4 个数据的预测值
    # Y 的形状为(4,1)-4 行 1 列
    Y = np.dot(X,W)
    # T - Y 得到标签值与预测值的误差 E, 其形状为(4,1)
    E = T - Y
    # X.T 表示 X 的转置矩阵, 形状为(3,4)
    # 我们一共有 4 个数据，每个数据 3 个值。定义第 i 个数据的第 j 个特征值为 xij
    # 如第 1 个数据的第 2 个特征值为 x12
    # X.T.dot(T - Y)为一个 3 行 1 列的数据
    # 第 1 行等于：x00×e0+x10×e1+x20×e2+x30×e3, 它会调整第 1 个神经元对应的权值
    # 第 2 行等于：x01×e0+x11×e1+x21×e2+x31×e3, 它会调整第 2 个神经元对应的权值
    # 第 3 行等于：x02×e0+x12×e1+x22×e2+x32×e3, 它会调整第 3 个神经元对应的权值
    # X.shape 表示 X 的形状，X.shape[0]得到 X 的行数，表示有多少个数据
    # X.shape[1]得到的列数，表示每个数据有多少个特征值
    # 这里的公式跟式（3.2）看起来有些不同，原因是这里的计算是矩阵运算，式（3.2）是单个元素的
    #   计算。如果在草稿上仔细推算，你会发现它们的本质是一样的
    delta_W = lr * (X.T.dot(E)) / X.shape[0]
    W = W + delta_W
# 训练 100 次
for i in range(100):
    #更新一次权值
    train()

#————————————以下为画图部分——————————#
# 正样本的 x、y 坐标
x1 = [3,4]
y1 = [3,3]
# 负样本的 x、y 坐标
```

```
x2 = [1,2]
y2 = [1,1]

# 计算分类边界线的斜率和截距
# 神经网络的信号总和为 w0×x0+w1×x1+w2×x2
# 当信号总和大于 0 时，经过激活函数，模型的预测值会得到 1
# 当信号总和小于 0 时，经过激活函数，模型的预测值会得到-1
# 所以当信号总和 w0×x0+w1×x1+w2×x2=0 时，其为分类边界线表达式
# 我们在画图的时候把 x1, x2 分别看作平面坐标系中的 x 和 y
# 可以得到：w0 + w1×x + w2 × y = 0
# 经过通分：y = -w0/w2 - w1×x/w2, 因此可以得到：
k = - W[1] / W[2]
d = -W[0] / W[2]
# 设定两个点
xdata = (0,5)
# 通过两个点来确定一条直线，用红色的线画出分界线
plt.plot(xdata,xdata * k + d,'r')
# 用蓝色的点画出正样本
plt.scatter(x1,y1,c='b')
# 用黄色的点画出负样本
plt.scatter(x2,y2,c='y')
# 显示图案
plt.show()
```

运行结果如下：

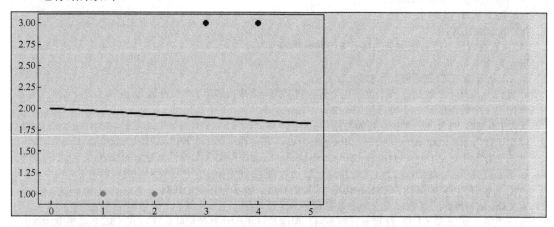

线性神经网络的程序有两处对单层感知器程序进行了修改。

第一处是在 train()函数中，将"Y = np.sign(np.dot(X,W))"改成了"Y = np.dot(X,W)"。因为线性神经网络的激活函数是 $y=x$，所以这里就不需要"np.sign()"了。

第二处是在 for i in range(100)中，把原来的：

```
# 训练 100 次
for i in range(100):
    #更新一次权值
    train()
    # 打印当前训练次数
    print('epoch:',i + 1)
    # 打印当前权值
```

```
print('weights:',W)
# 计算当前输出
Y = np.sign(np.dot(X,W))
# .all()表示 Y 中的所有值跟 T 中的所有值都对应相等时结果才为真
if(Y == T).all():
    print('Finished')
    # 跳出循环
    break
```

改成了：

```
# 训练 100 次
for i in range(100):
    #更新一次权值
    train()
```

在单层感知器中，当 $y=t$ 时，Δw 就会为 0，模型训练就结束了，所以可以提前跳出循环。单层感知器使用的模型收敛条件是两次迭代模型的权值已经不再发生变化，此时则可以认为模型收敛。

而在线性神经网络中，y 会一直逼近 t 的值，但一般不会得到等于 t 的值，所以可以对模型不断进行优化。线性神经网络使用的模型收敛条件是设置一个最大迭代次数，当训练了一定次数后就可以认为模型收敛了。

对比单层感知器和线性神经网络所得到的结果，我们可以看得出线性神经网络所得到的结果会比单层感知器得到的结果更理想。但是线性神经网络也还不够优秀，当使用它处理非线性问题的时候，它就不能很好地完成工作了。

3.9 线性神经网络处理异或问题

首先我们先来回顾一下异或运算：
（1）0 与 0 异或等于 0；
（2）0 与 1 异或等于 1；
（3）1 与 0 异或等于 1；
（4）1 与 1 异或等于 0。
线性神经网络处理异或问题的代码如代码 3-5 所示。

代码 3-5：线性神经网络处理异或问题

```
import numpy as np
import matplotlib.pyplot as plt
# 输入数据
# 4 个数据分别对应 0 与 0 异或、0 与 1 异或、1 与 0 异或、1 与 1 异或
X = np.array([[1,0,0],
              [1,0,1],
              [1,1,0],
              [1,1,1]])
# 标签，分别对应 4 种异或情况的结果
# 注意，这里我们使用-1 作为负标签
T = np.array([[-1],
```

```python
                [1],
                [1],
                [-1]])

# 权值初始化，3 行 1 列
# np.random.random 可以生成 0～1 的随机数
W = np.random.random([3,1])

# 学习率设置
lr = 0.1
# 神经网络的输出
Y = 0

# 更新一次权值
def train():
    # 使用全局变量 W
    global W
    # 计算网络预测值
    Y = np.dot(X,W)
    # 计算权值的改变
    delta_W = lr * (X.T.dot(T - Y)) / X.shape[0]
    # 更新权值
    W = W + delta_W
# 训练 100 次
for i in range(100):
    #更新一次权值
    train()

#—————————以下为画图部分—————————#
# 正样本
x1 = [0,1]
y1 = [1,0]
# 负样本
x2 = [0,1]
y2 = [0,1]

#计算分界线的斜率和截距
k = - W[1] / W[2]
d = - W[0] / W[2]

# 设定两个点
xdata = (-2,3)
# 通过两个点来确定一条直线，用红色的线画出分界线
plt.plot(xdata,xdata * k + d,'r')
# 用蓝色的点画出正样本
plt.scatter(x1,y1,c='b')
# 用黄色的点画出负样本
plt.scatter(x2,y2,c='y')
# 显示图案
plt.show()
```

运行结果如下：

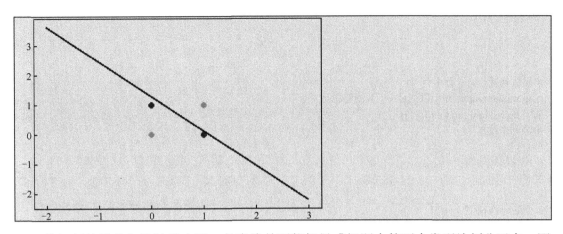

从运行结果我们能够看出用一条直线并不能把异或问题中的两个类别给划分开来,因为这是一个非线性的问题,所以可以使用非线性的方式来进行求解。其中一种方式就是我们可以给神经网络加入非线性的输入。代码 3-5 中的输入信号只有 3 个信号,即 x_0, x_1, x_2,我们可以利用这 3 个信号得到带有非线性特征的输入,即 $x_0, x_1, x_2, x_1 \times x_1, x_1 \times x_2, x_2 \times x_2$,其中 $x_1 \times x_1, x_1 \times x_2, x_2 \times x_2$ 为非线性特征。引入非线性输入的线性神经网络如图 3.10 所示。

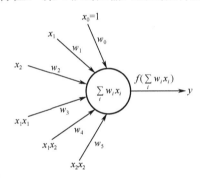

图 3.10 引入非线性输入的线性神经网络

线性神经网络引入非线性特征解决异或问题的代码如代码 3-6 所示。

代码 3-6:线性神经网络引入非线性特征解决异或问题

```
import numpy as np
import matplotlib.pyplot as plt
# 输入数据
# 原来 X 的 3 个特征分别为 x0、x1、x2
# X = np.array([[1,0,0],
#               [1,0,1],
#               [1,1,0],
#               [1,1,1]])
# 给网络输入非线性特征
# 现在 X 的 6 个特征分别为 x0、x1、x2、x1×x1、x1×x2、x2×x2
X = np.array([[1,0,0,0,0,0],
              [1,0,1,0,0,1],
              [1,1,0,1,0,0],
              [1,1,1,1,1,1]])
# 标签,分别对应 4 种异或情况的结果
```

```python
T = np.array([[-1],
              [1],
              [1],
              [-1]])
# 权值初始化，6 行 1 列
# np.random.random 可以生成 0~1 的随机数
W = np.random.random([6,1])
# 学习率设置
lr = 0.1
# 神经网络的输出
Y = 0

# 更新一次权值
def train():
    # 使用全局变量 W
    global W
    # 计算网络预测值
    Y = np.dot(X,W)
    # 计算权值的改变
    delta_W = lr * (X.T.dot(T - Y)) / X.shape[0]
    # 更新权值
    W = W + delta_W
# 训练 1000 次
for i in range(1000):
    #更新一次权值
    train()

# 计算模型预测结果并打印
Y = np.dot(X,W)
print(Y)

#——————————以下为画图部分——————————#
# 正样本
x1 = [0,1]
y1 = [1,0]
# 负样本
x2 = [0,1]
y2 = [0,1]

# 神经网络信号的总和为：w0x0+w1x1+w2x2+w3x1x1+w4x1x2+w5x2x2
# 当 w0x0+w1x1+w2x2+w3x1x1+w4x1x2+w5x2x2=0 时，其为分类边界线
# 其中 x0 为 1，我们可以把 x1, x2 分别看作平面坐标系中的 x 和 y
# 可以得到：w0 + w1x + w2y + w3xx + w4xy + w5yy = 0
# 通分可得：$w5y^2 + (w2+w4x)y + w0 + w1x + w3x^2 = 0$
# 其中 $a = w5, b = w2+w4x, c = w0 + w1x + w3x^2$
# 根据一元二次方程的求根公式：$ay^2+by+c=0$, $y=[-b\pm(b^2-4ac)^{\frac{1}{2}}]/2a$
def calculate(x,root):
    # 定义参数
    a = W[5]
    b = W[2] + x * W[4]
    c = W[0] + x * W[1] + x * x * W[3]
```

```
# 有两个根
if root == 1:
    return (- b + np.sqrt(b * b - 4 * a * c)) / (2 * a)
if root == 2:
    return (- b - np.sqrt(b * b - 4 * a * c)) / (2 * a)

# 从-1～2 之间均匀生成 100 个点
xdata = np.linspace(-1,2,100)
# 使用第一个求根公式计算出来的结果画出第一条红线
plt.plot(xdata,calculate(xdata,1),'r')
# 使用第二个求根公式计算出来的结果画出第二条红线
plt.plot(xdata,calculate(xdata,2),'r')
# 蓝色点表示正样本
plt.plot(x1,y1,'bo')
# 黄色点表示负样本
plt.plot(x2,y2,'yo')
# 绘图
plt.show()
```

运行结果如下：

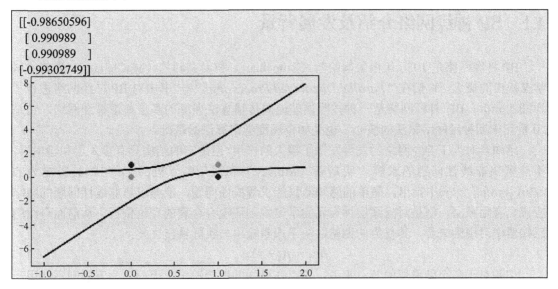

从输出的预测值中我们可以看出，预测值与真实标签的数值是非常接近的，几乎相等，说明预测值很符合我们想要的结果。而从输出图片中也能观察到两条曲线的内部是负样本所属的类别，两条曲线的外部是正样本所属的类别。这两条曲线很好地把两个类别区分开了。

线性神经网络可以通过引入非线性的输入特征来解决非线性问题，但这并不是一种非常好的解决方案。

下一章我们将介绍一种新的神经网络，即 BP 神经网络。通过学习 BP 神经网络，我们可以获得更好的解决问题的思路。

第 4 章　BP 神经网络

　　这一章可能是本书在数学上最难的一章，详细介绍了 BP（Back Propagation）算法的具体推导流程。BP 算法是神经网络深度学习中最重要的算法之一，了解 BP 算法可以让我们更理解神经网络深度学习模型优化训练的本质，属于内功修行的基础内容。

　　BP 算法的推导对于初学者来说，个人觉得可以作为选学的知识。如果大家的数学基础比较好，那么可以好好看一下本章的推导过程，为后面的学习打好基础。如果数学基础不是很好，这也是没关系的，我们可以先跳过该部分内容，大概知道它是神经网络深度学习的核心优化算法即可，并不会影响我们对后面知识的学习，也不会影响我们写程序做应用。我们在学习的过程中如果遇到困难，不要被它卡住，可以先暂时放一放，等自身积累足够多之后再回过头来看之前遇到的问题，或许就可以迎刃而解了。

4.1　BP 神经网络介绍及发展背景

　　BP 神经网络是 1986 年由鲁姆哈特（Rumelhart）和麦克利兰（McClelland）为首的科学家提出的概念，他们在"*Parallel Distributed Processing*"[1]一书中对 BP 神经网络进行了详细的分析。BP 神经网络是一种按照误差逆向传播算法训练的多层前馈神经网络，它是 20 世纪末期神经网络算法的核心，也是如今深度学习算法的基础。

　　感知器对人工神经网络的发展发挥了极大的作用，但是它的结构只有输入层和输出层，不能解决非线性问题的求解。明斯基（Minsky）和派珀特（Papert）在颇具影响力的"*Perceptron*"一书中指出，简单的感知器只能求解线性问题，能够求解非线性问题的网络应该具有隐藏层，但是对隐藏层神经元的学习规则还没有合理的理论依据。从前面介绍的感知器学习规则来看，其权值的调整取决于期望输出与实际输出之差：

$$\Delta w_i = \eta(t - y)x_i \tag{4.1}$$

但是对于各个隐藏层的节点来说，不存在已知的期望输出，因而该学习规则不能用于隐藏层的权值调整。

　　BP 算法的基本思想是：学习过程由信号的正向传播和误差的反向传播两个过程组成。

　　正向传播时，把样本的特征从输入层进行输入，信号经过各个隐藏层的处理后，最后从输出层传出。对于网络的实际输出与期望输出之间的误差，把误差信号从最后一层逐层反传，从而获得各个层的误差学习信号，然后再根据误差学习信号来修正各层神经元的权值。

　　这种信号正向传播与误差反向传播，然后各层调整权值的过程是周而复始地进行的。权值不断调整的过程，也就是网络学习训练的过程。进行此过程直到网络输出误差减小到预先设置的阈值以下，或者是超过预先设置的最大训练次数。

4.2 代价函数

代价函数也称为损失函数，英文称为 Loss Function 或 Cost Function，有些地方我们会看到使用 loss 表示代价函数的值，有些地方我们会看到用 cost 表示代价函数的值。为了统一规范，本书中我们统一使用代价函数这个名字，英文使用 loss。

代价函数并没有准确的定义，一般我们可以理解为是一个人为定义的函数，我们可以利用这个函数来优化模型的参数。最简单且常见的一个代价函数是**均方差**（**Mean-Square Error，MSE**）代价函数，也称为二次代价函数：

$$E = \frac{1}{2N}(T-Y)^2 = \frac{1}{2N}\sum_{i=1}^{N}(t_i - y_i)^2 \tag{4.2}$$

矩阵可以用大写字母来表示，这里的 T 表示真实标签，Y 表示网络输出，i 表示第 i 个数据。N 表示训练样本的个数（注意，这里的 N 是一个大于 0 的整数，不是矩阵）

T-Y 可以得到每个训练样本与真实标签的误差。误差的值有正有负，我们可以求平方，把所有的误差值都变成正的，然后除以 $2N$。这里的 2 没有特别的含义，主要是我们对均方差代价函数求导的时候，式（4.2）中的 2 次方的 2 可以跟分母中的 2 约掉，使得公式推导看起来更加整齐简洁。除以 N 表示求每个样本误差平均的平均值。

公式可以用矩阵形式来表达，也可以拆分为用 Σ 来累加各个训练样本的真实标签与网络输出的误差的平方。

4.3 梯度下降法

4.3.1 梯度下降法介绍

在求解机器学习算法的模型参数时，梯度下降法（Gradient Descent）是最常用的方法之一。在学习梯度下降法之前，我们先来了解一下**导数**（**Derivative**）、**偏导数**（**Partial Derivative**）、**方向导数**（**Directional Derivative**）和**梯度**（**Gradient**）的概念。

导数——导数的概念如图 4.1 所示。

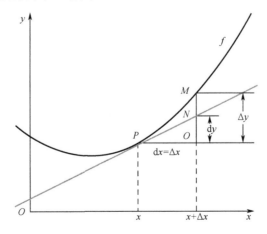

图 4.1 导数

导数的定义如下：

$$f'(x_0) = \lim_{\Delta x \to 0} \frac{\Delta y}{\Delta x} = \lim_{\Delta x \to 0} \frac{f(x_0 + \Delta x) - f(x_0)}{\Delta x} \quad (4.3)$$

（1） $f'(x_0)$ 表示函数 f 在 x_0 处的导数；

（2） Δx 表示 x 的变化量；

（3） $\Delta y : f(x_0 + \Delta x) - f(x_0)$ 表示函数的增量；

（4） $\lim_{\Delta x \to 0}$ 表示 Δx 趋近于 0；

（5） dx 表示 x 的变化量 Δx 趋近于 0；

（6） dy 表示 $f'(x_0)dx$。

总的来说，$f'(x_0)$ 反映的是函数 $y = f(x)$ 在 x 轴上的某一点处沿 x 轴正方向的变化率/变化趋势。也就是在 x 轴上的某一点，如果 $f'(x) > 0$，说明 $f(x)$ 的函数值在 x 点沿 x 轴正方向是趋向于增加的；如果 $f'(x) < 0$，说明 $f(x)$ 的函数值在 x 点沿 x 轴正方向是趋向于减小的。

偏导数——偏导数的定义如下：

$$\frac{\partial}{\partial x_i} f(x_0, x_1, \cdots, x_n) = \lim_{\Delta x \to 0} \frac{\Delta y}{\Delta x}$$
$$= \lim_{\Delta x \to 0} \frac{f(x_0, \cdots, x_i + \Delta x, \cdots, x_n) - f(x_0, \cdots, x_i, \cdots, x_n)}{\Delta x} \quad (4.4)$$

从式（4.3）和式（4.4）可以看到，导数与偏导数的本质是一致的，都是当自变量的变化量趋近于 0 时，函数值的变化量与自变量的变化量的比值的极限。直观地说，偏导数也就是函数在某一点上沿坐标轴正方向的变化率。

导数与偏导数的区别在于：导数，指的是在一元函数中，函数 $y = f(x)$ 在某一点处沿 x 轴正方向的变化率；偏导数，指的是在多元函数中，函数 $y = f(x_0, x_1, \cdots, x_n)$ 在某一点处沿某一坐标轴 $(x_0, x_1, \cdots, x_n)$ 正方向的变化率。

方向导数——方向导数的定义如下：

$$\frac{\partial}{\partial l} f(x_0, x_1, \cdots, x_n) = \lim_{\Delta \rho \to 0} \frac{\Delta y}{\Delta x}$$
$$= \lim_{\Delta \rho \to 0} \frac{f(x_0 + \Delta x_0, \cdots, x_i + \Delta x_i, \cdots, x_n + \Delta x_n) - f(x_0, \cdots, x_i, \cdots, x_n)}{\rho} \quad (4.5)$$

其中，$\rho = \sqrt{(\Delta x_0)^2 + \cdots + (\Delta x_i)^2 + \cdots + (\Delta x_n)^2}$；$l$ 表示某个方向。

在前面导数和偏导数的定义中，均是沿坐标轴正方向讨论函数的变化率。那么当我们讨论函数沿任意方向的变化率时，也就引出了方向导数的定义，即某一点在某一趋近方向上的导数值。

通俗的解释是：我们不仅要知道函数在坐标轴正方向上的变化率（偏导数），而且还要设法求得函数在其他特定方向上的变化率。而方向导数就是函数在其他特定方向上的变化率。

梯度——梯度的定义如下：

$$\mathrm{grad} f(x_0, x_1, \cdots, x_n) = \left(\frac{\partial f}{\partial x_0}, \cdots, \frac{\partial f}{\partial x_i}, \cdots, \frac{\partial f}{\partial x_n} \right) \quad (4.6)$$

对于 $f(x_0, \cdots, x_i, \cdots, x_n)$ 上的某一点来说，其存在很多个方向导数，梯度的方向是函数 $f(x_0, \cdots, x_i, \cdots, x_n)$ 在某一点增长最快的方向，梯度的模则是该点上方向导数的最大值，梯度的模等于：

$$|\mathrm{grad} f(x_0,x_1,\cdots,x_n)| = \sqrt{\left(\frac{\partial f}{\partial x_0}\right)^2 + \cdots + \left(\frac{\partial f}{\partial x_i}\right)^2 + \cdots + \left(\frac{\partial f}{\partial x_n}\right)^2} \tag{4.7}$$

这里注意 3 点：

（1）梯度是一个向量，既有方向，又有大小；
（2）梯度的方向是最大方向导数的方向；
（3）梯度的值是最大方向导数的值。

梯度下降法——既然在变量空间的某一点处，函数沿梯度方向具有最大的变化率，那么在优化代价函数的时候，就可以沿着**负梯度方向**去减小代价函数的值。计算过程可以描述如下。

Repeat{

$$x_0 = x_0 - \eta \frac{\partial f}{\partial x_0}$$

...

$$x_i = x_i - \eta \frac{\partial f}{\partial x_i}$$

...

$$x_n = x_n - \eta \frac{\partial f}{\partial x_n}$$

}

（1）Repeat 表示不断重复；
（2）$x = x - \eta \frac{\partial f}{\partial x}$ 表示参数调整；
（3）η 表示学习率。

4.3.2 梯度下降法二维例子

4.2 节中我们已经知道了代价函数的定义，代价函数的值越小，说明模型的预测值越接近真实标签的值。代价函数中的预测值 y 是跟神经网络中的参数 w 和 b 相关的。我们可以先考虑一个简单的情况，假如神经网络只有一个参数 w，参数 w 与代价函数 loss 的关系如图 4.2 所示。

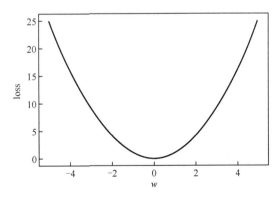

图 4.2　参数 w 与代价函数 loss 的关系

假设 w 的初始值是-3，我们需要使用梯度下降法来不断优化 w 的取值，使得 loss 不断减少。首先我们应该先计算 w=-3 时的梯度，如图 4.3 所示。

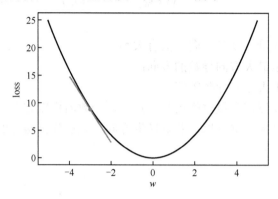

图 4.3　w 为-3 时的梯度

从图 4.3 中我们可以看出，当 w 为-3 时，w 所处位置的梯度应该是一个负数，梯度下降法在优化代价函数的时候，是沿着负梯度方向去减小代价函数的值的，所以负梯度是一个正数，w 的值应该变大。根据梯度下降法的优化公式：

$$w = w - \eta \frac{\partial f}{\partial w} \tag{4.8}$$

学习率 η 一般是一个大于 0 的数，$\frac{\partial f}{\partial w}$ 为负数，我们可以判断出 w 的值会变大。变大的数值跟学习率 η 有关，也跟函数 f 在 w 处的梯度大小有关。

假设 w 变大移动到了 w=2 的位置，我们需要再次计算 w=2 时的梯度，如图 4.4 所示。

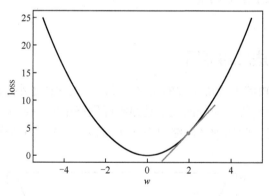

图 4.4　w 为 2 时的梯度

从图 4.4 中我们可以看出，当 w 为 2 时，w 所处位置的梯度应该是一个正数，梯度下降法在优化代价函数的时候，是沿着负梯度方向去减小代价函数的值的，所以负梯度是一个负数，w 的值应该变小。

学习率 η 一般是一个大于 0 的数，$\frac{\partial f}{\partial w}$ 为正数，我们可以判断出 w 的值会变小。变小的数值跟学习率 η 有关，也跟函数 f 在 w 处的梯度大小有关。

从图 4.3 和图 4.4 中我们可以发现，不管 w 处于哪一个位置，当 w 向着负梯度的方向进行移动时，实际上就是向着可以使 loss 减小的方向进行移动。这就有点类似一个小球在山坡上面，它总是往坡底的方向进行移动，只不过它每一次是移动一步，这个步子的大小会受到学习率和所处位置梯度的大小所影响。

4.3.3 梯度下降法三维例子

我们可以再考虑一个稍微复杂一点的情况，假如神经网络有两个参数 w_1 和 w_2，参数 w_1 和 w_2 与代价函数 loss 的关系如图 4.5 所示。

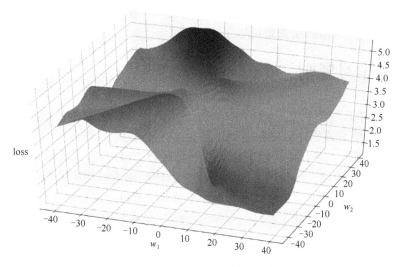

图 4.5 w_1 和 w_2 与代价函数 loss 的关系

我们在图中随机选取 w_1 和 w_2 的初始值 p_1 和 p_2，然后从 p_1 和 p_2 这两个初始位置开始使用梯度下降法优化网络参数，得到如图 4.6 所示的结果。

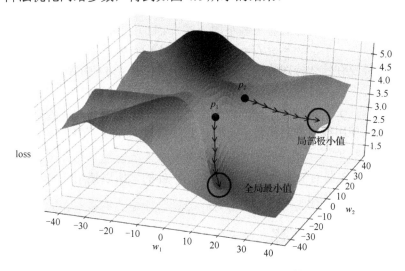

图 4.6 从 p_1 和 p_2 初始点开始优化网络

从图 4.6 中可以看到网络参数的优化过程其实就是 p_1 和 p_2 两个"小球"从初始点开始，每次移动一步，不断向坡底进行移动。在这个过程中，整个网络的 Loss 是在不断变小的。

同时我们还可以观察到一个现象，p_1"小球"最后走到了图 4.6 中的**全局最小值**（**Global**

Minimum），而 p_2 "小球" 最后走到的位置是一个**局部极小值**（**Local Minimum**）。说明我们在使用梯度下降法的时候，不同的初始值的选取可能会影响最后的结果，有些时候我们可以得到 Loss 的全局最小值，或者称为全局最优解。而有些时候，我们得到的结果可能是 Loss 的局部极小值，或者称为局部最优解。不同的权值初始值会得到不同的结果，这算是梯度下降法存在的一个缺点。

但大家不用太担心这个问题，一般实际模型训练的时候，局部极小值的情况不常出现。如果我们担心模型得到的结果是局部极小值，则可以让模型多训练几次，然后取最好的那一次的结果作为模型的最终结果就可以了。

4.4 Delta 学习规则

1986 年，认知心理学家麦克利（McClelland）和鲁姆哈特（Rumelhart）在神经网络训练中引入了 Delta 学习规则，该规则也可以称为连续感知器学习规则。

Delta 学习规则是一种利用梯度下降法的一般性的学习规则，其实就是利用梯度下降法来最小化代价函数。例如，代价函数为式（4.2）介绍的均方差代价函数，为了简单，我们只计算一个样本的均方差公式。如果是计算多个样本，可以求所有样本代价函数的平均值。一个样本的均方差公式定义如下：

$$E = \frac{1}{2}(\boldsymbol{T}-\boldsymbol{Y})^2 = \frac{1}{2}(t-y)^2 = \frac{1}{2}(t-f(\boldsymbol{WX}))^2 \tag{4.9}$$

误差 E 是 $\boldsymbol{W}$ 的函数，我们可以使用梯度下降法来最小化 E 的值，权值矩阵的变化 $\Delta \boldsymbol{W}$ 等于负的学习率（$-\eta$）乘以 E 对 $\boldsymbol{W}$ 进行求导：

$$\Delta \boldsymbol{W} = -\eta E' = \eta \boldsymbol{X}^{\mathrm{T}}(t-y)f'(\boldsymbol{WX}) = \eta \boldsymbol{X}^{\mathrm{T}}\delta \tag{4.10}$$

注意，这里的 $\boldsymbol{X}$ 和 $\boldsymbol{W}$ 都是矩阵，所以这里求导的时候是对矩阵 $\boldsymbol{W}$ 进行求导，矩阵求导的方式跟单个元素求导的方式有一些不同。式（4.11）是单个 w 元素的权值变化计算：

$$\Delta w_i = -\eta E' = \eta x_i(t-y)f'(\boldsymbol{WX}) = \eta x_i\delta \tag{4.11}$$

这里的 δ 符号没有什么特别的含义，就是用来替代 $(t-y)f'(\boldsymbol{WX})$。Δw_i 表示第 i 个权值的变化。

在上一章节中，关于单层感知器的权值变化公式是如何得到的还没有解释，这里我们可以看到，当我们使用线性激活函数 y=x 时，激活函数的导数 $f'(\boldsymbol{WX})=1$，所以：

$$\Delta w_i = -\eta E' = \eta x_i(t-y) \tag{4.12}$$

式（4.12）跟感知器的学习规则式（3.2）是一样的，所以使用 Delta 学习规则我们可以推导出感知器的学习规则。

4.5 常用激活函数讲解

神经网络的激活函数其实有很多种，在前面的章节中我们介绍过两种激活函数，即 sign 函数和 purelin 函数。sign 函数也称为符号函数，因为当 sign(x) 中的 x>0 时，函数结果为 1；sign(x) 中的 x<0 时，函数结果为-1。purelin 函数也称为线性函数，表达式为 y=x。这两种激活函数在处理复杂的非线性问题的时候都不能得到很好的结果，并且线性函数的分类边界也是线性的，所以不能区别非线性的复杂边界。例如，一条直线不能区分异或问题的两

个类别。下面我们介绍几个在 BP 神经网络中常用的非线性激活函数，即 **sigmoid 函数**、**tanh 函数**、**softsign 函数**和 **ReLU 函数**，使用这些非线性激活函数可以帮助我们解决复杂的非线性问题。

4.5.1　sigmoid 函数

sigmoid 函数——sigmoid 函数也称为**逻辑函数（Logical Function）**，函数的公式为

$$f(x) = \frac{1}{1+e^{-x}} \tag{4.13}$$

如图 4.7 所示。

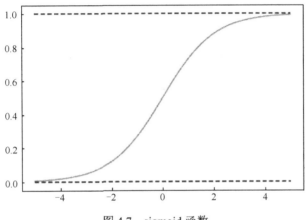

图 4.7　sigmoid 函数

从图 4.7 中，我们可以看出函数的取值范围为 0～1。当 x 趋向于 $-\infty$ 的时候，函数值趋向于 0；当 x 趋向于 $+\infty$ 的时候，函数值趋向于 1。

4.5.2　tanh 函数

tanh 函数——tanh 函数也称为**双曲正切函数**，函数的公式为

$$f(x) = \frac{e^x - e^{-x}}{e^x + e^{-x}} \tag{4.14}$$

如图 4.8 所示。

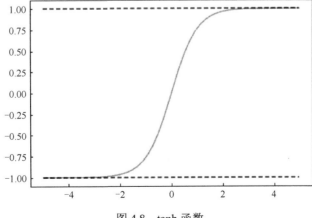

图 4.8　tanh 函数

从图 4.8 中我们可以看出函数的取值范围为-1～1。当 x 趋向于-∞的时候，函数值趋向于-1；当 x 趋向于+∞的时候，函数值趋向于 1。

4.5.3　softsign 函数

softsign 函数——softsign 函数的公式为

$$f(x) = \frac{x}{1+|x|} \tag{4.15}$$

如图 4.9 所示。

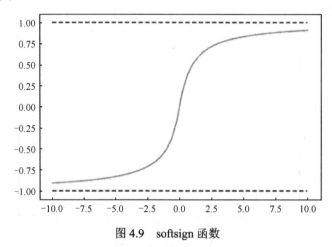

图 4.9　softsign 函数

从图 4.9 中我们可以看出函数的取值范围为-1～1。当 x 趋向于-∞的时候，函数值趋向于-1；当 x 趋向于+∞的时候，函数值趋向于 1。

我们可以通过图 4.10 对比一下这 3 个函数的区别。

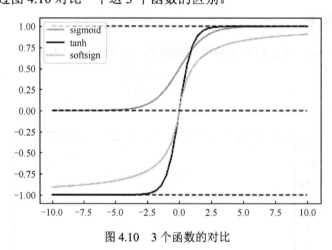

图 4.10　3 个函数的对比

从图 4.10 中我们可以看出这 3 个激活函数都是 S 形函数，形状相似，只不过 sigmoid 函数的取值范围是 0～1、tanh 函数和 softsign 函数的取值范围是-1～1。我们还可以观察到 softsign 函数相对于 tanh 函数而言，其过渡更加平滑。在 x 等于 0 附近的位置处，函数的数值改变更缓慢。

4.5.4 ReLU 函数

ReLU 函数最早源自 2011 年的论文"*Deep Sparse Rectifier Neural Networks*"[2],它是模拟生物神经元的激活函数设计出来的一个人工神经网络激活函数。图 4.11 为生物神经元放电曲线图。

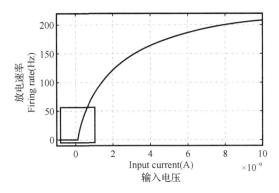

图 4.11　生物神经元放电曲线图[2]

从图 4.11 中我们可以看到,当输入电压不足时,生物神经元放电为 0,电压达到一定的阈值以后生物神经元才会开始放电,并且放电速率跟输入电压成正相关关系。

ReLU 函数——ReLU 函数的公式为

$$f(x) = \max(0, x) \tag{4.16}$$

如图 4.12 所示。

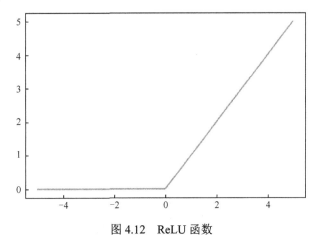

图 4.12　ReLU 函数

当 $x<0$ 时,$y=0$;当 $x>0$ 时,$y=x$。ReLU 的中文名称是校正线性单元,虽然在 $x<0$ 时函数是线性的、$x>0$ 时函数也是线性的,但是组合起来之后,函数就具有了非线性的特征。这种非线性的特征是怎么体现的呢?我们可以观察下面的一系列图片,首先看图 4.13。

图 4.13 使用的是 tanh 作为激活函数训练出来的分类模型,其实使用 sigmoid 或者 softsign 函数也可以得到类似结果。本文使用了带有 4 个隐藏层的神经网络训练出了这个模型,图 4.13 中有两个类别的数据,并且我们可以观察到一个类似椭圆形的分类边界把两个类别给区分开了。我们再观察图 4.14。

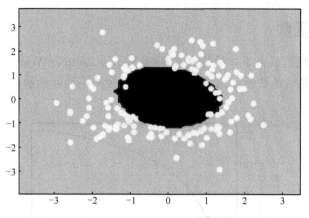

图 4.13 使用 tanh 函数作为激活函数的分类边界

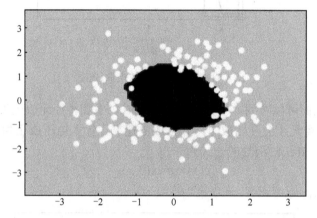

图 4.14 使用 ReLU 函数作为激活函数的分类边界（4 个隐藏层）

还是使用带有 4 个隐藏层的神经网络训练出了这个模型。从图 4.14 中我们可以发现，使用 ReLU 激活函数得到的分类边界跟使用 tanh 激活函数得到分类边界是差不多的，并不能看出 ReLU 函数的特点。同样的一个学习任务和数据，改变神经网络的层数，只使用 2 个隐藏层，依然使用 ReLU 激活函数，可以得到如图 4.15 所示的结果。

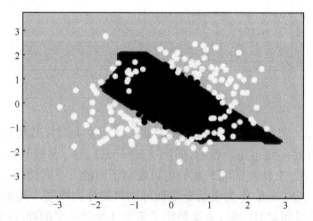

图 4.15 使用 ReLU 函数作为激活函数的分类边界（2 个隐藏层）

我们观察图 4.15 可以得到一些结论：

（1）我们可以发现 ReLU 激活函数所描绘出来的边界其实是一条一条的直线构成的，不存在曲线。图 4.14 中的边界看起来像一个椭圆，实际上它也是由一段一段很小的直线构成的。

（2）神经网络的层数会影响模型的拟合效果，层数越多，模型就可以拟合出更复杂的分类边界。

模型的拟合效果其实还跟其他一些因素相关，如每一层隐藏层的神经元越多，那么模型的拟合能力也就越强；模型训练的周期越多，模型的拟合能力就越强。关于模型拟合强弱的问题，在后面的章节中我们还会进一步讨论。

另外，我们再来看一下 ReLU 应用于回归预测时的特点，我们看一下图 4.16 和图 4.17。

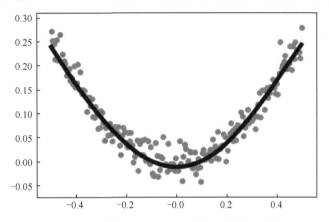

图 4.16　使用 tanh 激活函数训练的回归模型

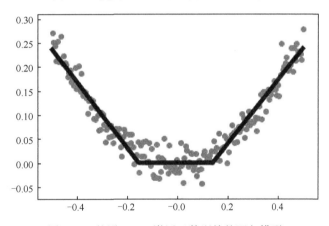

图 4.17　使用 ReLU 激活函数训练的回归模型

从图 4.16 和图 4.17 中我们发现了跟分类中类似的情况，tanh 激活函数得到的回归线是一条曲线，而 ReLU 激活函数得到的是由一段一段直线构成的回归线。

大家可以思考一个问题，上面介绍的这几个激活函数，哪一个效果比较好，为什么？这个问题在 4.8 节中我们再继续讨论。

4.6　BP 神经网络模型和公式推导

这一节我们将学习 BP 算法的推导流程，如果觉得这个节的内容有一定的难度，可以直接跳到下一节进行学习。BP 算法其实是在 Delta 学习规则的基础上做了进一步的推广。Delta 学习规则是对单层感知器定义了计算流程和代价函数，然后用梯度下降法来最小化代价函数；BP 算法是对多层神经网络定义了计算流程和代价函数，然后再使用梯度下降法来最小化代价函数。由于 BP 算法的广泛使用，所以一般的全连接多层神经网络我们也称为 BP 神经网络。

BP 神经网络中不仅有输入层和输出层，而且在输入层和输出层中间还可以添加隐藏层。输入层的神经元个数一般跟输入数据相关，输出层的神经元个数一般跟标签相关，而网络中间的隐藏层的层数和隐藏层神经元的个数都是超参数。也就是说隐藏层的层数，以及隐藏层每一层的神经元个数我们都可以随意设置，主要靠经验和实验来决定。通常来说，隐藏层的层数越多，隐藏层每一层的神经元个数越多，这个神经网络的结构就越复杂，越能拟合复杂的函数曲线，处理复杂的分类回归问题。反之，隐藏层的层数越少，隐藏层每一层的神经元个数越少，网络结构就越简单，它所能够拟合的函数曲线就越简单，比较适合处理简单的分类回归问题。

网络的结构不是越复杂越好，也不是越简单越好。网络结构的复杂度需要跟我们要解决的问题相关。如果问题越复杂，那么网络结构就要越复杂；如果问题简单，那么就要用结构简单的网络来建模。如果网络结构的复杂度跟要解决的问题不匹配，则会出现**欠拟合**（**Under-Fitting**）或者过拟合（**Over-Fitting**）。什么是欠拟合（Under-Fitting）和过拟合（Over-Fitting），在后面的章节中再详细介绍。总之，一个好的网络结构需要很多的经验加大量的实验才能获得。

4.6.1 BP 网络模型[3]

假设我们有一个 2 层（统计神经网络层数的时候，一般输入层可忽略不计）的 BP 神经网络如图 4.18 所示。

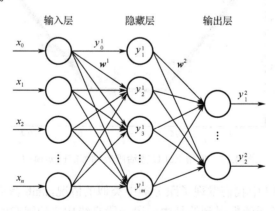

图 4.18　2 层的 BP 神经网络

该网络的输入向量为 $X = (x_1, x_2, \cdots, x_i, \cdots, x_n)$，图中 $x_0 = 1$ 表示输入层偏置值；隐藏层输出向量为 $Y^1 = (y_1^1, y_2^1, \cdots, y_j^1, \cdots, y_m^1)$，图中 $y_0^1 = 1$ 表示隐藏层偏置值；输出层输出向量为 $Y^2 = (y_1^2, y_2^2, \cdots, y_k^2, \cdots, y_l^2)$。期望输出 $T = (t_1, t_2, \cdots, t_k, \cdots, t_l)$。输入层到隐藏层之间的权值用矩阵 W^1 表示，w_{ij}^1 表示 W^1 矩阵中第 i 行第 j 列的权值。隐藏层到输出层之间的权值用矩阵 W^2 表示，w_{jk}^2 表示 W^2 矩阵中第 j 行第 k 列的权值。另外，我们定义 net^1 为隐藏层中权值 W^1

乘以输入层信号 X 的总和，net_j^1 表示隐藏层中第 j 个神经元得到的输入信号总和。net^2 为输出层中权值 $\boldsymbol{W}^2$ 乘以隐藏层信号 $\boldsymbol{Y}^1$ 的总和，net_k^2 表示输出层中第 k 个神经元得到的输入信号总和。

对于隐藏层有：

$$\text{net}_j^1 = \sum_{i=0}^n w_{ij}^1 x_i \qquad j = 1,2,\cdots,m \tag{4.17}$$

$$y_j^1 = f(\text{net}_j^1) \qquad j = 1,2,\cdots,m \tag{4.18}$$

对于输出层有：

$$\text{net}_k^2 = \sum_{j=0}^m w_{jk}^2 y_j^1 \qquad k = 1,2,\cdots,l \tag{4.19}$$

$$y_k^2 = f(\text{net}_k^2) \qquad k = 1,2,\cdots,l \tag{4.20}$$

式（4.18）和式（4.20）中的激活函数假设我们都使用 sigmoid 函数，sigmoid 函数的公式在上文中的式（4.13）。sigmoid 函数具有连续、可导的特点，它的导数为

$$f'(x) = f(x)[1 - f(x)] \tag{4.21}$$

4.6.2 BP 算法推导

根据上文中提到的代价函数，当网络输出与期望输出不同时，会存在输出误差 E，为了简单，我们只计算一个样本的均方差公式。如果是计算多个样本，则可以求所有样本代价函数的平均值。一个样本的均方差公式定义如下：

$$E = \frac{1}{2}(T - Y^2)^2 = \frac{1}{2}\sum_{k=1}^l (t_k - y_k^2)^2 \tag{4.22}$$

将以上误差定义式展开至隐藏层：

$$\begin{aligned} E &= \frac{1}{2}\sum_{k=1}^l [t_k - f(\text{net}_k^2)]^2 \\ &= \frac{1}{2}\sum_{k=1}^l \left[t_k - f\left(\sum_{j=0}^m w_{jk}^2 y_j^1\right) \right]^2 \end{aligned} \tag{4.23}$$

再进一步展开至输入层：

$$\begin{aligned} E &= \frac{1}{2}\sum_{k=1}^l \left[t_k - f\left(\sum_{j=0}^m w_{jk}^2 f(\text{net}_j^1)\right) \right]^2 \\ &= \frac{1}{2}\sum_{k=1}^l \left[t_k - f\left(\sum_{j=0}^m w_{jk}^2 f\left(\sum_{i=0}^n w_{ij}^1 x_i\right)\right) \right]^2 \end{aligned} \tag{4.24}$$

从式（4.23）和式（4.24）中可以看出，网络的误差 E 是跟神经网络各层的权值 w_{ij}^1 和 w_{jk}^2 相关的，因此调整各层的权值就可以改变误差 E 的值。我们的目标就是要得到比较小的误差值，所以我们可以采用梯度下降法来最小化误差 E 的值。根据梯度下降法，我们可以得到：

$$\Delta w_{ij}^1 = -\eta \frac{\partial E}{\partial w_{ij}^1} \qquad i = 0,1,2,\cdots,n; j = 1,2,\cdots,m \tag{4.25}$$

$$\Delta w_{jk}^2 = -\eta \frac{\partial E}{\partial w_{jk}^2} \qquad j = 0,1,2,\cdots,m; k = 1,2,\cdots,l \tag{4.26}$$

在下面的推导过程中均默认对于隐藏层有：$i=0,1,2,\cdots,n; j=1,2,\cdots,m$；对于输出层有：$j=0,1,2,\cdots,m; k=1,2,\cdots,l$。

根据微积分的链式法则可以得到，对于隐藏层有：

$$\Delta w_{ij}^1 = -\eta \frac{\partial E}{\partial w_{ij}^1} = -\eta \frac{\partial E}{\partial \text{net}_j^1} \frac{\partial \text{net}_j^1}{\partial w_{ij}^1} \tag{4.27}$$

根据微积分的链式法则可以得到，对于输出层有：

$$\Delta w_{jk}^2 = -\eta \frac{\partial E}{\partial w_{jk}^2} = -\eta \frac{\partial E}{\partial \text{net}_k^2} \frac{\partial \text{net}_k^2}{\partial w_{jk}^2} \tag{4.28}$$

我们可以定义一个误差信号，命名为 δ，令：

$$\delta_j^1 = -\frac{\partial E}{\partial \text{net}_j^1} \tag{4.29}$$

$$\delta_k^2 = -\frac{\partial E}{\partial \text{net}_k^2} \tag{4.30}$$

综合式（4.17）、式（4.27）和式（4.29），可以得到输入层到隐藏层的权值调整公式为

$$\Delta w_{ij}^1 = \eta \delta_j^1 x_i \tag{4.31}$$

综合式（4.19）、式（4.28）和式（4.30），可以得到隐藏层到输出层的权值调整公式为

$$\Delta w_{jk}^2 = \eta \delta_k^2 y_j^1 \tag{4.32}$$

从式（4.31）和式（4.32）可以看出，只要求出 δ_j^1 和 δ_k^2 的值，就可以计算出 Δw_{ij}^1 和 Δw_{jk}^2 的值了。

对于隐藏层，δ_j^1 可以展开为

$$\delta_j^1 = -\frac{\partial E}{\partial \text{net}_j^1} = -\frac{\partial E}{\partial y_j^1} \frac{\partial y_j^1}{\partial \text{net}_j^1} = -\frac{\partial E}{\partial y_j^1} f'(\text{net}_j^1) \tag{4.33}$$

对于输出层，δ_k^2 可以展开为

$$\delta_k^2 = -\frac{\partial E}{\partial \text{net}_k^2} = -\frac{\partial E}{\partial y_k^2} \frac{\partial y_k^2}{\partial \text{net}_k^2} = -\frac{\partial E}{\partial y_k^2} f'(\text{net}_k^2) \tag{4.34}$$

在式（4.33）和式（4.34）中，求网络误差对各层输出的偏导。

对于输出层：

$$\frac{\partial E}{\partial y_k^2} = -(t_k - y_k^2) \tag{4.35}$$

对于隐藏层：

$$\begin{aligned}\frac{\partial E}{\partial y_j^1} &= \frac{\partial \frac{1}{2}\sum_{k=1}^{l}\left[t_k - f\left(\sum_{j=0}^{m}w_{jk}^2 y_j^1\right)\right]^2}{\partial y_j^1} \\ &= -\sum_{k=1}^{l}\left(t_k - f\left(\sum_{j=0}^{m}w_{jk}^2 y_j^1\right)\right) f'\left(\sum_{j=0}^{m}w_{jk}^2 y_j^1\right) w_{jk}^2 \\ &= -\sum_{k=1}^{l}(t_k - y_k^2) f'(\text{net}_k^2) w_{jk}^2\end{aligned} \tag{4.36}$$

将式（4.35）代入式（4.34），再根据 sigmoid 函数的求导式（4.21），可以得到：

$$\delta_k^2 = -\frac{\partial E}{\partial y_k^2} f'(\text{net}_k^2) = (t_k - y_k^2) y_k^2 (1 - y_k^2) \tag{4.37}$$

$$\delta_j^1 = -\frac{\partial E}{\partial y_j^1} f'(\text{net}_j^1) = \left(\sum_{k=1}^l (t_k - y_k^2) f'(\text{net}_k^2) w_{jk}^2 \right) f'(\text{net}_j^1)$$

$$= \left(\sum_{k=1}^l (t_k - y_k^2) y_k^2 (1 - y_k^2) w_{jk}^2 \right) f'(\text{net}_j^1) \tag{4.38}$$

$$= \left(\sum_{k=1}^l \delta_k^2 w_{jk}^2 \right) y_j^1 (1 - y_j^1)$$

将式（4.37）代入式（4.32）中，得到隐藏层到输出层的权值调整：

$$\Delta w_{jk}^2 = \eta \delta_k^2 y_j^1 = \eta (t_k - y_k^2) y_k^2 (1 - y_k^2) y_j^1 \tag{4.39}$$

将式（4.38）代入式（4.31）中，得到输入层到隐藏层的权值调整：

$$\Delta w_{ij}^1 = \eta \delta_j^1 x_i = \eta \left(\sum_{k=1}^l \delta_k^2 w_{jk}^2 \right) y_j^1 (1 - y_j^1) x_i \tag{4.40}$$

对于一个多层的神经网络，假设一共有 h 个隐藏层，按顺序将各隐藏层的节点数分别记为 $m_1, m_2, \cdots, m_h$，输入神经元的个数为 n，输出神经元的个数为 l；各隐藏层的输出分别记为 $Y^1, Y^2, \cdots, Y^h$，输入层的输入记为 X，输出层的输出记为 Y^{h+1}；各层的权值矩阵分别记为 $W^1, W^2, \cdots, W^{h+1}$，$W^1$ 表示输入层到一个隐藏层的权值矩阵，W^{h+1} 表示最后一个隐藏层到输出层的权值矩阵；各层的学习信号分别记为 $\delta^1, \delta^2, \cdots, \delta^{h+1}$，$\delta^{h+1}$ 表示输出层计算出的学习信号。则各层的权值调整计算公式如下。

对于输出层：

$$\Delta w_{jk}^{h+1} = \eta \delta_k^{h+1} y_j^h = \eta (t_k - y_k^{h+1}) y_k^{h+1} (1 - y_k^{h+1}) y_j^h \tag{4.41}$$
$$j = 0, 1, 2, \cdots, m_h; k = 1, 2, \cdots, l$$

对于第 h 个隐藏层：

$$\Delta w_{ij}^h = \eta \delta_j^h y_i^{h-1} = \eta \left(\sum_{k=1}^l \delta_k^{h+1} w_{jk}^{h+1} \right) y_j^h (1 - y_j^h) y_i^{h-1} \tag{4.42}$$
$$i = 0, 1, 2, \cdots, m_{h-1}; j = 1, 2, \cdots, m_h$$

按照以上规律逐层类推，则第一个隐藏层的权值调整公式为

$$\Delta w_{pq}^1 = \eta \delta_q^1 x_p = \eta \left(\sum_{r=1}^{m_2} \delta_r^2 w_{qr}^2 \right) y_q^1 (1 - y_q^1) x_p \tag{4.43}$$
$$p = 0, 1, 2, \cdots, n; q = 1, 2, \cdots, m_1$$

4.6.3 BP 算法推导的补充说明

我们已经从头到尾详细推导了一遍 BP 算法的整个流程，在这一小节中，我们将对 BP 算法再做两点补充说明。

1. 网络的偏置值

在上文中，我们的推导过程一直是使用权值 w 来进行计算的。如果我们把偏置值独立出来，那么偏置值的参数应该怎么调整呢？

从式（4.31）和式（4.32）中我们可以看到，在式（4.31）中，把 i 的取值设置为 0，

并且我们知道 $x_0=1$，所以我们可以得到：

$$\Delta b_j^1 = \eta \delta_j^1 \quad (4.44)$$

在式（4.31）中，把 j 的取值设置为 0，并且我们知道 $y_0=1$，所以我们可以得到：

$$\Delta b_k^2 = \eta \delta_k^2 \quad (4.45)$$

如果是把偏置值单独拿出来计算的话，就是式（4.44）和式（4.45）的表达式。

2. 用矩阵形式来表达 BP 学习算法

下面我们直接给出 BP 学习算法矩阵表达形式的结果，具体的推导过程跟上文中的推导过程类似，但会涉及矩阵求导的相关知识，大家有兴趣的话可以自己推导一下。如果是把 BP 学习算法写成矩阵的形式来表达，假设一共有 h 个隐藏层。输入数据的矩阵为 X，X 中的每一行表示一个数据、列表示数据的特征。比如我们一次性输入 3 个数据，每个数据有 4 个特征，那么 X 就是一个 3 行 4 列的矩阵。

各隐藏层的输出分别记为 $Y^1, Y^2, \cdots, Y^h$，输出层的输出记为 Y^{h+1}。Y 中的每一个行表示一个数据的标签。比如我们有 3 个数据，每个数据有 1 个标签，那么 Y 就是一个 3 行 1 列的矩阵。

各层的权值矩阵分别记为 $W^1, W^2, \cdots, W^{h+1}$，$W^1$ 表示输入层到一个隐藏层的权值矩阵，W^{h+1} 表示最后一个隐藏层到输出层的权值矩阵。权值矩阵的行等于前一层的神经元个数，权值矩阵的列对应于后一层的神经元个数。比如在输入层和第一个隐藏层之间的权值矩阵是 W^1，输入层有 3 个神经元，第一个隐藏层有 10 个神经元，那么 W^1 就是一个 3 行 10 列的矩阵。

各层的学习信号分别记为 $\delta^1, \delta^2, \cdots, \delta^{h+1}$，$\delta^{h+1}$ 表示输出层计算出的学习信号。

对于输出层的学习信号 δ^{h+1}：

$$\begin{aligned}\delta^{h+1} &= (T - Y^{h+1}) \circ f'(Y^h W^{h+1}) \\ &= (T - Y^{h+1}) \circ Y^{h+1} \circ (1 - Y^{h+1})\end{aligned} \quad (4.46)$$

式（4.46）中的"∘"符号是 element-wise multiplication，意思是矩阵中的元素对应相乘。例如，下面的例子：

$$\begin{pmatrix} a_{11} & a_{12} & a_{13} \\ a_{21} & a_{22} & a_{23} \\ a_{31} & a_{32} & a_{33} \end{pmatrix} \circ \begin{pmatrix} b_{11} & b_{12} & b_{13} \\ b_{21} & b_{22} & b_{23} \\ b_{31} & b_{32} & b_{33} \end{pmatrix} = \begin{pmatrix} a_{11}b_{11} & a_{12}b_{12} & a_{13}b_{13} \\ a_{21}b_{21} & a_{22}b_{22} & a_{23}b_{23} \\ a_{31}b_{31} & a_{32}b_{32} & a_{33}b_{33} \end{pmatrix}$$

对于第 h 个隐藏层的学习信号 δ^h：

$$\begin{aligned}\delta^h &= \delta^{h+1}(W^{h+1})^\mathrm{T} \circ f'(Y^{h-1}W^h) \\ &= \delta^{h+1}(W^{h+1})^\mathrm{T} \circ Y^h \circ (1-Y^h)\end{aligned} \quad (4.47)$$

对于第 1 个隐藏层的学习信号 δ^1：

$$\begin{aligned}\delta^1 &= \delta^2(W^2)^\mathrm{T} \circ f'(XW^1) \\ &= \delta^2(W^2)^\mathrm{T} \circ Y^1 \circ (1-Y^1)\end{aligned} \quad (4.48)$$

对于输出层的权值矩阵 W^{h+1}：

$$\Delta W^{h+1} = \eta (Y^h)^\mathrm{T} \delta^{h+1} \quad (4.49)$$

对于第 h 个隐藏层的权值矩阵 W^h：

$$\Delta W^h = \eta (Y^{h-1})^\mathrm{T} \delta^h \quad (4.50)$$

对于第 1 个隐藏层的权值矩阵 W^1：

$$\Delta W^1 = \eta(X)^T \delta^1 \quad (4.51)$$

4.7 BP算法推导结论总结

上一小节我们推导了 BP 算法的公式，可能部分同学暂时先跳过了详细推导的部分。如果推导过程看起来有点复杂，我们只看最后推导得到的结论即可。最后推导的结论也就是权值调整的公式为

$$\Delta W^h = \eta(Y^{h-1})^T \delta^h \quad (4.52)$$

这里的 ΔW^h 表示第 h 层权值矩阵 W 的变化，η 表示学习率，Y^{h-1} 表示网络第 h-1 层的输出，δ^h 表示第 h 层的学习信号。

η 是人为设置的超参数；只要把数据传入网络中就可以计算出 Y^{h-1} 网络第 h-1 层的输出，所以这里要重点关注的是第 h 层的学习信号 δ^h。学习信号有两个不同的公式，输出层的学习信号公式为

$$\delta^{h+1} = (T - Y^{h+1}) \circ f'(Y^h W^{h+1}) \quad (4.53)$$

这里的 δ^{h+1} 表示输出层的学习信号；T 表示数据的标签值；Y^{h+1} 表示模型的预测值；f' 表示激活函数的导数；$Y^h W^{h+1}$ 表示输出层信号的汇总。

T 是已知的数据标签；Y^{h+1} 可以通过传入数据计算得到；激活函数确定以后，f' 也是已知的；Y^h 可以通过传入数据计算得到；W^{h+1} 在网络进行随机初始化以后也确定下来了。所以这个公式里面的所有值都是已知的，或者可以计算得到。把 δ^{h+1} 计算出来以后，代入式（4.52）中就可以计算出输出层的权值矩阵要怎么调整了。

除输出层外，剩下的网络层的学习信号的公式都是：

$$\delta^h = \delta^{h+1}(W^{h+1})^T \circ f'(Y^{h-1} W^h) \quad (4.54)$$

从式（4.54）中我们可以看到，第 h 层的学习信号 δ^h 跟它的下一层 h+1 层的学习信号 δ^{h+1} 有关系，并且其还跟它的下一层 h+1 层的权值矩阵的转置 $(W^{h+1})^T$ 有关系，以及跟 $f'(Y^{h-1} W^h)$ 相关。

所以我们在使用 BP 算法的时候，需要先根据网络预测的误差计算最后一层的学习信号，其次再计算倒数第二层的学习信号，最后再计算倒数第三层的学习信号，以此类推，从后向前计算。因此 BP 算法叫作误差反向传播算法。计算得到每一层的学习信号以后，再根据式（4.52）来计算每一层的权值矩阵如何调整，最后对所有层的权值矩阵进行更新。

4.8 梯度消失与梯度爆炸

前面给大家留了一个思考题，在我们介绍的几种激活函数中，哪种激活函数的效果是最好的。其实这个问题的答案很简单，在介绍它们的时候，一般排在越后面的说明效果就越好，所以 ReLU 激活函数是最好的。开个玩笑，下面我们来具体分析一下这几个激活函数的不同效果。

4.8.1 梯度消失

根据上文 BP 算法中的推导，我们从式（4.49）、式（4.50）和式（4.51）中可以知道，

权值的调整 ΔW 是跟学习信号 δ 相关的。同时我们从式（4.46）、式（4.47）和式（4.48）中可以知道，在学习信号 δ 表达式中存在 $f'(x)$。也就是说激活函数的导数会影响学习信号 δ 的值，而学习信号 δ 的值会影响权值调整 ΔW 的值。那么激活函数的值越大，ΔW 的值就越大；激活函数的值越小，ΔW 的值也就越小。

假设激活函数为 sigmoid 函数，前文中我们已经知道了 sigmoid 函数的表达式 $f(x) = \dfrac{1}{1+e^{-x}}$，sigmoid 函数的导数 $f'(x) = f(x)[1-f(x)]$，sigmoid 函数的导数如图 4.19 所示。

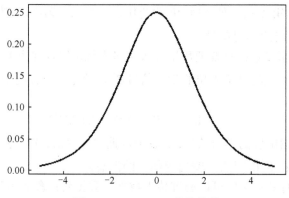

图 4.19　sigmoid 函数的导数

从图 4.19 中我们可以发现，当 $x=0$ 时，sigmoid 函数的导数可以取得最大值 0.25。x 的取值较大或较小时，sigmoid 函数的导数很快就趋向于 0。不管怎么样，sigmoid 函数的导数都是一个小于 1 的数。学习信号 δ 乘以一个小于 1 的数，那么 δ 就会减小。学习信号从输出层一层一层向前反向传播的时候，每传播一层，学习信号就会变小一点，经过多层传播后，学习信号就会接近于 0，从而使得权值 ΔW 调整接近于 0。ΔW 接近于 0，那就意味着该层的参数不会发生改变，不能进行优化。参数不能优化，那整个网络就不能再进行学习了。学习信号随着网络传播逐渐减小的问题也被称为**梯度消失（Vanishing Gradient）**的问题。

我们再考虑一下 tanh 函数的导数，tanh 函数的表达式 $f(x) = \dfrac{e^x - e^{-x}}{e^x + e^{-x}}$，tanh 函数的导数 $f'(x) = 1 - (f(x))^2$，tanh 函数的导数如图 4.20 所示。

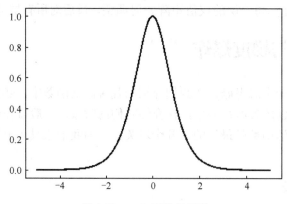

图 4.20　tanh 函数的导数

tanh 函数的导数图像看起来比 sigmoid 函数的要好一些。当 x=0 时，tanh 函数的导数可以取得最大值 1。x 的取值较大或较小时，tanh 函数的导数很快就趋向于 0。不管怎么样，tanh 函数的导数的取值总是小于等于 1 的，所以 tanh 作为激活函数也会存在梯度消失的问题。

对于 softsign 函数，softsign 函数的表达式 $f(x) = \dfrac{x}{1+|x|}$，softsign 函数的导数为：$f'(x) = \dfrac{1}{(1+|x|)^2}$，softsign 函数的导数如图 4.21 所示。

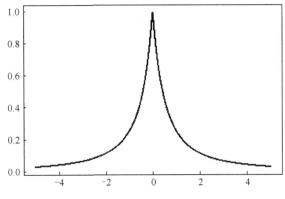

图 4.21　softsign 函数的导数

当 x=0 时，softsign 函数的导数可以取得最大值 1。x 的取值较大或较小时，softsign 函数的导数很快就趋向于 0。不管怎么样，softsign 函数的导数的取值总是小于等于 1 的，所以 softsign 作为激活函数也会存在梯度消失的问题。

4.8.2　梯度爆炸

当我们使用 sigmoid 函数、tanh 函数和 softsign 函数作为激活函数时，它们的导数的取值范围都是小于等于 1 的，所以会产生梯度消失的问题。那么我们可能会想到，如果使用导数大于 1 的函数作为激活函数，情况会如何？

如果学习信号 δ 乘以一个大于 1 的数，那么 δ 就会变大。学习信号从输出层一层一层向前反向传播的时候，每传播一层，学习信号就会变大一点。经过多层传播后，学习信号就会接近于无穷大，从而使得权值 ΔW 调整接近于无穷大。ΔW 接近于无穷大，那就意味着该层的参数处于一种极不稳定的状态，那么网络就不能正常工作了。学习信号随着网络传播逐渐增大的问题也被称为**梯度爆炸（Exploding Gradient）**的问题。

既然激活函数的导数不能小于 1 也不能大于 1，那我们可能会想到，能不能使用线性函数 y=x，这个函数的导数等于 1，它既不会梯度消失，也不会梯度爆炸。确实如此，线性函数的导数为 1 的特性是很好，但是它是一个线性函数，也就是说它不能处理非线性问题，比如异或分类问题，其就无法解决。而在实际应用中，非常多的应用都是属于非线性问题的，所以使用线性函数来作为激活函数存在很大的局限性，所以也不适合。

4.8.3　使用 ReLU 函数解决梯度消失和梯度爆炸的问题

我们知道 ReLU 函数的表达式为 $f(x) = \max(0, x)$。当 x<0 时，$f(x)$ 的取值为 0；当 x>0

时，$f(x)$ 的取值等于 x。ReLU 函数的导数如图 4.22 所示。

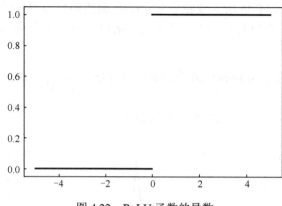

图 4.22　ReLU 函数的导数

前面我们讨论了当激活函数的导数小于 1 时，网络会产生梯度消失；当激活函数的导数大于 1 时，网络会产生梯度爆炸。那么当我们使用 ReLU 函数作为激活函数的时候，$x<0$ 时，ReLU 函数的导数为 0；$x>0$ 时，ReLU 函数的导数为 1。导数为 1 是一个很好的特性，不会使得学习信号越来越小，也不会让学习信号越来越大，可以让学习信号比较稳定地从后向前传播。解决了梯度消失和梯度爆炸的问题，同时计算方便，可以加速网络的训练。

ReLU 函数还有一个优点，它是一个非线性的激活函数，可以用来处理非线性问题，它的非线性特性在 4.5 节中已经介绍过。

认真思考的同学这个时候可能会发现，ReLU 函数看起来是挺好的，既是非线性函数，导数又为 1，但是它好像也存在一些问题，当 $x<0$ 时，ReLU 函数输出为 0，导数也为 0，有些信号不就丢失掉了吗？

如果你是这么想的，那你就想对了，确实是丢失了一些信号，但是没关系。在神经网络中，信号是冗余的，也就是说其实网络最后在做预测的时候并不需要从前面传过来的所有的信号，实际上只需要一部分的信号网络就可以进行预测。并且使用部分信号来进行预测与使用全部信号来进行预测得到的结果相差不大。

比如我们把网络中输出为 0 的神经元看作不工作的神经元，那么使用 ReLU 函数以后，会产生大量不工作的神经元。网络中存在不工作的神经元，我们可以称这个网络具有一定的**稀疏性（Sparsity）**。不工作的神经元越多，网络就越稀疏。使得网络产生稀疏性的方式很多，除使用 ReLU 激活函数外，还可以使用 **L1 正则化（L1 Regularization）**和 **Dropout**，这两个技术在后面的章节中会有详细介绍。所以，使得神经网络变稀疏并不是什么稀奇的事，也不一定是坏事。

稀疏性这一特性也存在于生物体内的神经网络中，大脑中神经网络的稀疏性高达 95%～99%，也就是说在同一时刻，其实大脑中大部分的神经元都是不工作的。人工神经网络中比较常见的网络稀疏性是 50%～80%。

4.9　使用 BP 神经网络解决异或问题

BP 神经网络解决异或问题的代码如代码 4-1 所示。

代码 4-1：BP 神经网络解决异或问题的代码

```python
import numpy as np
import matplotlib.pyplot as plt

# 输入数据
X = np.array([[0,0],
              [0,1],
              [1,0],
              [1,1]])
# 标签
T = np.array([[0],
              [1],
              [1],
              [0]])

# 定义一个 2 层的神经网络：2-10-1
# 输入层 2 个神经元，隐藏层 10 个神经元，输出层 1 个神经元
# 输入层到隐藏层的权值初始化，2 行 10 列
W1 = np.random.random([2,10])
# 隐藏层到输出层的权值初始化，10 行 1 列
W2 = np.random.random([10,1])
# 初始化偏置值，偏置值的初始化一般可以取 0，或者一个比较小的常数，如 0.1
# 隐藏层的 10 个神经元偏置
b1 = np.zeros([10])
# 输出层的 1 个神经元偏置
b2 = np.zeros([1])
# 学习率设置
lr = 0.1
# 定义训练周期数
epochs = 100001
# 定义测试周期数
test = 5000

# 定义 sigmoid 函数
def sigmoid(x):
    return 1/(1+np.exp(-x))

# 定义 sigmoid 函数的导数
def dsigmoid(x):
    return x*(1-x)

# 更新权值和偏置值
def update():
    global X,T,W1,W2,lr,b1,b2

    # 隐藏层输出
    L1 = sigmoid(np.dot(X,W1) + b1)
    # 输出层输出
    L2 = sigmoid(np.dot(L1,W2) + b2)

    # 求输出层的学习信号
```

```python
    delta_L2 = (T - L2) * dsigmoid(L2)
    # 隐藏层的学习信号
    delta_L1 = delta_L2.dot(W2.T) * dsigmoid(L1)

    # 求隐藏层到输出层的权值改变
    # 由于一次计算了多个样本，所以需要求平均
    delta_W2 = lr * L1.T.dot(delta_L2) / X.shape[0]
    # 输入层到隐藏层的权值改变
    # 由于一次计算了多个样本，所以需要求平均
    delta_W1 = lr * X.T.dot(delta_L1) / X.shape[0]

    # 更新权值
    W2 = W2 + delta_W2
    W1 = W1 + delta_W1

    # 改变偏置值
    # 由于一次计算了多个样本，所以需要求平均
    b2 = b2 + lr * np.mean(delta_L2, axis=0)
    b1 = b1 + lr * np.mean(delta_L1, axis=0)

# 定义空 list 用于保存 loss
loss = []
# 训练模型
for i in range(epochs):
    # 更新权值
    update()
    # 每训练 5000 次计算一次 loss 值
    if i % test == 0:
        # 隐藏层输出
        L1 = sigmoid(np.dot(X,W1) + b1)
        # 输出层输出
        L2 = sigmoid(np.dot(L1,W2) + b2)
        # 计算 loss 值
        print('epochs:',i,'loss:',np.mean(np.square(T - L2) / 2))
        # 保存 loss 值
        loss.append(np.mean(np.square(T - L2) / 2))

# 画训练周期数与 loss 的关系图
plt.plot(range(0,epochs,test),loss)
plt.xlabel('epochs')
plt.ylabel('loss')
plt.show()

# 隐藏层输出
L1 = sigmoid(np.dot(X,W1) + b1)
# 输出层输出
L2 = sigmoid(np.dot(L1,W2) + b2)
print('output:')
print(L2)

# 因为最终的分类只有 0 和 1，所以我们可以把
# 大于或者等于 0.5 的值归为 1 类，小于 0.5 的值归为 0 类
```

```
def predict(x):
    if x>=0.5:
        return 1
    else:
        return 0

# map 会根据提供的函数对指定序列做映射
# 相当于依次把 L2 中的值放到 predict 函数中计算
# 然后打印出结果
print('predict:')
for i in map(predict,L2):
    print(i)
```

运行结果如下：

```
epochs: 0 loss: 0.2382731940835196
epochs: 5000 loss: 0.1206923173399693
epochs: 10000 loss: 0.0790971946756123
epochs: 15000 loss: 0.02378338344093093
epochs: 20000 loss: 0.008377749771590743
epochs: 25000 loss: 0.004291050338268038
epochs: 30000 loss: 0.002694668764968099
epochs: 35000 loss: 0.0018982939821333231
epochs: 40000 loss: 0.0014365256397058071
epochs: 45000 loss: 0.001140826866565359
epochs: 50000 loss: 0.0009377943334308873
epochs: 55000 loss: 0.000791031505002 8132
epochs: 60000 loss: 0.000680683460806228
epochs: 65000 loss: 0.0005950985467089836
epochs: 70000 loss: 0.0005270339320851203
epochs: 75000 loss: 0.00047177302525578296
epochs: 80000 loss: 0.000426124307782 8677
epochs: 85000 loss: 0.00038785770517095713
epochs: 90000 loss: 0.0003553771 8177062329
epochs: 95000 loss: 0.0003274893656556488
epochs: 100000 loss: 0.00030332701795183955
```

output:
[[0.02462022]
 [0.97697496]
 [0.97534433]

```
[0.02612291]]
predict:
0
1
1
0
```

4.10 分类模型评估方法

4.10.1 准确率/精确率/召回率/F1 值

机器学习中有很多分类模型评估指标，如**准确率**（Accuracy）、**召回率**（查全率，Recall）和**精确率**（查准率，Precision），其都是比较常见的。

1．准确率

我们先来说一下准确率，准确率也是我们日常生活中用得较多的一个判断指标，准确率的计算很简单，准确率=所有预测正确的结果除以所有结果。比如一个模型要识别 5 张图片，最后识别正确4张图片，错了 1 张，那么准确率就是 4/5=80%。

倘若某人声称创建了一个能够识别登上飞机的恐怖分子的模型，并且准确率（Accuracy）高达 99%，这能算是个好模型吗？已知美国全年平均有 8 亿人次的乘客，并且在 2000—2017 年间共发现了 19 名恐怖分子。如果有一个模型将从美国机场起飞的所有乘客都标注为非恐怖分子，那么这个模型达到了接近完美的准确率——99.99999%。这听起来确实令人印象深刻，但是美国国土安全局肯定不会购买这个模型。尽管这个模型拥有接近完美的准确率，但是在这个问题中，准确率显然不是一个合适的度量指标。

恐怖分子检测是一个不平衡的分类问题：我们需要鉴别的类别有两个，即恐怖分子和非恐怖分子，其中一个类别代表了极大多数的数据，而另一个类别却很少。比如我们把恐怖分子定义为正例，非恐怖分子定义为负例，那么正例类别——恐怖分子，远远少于负例类别——非恐怖分子的数量。这种数据不均衡的问题是数据科学中比较常见的，在数据不均衡的情况下使用准确率并不是评估模型性能很好的衡量标准。当然，如果是在数据比较均衡的情况下，即我们还是可以使用准确率来作为分类模型的评估指标的。

所以，在数据不均衡的场景下，我们应该考虑的评估指标应该是精确率和召回率。我们先看一下图 4.23。

		Actual（真实标注）	
		Positive（恐怖分子）	Negative（非恐怖分子）
Predicted（模型预测）	Positive（恐怖分子）	True Positive	False Positive
	Negative（非恐怖分子）	False Negative	True Negative

图 4.23 真实标注与模型预测对比

图 4.23 中的 True Positive（TP）表示模型的预测结果是恐怖分子，数据的真实标注也是恐怖分子；False Positive（FP）表示模型的预测结果是恐怖分子，数据的真实标注是非恐怖分子；False Negative（FN）表示模型的预测结果是非恐怖分子，数据的真实标注是恐怖分子；True Negative（TN）表示模型的预测结果是非恐怖分子，数据的真实标注也是非恐怖分子。

这里的 True/Fasle 和 Positive/Negative 我们可以这么来理解，True 或 Fasle 表示模型的预测结果是否正确。如果预测正确，就是 True；如果预测错误，就是 Fasle。所以，相当于 TP 和 TN 都表示模型的预测是正确的，FP 和 FN 表示模型的预测是不正确的。Positive 或 Negative 表示模型的预测结果。TP 和 FP 模型的预测结果都是 Positive，TN 和 FN 模型的预测结果都是 Negative。

2．召回率

看懂图 4.23 以后，我们来看一下召回率（Recall）的公式：

$$\text{Recall} = \frac{TP}{TP + FN} \tag{4.55}$$

召回率描述的是模型对于正例——恐怖分子的召回能力，也就是找到恐怖分子的能力。比如一共有 19 名恐怖分子，模型可以正确识别出 10 名恐怖分子，有 9 名恐怖分子没有识别出来。那么 TP=10，FN=9，Recall=10/(10+9)=52.63%。比如一共有 19 名恐怖分子，模型可以正确识别出 18 名恐怖分子，有 1 名恐怖分子没有识别出来，那么 TP=18，FN=1，Recall=18/(18+1)=94.74%。召回率越高，说明模型找到恐怖分子的能力越强。

3．精确率

我们再来看一下精确率（Precision）的公式：

$$\text{Precision} = \frac{TP}{TP + FP} \tag{4.56}$$

精确率描述的是模型对于正例——恐怖分子的判断能力。比如模型可以正确识别出 10 名恐怖分子，另外还有 40 人，模型判断其是恐怖分子，其实这 40 人是非恐怖分子。那么 TP=10，FP=40，Precision=10/(10+40)=20%。比如模型可以正确识别 9 名恐怖分子，另外还有 1 人，模型判断其是恐怖分子，其实这 1 人是非恐怖分子。那么 TP=9，FP=1，Precision=9/(9+1)=90%。精确率越高，说明模型对于恐怖分子的识别越精准。

准确率（Accuracy）的公式为

$$\text{Accuracy} = \frac{TP + TN}{TP + FN + FP + TN} \tag{4.57}$$

也就是所有识别正确的结果除以所有结果。

针对不同的问题，我们所关注的评估指标可能也会有所不同。比如 2020 年年初新型冠状病毒爆发时期，我们更关注召回率，因为我们要尽量找到所有带有新型冠状病毒的病人，然后把病人进行隔离观察治疗，宁可抓错 100，也不能放过 1 个。

再举一个信息检索中比较极端的例子，假如一个搜索引擎有 10000 个网站，其中有 100 个深度学习相关的网站。当我们搜索"深度学习是什么？"的时候，如果搜索引擎想提高精确率，那么它可以只返回一个跟深度学习相关度最高的网站，如果这个结果是我们想要的，那么精确率就是 100%，但这样做，召回率只有 1%。如果搜索引擎想提高召回率，那么它可以返回 10000 个网站，这样做，召回率就可以有 100%，但精确率只有 1%。

所以，判断一个搜索引擎的好坏，主要看的是前面几十条结果的精确率，因为我们通常只会查看最前面的几十条结果，特别是最前面的几条结果。最前面的几条结果是我们想要的，我们就会认为这个搜索引擎很好。我们并不是很在意搜索引擎的召回率，如一共有 10000 条结果是符合我们想要的结果，搜索引擎给我们返回了 1000 条还是 9000 条，其实我们并不在意，因为我们只会看最前面的几十条结果。

在实际应用中，最理想的情况是精确率和召回率都比较高，但一般来说，很难得到精确率和召回率都很高的结果。很多时候是提高了精确率，召回率就会降低；提高了召回率，精确率就会降低。所以我们还需要一个综合评估指标，即 F 值，F 值是精确率(P)和召回率(R)的加权调和平均，公式为

$$F = \frac{((\alpha^2 + 1) \times P \times R)}{\alpha^2 \times P + R} \tag{4.58}$$

当参数 $\alpha = 1$ 时，就是最常见的 F1 值，即

$$F1 = \frac{2 \times P \times R}{P + R} \tag{4.59}$$

F1 值综合了 P 和 R 的结果，可用于综合评价分类结果的质量。

准确率、召回率、精确率和 F1 值都是在 0～1 之间，并且都是越大越好。

最后我再举一个例子，帮助大家理解这 4 个评估指标的计算。比如一个预测恐怖分子的模型结果如图 4.24 所示。

		Actual（真实标注）	
		Positive（恐怖分子）	Negative（非恐怖分子）
Predicted（模型预测）	Positive（恐怖分子）	10	10
	Negative（非恐怖分子）	5	75

图 4.24 模型结果

从图 4.24 中可以看出：
（1）有 10 个恐怖分子模型预测结果也是恐怖分子（TP）；
（2）有 10 个非恐怖分子模型预测结果是恐怖分子（FP）；
（3）有 5 个恐怖分子模型预测结果是非恐怖分子（FN）；
（4）有 75 个非恐怖分子模型预测结果是非恐怖分子（TN）。
于是：
（1）准确率的计算：(TP+TN)/(TP+FN+FP+TN)=(10+75)/(10+5+10+75)=85%；
（2）召回率的计算：TP/(TP+FN)=10/(10+5)=66.67%；
（3）精确率的计算：TP/(TP+FP)=10/(10+10)=50%；
（4）F1 值的计算：$(2 \times 50\% \times 66.67\%)/(50\% + 66.67\%)$=57.14%。

4.10.2 混淆矩阵（Confusion Matrix）

在机器学习领域，混淆矩阵又称为可能性表格或者错误矩阵，它是一种特定的矩阵，用来呈现算法的效果。我们还是通过例子来讲解，假设有一个人、狗、猫的分类系统，我们的测试样本一共有 10 个人、15 只狗、5 只猫，得到如图 4.25 所示的混淆矩阵。

		模型预测		
		猫	狗	人
真实标签	猫	3	1	1
	狗	3	11	1
	人	1	2	7

图 4.25 混淆矩阵

图 4.25 中表达的意思是，一共有 5 只猫，其中 3 只猫预测正确，有 1 只猫被预测成了狗，有 1 只猫被预测成了人；一共有 15 只狗，其中有 3 只狗被预测成了猫，有 11 只狗预测正确，有 1 只狗被预测成了人；一共有 10 个人，其中有 1 个人被预测成了猫，有两个人被预测成了狗，有 7 个人预测正确。

4.11 独热编码

在神经网络、深度学习的分类问题中，我们通常会把分类问题的标签转化为独热编码（One-Hot Encoding）的格式。

（1）比如在手写数字识别的任务中，数字有 0~9 一共 10 中状态，所以每个数字都可以转换为长度为 10 的编码：

① 0->1000000000；
② 1->0100000000；
③ 2->0010000000；
④ 3->0001000000；
⑤ 4->0000100000；
⑥ 5->0000010000；
⑦ 6->0000001000；
⑧ 7->0000000100；
⑨ 8->0000000010；
⑩ 9>-0000000001。

（2）比如对于根据图片判断性别的模型：
① 男性可以编码为 10；
② 女性可以编码为 01。

（3）比如给花的品种进行分类的模型，假设有红、黄、蓝三种花：
① 红花可以编码为 100；
② 黄花可以编码为 010；
③ 蓝花可以编码为 001。

根据以上的几个例子，大家应该都可以了解独热编码是怎么回事了。在后面的分类应用中，我们经常会把分类的标签处理成为独热编码的格式，然后用来训练模型。

4.12 BP神经网络完成手写数字识别

一小节我们将要自己搭建一个 BP 神经网络来完成手写数字识别的功能，我们使用到的训练集是 sklearn 中自带的手写数字数据集。首先我们先看一下数据集，如代码 4-2 所示。

代码 4-2：手写数字数据集介绍

```python
from sklearn.datasets import load_digits
import matplotlib.pyplot as plt

# 载入手写数字数据
digits = load_digits()
# 打印数据集的 shape，行表示数据集个数，列表示每个数据的特征数
print('data shape:',digits.data.shape)
# 打印数据标签的 shape，数据标签的值为 0~9
print('target shape:',digits.target.shape)
# 准备显示第 0 张图片，图片为灰度图
plt.imshow(digits.images[0],cmap='gray')
# 显示图片
plt.show()
```

运行结果如下：

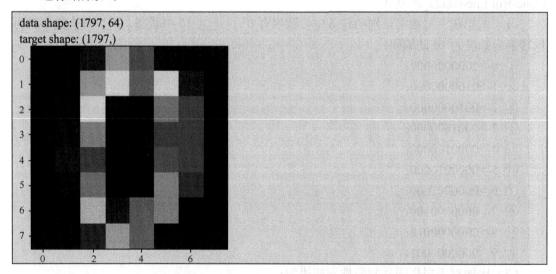

观察代码 4-2 所示程序的输出，我们可以发现这个数据集中每个数据的图片是一张 8×8 的图片，分别对应数字 0~9。所以我们可以考虑构建一个输入层为 64 个神经元的神经网络，64 个神经元对应于图片中的 64 个像素点。假设我们设置一层隐藏层，隐藏层有 100 个神经元。最后设置一个输出层，我们会把标签转变为独热编码（One-Hot）的格式，数字 0~9 一共 10 个状态，所以输出层我们可以设置 10 个神经元。数字识别网络的结构如图 4.26 所示。

第 4 章 BP 神经网络

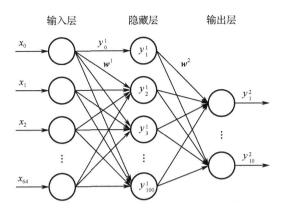

图 4.26 数字识别网络的结构

BP 神经网络完成手写数字识别的代码如代码 4-3 所示。

代码 4-3：BP 神经网络完成手写数字识别

```python
# 导入 numpy 科学计算库
import numpy as np
# 载入画图工具包
import matplotlib.pyplot as plt
# 导入手写数字数据集
from sklearn.datasets import load_digits
# 用于标签二值化处理，把标签转成独热编码 One-Hot 的格式
from sklearn.preprocessing import LabelBinarizer
# 用于把数据集拆分为训练集和测试集
from sklearn.cross_validation import train_test_split
# 用于评估分类结果
from sklearn.metrics import classification_report,confusion_matrix

# 定义 sigmoid 函数
def sigmoid(x):
    return 1/(1+np.exp(-x))

# 定义 sigmoid 函数的导数
def dsigmoid(x):
    return x*(1-x)

# 定义神经网络类
class NeuralNetwork:
    # 初始化网络，定义网络结构
    # 假设传入(64,100,10)，说明定义：
    # 输入层 64 个神经元，隐藏层 100 个神经元，输出层 10 个神经元
    def __init__(self,layers):
        # 权值的初始化，范围为-1～1
        self.W1 = np.random.random([layers[0],layers[1]])*2-1
        self.W2 = np.random.random([layers[1],layers[2]])*2-1
        # 初始化偏置值
        self.b1 = np.zeros([layers[1]])
        self.b2 = np.zeros([layers[2]])
        # 定义空 list 用于保存 list
```

```python
        self.loss = []
        # 定义空 list 用于保存
        self.accuracy = []

    # 训练模型
    # X 为数据输入
    # T 为数据对应的标签
    # lr 为学习率
    # steps 为训练次数
    # batch 为批次大小
    # 使用批量随机梯度下降法,每次随机抽取一个批次的数据进行训练
    def train(self,X,T,lr=0.1,steps=20000,test=5000,batch=50):
        # 进行 steps+1 次训练
        for n in range(steps+1):
            # 随机选取一个批次数据
            index = np.random.randint(0,X.shape[0],batch)
            x = X[index]
            # 计算隐藏层输出
            L1 = sigmoid(np.dot(x,self.W1)+self.b1)
            # 计算输出层输出
            L2 = sigmoid(np.dot(L1,self.W2)+self.b2)
            # 求输出层的学习信号
            delta_L2 = (T[index]-L2)*dsigmoid(L2)
            # 求隐藏层的学习信号
            delta_L1= delta_L2.dot(self.W2.T)*dsigmoid(L1)
            # 求隐藏层到输出层的权值改变
            # 由于一次计算了多个样本,所以需要求平均
            self.W2 += lr * L1.T.dot(delta_L2) / x.shape[0]
            # 求输入层到隐藏层的权值改变
            # 由于一次计算了多个样本,所以需要求平均
            self.W1 += lr * x.T.dot(delta_L1) / x.shape[0]
            # 改变偏置值
            self.b2 = self.b2 + lr * np.mean(delta_L2, axis=0)
            self.b1 = self.b1 + lr * np.mean(delta_L1, axis=0)

            # 每训练 5000 次预测一次准确率
            if n%test==0:
                # 预测测试集的预测结果
                Y2 = self.predict(X_test)
                # 取得预测结果最大的所在的索引
                # 例如,最大值所在的索引是 3,那么预测结果就是 3
                predictions = np.argmax(Y2,axis=1)
                # 计算准确率
                # np.equal(predictions,y_test)判断预测结果和真实标签是否相等,相等返回 True,不相等返回 False
                # np.equal(predictions,y_test)执行后得到一个包含多个 True 和 False 的列表
                # 然后用 np.mean 对列表求平均,True 为 1,False 为 0。
                # 例如,一共有 10 个结果,9 个 True,1 个 False,平均后的结果为 0.9,即预测的准确率为 90%
                acc = np.mean(np.equal(predictions,y_test))
                # 计算 loss
                l = np.mean(np.square(y_test - predictions) / 2)
                # 保存准确率
                self.accuracy.append(acc)
```

```python
        # 保存 loss 值
        self.loss.append(l)
        # 打印训练次数、准确率和 loss 值
        print('steps:%d accuracy:%.3f loss:%.3f' % (n,acc,l))

    # 模型预测结果
    def predict(self,x):
        L1 = sigmoid(np.dot(x,self.W1)+self.b1)#隐层输出
        L2 = sigmoid(np.dot(L1,self.W2)+self.b2)#输出层输出
        return L2

# 程序从这里开始运行
# 定义训练次数
steps = 30001
# 定义测试周期数
test = 3000
# 载入数据
digits = load_digits()
# 得到数据
X = digits.data
# 得到标签
y = digits.target
# 输入数据归一化，有助于加快训练速度
# X 中原来的数值范围为 0~255，归一化后变成 0~1
X -= X.min()
X /= X.max() - X.min()
# 分割数据，1/4 为测试数据，3/4 为训练数据
# 有 1347 个训练数据，450 个测试数据
X_train,X_test,y_train,y_test = train_test_split(X,y,test_size=0.25)

# 创建网络，输入层 64 个神经元，隐藏层 100 个神经元，输出层 10 个神经元
nm = NeuralNetwork([64,100,10])
# 标签转化为独热编码 One-Hot 的格式
labels_train = LabelBinarizer().fit_transform(y_train)

# 开始训练
print('Start training')
nm.train(X_train,labels_train,steps=steps,test=test)

# 预测测试数据
predictions = nm.predict(X_test)
# predictions.shape 为(450,10)
# y_test.shape 为(450,)
# 所以需要取得预测结果最大的所在的索引，该索引就是网络预测的结果
# np.argmax(predictions,axis=1)执行后得到的形状也变成了(450,)
predictions = np.argmax(predictions,axis=1)
# 对比测试数据的真实标签与网络预测结果，得到准确率、召回率和 F1 值
print(classification_report(y_test,predictions))
# 对于测试数据的真实标签与网络预测结果，得到混淆矩阵
print(confusion_matrix(y_test,predictions))

# 训练次数与 loss 的关系图
```

```
plt.plot(range(0,steps+1,test),nm.loss)
plt.xlabel('steps')
plt.ylabel('loss')
plt.show()

# 训练次数与 Accuracy 的关系图
plt.plot(range(0,steps+1,test),nm.accuracy)
plt.xlabel('steps')
plt.ylabel('accuracy')
plt.show()
```

运行结果如下：

```
Start training
steps:0 accuracy:0.111 loss:10.206
steps:3000 accuracy:0.922 loss:0.777
steps:6000 accuracy:0.960 loss:0.469
steps:9000 accuracy:0.964 loss:0.389
steps:12000 accuracy:0.967 loss:0.361
steps:15000 accuracy:0.964 loss:0.416
steps:18000 accuracy:0.971 loss:0.342
steps:21000 accuracy:0.969 loss:0.378
steps:24000 accuracy:0.971 loss:0.342
steps:27000 accuracy:0.971 loss:0.360
steps:30000 accuracy:0.971 loss:0.360
```

	precision	recall	f1-score	support
0	1.00	0.98	0.99	45
1	0.93	0.98	0.95	41
2	0.98	1.00	0.99	50
3	1.00	0.93	0.96	40
4	0.98	0.98	0.98	48
5	0.94	0.98	0.96	51
6	0.98	1.00	0.99	42
7	1.00	1.00	1.00	45
8	0.93	0.91	0.92	44
9	0.98	0.95	0.97	44
avg / total	0.97	0.97	0.97	450

```
[[44  0  0  0  1  0  0  0  0  0]
 [ 0 40  0  0  0  0  0  0  1  0]
 [ 0  0 50  0  0  0  0  0  0  0]
 [ 0  0  0 37  0  2  0  0  1  0]
 [ 0  0  0  0 47  0  0  0  0  1]
 [ 0  0  0  0  0 50  1  0  0  0]
 [ 0  0  0  0  0  0 42  0  0  0]
 [ 0  0  0  0  0  0  0 45  0  0]
 [ 0  3  1  0  0  0  0  0 40  0]
 [ 0  0  0  0  1  0  0  1 42]]
```

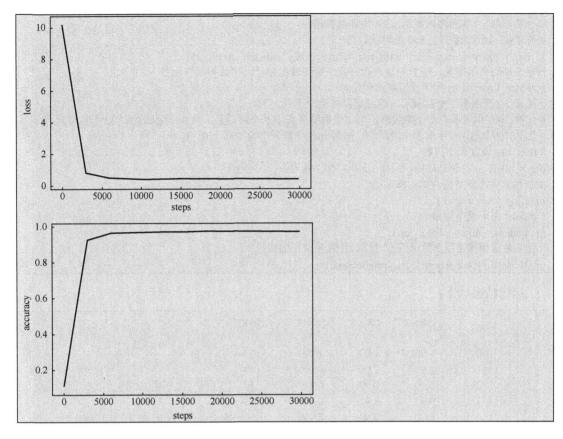

4.13 Sklearn 手写数字识别

上一节我们学习了如何从头开始搭建一个 BP 神经网络来完成手写数字识别，其实搭建 BP 神经网络还有更简单快捷的方法，即使用 scikit-learn 模块。scikit-learn 是一个常用的 Python 模型，里面封装了大量的机器学习算法，其中就包括 BP 神经网络。下面我们来看一下如何使用 scikit-learn 中的神经网络算法来进行手写数字识别，如代码 4-4 所示。

代码 4-4：BP 神经网络完成手写数字识别(使用 scikit-learn 中的神经网络算法)

```
# 载入 BP 神经网络算法
from sklearn.neural_network import MLPClassifier
from sklearn.datasets import load_digits
from sklearn.model_selection import train_test_split
from sklearn.metrics import classification_report
import matplotlib.pyplot as plt
#载入数据
digits = load_digits()
#数据
x_data = digits.data
#标签
y_data = digits.target
# X 中原来的数值范围为 0~255，归一化后变成 0~1
x_data -= x_data.min()
x_data /= x_data.max() - x_data.min()
```

```
# 分割数据,1/4 为测试数据,3/4 为训练数据
# 有 1347 个训练数据,450 个测试数据
x_train,x_test,y_train,y_test = train_test_split(x_data,y_data,test_size=0.25)
# 定义神经网络模型,模型的输入神经元个数和输出神经元个数不需要设置
# hidden_layer_sizes 用于设置隐藏层结构:
# 比如(50)表示有 1 个隐藏层,隐藏层的神经元个数为 50
# 比如(100,20)表示有 2 个隐藏层,第 1 个隐藏层有 100 个神经元,第 2 个隐藏层有 20 个神经元
# 比如(100,20,10)表示有 3 个隐藏层,神经元的个数分别为 100、20、10
# max_iter 设置训练次数
mlp = MLPClassifier(hidden_layer_sizes=(100,20), max_iter=500)
# fit 传入训练集数据开始训练模型
mlp.fit(x_train,y_train)
# predict 用于模型预测
predictions = mlp.predict(x_test)
# 标签数据和模型预测数据进行对比,计算分类评估指标
print(classification_report(y_test, predictions))
```

运行结果如下:

	precision	recall	f1-score	support
0	1.00	1.00	1.00	35
1	0.98	1.00	0.99	49
2	1.00	0.98	0.99	50
3	0.97	0.97	0.97	38
4	1.00	0.98	0.99	56
5	1.00	0.93	0.96	43
6	1.00	1.00	1.00	47
7	0.94	1.00	0.97	46
8	0.95	1.00	0.97	36
9	0.98	0.96	0.97	50
accuracy			0.98	450
macro avg	0.98	0.98	0.98	450
weighted avg	0.98	0.98	0.98	450

要注意的是,scikit-learn 中封装的神经网络只是普通的 BP 神经网络,不具备深度学习算法。如果要实现深度学习算法,需要使用专门的深度学习框架,如 Tensorflow,在下一章中我们将会详细介绍。

4.14 参考文献

[1] McClelland J L, Rumelhart D E, PDP Research Group. Parallel Distributed Processing [J]. Explorations in the Microstructure of Cognition, 1986, 2: 216-271.

[2] Glorot X, Bordes A, Bengio Y. Deep sparse rectifier neural networks[C]//Proceedings of the fourteenth international conference on artificial intelligence and statistics. 2011: 315-323.

[3] 韩力群,康芊. 人工神经网络理论,设计及应用——神经细胞,神经网络和神经系统[J]. 北京工商大学学报(自然科学版),2005, 23(1): 52-52.

第5章 深度学习框架 Tensorflow 基础使用

在介绍正式内容以前,我想先给大家说明一个基本情况,也就是目前深度学习还处于一个非常早期的、不成熟的阶段,所以我们会看到各种各样的人写着各种各样风格的代码。当我们想完成一个应用的时候,我们会有很多种方式和选择,有时候选择太多也不一定是好事,因为我们可能会面临选择的困难。虽然"条条大路通罗马",但是有些路好走,有些路不好走;有些路部分人觉得好走,部分人觉得不好走。很多时候我们很难判断哪条路好,哪条路不好。

给大家举一个例子来说明这个问题,如图 5.1 所示。

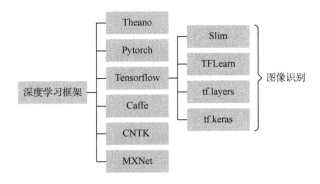

图 5.1 "条条大路通罗马"

比如我们想做一个图像识别的应用,那么首先我们有很多种深度学习的框架可以选择。如果是在 2016—2017 年,那么这个选择还是挺难的,因为每个深度学习的框架都有自己的优缺点,我们可能很难选择学习哪一个框架。当然,这个问题现在相对变得容易了,经过时间的考验,现在业内公认的首选的深度学习框架就是 Tensorflow 或者 Pytorch。Pytorch 是最近一两年学术界最喜欢使用的深度学习框架,Tensorflow 是落地应用最多的深度学习框架。如果让我推荐的话,我会推荐两者都学,多学总不是坏事。我们这本书主要以 Tensorflow 为重点,大家可以先跟着我把 Tensorflow 学好。

深度学习框架选好之后,接下来要继续选择,每个框架在实现某个具体应用的时候通常都会有很多种实现方式。比如载入数据进行数据预处理有很多种方法,搭建网络有很多种方法,训练模型又有很多种方法。比如图 5.1 中,假设我们选择了 Tensorflow 作为我们的深度学习框架,那么我们在搭建网络结构的时候又可以选择使用 Tensorflow 的高级 API:Slim、TFLearn、tf.layers、tf.keras 或其他 API,最后完成图像识别的应用。由于各种方法比较多,我们全部都学并不是一个明智的选择,所以在本书中我会选择我认为比较容易理解和学习的方法来教大家。Tensorflow 2.0 推出以后,谷歌官方建议大家使用 tf.keras 来搭建和训练模型。Keras 也是我非常喜欢的一款深度学习框架,它是所有深度学习框架中最容易使用的,没有之一,所以也比较适合初学者选用。鉴于 Keras 的简洁易用性,以及容易理解和学习的特点,本书中关于深度学习的应用大部分都会基于 tf.keras 的 API 完成。

5.1 Tensorflow 介绍

5.1.1 Tensorflow 简介

Tensorflow 的官网是 https://tensorflow.google.cn/。

Tensorflow 是谷歌基于 DisBelief 进行研发的第二代人工智能学习系统,并于 2015 年 11 月 9 日开源。Tensorflow 可被用于图像识别、语音识别、文本处理等多项机器学习和深度学习领域,并且可以运行在智能手机、个人电脑、数据中心服务器等各种设备上。

目前,支持 Windows、MacOS、Linux 系统,支持 CPU/GPU 版本,支持单机和分布式版本。

Tensorflow 支持多种编程语言,包括 Python、C++、GO、JAVA、R、SWIFT 和 JavaScript。最主流的编程语言是 Python,本书主要介绍的编程语言也是 Python。目前 Tensorflow 支持 64 位的 Python 3.5/3.6/3.7/3.8 版本。

2019 年 3 月 8 日,Google 发布最新的 Tensorflow2.0-Alpha 版本,并在 2019 年 10 月 1 日发布了 Tensorflow2.0 正式版本。新版本的 Tensorflow 有很多新特性,更快、更容易使用且更人性化。因为新版本的 Tensorflow 有较大的更新,所以老版的 Tensorflow 程序在新版本中几乎都无法继续使用。

如果你是作一个初学者,那么应该先学 Tensorflow 1 呢?还是直接学习 Tensorflow 2?学习 Tensorflow 1 的理由是现在网上的 Tensorflow 开源程序,以及比较成熟的 Tensorflow 项目基本上都是基于 Tensorflow 1 的,Tensorflow 2 刚推出不久,资源相对来说比较少一些。但 Tensorflow 2 肯定是未来发展的趋势,虽然现在还比较新,但是我还是建议大家以学习 Tensorflow 2 为主。Tensorflow 1 和 Tensorflow 2 作为两个大的版本,它们之间肯定会有很多不同之处,下面我选取两个我觉得最大的变化来给大家进行说明。

5.1.2 静态图和动态图机制 Eager Execution

Tensorflow 1 版本跟很多其他的"老"深度学习框架一样,都使用静态图机制。而 Tensorflow 2 版本跟 Pytorch 一样,都使用现在最新潮的动态图机制。什么是动态图机制,我觉得基本上不需要跟大家解释,其是一种跟我们平时写 Python 代码类似的一种机制,用起来很自然。例如,代码 5-1 为 Tensorflow 2 的程序。

代码 5-1:动态图

```
import tensorflow as tf
# 创建一个常量
m1 = tf.constant([[4,4]])
# 创建一个常量
m2 = tf.constant([[2],[3]])
# 创建一个矩阵乘法,把 m1 和 m2 传入
product = tf.matmul(m1,m2)
# 打印结果
print(product)
```

运行结果如下：

```
tf.Tensor([[20]], shape=(1, 1), dtype=int32)
```

动态图程序看起来就跟一段普通的 Python 程序一样。但静态图就没这么好理解了，因为静态图跟我们平时的编程习惯不符。在静态图机制中，我们需要在一个计算图（Graph）中定义计算的流程，然后再创建一个会话（Session），在会话中执行计算图的计算。例如，代码 5-2 为 Tensorflow 1 的程序。

代码 5-2：静态图（片段 1）

```python
# 这个程序我是在 Tensorflow1 的环境中运行的
import tensorflow as tf
# 创建一个常量
m1 = tf.constant([[4,4]])
# 创建一个常量
m2 = tf.constant([[2],[3]])
# 创建一个矩阵乘法，把 m1 和 m2 传入
product = tf.matmul(m1,m2)
# Tensorflow1 的程序跟一般的 Python 程序不太一样
# 这个时候打印 product，只能看到 product 的属性，不能计算它的值
# 这里我只定义了计算图，图必须在会话中运行，我们还没有定义会话
print(product)
```

运行结果如下：

```
Tensor("MatMul:0", shape=(1, 1), dtype=int32)
```

代码 5-2：静态图（片段 2）

```python
# 定义一个会话
sess = tf.Session()
# 调用 sess 的 run 方法来执行矩阵乘法
# 计算 product，最终计算的结果存放在 result 中
result = sess.run(product)
print(result)
# 关闭会话
sess.close()
```

运行结果如下：

```
[[20]]
```

对比动态图和静态图这两个简单的程序，我们能看出还是动态图使用起来比较简单，也更加自然。这也是深度学习框架未来的发展趋势，以后静态图机制应该会被慢慢淘汰。

5.1.3 tf.keras

在说 tf.keras 之前，我们先来说一下 Keras，其是所有深度学习框架中最容易使用的深度学习框架，最初是由 Google AI 研究人员弗朗索瓦·肖莱（Francois Chollet）创建并开发的。弗朗索瓦于 2015 年 3 月 27 日将 Keras 的第一个版本发布在他的 GitHub。Keras 是一个高度封装的深度学习框架，它的后端可以是 Theano、Tensorflow 或者 CNTK。很快，

Keras 的易用性得到了广大深度学习研究开发者的认可，引起了 Tensorflow 官方的注意，并从 Tensorflow 1.10 版本开始加入 tf.keras 接口，即我们在 Tensorflow 中也可以使用 Keras 的方式来搭建和训练模型。

但 Keras 和 tf.keras 是分开的两个项目，它们使用起来基本上是一样的，只是在细节上会有一些小的不同。随着 Tensorflow 2.0 的推出，谷歌宣布 Keras 现在是 Tensorflow 的官方高级 API，用于快速简单的模型设计和训练，并推荐大家使用。随着 Keras 2.3.0 的发布，弗朗索瓦也发表声明推荐深度学习从业人员都应该将代码转成 Tensorflow 2.0 和 tf.keras，而不是继续使用 Keras。

如何完成我们的深度学习模型训练程序，在 Tensorflow 1.0 中，我们有非常多选择。Tensorflow 2.0 把选择进行了简化，只保留了更好的几种。基于 Tensorflow 官方推荐，以及我个人的使用经验，我认为在 Tensorflow 2.0 的使用中，我们可以尽量多使用 tf.keras 的接口来完成我们的应用。

前面介绍了很多关于 Keras/tf.keras 的优点，下面说说 Keras/tf.keras 的缺点，即程序运行效率会比纯 Tensorflow 程序要稍微慢一点点。这很容易理解，程序封装越多，用起来越方便，运行起来自然就会慢一些。但 Tensorflow 针对这个问题也做了很多优化，所以实际应用中其实纯 Tensorflow 和 tf.keras 速度的差距一般也不会很大。真正影响深度学习运行速度的主要影响因素是模型的复杂度和硬件条件，tf.keras 对于速度的影响基本上不会很大。

5.2 Tensorflow-cpu 安装

在官方网址 https://tensorflow.google.cn/install/pip 中可以看到关于使用 pip 安装 Tensorflow 比较详细的说明。

5.2.1 Tensorflow-cpu 在线安装

使用 Windows 安装 Tensorflow 的同学要注意，从 TensorFlow 2.1.0 版本开始，需要安装 vc_redist.x64.exe，进入链接 https://support.microsoft.com/en-us/help/2977003/the-latest-supported-visual-c-downloads，下载 Visual Studio 2015，2017 and 2019 下面的 x64:vc_redist.x64.exe（或直接从 https://aka.ms/vs/16/release/vc_redist.x64.exe 链接下载），下载后双击其进行安装。

Tensorflow 在 Winodws/MacOS/Linux 环境下的安装方式基本上都是一样的。首先介绍 CPU 版本的安装。安装 Tensorflow 之前，先要安装 Python 环境，Python 环境的安装在本书第 2 章已经介绍过了，大家先要把 Anaconda 给安装好，如使用 Windows 系统，则需要安装 Python 3.5/3.6/3.7 版本的 64 位的 Anaconda。**如果大家跟着书中的步骤进行安装，则需要先把安装流程全部看完再动手，否则可能会操作错误。**Python 安装模块的方式都可以用 pip install 的命令进行安装。Tensorflow 2.0 正式发布以后，现在 Tesnorflow 默认安装的版本就是 Tensorflow 2 的版本。安装 Tensorflow 可以用管理员方式打开命令提示符，运行如下命令：

```
pip install tensorflow-cpu
```

但上面的命令通常的下载速度比较慢，推荐从国内源进行下载速度比较快。使用下面的命令，其下载速度会比较快：

```
pip install tensorflow-cpu -i https://pypi.douban.com/simple
```

其中，-i https://pypi.douban.com/simple 是国内下载源，安装其他的 Python 模型也可以使用该下载源。

执行完以上命令之后，会自动从网上下载安装 Tensorflow 安装包，同时也会安装和更新一些其他的 Python 包。

顺利的话，运行完以上命令后，Tensorflow 就安装好了。安装好 Tensorflow 之后，我们可以在命令行的最后看到类似如下的信息：

```
Successfully installed absl-py-0.8.1 cachetools-3.1.1 certifi-2019.11.28 gast-0.2.2 google-auth-1.9.0
google-auth-oauthlib-0.4.1 google-pasta-0.1.8 oauthlib-3.1.0 pyasn1-0.4.8 pyasn1-modules-0.2.7
requests-2.22.0 requests-oauthlib-1.3.0 rsa-4.0 tensorboard-2.0.2 tensorflow-2.0.0 urllib3-1.25.7
```

但一般来说都不会这么顺利，关于可能会出现的问题，以及如何解决问题，后面会总结。

假设安装没有问题，那么可以打开一个 Python 的运行环境，如 Jupyter，然后运行命令：

```
import tensorflow
```

如果没有产生错误，那么就代表安装成功了。如果看到警告，不要紧张，有警告是正常的，一般警告都可以忽略掉，如图 5.2 所示表示 Tensorflow 安装成功。

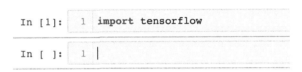

图 5.2 Tensorflow 安装成功

5.2.2 安装过程中可能遇到的问题

由于 Tensorflow 会不断地更新，对于每个 Tensorflow 版本，我们可能会遇到的问题不同，每个人的计算机环境也有所不同，所以我这里总结的问题不一定跟大家碰到的问题相同，也可能会有缺漏，如果问题不同或者有缺漏，大家可以给我反馈，我再进行补充。

问题 1：在安装过程中出现 "ERROR: tensorboard 2.0.2 has requirement grpcio>=1.24.3, but you'll have grpcio 1.14.1 which is incompatible.

ERROR: keras 2.2.2 has requirement keras-applications==1.0.4, but you'll have keras-applications 1.0.8 which is incompatible." 或者类似错误。

解决方法：这类错误可以忽略不处理。

问题 2：在安装过程中出现 "ERROR: Cannot uninstall 'wrapt'. It is a distutils installed project and thus we cannot accurately determine which files belong to it which would lead to only a partial uninstall."。

解决方法：用管理员方式打开命令提示符，运行以下命令：

```
pip install wrapt --upgrade --ignore-installed
```

然后再次运行以下命令：

```
pip install tensorflow-cpu -i https://pypi.douban.com/simple
```

如果出错的不是"wrapt"而是其他模块，类似的错误可以用类似的方法解决。

问题 3：在安装过程中出现"distributed 1.21.8 requires msgpack,which is not installed."或者类似错误。

解决方法：安装"msgpack"，打开命令提示符，运行以下命令：

```
pip install msgpack -i https://pypi.douban.com/simple
```

问题 4：某条命令在安装过程中出现"PermissionError：[WinError 5] 拒绝访问"。

解决方法：这个错误主要是权限问题，关闭所有与 Python 相关的软件，重新用管理员方式打开命令提示符，然后再次运行该命令。

问题 5：在安装过程中，模块下载中断并出现"ReadTimeoutError:HTTPSConnectionPoll"。

解决方法：由于下载的资源在国外，所以网络不好可能会导致下载链接超时，可以尝试重新运行命令再次下载安装。也可以使用国内的下载源进行安装，一般速度会比较快，运行下面的命令使用国内的源进行安装。

```
pip install tensorflow-cpu -i https://pypi.douban.com/simple
```

问题 6：在安装过程中，模块下载中断并出现"拒绝访问"。

解决方法：系统权限问题，可以用管理员方式打开命令提示符，然后重新安装，或者在安装命令后面加上"--user"。例如

```
pip install tensorflow-cpu -i https://pypi.douban.com/simple --user
```

问题 7：Tensorflow 安装成功后，在 Python 环境中运行"import tensorflow"后出现"ImportError:cannot import name 'dense_features'from 'tensorflow.python.feature_column'"。

解决方法：用管理员方式打开命令提示符，先运行以下命令：

```
pip uninstall tensorflow_estimator
```

然后再运行以下命令：

```
pip install tensorflow_estimator
```

问题 8：Tensorflow 安装成功后，在 Python 环境中运行"import tensorflow"后出现"ImportError: DLL load failed with error code -1073741795 和 ImportError: No module named '_pywrap_tensorflow_internal'"。

解决方法：由于计算机的 CPU 导致的错误，解决方法一是安装老版本的 Tensorflow，如 Tensorflow 1.2.0 版本，但是不推荐。推荐的解决方法是换一台新一点的计算机。

问题 9：Tensorflow 安装成功后，在 Python 环境中运行"import tensorflow"后出现"ERROR:root:Internal Python error in the inspect module.Below is the traceback from this internal error."。

解决方法：安装 vc_redist.x64.exe，具体查看 5.2.1 小节中的说明，然后再重新安装 Tensorflow。

问题 10：Tensorflow 安装成功后，在 Python 环境中运行"import tensorflow"后出现"No module named 'tensorflow'"，说明 Tensorflow 还没有安装好。

解决方法：打开命令提示符，重新安装。

```
pip install tensorflow-cpu -i https://pypi.douban.com/simple
```

问题 11：Tensorflow 安装成功后，在 Python 环境中运行"import tensorflow"后出现"ImportError：DLL load failed：找不到指定的模型"。

解决方法：安装 vc_redist.x64.exe，具体查看 5.2.1 小节中的说明，然后再重新安装 Tensorflow。

5.2.3 Tensorflow-cpu 卸载

如果已经安装好了 Tensorflow，想要卸载，可以用管理员方式打开命令行，执行命令：

```
pip uninstall tensorflow-cpu
```

5.2.4 Tensorflow-cpu 更新

如果已经安装过 Tensorlfow，现在想把 Tensorflow 更新到最新版本，可以用管理员方式打开命令行，执行命令：

```
pip install tensorflow-cpu --upgrade
```

5.2.5 Tensorflow-cpu 指定版本的安装

如果我们想安装 Tensorflow 指定版本，如老一点的版本，可以使用指定版本的安装方式。例如，我们想安装 Tensorflow 1.13.2 版本，则可以用管理员方式打开命令行，执行命令：

```
pip install tensorflow==1.13.2
```

5.3 Tensorflow-gpu 安装

5.3.1 Tensorflow-gpu 了解最新版本情况

先在 Tensorflow 官网查看 Tensorflow-gpu 最新的安装情况（https://tensorflow.google.cn/install/gpu），如图 5.3 所示。

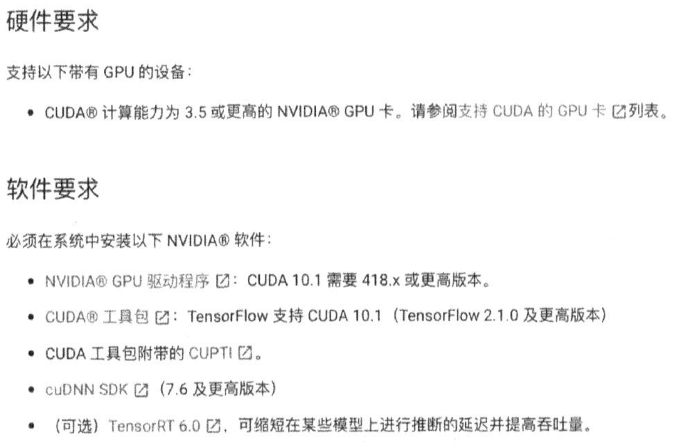

硬件要求

支持以下带有 GPU 的设备：

- CUDA® 计算能力为 3.5 或更高的 NVIDIA® GPU 卡。请参阅支持 CUDA 的 GPU 卡列表。

软件要求

必须在系统中安装以下 NVIDIA® 软件：

- NVIDIA® GPU 驱动程序：CUDA 10.1 需要 418.x 或更高版本。
- CUDA® 工具包：TensorFlow 支持 CUDA 10.1 (TensorFlow 2.1.0 及更高版本)
- CUDA 工具包附带的 CUPTI。
- cuDNN SDK (7.6 及更高版本)
- (可选) TensorRT 6.0，可缩短在某些模型上进行推断的延迟并提高吞吐量。

图 5.3 Tensorflow-gpu 版本的最新情况

一般来说，比较新的英伟达（NVIDIA）的 GPU 都可以支持。这里要注意的是 CUDA 的版本和 cuDNN 的版本。如我们在图 5.3 中看到的 Tensorflow-gpu 版本需要安装 CUDA 10.1 的版本，cuDNN 的版本要求 7.6 以上。如果 Tensorflow 出了更新的版本，对应的 CUDA 和 cuDNN 的版本可能也会发生变化。

5.3.2　Tensorflow-gpu 安装 CUDA

CUDA（Compute Unified Device Architecture）是英伟达（NVIDIA）推出的运算平台，是一种通用的并行计算机构，可以使得 GPU 能够解决复杂的计算问题。CUDA 的下载的地址为：https://developer.nvidia.com/cuda-toolkit-archive，如图 5.4 所示。

Latest Release

CUDA Toolkit 10.2 (Nov 2019), Versioned Online Documentation

Archived Releases

CUDA Toolkit 10.1 update2 (Aug 2019), Versioned Online Documentation

CUDA Toolkit 10.1 update1 (May 2019), Versioned Online Documentation
CUDA Toolkit 10.1 (Feb 2019), Online Documentation
CUDA Toolkit 10.0 (Sept 2018), Online Documentation
CUDA Toolkit 9.2 (May 2018), Online Documentation
CUDA Toolkit 9.1 (Dec 2017), Online Documentation
CUDA Toolkit 9.0 (Sept 2017), Online Documentation
CUDA Toolkit 8.0 GA2 (Feb 2017), Online Documentation
CUDA Toolkit 8.0 GA1 (Sept 2016), Online Documentation

图 5.4　不同版本的 CUDA 的下载

例如，我们想下载 CUDA 10.1，可以单击"CUDA Toolkit 10.1"。如果单击其右侧的"Online Documentation"，则可以查看关于 CUDA 安装的一些说明。图 5.5 为 CUDA 10.1 对于 Windows 环境的一些要求。

Table 1. Windows Operating System Support in CUDA 10.1

Operating System	Native x86_64	Cross (x86_32 on x86_64)
Windows 10	YES	YES
Windows 8.1	YES	YES
Windows 7	YES	YES
Windows Server 2019	YES	NO
Windows Server 2016	YES	NO
Windows Server 2012 R2	YES	NO

Table 2. Windows Compiler Support in CUDA 10.1

Compiler*	IDE	Native x86_64	Cross (x86_32 on x86_64)
MSVC Version 192x	Visual Studio 2019 16.x (Preview releases)	YES	NO
MSVC Version 191x	Visual Studio 2017 15.x (RTW and all updates)	YES	NO
MSVC Version 1900	Visual Studio 2015 14.0 (RTW and updates 1, 2, and 3)	YES	NO
	Visual Studio Community 2015	YES	NO
MSVC Version 1800	Visual Studio 2013 12.0	YES	YES
MSVC Version 1700	Visual Studio 2012 11.0	YES	YES

图 5.5　CUDA 10.1 对 Windows 环境的一些要求

从图 5.5 中我们可以看到，CUDA 10.1 要求的 Windows 系统在 Table1 中，比较常用的系统都可以满足。另外，在 Table2 中我们看到安装 CUDA 10.1 之前还需要安装 Visual Studio，推荐安装 Visual Studio 15 或 Visual Studio 17 版本。

如图 5.6 所示为 CUDA 10.1 对于 Linux 环境的一些要求。

Table 1. Native Linux Distribution Support in CUDA 10.1 Update 2

Distribution	Kernel*	GCC	GLIBC	ICC	PGI	XLC	CLANG
x86_64							
RHEL 8.0	4.18	8.2.1	2.28				
RHEL 7.6	3.10	4.8.5	2.17				
RHEL 6.10	2.6.32	4.4.7	2.12				
CentOS 7.6	3.10	4.8.5	2.17				
CentOS 6.10	2.6.32	4.4.7	2.12				
Fedora 29	4.16	8.0.1	2.27				
OpenSUSE Leap 15.0	4.15.0	7.3.1	2.26	19.0	18.x, 19.x	NO	8.0.0
SLES 15.0	4.12.14	7.2.1	2.26				
SLES 12.4	4.12.14	4.8.5	2.22				
Ubuntu 18.10	4.18.0	8.2.0	2.28				
Ubuntu 18.04.3 (**)	5.0.0	7.4.0	2.27				
Ubuntu 16.04.6 (**)	4.4	5.4.0	2.23				
Ubuntu 14.04.6 (**)	3.13	4.8.4	2.19	–	–	–	–
POWER8(***)							
RHEL 7.6	3.10	4.8.5	2.17	NO	18.x, 19.x	13.1.x, 16.1.x	8.0.0
Ubuntu 18.04.1	4.15.0	7.3.0	2.27	NO	18.x, 19.x	13.1.x, 16.1.x	8.0.0
POWER9(****)							
Ubuntu 18.04.1	4.15.0	7.3.0	2.27	NO	18.x, 19.x	13.1.x, 16.1.x	8.0.0
RHEL 7.6 IBM Power LE	4.14.0	4.8.5	2.17	NO	18.x, 19.x	13.1.x, 16.1.x	8.0.0

图 5.6　CUDA 10.1 对于 Linux 环境的一些要求

准备好 CUDA 10.1 要求的环境以后，我们进入 CUDA 下载界面，并根据情况做好选择，最后单击“Downdload（2.4GB）”按钮，如图 5.7 所示。

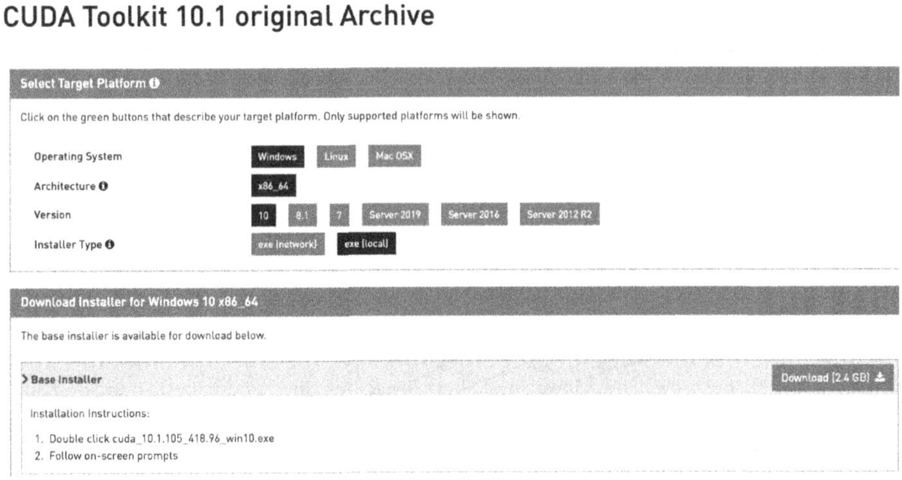

图 5.7　下载 CUDA

安装过程很简单，跟普通软件一样。

5.3.3 Tensorflow-gpu 安装 cuDNN 库

cuDNN 的全称为 NVIDIA CUDA® Deep Neural Network library，是 NVIDIA 专门针对深度神经网络（Deep Neural Networks）中的基础操作而设计的基于 GPU 的加速库。cuDNN 为深度神经网络中的标准流程提供了高度优化的实现方式，如 convolution、pooling、normalization，以及 activation layers 的前向和后向过程。

cuDNN 的下载地址为 https://developer.nvidia.com/cudnn。下载之前需要注册。Tensorflow 的 GPU 版本对 cuDNN 的版本是有严格要求的，前面我们看到，目前 Tensorflow 2 支持的是 cuDNN 7.6 以上版本。

进入下载地址后，选择对应 CUDA 10.1 版本和对应操作系统的 cuDNN 进行下载，如图 5.8 所示。

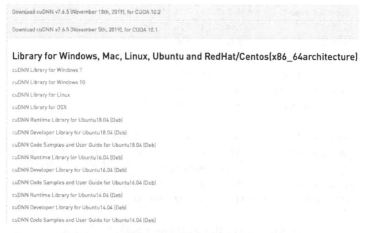

图 5.8　下载 cuDNN

下载好 cuDNN 之后，可以得到一个压缩包，解压完该压缩包之后可以看到 3 个文件夹，我们要做的就是把这 3 个文件夹中的内容复制到 CUDA 安装目录下面所对应的 3 个文件夹中，如图 5.9 所示（这是我之前配置 CUDA 9.0 和对应 cuDNN 时的图，其他版本的 CUDA 和 cuDNN 也一样）。

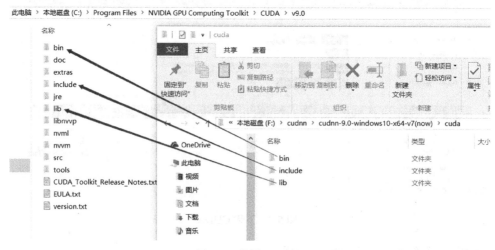

图 5.9　配置 cuDNN

5.3.4 Tensorflow-gpu 在线安装

用管理员方式打开命令提示符，执行命令：

```
pip install tensorflow-gpu -i https://pypi.douban.com/simple
```

5.3.5 Tensorflow-gpu 卸载

如果已经安装好了 Tensorflow，想要卸载，可以用管理员方式打开命令行，执行命令：

```
pip uninstall tensorflow-gpu
```

5.3.6 Tensorflow-gpu 更新

如果已经安装过 Tensorlfow，现在想把 Tensorflow 更新到最新版本，可以用管理员方式打开命令行，执行命令：

```
pip install tensorflow-gpu –upgrade
```

5.4 Tensorflow 基本概念

Tensorflow 中的一些基本概念在 Tensorflow2 版本中已经被隐藏起来或者已经不再使用了，但本文还是打算给大家简单介绍一些 Tensorflow 的基本概念。

Tensorflow 是一个编程系统，使用图（Graph）来表示计算任务，图（Graph）中的节点称之为 op(operation)，一个 op 获得 0 个或多个 Tensor，执行计算，产生 0 个或多个 Tensor，Tensor 看作一个 n 维的数据。在"Tensorflow1"中，图必须在会话（Session）中运行，如图 5.10 所示。

在图 5.10 中，Tensor 0、Tensor 1 和 Tensor 2 表示数据，一般可以用在数据的输入、输出和计算的中间流程；Variable 0 表示变量，一般用于记录一些需要变化的数值，如需要训练的模型参数。虽然可以使用 Tensor 的地方都可以使用 Variable，不但它们还是有一些区别的。

图 5.10 中的 Graph 0 表示一个完整的计算任务，最上面的 Tensor0 和 Variable0 一起传入一个 operation0 里面，这个 operation0 可以是加法、减法、乘法和除法等运算。运算完了之后，产生一个 Tensor1，这个 Tensor1 跟 Tensor2 一起被送入 operation1，在 operation1 中进行计算。

再举一个更具体的例子，如图 5.11 所示。

图 5.11 中的 X 是一个 Tensor，表示数据的输入；W 和 b 是 Variable，表示模型需要训练的参数。W 和 X 共同传入了 MatMul 的 operation 中，进行矩阵乘法的操作，计算完后得到的 Tensor0 会传入到 Add(operation)中，其跟 b 一起进行加法操作，得到 Tensor1。Tensor1 传入 ReLU(operation)激活函数进行计算，得到 Tensor2 后继续传递信号，最终得到 Tensor3。

在前面的内容中我们已经介绍过，在 Tensorflow 2 中使用的是动态图机制，也就是说我们不再需要会话，我们可以在任意时候进行计算并得到结果，程序设计起来会更加方便，更加自然。

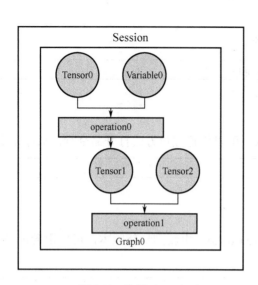
图 5.10 会话（Session）

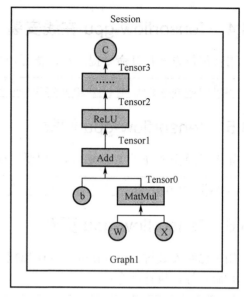
图 5.11 神经网络计算图

5.5 Tensorflow 基础使用

1. Tensorflow 1 转 Tensorflow 2 工具

Tensorflow 2 安装好之后，其会自带一个工具将 Tensorflow 1 的程序转成 Tensorflow 2 的程序，使用方法是打开命令提示符，然后执行命令：

```
tf_upgrade_v2 --infile input.py --outfile output.py
```

其中，tf_upgrade_v2 为转换工具；input.py 为 Tensorflow 1 的程序路径；output.py 为新产生的 Tensorflow 2 的程序保存路径。

这个工具的转换效果不能算很好，并不是所有的 Tensorflow 1 的程序都可以使用这个工具转换为 Tensorflow 2 的程序。一些比较复杂的 Tensorflow 1 的程序还是需要进行比较多的改写才能转换为 Tensorflow 2 的程序。所以，大家需要把 Tensorflow 1 转成 Tensorflow 2 的时候，可以尝试使用自带的这个工具。如果发现不行，则可以再自行修改。

2. Tensorflow 基本操作

Tensorflow 基本操作的代码如代码 5-3 所示。

代码 5-3：Tensorflow 基本操作

```
import tensorflow as tf
# 定义一个变量
x = tf.Variable([1,2])
# 定义一个常量
a = tf.constant([3,3])
# 减法 op
sub = tf.subtract(x, a)
```

```
# 加法 op
add = tf.add(x,sub)
print(sub)
print(add)
```

运行结果如下:

```
tf.Tensor([-2 -1], shape=(2,), dtype=int32)
tf.Tensor([-1  1], shape=(2,), dtype=int32)
```

3. 拟合线性函数

拟合线性函数的代码如代码 5-4 所示。

代码 5-4：拟合线性函数（片段 1）

```
import tensorflow as tf
import numpy as np
import matplotlib.pyplot as plt
from tensorflow.keras.optimizers import SGD
# 使用 numpy 生成 100 个从 0~1 的随机点，作为 x
x_data = np.random.rand(100)
# 生成一些随机扰动
noise = np.random.normal(0,0.01,x_data.shape)
# 构建目标值，符合线性分布
y_data = x_data*0.1 + 0.2 + noise
# 画散点图
plt.scatter(x_data, y_data)
plt.show()
```

运行结果如下：

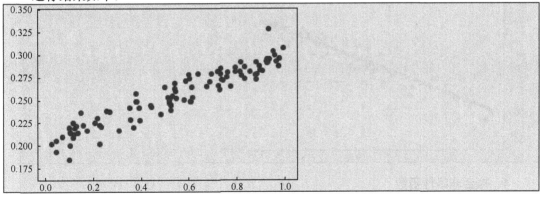

代码 5-4：拟合线性函数（片段 2）

```
# 构建一个顺序模型
# 顺序模型为 keras 中的基本模型结构，就像汉堡一样，一层一层叠加网络
model = tf.keras.Sequential()
# Dense 为全连接层
# 在模型中添加一个全连接层
# units 为输出神经元个数，input_dim 为输入神经元个数
model.add(tf.keras.layers.Dense(units=1,input_dim=1))
# 设置模型的优化器和代价函数，学习率为 0.03
```

```
# sgd:Stochastic gradient descent,随机梯度下降法
# mse:Mean Squared Error,均方误差
model.compile(optimizer=SGD(0.03),loss='mse')

# 训练 2001 个批次
for step in range(2001):
    # 训练一个批次的数据,返回 cost 值
    cost = model.train_on_batch(x_data,y_data)
    # 每 500 个 batch 打印一次 cost 值
    if step % 500 == 0:
        print('cost:',cost)

# 使用 predict 对数据进行预测,得到预测值 y_pred
y_pred = model.predict(x_data)

# 显示随机点
plt.scatter(x_data,y_data)
# 显示预测结果
plt.plot(x_data,y_pred,'r-',lw=3)
plt.show()
```

运行结果如下:

```
cost: 0.33022374
cost: 0.0003510235
cost: 9.941429e-05
cost: 9.440048e-05
cost: 9.430057e-05
```

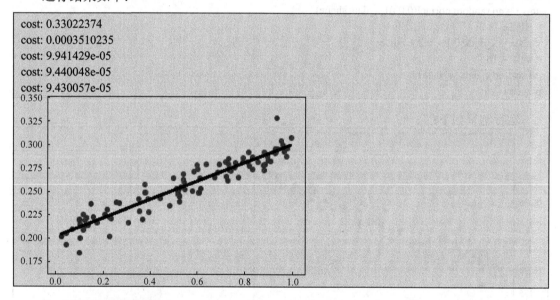

4. 拟合非线性函数

拟合非线性函数的代码如代码 5-5 所示。

代码 5-5:拟合非线性函数(片段 1)

```
import tensorflow as tf
import numpy as np
import matplotlib.pyplot as plt
from tensorflow.keras.optimizers import SGD
# 使用 numpy 生成 200 个均匀分布的点,并新增一个维度
x_data = np.linspace(-0.5,0.5,200)[:,np.newaxis]
```

```
# 生成一些跟 x_data 相同 shape 的随机值作为噪声数据
noise = np.random.normal(0,0.02,x_data.shape)
# 构建目标值,符合非线性函数,另外再加上噪声值
y_data = np.square(x_data) + noise
# 画散点图
plt.scatter(x_data,y_data)
plt.show()
```

运行结果如下:

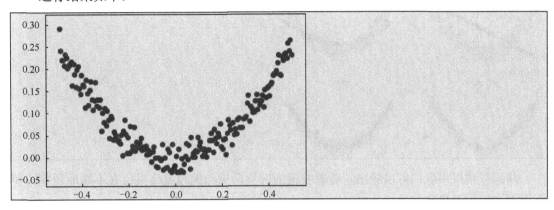

代码 5-5:拟合非线性函数(片段 2)

```
# 构建一个顺序模型
# 顺序模型为 keras 中的基本模型结构,就像汉堡一样,一层一层叠加网络
model = tf.keras.Sequential()
# 因为要做非线性回归,所以需要一个带有隐藏层的神经网络
# 并且需要使用非线性的激活函数,如 tanh 函数
# keras 中的 input_dim 只需要在输入层设置,后面的网络可以自动推断出该层对应的输入
# keras 中定义的网络结构已经默认设置好权值的初始化,所以我们不需要额外进行设置
model.add(tf.keras.layers.Dense(units=10,input_dim=1,activation='tanh'))
model.add(tf.keras.layers.Dense(units=1,activation='tanh'))
# 设置模型的优化器和代价函数,学习率为 0.1
# SGD:Stochastic Gradient Descent,随机梯度下降法
# mse:Mean Squared Error,均方误差
model.compile(optimizer=SGD(0.3),loss='mse')

# 训练 3001 个批次
for step in range(3001):
    # 训练一个批次数据,返回 cost 值
    cost = model.train_on_batch(x_data,y_data)
    # 每 1000 个 batch 打印一次 cost 值
    if step % 1000 == 0:
        # 定义一个 2*2 的图,当前是第 i/1000+1 个图
        plt.subplot(2,2,step/1000+1)
        # 把 x_data 输入到模型中获得预测值
        prediction_value = model.predict(x_data)
        # 画散点图
        plt.scatter(x_data,y_data)
        # 画模型的预测曲线图
        plt.plot(x_data,prediction_value,'r-',lw=5)
```

```
    # 不显示坐标
    plt.axis('off')
    # 图片的标题设置
    plt.title("picture:" + str(int(step/1000+1)))
plt.show()
```

运行结果如下：

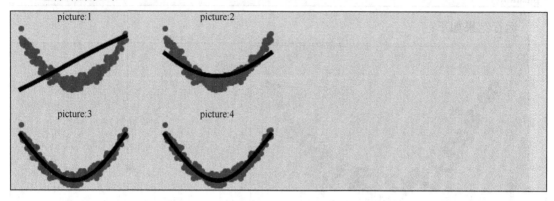

从运行结果中我们可以看出，随着权值的调整，模型的预测结果也在不断地调整，最终得到比较好的拟合效果。

5.6 手写数字图片分类任务

5.6.1 MNIST 数据集介绍

MNIST 是一个手写数字的数据集。其中，训练集有 60000 张图片，测试集有 10000 张图片，每一张图片包含 28×28 个像素。数据集的下载网址为 http://yann.lecun.com/exdb/mnist/。MNIST 数据集中的图片如图 5.12 所示。

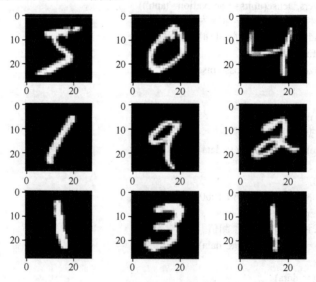

图 5.12　MNIST 数据集中的图片

MNIST 数据集的标签是介于 0~9 的数字，有时候我们要把标签转化为独热编码（One-Hot vectors），然后再传给模型进行训练。

5.6.2 softmax 函数介绍

在多分类问题中，我们通常会使用 softmax 函数作为网络输出层的激活函数。softmax 函数可以对输出值进行归一化操作，把所有的输出值都转换为概率，所有概率值加起来等于 1。softmax 函数的公式为

$$\text{softmax}(x)_i = \frac{\exp(x_i)}{\sum_j \exp(x_j)} \tag{5.1}$$

例如，某个神经网络有 3 个输出值，为[1,5,3]。

计算 $e^1 = 2.718$，$e^5 = 148.413$，$e^3 = 20.086$，$e^1 + e^5 + e^3 = 171.217$。

$p_1 = \dfrac{e^1}{e^1 + e^5 + e^3} = 0.016$，$p_2 = \dfrac{e^5}{e^1 + e^5 + e^3} = 0.867$，$p_3 = \dfrac{e^3}{e^1 + e^5 + e^3} = 0.117$。

所以，加上 softmax 函数后，数值变成了[0.016,0.867,0.117]。

例如，手写数字识别的网络最后的输出结果本来是[-0.124,-4.083,-0.62,0.899,-1.193, -0.701,-2.834,6.925,-0.332,2.064]，加上 softmax 函数后会变成[0.001,0.0,0.001,0.002,0.0,0.0, 0.0,0.987,0.001,0.008]。

5.6.3 简单 MNIST 数据集分类模型——没有高级封装

我们可以考虑先构建一个简单的神经网络，这个网络只有输入层和输出层，输入层有 784 个神经元，对应每张图片的 784 个像素点，输出层有 10 个神经元，对应 One-Hot 的标签值，如图 5.13 所示。

大家刚开始学习 Tensorflow，没有使用 tf.keras 高级封装的代码；所以本书也会准备一些给大家学习，如代码 5-6 所示，其是没有使用 tf.keras 来封装模型数据载入和模型训练的过程。

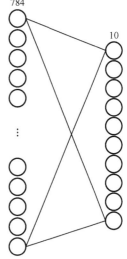

图 5.13 简单 MNIST 数据集分类模型

代码 5-6：MNIST 数据集分类模型——没有高级封装

```
import tensorflow as tf
# 载入数据集
mnist = tf.keras.datasets.mnist
# 载入数据，数据载入的时候就已经划分好训练集和测试集
# 训练集数据 x_train 的数据形状为（60000，28，28）
# 训练集标签 y_train 的数据形状为（60000）
# 测试集数据 x_test 的数据形状为（10000，28，28）
# 测试集标签 y_test 的数据形状为（10000）
(x_train, y_train), (x_test, y_test) = mnist.load_data()
# 对训练集和测试集的数据进行归一化处理，有助于提升模型的训练速度
```

```python
x_train, x_test = x_train / 255.0, x_test / 255.0
# 把训练集和测试集的标签转为独热编码
y_train = tf.keras.utils.to_categorical(y_train,num_classes=10)
y_test = tf.keras.utils.to_categorical(y_test,num_classes=10)
# 创建 dataset 对象，使用 dataset 对象来管理数据
mnist_train = tf.data.Dataset.from_tensor_slices((x_train, y_train))
# 训练周期设置为 1（把所有训练集数据训练一次称为训练一个周期）
mnist_train = mnist_train.repeat(1)
# 批次大小设置为 32（每次训练模型，传入 32 个数据进行训练）
mnist_train = mnist_train.batch(32)

# 创建 dataset 对象，使用 dataset 对象来管理数据
mnist_test = tf.data.Dataset.from_tensor_slices((x_test, y_test))
# 训练周期设置为 1（把所有训练集数据训练一次称为训练一个周期）
mnist_test = mnist_test.repeat(1)
# 批次大小设置为 32（每次训练模型，传入 32 个数据进行训练）
mnist_test = mnist_test.batch(32)

# 模型定义
# 先用 Flatten 把数据从 3 维变成 2 维，(60000,28,28)->(60000,784)
# 设置输入数据形状 input_shape 不需要包含数据的数量，(28,28)即可
model = tf.keras.models.Sequential([
  tf.keras.layers.Flatten(input_shape=(28, 28)),
  tf.keras.layers.Dense(10, activation='softmax')
])
# 优化器定义
optimizer = tf.keras.optimizers.SGD(0.1)
# 计算平均值
train_loss = tf.keras.metrics.Mean(name='train_loss')
# 训练准确率计算
train_accuracy = tf.keras.metrics.CategoricalAccuracy(name='train_accuracy')
# 计算平均值
test_loss = tf.keras.metrics.Mean(name='test_loss')
# 测试准确率计算
test_accuracy = tf.keras.metrics.CategoricalAccuracy(name='test_accuracy')

# 我们可以用@tf.function 装饰器来将 Python 代码转成 Tensorflow 的图，用于加速代码的运行速度定义
# 一个训练模型的函数
@tf.function
def train_step(data, label):
    # 固定写法，使用 tf.GradientTape()来计算梯度
    with tf.GradientTape() as tape:
        # 传入数据，获得模型预测结果
        predictions = model(data)
        # 对比 label 和 predictions 计算 loss
        loss = tf.keras.losses.MSE(label, predictions)
    # 传入 loss 和模型参数，计算权值调整
    gradients = tape.gradient(loss, model.trainable_variables)
    # 进行权值调整
    optimizer.apply_gradients(zip(gradients, model.trainable_variables))
    # 计算平均 loss
    train_loss(loss)
```

```python
    # 计算平均准确率
    train_accuracy(label, predictions)

# 我们可以用@tf.function 装饰器将 Python 代码转成 Tensorflow 的图,用于加速代码的运行速度定义一个
# 模型测试的函数
@tf.function
def test_step(data, label):
    # 传入数据,获得模型预测结果
    predictions = model(data)
    # 对比 label 和 predictions 计算 loss
    t_loss = tf.keras.losses.MSE(label, predictions)
    # 计算平均 loss
    test_loss(t_loss)
    # 计算平均准确率
    test_accuracy(label, predictions)

# 训练 10 个周期(把所有训练集数据训练一次称为训练一个周期)
EPOCHS = 10

for epoch in range(EPOCHS):
    # 训练集循环 60000/32=1875 次
    for image, label in mnist_train:
        # 每次循环传入一个批次的数据和标签训练模型
        train_step(image, label)
    # 测试集循环 10000/32=312.5->313 次
    for test_image, test_label in mnist_test:
        # 每次循环传入一个批次的数据和标签进行测试
        test_step(test_image, test_label)

    # 打印结果
    template = 'Epoch {}, Loss: {:.3}, Accuracy: {:.3}, Test Loss: {:.3}, Test Accuracy: {:.3}'
    print(template.format(epoch+1,
                train_loss.result(),
                train_accuracy.result(),
                test_loss.result(),
                test_accuracy.result()))
```

运行结果如下:

```
Epoch 1, Loss: 0.017, Accuracy: 0.892, Test Loss: 0.0138, Test Accuracy: 0.909
Epoch 2, Loss: 0.015, Accuracy: 0.905, Test Loss: 0.0134, Test Accuracy: 0.911
Epoch 3, Loss: 0.014, Accuracy: 0.911, Test Loss: 0.0131, Test Accuracy: 0.913
Epoch 4, Loss: 0.0134, Accuracy: 0.914, Test Loss: 0.0129, Test Accuracy: 0.915
Epoch 5, Loss: 0.013, Accuracy: 0.917, Test Loss: 0.0127, Test Accuracy: 0.916
Epoch 6, Loss: 0.0127, Accuracy: 0.919, Test Loss: 0.0126, Test Accuracy: 0.917
Epoch 7, Loss: 0.0125, Accuracy: 0.921, Test Loss: 0.0125, Test Accuracy: 0.918
Epoch 8, Loss: 0.0123, Accuracy: 0.922, Test Loss: 0.0124, Test Accuracy: 0.919
Epoch 9, Loss: 0.0121, Accuracy: 0.923, Test Loss: 0.0123, Test Accuracy: 0.919
Epoch 10, Loss: 0.0119, Accuracy: 0.924, Test Loss: 0.0122,Test Accuracy: 0.92
```

5.6.4 简单 MNIST 数据集分类模型——keras 高级封装

给大家介绍了没有使用高级封装的程序以后,下面给大家介绍一下使用 tf.keras 高级封装的 MNIST 数据集分类程序,如代码 5-7 所示。

代码 5-7:MNIST 数据集分类模型——keras 高级封装

```python
import tensorflow as tf
from tensorflow.keras.optimizers import SGD
# 载入数据集
mnist = tf.keras.datasets.mnist
# 载入数据,数据载入的时候就已经划分好训练集和测试集
# 训练集数据 x_train 的数据形状为(60000,28,28)
# 训练集标签 y_train 的数据形状为(60000)
# 测试集数据 x_test 的数据形状为(10000,28,28)
# 测试集标签 y_test 的数据形状为(10000)
(x_train, y_train), (x_test, y_test) = mnist.load_data()
# 对训练集和测试集的数据进行归一化处理,有助于提升模型的训练速度
x_train, x_test = x_train / 255.0, x_test / 255.0
# 把训练集和测试集的标签转为独热编码
y_train = tf.keras.utils.to_categorical(y_train,num_classes=10)
y_test = tf.keras.utils.to_categorical(y_test,num_classes=10)

# 模型定义
# 先用 Flatten 把数据从 3 维变成 2 维,(60000,28,28)->(60000,784)
# 设置输入数据形状 input_shape 不需要包含数据的数量,(28,28)即可
model = tf.keras.models.Sequential([
  tf.keras.layers.Flatten(input_shape=(28, 28)),
  tf.keras.layers.Dense(10, activation='softmax')
])

# sgd 定义随机梯度下降法优化器
# loss='mse'定义均方差代价函数
# metrics=['accuracy']模型在训练的过程中同时计算准确率
sgd = SGD(0.1)
model.compile(optimizer=sgd,
        loss='mse',
        metrics=['accuracy'])

# 传入训练集数据和标签训练模型
# 周期大小为 10 (把所有训练集数据训练一次称为训练一个周期)
# 批次大小为 32 (每次训练模型,传入 32 个数据进行训练)
# validation_data 设置验证集数据
model.fit(x_train, y_train, epochs=10, batch_size=32, validation_data=(x_test,y_test))
```

运行结果如下:

```
Train on 60000 samples, validate on 10000 samples
Epoch 1/10
60000/60000 [==============================] - 2s 34us/sample - loss: 0.0374 - accuracy: 0.7822 - val_loss: 0.0214 - val_accuracy: 0.8802
Epoch 2/10
```

```
60000/60000 [==============================] - 2s 30us/sample - loss: 0.0203 - accuracy: 0.8816 - val_loss: 0.0175 - val_accuracy: 0.8978
Epoch 3/10
60000/60000 [==============================] - 2s 32us/sample - loss: 0.0177 - accuracy: 0.8932 - val_loss: 0.0160 - val_accuracy: 0.9041
Epoch 4/10
60000/60000 [==============================] - 2s 31us/sample - loss: 0.0165 - accuracy: 0.8994 - val_loss: 0.0151 - val_accuracy: 0.9070
Epoch 5/10
60000/60000 [==============================] - 2s 31us/sample - loss: 0.0157 - accuracy: 0.9031 - val_loss: 0.0145 - val_accuracy: 0.9107
Epoch 6/10
60000/60000 [==============================] - 2s 32us/sample - loss: 0.0151 - accuracy: 0.9063 - val_loss: 0.0140 - val_accuracy: 0.9131
Epoch 7/10
60000/60000 [==============================] - 2s 33us/sample - loss: 0.0147 - accuracy: 0.9090 - val_loss: 0.0137 - val_accuracy: 0.9145
Epoch 8/10
60000/60000 [==============================] - 2s 33us/sample - loss: 0.0143 - accuracy: 0.9112 - val_loss: 0.0134 - val_accuracy: 0.9158
Epoch 9/10
60000/60000 [==============================] - 2s 34us/sample - loss: 0.0140 - accuracy: 0.9122 - val_loss: 0.0132 - val_accuracy: 0.9176
Epoch 10/10
60000/60000 [==============================] - 2s 36us/sample - loss: 0.0138 - accuracy: 0.9137 - val_loss: 0.0131 - val_accuracy: 0.9184
```

对比来看，使用了 tf.keras 高级封装的程序更简洁，同时也更容易理解，并且程序运行时的结果输出也更友好。我们在程序运行时可以实时看到模型训练一共要训练多少个周期，当前训练到第几个周期，当前周期的进度条，训练当前周期的剩余时间，当前训练集的准确率和 loss。训练完一个周期之后可以看到训练一个周期所花费的时间，如果设置了验证集，可以看到验证集的准确率和 loss。这些信息都是默认输出的，当然我们也可以把 fit 方法中的参数 verbose 设置为 0，让模型在训练过程中不输出任何信息。但是，推荐大家还是保持默认值 berbose=1，毕竟看到这些输出信息更有利于我们了解模型的训练情况。

最后模型的测试集准确率大约是 92%，并不是特别高。

如何进一步提升模型的效果，我们将在下一个章介绍。

第 6 章　网络优化方法

本章我们将学习神经网络的一些优化方法,包括使用交叉熵代价函数、抵抗过拟合的几种方法和使用不同的模型优化器。这些模型优化方法有些可以比较有效地提升模型的收敛速度或模型的效果,有些只是有可能提升模型的效果。所以,我们在选择使用不同的网络优化方法的时候,还是需要根据实际的测试情况来进行选择。

6.1　交叉熵代价函数

我们在读高中的时候,每天都会做大量的练习,很多课后作业。但是很多题目我们做错以后,下次再见到这个题目的时候已经不记得了,所以会再次做错同样的题目。因为做错普通的课后作业练习题并不能引起我们的重视,所以印象不深刻。

如果是老师让我们单独上讲台做题目的话,每次遇到这种情况,我们都会比较紧张,因为全班同学,包括我们的暗恋对象都在看着我们。如果在这个时候,我们把题目给做错了,那就丢人丢大了。而被我们做错的那个题目,也会让我们格外印象深刻,下次遇到这个题目的时候就不容易犯错了。

也就是说我们在犯了更大的错误以后,往往会学到更多东西,进步更快。理想的情况下,我们也希望神经网络可以从错误中快速学习,最好是错误越大,学习越快。因此,均方差代价函数通常用在回归任务中,分类任务中我们会使用**交叉熵(Cross Entropy)** 作为代价函数。

6.1.1　均方差代价函数的缺点

我们先来重新思考一下均方差代价函数。

先看一个小例子,假如有一个简单的神经网络,它只有一个权值 w 和偏置 b,一个输入 x 和一个输出 y,激活函数为 sigmoid 函数,如图 6.1 所示。

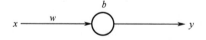

图 6.1　单输入单输出的简单神经网络

我们要训练这个网络做一个简单的事情,给定 x、w 和 b 的值,可以计算出网络输出值 y,已知网络的目标值 t,用梯度下降法来优化网络的参数 w 和 b,使得网络的 loss 值不断减小。这里我们先把代价函数定义为之前我们学过的均方差代价函数:

$$E = \frac{1}{2N}(T-Y)^2 = \frac{1}{2N}\sum_{i=1}^{N}(t_i - y_i)^2 \tag{6.1}$$

试验一,x 的值为 1,w 的初始值设置为 0.6,b 的初始值设置为 0.9,目标值 t 的值为 0,使用梯度下降法学习率 0.15,训练 300 周期,网络的初始参数如图 6.2 所示。

试验一训练了 300 周期后的状态如图 6.3 所示。

图 6.2　试验一初始状态　　　　图 6.3　试验一训练了 300 周期后的状态

试验一 loss 的变化如图 6.4 所示。

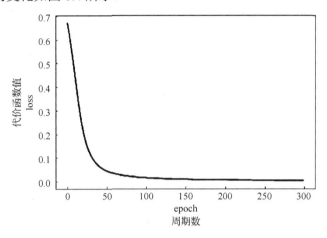

图 6.4　试验一 loss 的变化

试验二，x 的值为 1，w 的初始值设置为 2.4，b 的初始值设置为 2.4，目标值 t 的值为 0，使用梯度下降法学习率 0.15，训练 300 周期，网络的初始参数如图 6.5 所示。

试验二训练了 300 周期后的状态如图 6.6 所示。

图 6.5　试验二初始状态　　　　图 6.6　试验二训练了 300 周期后的状态

试验二 loss 的变化如图 6.7 所示。

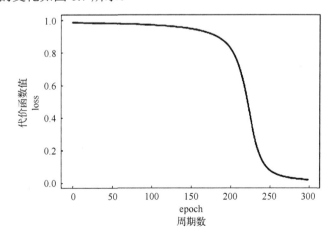

图 6.7　试验二 loss 的变化

观察试验一和试验二，我们会发现试验结果和我们期望的结果不同。我们期望的学习效果应该是误差越大，学习得越快。

从两个试验的 loss 曲线中我们可以看到它们不同的学习速度。试验一的初始输出为 0.82，距离目标值 0 的误差相对比较小，但是初始的学习速度比较快。试验二的初始输出为 0.99，距离目标值 0 的误差相对比较大，但是初始的学习速度比较慢。这个现象不仅仅是在这个小试验中，也会在其他神经网络应用中出现。我们想进一步理解这个现象，就要分析一下它的代价函数。当 $N=1$ 时，二次代价函数为

$$E = \frac{1}{2}(y-t)^2 \tag{6.2}$$

其中，E 为代价函数，t 为目标输出，y 为神经网络的输出。因为激活函数为 sigmoid 函数，符号为 σ，所以 $y=\sigma(z)$，$z=wx+b$。使用链式法则来求权重和偏置的偏导数可以得到：

$$\frac{\partial E}{\partial w} = (y-t)\sigma'(z)x \tag{6.3}$$

$$\frac{\partial E}{\partial b} = (y-t)\sigma'(z) \tag{6.4}$$

把 $x=1$ 和 $t=0$ 代入式（6.3）和式（6.4），可以得到：

$$\frac{\partial E}{\partial w} = y\sigma'(z) \tag{6.5}$$

$$\frac{\partial E}{\partial b} = y\sigma'(z) \tag{6.6}$$

从式（6.5）和式（6.6）可以看出，权值和偏置值的调整是跟激活函数的导数成正比的，我们可以回忆一下 sigmoid 函数，如图 6.8 所示。

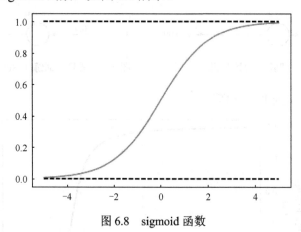

图 6.8 sigmoid 函数

从图 6.8 中可以看出，当神经元的输出接近 1 和 0 的时候，曲线变得非常平，也就意味着在输出接近 1 和 0 的位置，函数的导数接近于 0。函数的导数接近于 0，那么式（6.5）和式（6.6）的值就接近于 0，其实就是代表网络的参数调节的速度非常慢，网络的优化速度非常慢。

sigmoid 函数的导数为 $f'(x) = f(x)[1-f(x)]$，试验一的初始输出为 0.82，初始导数为 0.1476。试验二的初始输出为 0.99，初始导数为 0.0099。所以试验一中网络权值的初始调

节速度要比试验二中网络权值的初始调节速度快，但是其违反了我们误差越大、应该学习越快的直觉。

6.1.2 引入交叉熵代价函数

我们换一个思路，不改变激活函数而是改变代价函数，改用交叉熵代价函数：

$$E = -\frac{1}{N}\sum_{i=1}^{N}\left[t_i \ln y_i + (1-t_i)\ln(1-y_i)\right] \tag{6.7}$$

其中，N 是训练数据的总数，y_i 是网络的预测值，t_i 是网络的目标值。

我们首先先观察一下这个函数的特性。

（1）当我们使用 sigmoid 激活函数的时候，y 的取值范围是 0～1，t 的取值为 0 或 1，所以代价函数的值是非负的。

（2）当目标值 $t=0$ 时，预测值 y 越接近于 0，代价函数的值 E 越小，E 的最小值为 0；当目标值 $t=0$ 时，预测值 y 越接近于 1，代价函数的值 E 越大，E 的最大值为+∞。

（3）当目标值 $t=1$ 时，预测值 y 越接近于 1，代价函数的值 E 越小，E 的最小值为 0；当目标值 $t=1$ 时，预测值 y 越接近于 0，代价函数的值 E 越大，E 的最大值为+∞。

综上所述，交叉熵的值是非负的，并且网络的预测值越接近于目标值，交叉熵的值就越小，这些都是我们想要的代价函数的特性。均方差代价函数其实也是具备这些特性的。

接下来我们对交叉熵求 w 的偏导数。当 $N=1$ 时有：

$$\begin{aligned}\frac{\partial E}{\partial w_j} &= -\left(\frac{t_i}{\sigma(z)_i} - \frac{(1-t_i)}{1-\sigma(z)_i}\right)\frac{\partial \sigma}{\partial w_j} \\ &= -\left(\frac{t}{\sigma(z)} - \frac{(1-t)}{1-\sigma(z)}\right)\sigma'(z)x_j \\ &= \left(\frac{\sigma'(z)x_j}{\sigma(z)(1-\sigma(z))}\right)(\sigma(z)-t)\end{aligned} \tag{6.8}$$

sigmoid 函数的导数为

$$\sigma'(z) = \sigma(z)(1-\sigma(z)) \tag{6.9}$$

所以：

$$\begin{aligned}\frac{\partial E}{\partial w_j} &= x_j(\sigma(z)-t) \\ &= x_j(y-t)\end{aligned} \tag{6.10}$$

这是一个非常优美的公式，我们可以看出权重的学习速度是跟 $y-t$ 成正比的。$y-t$ 就是网络的误差值，误差越大，网络的学习速度越快，这正是我们想要的。sigmoid 函数与交叉熵配合使用可以加快网络收敛的速度。

6.1.3 交叉熵代价函数推导过程

以权值 b 为例，推导交叉熵代价函数，对 E 求 b 的偏导数：

$$\frac{\partial E}{\partial b} = \frac{\partial E}{\partial y} \cdot \frac{\partial y}{\partial z} \cdot \frac{\partial z}{\partial b}$$

$$= \frac{\partial E}{\partial y} \cdot \sigma'(z) \cdot \frac{\partial(wx+b)}{\partial b}$$

$$= \frac{\partial E}{\partial y} \sigma'(z) \qquad (6.11)$$

$$= \frac{\partial E}{\partial y} \sigma(z)(1-\sigma(z))$$

$$= \frac{\partial E}{\partial y} y(1-y)$$

我们希望 b 对 E 的导数是跟网络的误差 $y-t$ 成正比的，因此我们可以让：

$$\frac{\partial E}{\partial b} = \frac{\partial E}{\partial y} y(1-y) = y - t \qquad (6.12)$$

即：

$$\frac{\partial E}{\partial y} = \frac{y-t}{y(1-y)} = -\left(\frac{t}{y} - \frac{1-t}{1-y}\right) \qquad (6.13)$$

对等式两侧求积分，可以得到：

$$E = -[t\ln y + (1-t)\ln(1-y)] \qquad (6.14)$$

式（6.14）就是前面介绍的交叉熵函数。

6.1.4 softmax 与对数似然代价函数

通过前面的内容可以知道 sigmoid 函数配合交叉熵代价函数的使用可以加快网络的训练速度，而在处理多分类的任务时，我们经常会使用 softmax 函数作为输出层的激活函数。当我们使用 softmax 作为输出层的激活函数时，与之匹配的代价为**对数似然（Log Likelihood）代价函数**。

softmax 函数与对数似然代价函数的组合跟 sigmoid 函数与交叉熵代价函数的组合类似。softmax 函数与对数似然代价函数在处理二分类问题的时候可以简化为 sigmoid 函数与交叉熵代价函数的形式。

对数似然代价函数的公式为

$$E = -\sum_{i=1}^{N} t_i \log(y_i) \qquad (6.15)$$

其中，N 表示一共有 N 个输出神经元，也可以认为是 N 个分类；t_i 表示第 i 个输出神经元的目标值；y_i 表示第 i 个输出神经元的预测值，取值范围是 0~1。

假设把一个样本输入到网络中，只有一个神经元对应了该样本的正确类别（样本的标签为 One-Hot 格式），那么这个神经元输出的概率值越高，则式（6.15）的代价函数的值就越小；反之，代价函数的值就越大。

softmax 函数的公式为

$$y_i = \frac{e^{z_i}}{\sum_j e^{z_j}} \qquad (6.16)$$

y_i 表示输出层第 i 个神经元的输出；z_i 表示输出层第 i 个神经元的输入；e 表示自然常数；$\sum_j e^{z_j}$ 表示输出层所有神经元的输入之和。

softmax 函数的求导结果比较特别，需要分为两种情况。

（1）$j=i$。

$$\begin{aligned}\frac{\partial y_i}{\partial z_j} &= \frac{\partial \left(\dfrac{e^{z_i}}{\sum_j e^{z_j}}\right)}{\partial z_j} \\ &= \frac{e^{z_i} \cdot \sum_j e^{z_j} - e^{z_i} \cdot e^{z_i}}{\left(\sum_j e^{z_j}\right)^2} \\ &= \frac{e^{z_i}}{\sum_j e^{z_j}} - \frac{e^{z_i}}{\sum_j e^{z_j}} \cdot \frac{e^{z_i}}{\sum_j e^{z_j}} \\ &= y_i(1-y_i)\end{aligned} \quad (6.17)$$

（2）$j \neq i$。

$$\begin{aligned}\frac{\partial y_i}{\partial z_j} &= \frac{\partial \left(\dfrac{e^{z_i}}{\sum_j e^{z_j}}\right)}{\partial z_j} \\ &= \frac{0 \cdot \sum_j e^{z_j} - e^{z_j} \cdot e^{z_i}}{\left(\sum_j e^{z_j}\right)^2} \\ &= -\frac{e^{z_j}}{\sum_j e^{z_j}} \cdot \frac{e^{z_i}}{\sum_j e^{z_j}} \\ &= -y_j y_i\end{aligned} \quad (6.18)$$

接下来我们对对数似然代价函数求 w 的偏导数：

$$\begin{aligned}\frac{\partial E}{\partial w_j} &= \frac{\partial E}{\partial z_j} \cdot \frac{\partial z_j}{\partial w_j} \\ &= \frac{\partial \left(\sum_{i=1}^N t_i \log(y_i)\right)}{\partial z_j} \cdot \frac{\partial (w_j x_j + b_j)}{\partial w_j} \\ &= -x_j \sum_{i=1}^N t_i \frac{1}{y_i} \frac{\partial y_i}{\partial z_j}\end{aligned}$$

$$= -x_j \left(t_j \frac{1}{y_j} \frac{\partial y_j}{\partial z_j} + \sum_{i \neq j}^{N} t_i \frac{1}{y_i} \frac{\partial y_i}{\partial z_j} \right)$$

（应用softmax的导数）

$$= -x_j \left(t_j \frac{1}{y_j} y_j(1-y_j) + \sum_{i \neq j}^{N} t_i \frac{1}{y_i}(-y_j y_i) \right)$$

$$= -x_j \left(t_j - t_j y_j - \sum_{i \neq j}^{N} t_i y_j \right)$$

$$= -x_j \left(t_j - y_j \sum_{i=1}^{N} t_i \right) = x_j(y_j - t_j) \tag{6.19}$$

式（6.19）最后的 $\sum_{i=1}^{N} t_i$ 表示所有输出的目标值的累加。一般我们会把目标值转成 One-Hot 的数据格式，所以 $\sum_{i=1}^{N} t_i$ 的值为 1。从对数似然代价函数的梯度公式中我们也能看出网络权值的调整是跟网络的误差相关的，误差越大，则网络训练的速度越快，与交叉熵代价函数有类似的结果。

6.1.5 交叉熵程序

简单 MNIST 数据集分类模型——交叉熵的代码如代码 6-1 所示。

代码 6-1：简单 MNIST 数据集分类模型——交叉熵（片段 1）

```
import tensorflow as tf
from tensorflow.keras.optimizers import SGD
import matplotlib.pyplot as plt
import numpy as np
# 载入数据集
mnist = tf.keras.datasets.mnist
# 载入数据，数据载入的时候就已经划分好训练集和测试集
# 训练集数据 x_train 的数据形状为(60000,28,28)
# 训练集标签 y_train 的数据形状为(60000)
# 测试集数据 x_test 的数据形状为(10000,28,28)
# 测试集标签 y_test 的数据形状为(10000)
(x_train, y_train), (x_test, y_test) = mnist.load_data()
# 对训练集和测试集的数据进行归一化处理，有助于提升模型的训练速度
x_train, x_test = x_train / 255.0, x_test / 255.0
# 把训练集和测试集的标签转为独热编码
y_train = tf.keras.utils.to_categorical(y_train,num_classes=10)
y_test = tf.keras.utils.to_categorical(y_test,num_classes=10)

# 模型定义
# 先用 Flatten 把数据从 3 维变成 2 维，(60000,28,28)->(60000,784)
# 设置输入数据的形状 input_shape 不需要包含数据的数量，(28,28)即可
model1 = tf.keras.models.Sequential([
  tf.keras.layers.Flatten(input_shape=(28, 28)),
  tf.keras.layers.Dense(10, activation='softmax')
])
```

第6章 网络优化方法

```python
# 再定义一个一模一样的模型用于对比测试
model2 = tf.keras.models.Sequential([
    tf.keras.layers.Flatten(input_shape=(28, 28)),
    tf.keras.layers.Dense(10, activation='softmax')
])

# sgd 定义随机梯度下降法优化器，学习率为 0.1
# loss='mse'定义均方差代价函数
# loss='categorical_crossentropy'定义交叉熵代价函数
# metrics=['accuracy']模型在训练的过程中同时计算准确率
# model1 用均方差代价函数，model2 用交叉熵代价函数
sgd = SGD(0.1)
model1.compile(optimizer=sgd,
        loss='mse',
        metrics=['accuracy'])
model2.compile(optimizer=sgd,
        loss='categorical_crossentropy',
        metrics=['accuracy'])

# 传入训练集数据和标签训练模型
# 周期大小为 8（把所有训练集数据训练一次称为训练一个周期）
epochs = 8
# 批次大小为 32（每次训练模型传入 32 个数据进行训练）
batch_size=32
# validation_data 设置验证集数据
# 先训练 model1
history1 = model1.fit(x_train, y_train, epochs=epochs, batch_size=batch_size, validation_data=(x_test,y_test))
# 再训练 model2
history2 = model2.fit(x_train, y_train, epochs=epochs, batch_size=batch_size, validation_data=(x_test,y_test))
```

运行结果如下：

```
Train on 60000 samples, validate on 10000 samples
Epoch 1/8
60000/60000 [==============================] - 2s 33us/sample - loss: 0.0515 - accuracy: 0.6711 - val_loss: 0.0295 - val_accuracy: 0.8530
Epoch 2/8
60000/60000 [==============================] - 2s 29us/sample - loss: 0.0260 - accuracy: 0.8587 - val_loss: 0.0218 - val_accuracy: 0.8819
……
Epoch 8/8
60000/60000 [==============================] - 2s 29us/sample - loss: 0.0162 - accuracy: 0.9020 - val_loss: 0.0150 - val_accuracy: 0.9091
Train on 60000 samples, validate on 10000 samples
Epoch 1/8
60000/60000 [==============================] - 2s 35us/sample - loss: 0.4165 - accuracy: 0.8858 - val_loss: 0.3117 - val_accuracy: 0.9124
Epoch 2/8
60000/60000 [==============================] - 2s 33us/sample - loss: 0.3144 - accuracy: 0.9114 - val_loss: 0.2916 - val_accuracy: 0.9187
……
Epoch 8/8
```

```
60000/60000 [==============================] - 2s 32us/sample - loss: 0.2713 - accuracy: 0.9244 - val_loss: 0.2736 - val_accuracy: 0.9233
```

代码 6-1：简单 MNIST 数据集分类模型——交叉熵（片段 2）

```python
# 画出 model1 验证集的准确率曲线图
plt.plot(np.arange(epochs),history1.history['val_accuracy'],c='b',label='mean_squared_error')
# 画出 model2 验证集的准确率曲线图
plt.plot(np.arange(epochs),history2.history['val_accuracy'],c='y',label='softmax_cross_entropy')
# 图例
plt.legend()
# x 坐标描述
plt.xlabel('epochs')
# y 坐标描述
plt.ylabel('accuracy')
# 显示图像
plt.show()
```

运行结果如下：

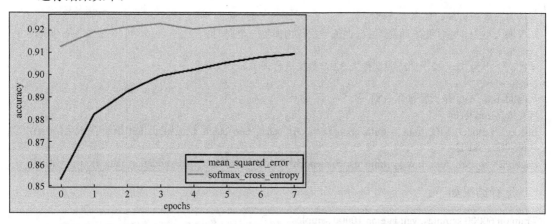

history1.history 和 history2.history 保存着 model1 和 model2 训练过程中每个训练周期的训练集准确率和训练集 loss，以及验证集准确率和验证集 loss。

例如，通过：history1.history['accuracy']可以获得 model1 的训练集准确率；

通过 history1.history['loss']可以获得 model1 的训练集 loss；

通过 history1.history['val_accuracy']可以获得 model1 的验证集准确率；

通过 history1.history['val_loss']可以获得 model1 的验证集 loss。

从运行结果的图中我们可以看出，使用交叉熵代价函数来训练模型可以使模型的收敛速度更快，使用更少的训练次数和更少的训练时间就可以使模型得到更好的效果。所以，在分类模型中我们通常使用交叉熵代价函数。

6.2 过拟合

6.2.1 什么是过拟合

拟合可以分为 3 种情况，即欠拟合（Under-Fitting）、正确拟合（Right-Fitting）和过拟合(Over-Fitting)。过拟合在机器学习和深度学习中经常会出现,简单说来,就是我们所构建的模型在训练集中表现得非常好,但是在测试集中表现得不够好。

图 6.9 表示的是回归问题中的欠拟合、正确拟合和过拟合的情况。我们使用相同的训练集和不同的模型来做训练,图 6.9(a)使用比较简单的模型,图 6.9(b)使用合适的模型,图 6.9(c)使用比较复杂的模型。

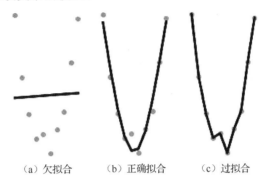

(a)欠拟合　　(b)正确拟合　　(c)过拟合

图 6.9　回归中的 3 种拟合情况

在图 6.9 中可以看出,图 6.9(a)的拟合效果显然很不好,所以是属于欠拟合的状态;图 6.9(b)的拟合效果比较好,并且回归线比较平滑,模型属于正确拟合;图 6.9(c)拟合的效果非常好,预测的回归线与真实的训练样本数据分布的误差几乎为 0。假如我们把同样的模型应用到测试集中来做测试,如图 6.10 所示。

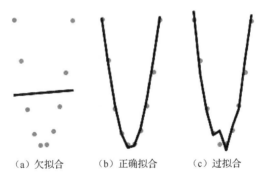

(a)欠拟合　　(b)正确拟合　　(c)过拟合

图 6.10　把回归模型应用于测试集

从图 6.10 中可以看出,欠拟合的模型在训练集和测试集中表现得都不好;正确拟合的模型在训练集和测试集中表现得都不错;过拟合的模型在训练集中表现得非常好,而在测试集中的表现不是特别好。

在分类的任务中也有类似的情况。图 6.11 表示的是分类问题中的欠拟合、正确拟合和过拟合的情况。我们使用相同的训练集和不同的模型来做训练,图 6.11(a)使用比较简单的模型,图 6.11(b)使用合适的模型,图 6.11(c)使用比较复杂的模型。

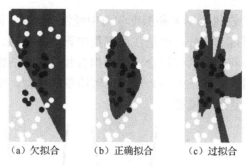

图 6.11　分类中的 3 种拟合情况

从图 6.11 中可以看出，图 6.11（a）的拟合效果显然很不好，所以是属于欠拟合的状态；图 6.11（b）的拟合效果比较好，并且分类边界比较平滑，模型属于正确拟合；图 6.11（c）拟合的效果非常好，分类的误差几乎为 0。假如我们把同样的模型应用到测试集中来做测试，如图 6.12 所示。

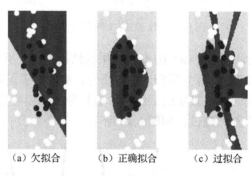

图 6.12　把分类模型应用于测试集

从图 6.12 中可以看出，欠拟合的模型在训练集和测试集中表现得都不好；正确拟合的模型在训练集和测试集中表现得都不错；过拟合的模型在训练集中表现得非常好，而在测试集中的表现不是特别好。

模型复杂度与模型误差的关系如图 6.13 所示。

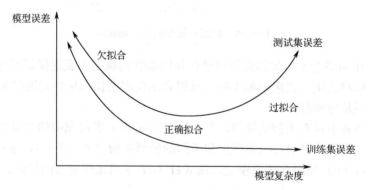

图 6.13　模型复杂度与模型误差的关系

模型复杂度在深度学习中主要指的是网络的层数和每层网络神经元的个数。网络的层数越多，网络就越复杂；神经元的个数越多，网络就越复杂。从图 6.13 中可以看到，训练集的误差是随着模型复杂度的提升而不断降低的，测试集的误差是随着模型复杂度的提升而先下降后上升的。训练集误差和测试集误差的曲线左端是欠拟合的状态，训练误差和测试误差都比较高；中间部分是正确拟合的状态，训练误差和测试误差都比较低；右边部分是过拟合的状态，训练误差比较低，测试误差比较高。

6.2.2 抵抗过拟合的方法

常见的抵抗过拟合的方法有增加数据量、提前停止（Early-Stopping）、Dropout 和正则化和**标签平滑（Label Smoothing）**等。这几种方法我们将单独拿出来放在后面的小节中讲解。

6.3 数据增强

数据增强（Data Augmentation）就是增加数据量。数据对于机器学习或者深度学习来说非常重要，有时候拥有更多的数据胜过拥有一个好的模型。一般来说，更多的数据参与训练，训练得到的模型就越好。如果数据太少，而我们构建的神经网络又太复杂，那么就比较容易产生过拟合的现象。

例如，在图像领域，数据增加的手段经常被使用，我们可以通过对图片进行一些调整来生成更多的图片，常用的手段如下。

（1）旋转/反射变换（rotation/reflection）：随机旋转图像一定角度，改变图像内容的朝向。

（2）翻转变换（flip）：沿着水平或者垂直方向翻转图像。

（3）缩放变换（zoom）：按照一定的比例放大或者缩小图像。

（4）平移变换（shift）：在图像平面上对图像以一定的方式进行平移。

（5）尺度变换（scale）：对图像按照指定的尺度因子进行放大或缩小。

（6）对比度变换（contrast）：在图像的 HSV 颜色空间中改变饱和度 S 和度 V 亮度分量，保持色调 H 不变，对每个像素的 S 和 V 分量进行指数运算（指数因子在 0.25～4 之间），增加光照变化。

（7）噪声扰动（noise）：对图像的每个像素 RGB 进行随机扰动。常用的噪声模式是椒盐噪声和高斯噪声。

（8）颜色变换（color）：对训练集图像的颜色进行一些有规律的调整。

例如，水平翻转，如图 6.14 所示。

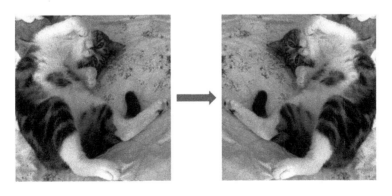

图 6.14 水平翻转

例如，旋转一定的角度，然后再随机裁剪，如图 6.15 所示。

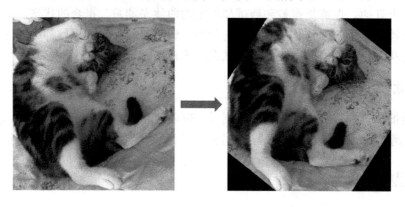

图 6.15　旋转裁剪

例如，调整图像的颜色，如图 6.16 所示。

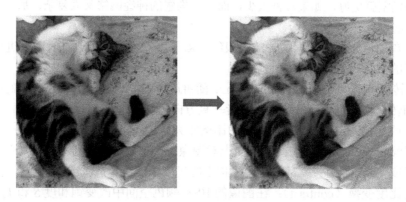

图 6.16　颜色变换

Tensorflow 中有封装好的程序可以非常方便地帮助我们实现图像数据增强的功能，如代码 6-2 所示。

代码 6-2：图像数据增强

```
from tensorflow.keras.preprocessing.image import ImageDataGenerator,img_to_array, load_img
import numpy as np

datagen = ImageDataGenerator(
    rotation_range = 40,      # 随机旋转度数
    width_shift_range = 0.2, # 随机水平平移
    height_shift_range = 0.2,# 随机竖直平移
    rescale = 1/255,          # 数据归一化
    shear_range = 30,         # 随机错切变换
    zoom_range = 0.2,         # 随机放大
    horizontal_flip = True,   # 水平翻转
    brightness_range = (0.7,1.3), # 亮度变化
    fill_mode = 'nearest',    # 填充方式
    )
# 载入图片
```

```python
img = load_img('image.jpg')
# 把图片变成 array，此时数据是 3 维的
# 3 维(height,width,channel)
x = img_to_array(img)
# 在第 0 个位置增加一个维度
# 我们需要把数据变成 4 维，然后再做数据增强
# 4 维(1,height,width,channel)
x = np.expand_dims(x,0)
# 生成 20 张图片
i = 0
# 生成的图片都保存在 temp 文件夹中，文件名前缀为 new_cat,图片格式为 jpeg
for batch in datagen.flow(x, batch_size=1, save_to_dir='temp', save_prefix='new_cat', save_format='jpeg'):
    i += 1
    if i==20:
        break
```

使用 1 张原始图片，运行代码 6-2 后，在 temp 文件夹中产生了 20 张差异较大的图片，如图 6.17 所示。

图 6.17 图像数据增强

6.4 提前停止训练

Early-Stopping 是一种提前结束训练的策略，用来防止过拟合。

训练模型时，我们往往会设置一个比较大的迭代次数 n。一般的做法是记录到目前为止最好的测试集准确率 p，之后连续 m 个周期没有超过最佳测试集准确率 p 时，则可以认为 p 不再提高了，此时便可以提前停止迭代（Early-Stopping）。代码 6-3 是在代码 5-7 的基础上进行修改得到的，加上了 Early-Stopping 的功能。

代码 6-3：简单 MNIST 数据集分类模型——Early_Stoppping

```python
import tensorflow as tf
from tensorflow.keras.optimizers import SGD
from tensorflow.keras.callbacks import EarlyStopping
# 载入数据集
mnist = tf.keras.datasets.mnist
# 载入数据，数据载入的时候就已经划分好训练集和测试集
# 训练集数据 x_train 的数据形状为（60000，28，28）
# 训练集标签 y_train 的数据形状为（60000）
# 测试集数据 x_test 的数据形状为（10000，28，28）
# 测试集标签 y_test 的数据形状为（10000）
(x_train, y_train), (x_test, y_test) = mnist.load_data()
# 对训练集和测试集的数据进行归一化处理，有助于提升模型的训练速度
x_train, x_test = x_train / 255.0, x_test / 255.0
# 把训练集和测试集的标签转为独热编码
y_train = tf.keras.utils.to_categorical(y_train,num_classes=10)
y_test = tf.keras.utils.to_categorical(y_test,num_classes=10)

# 模型定义
# 先用 Flatten 把数据从 3 维变成 2 维，(60000,28,28)->(60000,784)
# 设置输入数据的形状 input_shape 不需要包含数据的数量，（28,28）即可
model = tf.keras.models.Sequential([
    tf.keras.layers.Flatten(input_shape=(28, 28)),
    tf.keras.layers.Dense(10, activation='softmax')
])

# sgd 定义随机梯度下降法优化器
# loss='mse'定义均方差代价函数
# metrics=['accuracy']模型在训练的过程中同时计算准确率
sgd = SGD(0.5)
model.compile(optimizer=sgd,
        loss='mse',
        metrics=['accuracy'])

# Early-Stopping 是 callbacks 的一种，callbacks 用于指定在每个 epoch 或 batch 开始和结束的时候进行哪
# 种特定操作
# monitor='val_accuracy',监控验证集准确率
# patience=5,连续 5 个周期没有超过最高的 val_accuracy 值，则提前停止训练
# verbose=1，停止训练时提示 early stopping
early_stopping = EarlyStopping(monitor='val_accuracy', patience=5, verbose=1)

# 传入训练集数据和标签训练模型
# 周期大小为 100（把所有训练集数据训练一次称为训练一个周期）
# 批次大小为 32（每次训练模型，传入 32 个数据进行训练）
# validation_data 设置验证集数据
# callbacks=[early_stopping]设置 early_stopping
model.fit(x_train, y_train,
      epochs=100,
      batch_size=32,
      validation_data=(x_test,y_test),
        callbacks=[early_stopping])
```

运行结果如下:

```
Train on 60000 samples, validate on 10000 samples
Epoch 1/100
60000/60000 [==============================] - 2s 33us/sample - loss: 0.0267 - accuracy: 0.8420 - val_loss: 0.0167 - val_accuracy: 0.8999
Epoch 2/100
60000/60000 [==============================] - 2s 29us/sample - loss: 0.0164 - accuracy: 0.8993 - val_loss: 0.0145 - val_accuracy: 0.9095
Epoch 3/100
……
Epoch 30/100
60000/60000 [==============================] - 2s 29us/sample - loss: 0.0108 - accuracy: 0.9329 - val_loss: 0.0111 - val_accuracy: 0.9293
Epoch 31/100
60000/60000 [==============================] - 2s 30us/sample - loss: 0.0108 - accuracy: 0.9330 - val_loss: 0.0111 - val_accuracy: 0.9299
Epoch 32/100
60000/60000 [==============================] - 2s 29us/sample - loss: 0.0107 - accuracy: 0.9332 - val_loss: 0.0110 - val_accuracy: 0.9295
Epoch 33/100
60000/60000 [==============================] - 2s 29us/sample - loss: 0.0107 - accuracy: 0.9339 - val_loss: 0.0110 - val_accuracy: 0.9299
Epoch 34/100
60000/60000 [==============================] - 2s 29us/sample - loss: 0.0107 - accuracy: 0.9344 - val_loss: 0.0110 - val_accuracy: 0.9296
Epoch 35/100
60000/60000 [==============================] - 2s 29us/sample - loss: 0.0106 - accuracy: 0.9339 - val_loss: 0.0110 - val_accuracy: 0.9286
Epoch 36/100
60000/60000 [==============================] - 2s 29us/sample - loss: 0.0106 - accuracy: 0.9347 - val_loss: 0.0110 - val_accuracy: 0.9299
Epoch 00036: early stopping
```

虽然我们设置了让模型训练 100 个周期,但在训练到第 31 周期时模型得到了一个 val_accuracy 为 0.9299。之后连续 5 个周期模型的 val_accuracy 都没有超过第 31 周期的 val_accuracy 值。我们可以认为继续训练模型可能也不会得到更好的结果了,反而可能会出现过拟合的情况,所以就让模型提前停止训练了。

6.5 Dropout

6.5.1 Dropout 介绍

Dropout 也是一种用于抵抗过拟合的技术,它试图改变网络本身来对网络进行优化。我们先来了解一下它的工作机制,当我们训练一个普通的神经网络时,其结构可能如图 6.18 所示。

Dropout 通常是在神经网络隐藏层的部分使用,使用的时候会临时关闭掉一部分的神经元,我们可以通过一个参数来控制神经元被关闭的概率,使用 Dropout 的神经网络的结构如图 6.19 所示。

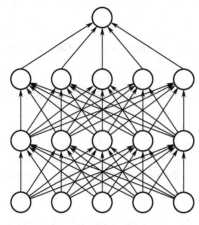
图 6.18 普通的神经网络[1]

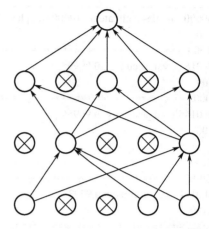
图 6.19 使用 Dropout 的神经网络[1]

更详细的流程如下：

（1）在模型训练阶段我们可以先给 Dropout 参数设置一个值，如 0.4。意思是大约 60% 的神经元是工作的，大约 40% 的神经元是不工作的。

（2）给需要进行 Dropout 的神经网络层的每一个神经元生成一个 0~1 的随机数（一般是对隐藏层进行 Dropout）。如果神经元的随机数小于 0.6，那么该神经元就被设置为工作状态；如果神经元的随机数大于或者等于 0.6，那么该神经元就被设置为不工作，不工作的意思就是不参与计算和训练，可以当这个神经元不存在。

（3）设置好一部分神经元工作和一部分神经元不工作之后，我们会发现神经网络的输出值会发生变化。在图 6.18 中，如果隐藏层有一半不工作，那么网络的输出值就会比原来的值要小，因为计算 $WX+b$ 时，如果 W 矩阵中有一部分的值变成 0，那么最后的计算结果肯定会变小。所以，为了使用 Dropout 的网络层神经元信号的总和不会发生太大的变化，对于工作的神经元的输出信号还需要除以 0.4。

（4）训练阶段重复步骤（1）～（3），每一次都随机选择部分的神经元参与训练。

（5）所有的神经元在测试阶段都参与计算。

Dropout 为什么会起作用呢？这个问题很难通过数学推导来证明。我们在介绍 ReLU 激活函数的时候有提到过神经网络的信号是冗余的，神经网络在做预测时并不需要隐藏层中的所有神经元都工作，只需要一部分隐藏层中的神经元工作即可。我们可以抽象地来理解 Dropout，当我们使用 Dropout 的时候，就有点像我们在训练很多不同的结构更简单的神经网络，最后在测试阶段再综合所有的网络结构得到结果。或者另外一种理解方式是我们使用 Dropout 的时候减少了神经元之间的相互关联，同时强制网络使用更少的特征来做预测，可以增加模型的健壮性。

除这两种理解方式外，还可以有很多其他的理解方式，深度学习中的很多技巧都是不能用数学推导得到同时又比较难理解的。但重要的是这些技巧在实际应用中可以帮助我们得到更好的结果。

Dropout 比较适合应用于只有少量数据但是需要训练复杂模型的场景，这类场景在图像领域比较常见，所以 Dropout 经常用于图像领域。

6.5.2 Dropout 程序

本小节我们将看到一个 Dropout 在 MNIST 数据集识别中的应用，如代码 6-4 所示。

代码 6-4：MNIST 数据集分类模型——Dropout（片段 1）

```python
import tensorflow as tf
from tensorflow.keras.models import Sequential
from tensorflow.keras.layers import Dense,Dropout,Flatten
from tensorflow.keras.optimizers import SGD
import matplotlib.pyplot as plt
import numpy as np
# 载入数据集
mnist = tf.keras.datasets.mnist
# 载入训练集和测试集
(x_train, y_train), (x_test, y_test) = mnist.load_data()
# 对训练集和测试集的数据进行归一化处理，有助于提升模型的训练速度
x_train, x_test = x_train / 255.0, x_test / 255.0
# 把训练集和测试集的标签转为独热编码
y_train = tf.keras.utils.to_categorical(y_train,num_classes=10)
y_test = tf.keras.utils.to_categorical(y_test,num_classes=10)

# 模型定义，model1 使用 Dropout
# Dropout(0.4)表示隐藏层 40%的神经元不工作
model1 = Sequential([
    Flatten(input_shape=(28, 28)),
    Dense(units=200,activation='tanh'),
    Dropout(0.4),
    Dense(units=100,activation='tanh'),
    Dropout(0.4),
    Dense(units=10,activation='softmax')
    ])

# 再定义一个一模一样的模型用于对比测试，model2 不使用 Dropout
# Dropout(0)表示隐藏层的所有神经元都工作，相当于没有 Dropout
model2 = Sequential([
    Flatten(input_shape=(28, 28)),
    Dense(units=200,activation='tanh'),
    Dropout(0),
    Dense(units=100,activation='tanh'),
    Dropout(0),
    Dense(units=10,activation='softmax')
    ])

# sgd 定义随机梯度下降法优化器
# loss='categorical_crossentropy'定义交叉熵代价函数
# metrics=['accuracy']模型在训练的过程中同时计算准确率
sgd = SGD(0.2)
model1.compile(optimizer=sgd,
        loss='categorical_crossentropy',
        metrics=['accuracy'])
model2.compile(optimizer=sgd,
```

```
              loss='categorical_crossentropy',
              metrics=['accuracy'])

# 传入训练集数据和标签训练模型
# 周期大小为 30（把所有训练集数据训练一次称为训练一个周期）
epochs = 30
# 批次大小为 32（每次训练模型，传入 32 个数据进行训练）
batch_size=32
# validation_data 设置验证集数据
# 先训练 model1
history1 = model1.fit(x_train, y_train, epochs=epochs, batch_size=batch_size, validation_data=(x_test,y_test)
)
# 再训练 model2
history2 = model2.fit(x_train, y_train, epochs=epochs, batch_size=batch_size, validation_data=(x_test,y_test)
)
```

运行结果如下：

```
Train on 60000 samples, validate on 10000 samples
Epoch 1/30
60000/60000 [==============================] - 4s 62us/sample - loss: 0.4170 - accuracy: 0.8737 - val_loss: 0.2087 - val_accuracy: 0.9370
Epoch 2/30
60000/60000 [==============================] - 3s 54us/sample - loss: 0.2808 - accuracy: 0.9165 - val_loss: 0.1627 - val_accuracy: 0.9498
……
Epoch 30/30
60000/60000 [==============================] - 3s 52us/sample - loss: 0.1006 - accuracy: 0.9689 - val_loss: 0.0824 - val_accuracy: 0.9773
Train on 60000 samples, validate on 10000 samples
Epoch 1/30
60000/60000 [==============================] - 3s 54us/sample - loss: 0.2552 - accuracy: 0.9234 - val_loss: 0.1505 - val_accuracy: 0.9542
Epoch 2/30
60000/60000 [==============================] - 3s 51us/sample - loss: 0.1163 - accuracy: 0.9642 - val_loss: 0.1073 - val_accuracy: 0.9664
……
Epoch 30/30
60000/60000 [==============================] - 3s 57us/sample - loss: 4.9737e-04 - accuracy: 1.0000 - val_loss: 0.0667 - val_accuracy: 0.9818
```

代码 6-4：MNIST 数据集分类模型——Dropout（片段 2）

```
# 画出 model1 验证集的准确率曲线图
plt.plot(np.arange(epochs),history1.history['val_accuracy'],c='b',label='Dropout')
# 画出 model2 验证集的准确率曲线图
plt.plot(np.arange(epochs),history2.history['val_accuracy'],c='y',label='FC')
# 图例
plt.legend()
# x 坐标描述
plt.xlabel('epochs')
# y 坐标描述
plt.ylabel('accuracy')
```

```
# 显示图像
plt.show()
```

运行结果如下：

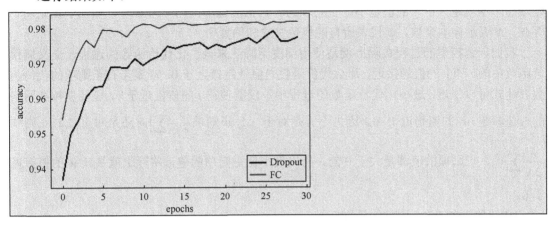

模型训练结果前面的 1～30 周期是使用了 Dropout 的结果，后面的 1～30 周期是没有使用 Dropout 的结果。观察以上的运行结果，我们发现使用了 Dropout 之后，训练集的准确率和验证集准确率相差并不是很大，所以能看出 Dropout 确实是可以起到抵抗过拟合的作用的。我们还可以发现一个有趣的现象，即前 1～30 周期，model1 的验证集的准确率还高于训练集的准确率，这是因为模型在计算训练集的准确率的时候模型还在使用 Dropout，在计算验证集的准确率的时候已经不使用 Dropout 了。使用 Dropout 的时候，模型的准确率会稍微降低一些。同时我们也可以发现，在不用 Dropout 的 model2 中，测试集的准确率看起来比使用 Dropout 的 model1 要更高。

事实上，使用 Dropout 之后，模型的收敛速度会变慢一些，所以需要更多的训练次数才能得到好的结果。代码 6-4 中不用 Dropout 的 model2 验证集训练 30 个周期，最高准确率大概是 98.2%；使用 Dropout 的 model1 如果训练足够多的周期，验证集的最高准确率可以达到 98.8% 左右。

6.6 正则化

6.6.1 正则化介绍

正则化（Regularization）也叫作规范化，通常用得比较多的方式是 **L1 正则化**和 **L2 正则化**。L1 和 L2 正则化的使用实际上就是在普通的代价函数（例如，均方差代价函数或交叉熵代价函数）后面加上一个正则项，如加上了 L1 正则项的交叉熵为：

$$E = -\frac{1}{N}\sum_{i=1}^{N}[t_i \ln y_i + (1-t_i)\ln(1-y_i)] + \frac{\lambda}{2N}\sum_{w}|w| \qquad (6.20)$$

加上 L2 正则项的交叉熵为

$$E = -\frac{1}{N}\sum_{i=1}^{N}[t_i \ln y_i + (1-t_i)\ln(1-y_i)] + \frac{\lambda}{2N}\sum_{w}w^2 \qquad (6.21)$$

式（6.21）可以写成：

$$E = E_0 + \frac{\lambda}{2N}\sum_w w^2 \quad (6.22)$$

其中，E_0 是原始的代价函数，λ 是正则项的系数，λ 是一个大于 0 的数，λ 的值越大，正则项的影响就越大；λ 的值越小，正则项的影响也就越小；当 λ 为 0 时，相当于正则项不存在。N 表示样本个数。w 代表所有的权值参数和偏置值。

我们训练模型的过程实际上就是使用梯度下降法来最小化代价函数的过程，交叉熵代价函数中的 t 和 y 的值越接近，那么代价函数的值就越接近于 0。观察带有正则项的代价函数表达式可以知道，最小化代价函数的过程中不仅要使得 t 的值接近于 y，还要使神经网络的权值参数 w 的值趋近于 0。因为不管是对于 L1 正则项 $\frac{\lambda}{2N}\sum_w |w|$ 还是对于 L2 正则项 $\frac{\lambda}{2N}\sum_w w^2$，正则项的值都是大于 0 的，所以最小化正则项的值，实际上就是让 w 的值接近于 0。

L1 正则项和 L2 正则项的区别在于：

（1）L1 正则项会使得神经网络中的很多权值参数变为 0，如果神经网络中很多的权值都是 0，那么可以认为网络的复杂度降低了，拟合能力也降低了，因此不容易出现过拟合的情况。

（2）L2 正则项会使得神经网络的权值衰减，权值参数变为接近于 0 的值。注意，这里的接近于 0 不是等于零，L2 正则化很少会使权值参数等于 0。L2 正则项之所以有效，是因为权值参数 w 变得很小之后，$WX+b$ 的计算也会变成一个接近于 0 的值。我们知道在使用 sigmoid(x) 函数或者 tanh(x) 函数时，当 x 的取值在 0 附近时，函数的曲线是非常接近于一条直线的，如图 6.20 所示。

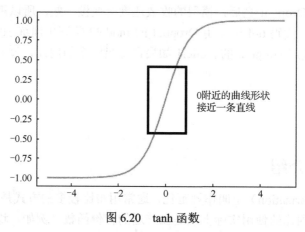

图 6.20 tanh 函数

所以，神经网络中增加了很多线性的特征，减少了很多非线性的特征，网络的复杂度降低了，因此不容易出现过拟合。

6.6.2 正则化程序

本小节我们将看到一个正则化在 MNIST 数据集识别中的应用，如代码 6-5 所示。

代码 6-5：MNIST 手写数字识别——正则化（片段 1）

```python
import tensorflow as tf
from tensorflow.keras.models import Sequential
from tensorflow.keras.layers import Dense,Dropout,Flatten
from tensorflow.keras.optimizers import SGD
import matplotlib.pyplot as plt
import numpy as np
# 使用 l1 或 l2 正则化
from tensorflow.keras.regularizers import l1,l2

# 载入数据集
mnist = tf.keras.datasets.mnist
# 载入训练集和测试集
(x_train, y_train), (x_test, y_test) = mnist.load_data()
# 对训练集和测试集的数据进行归一化处理，有助于提升模型的训练速度
x_train, x_test = x_train / 255.0, x_test / 255.0
# 把训练集和测试集的标签转为独热编码
y_train = tf.keras.utils.to_categorical(y_train,num_classes=10)
y_test = tf.keras.utils.to_categorical(y_test,num_classes=10)

# 模型定义，model1 使用 l2 正则化
# l2(0.0003)表示使用 l2 正则化，正则化系数为 0.0003
model1 = Sequential([
    Flatten(input_shape=(28, 28)),
    Dense(units=200,activation='tanh',kernel_regularizer=l2(0.0003)),
    Dense(units=100,activation='tanh',kernel_regularizer=l2(0.0003)),
    Dense(units=10,activation='softmax',kernel_regularizer=l2(0.0003))
    ])

# 再定义一个一模一样的模型用于对比测试，model2 不使用正则化
model2 = Sequential([
    Flatten(input_shape=(28, 28)),
    Dense(units=200,activation='tanh'),
    Dense(units=100,activation='tanh'),
    Dense(units=10,activation='softmax')
    ])

# sgd 定义随机梯度下降法优化器
# loss='categorical_crossentropy'定义交叉熵代价函数
# metrics=['accuracy']模型在训练的过程中同时计算准确率
sgd = SGD(0.2)
model1.compile(optimizer=sgd,
        loss='categorical_crossentropy',
        metrics=['accuracy'])
model2.compile(optimizer=sgd,
        loss='categorical_crossentropy',
        metrics=['accuracy'])

# 传入训练集数据和标签训练模型
# 周期大小为 30（把所有训练集数据训练一次称为训练一个周期）
epochs = 30
```

```
# 批次大小为32（每次训练模型，传入32个数据进行训练）
batch_size=32
# 先训练 model1
history1 = model1.fit(x_train, y_train, epochs=epochs, batch_size=batch_size, validation_data=(x_test,y_test))
# 再训练 model2
history2 = model2.fit(x_train, y_train, epochs=epochs, batch_size=batch_size, validation_data=(x_test,y_test))
```

运行结果如下：

```
Train on 60000 samples, validate on 10000 samples
Epoch 1/30
60000/60000 [==============================] - 4s 69us/sample - loss: 0.4083 - accuracy: 0.9208 - val_loss: 0.2928 - val_accuracy: 0.9525
Epoch 2/30
60000/60000 [==============================] - 4s 59us/sample - loss: 0.2626 - accuracy: 0.9601 - val_loss: 0.2285 - val_accuracy: 0.9662
……
Epoch 30/30
60000/60000 [==============================] - 4s 60us/sample - loss: 0.1380 - accuracy: 0.9835 - val_loss: 0.1492 - val_accuracy: 0.9796
Train on 60000 samples, validate on 10000 samples
Epoch 1/30
60000/60000 [==============================] - 3s 56us/sample - loss: 0.2563 - accuracy: 0.9222 - val_loss: 0.1415 - val_accuracy: 0.9568
Epoch 2/30
60000/60000 [==============================] - 3s 53us/sample - loss: 0.1178 - accuracy: 0.9634 - val_loss: 0.1115 - val_accuracy: 0.9657
……
Epoch 30/30
60000/60000 [==============================] - 3s 49us/sample - loss: 4.9372e-04 - accuracy: 1.0000 - val_loss: 0.0765 - val_accuracy: 0.9817
```

代码 6-5：MNIST 手写数字识别——正则化（片段 2）

```
# 画出 model1 验证集的准确率曲线图
plt.plot(np.arange(epochs),history1.history['val_accuracy'],c='b',label='L2 Regularization')
# 画出 model2 验证集的准确率曲线图
plt.plot(np.arange(epochs),history2.history['val_accuracy'],c='y',label='FC')
# 图例
plt.legend()
# x 坐标描述
plt.xlabel('epochs')
# y 坐标描述
plt.ylabel('accuracy')
# 显示图像
plt.show()
```

运行结果如下：

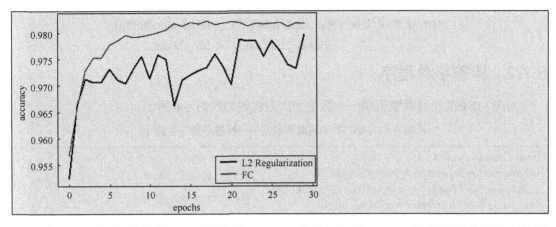

前 1~30 周期是使用 l2 正则化的 model1 的结果，后 1~30 周期是不使用正则化的 model2 的结果。从运行结果上看，使用正则化后 model1 的训练集的准确率和验证集的准确率相差不大，说明正则化确实是可以起到抵抗过拟合的作用的。但是，使用正则化之后，验证集的准确率的结果并不是非常理想，说明正则化并不适用于所有场景。在神经网络结构比较复杂、训练数据量比较少的时候，使用正则化效果会比较好。如果网络不算太复杂、任务比较简单的时候，使用正则化准确率可能反而会下降。对于 Dropout 来说也有类似的情况，所以 Dropout 和正则化需要根据实际使用情况的好坏来决定是否使用。

6.7 标签平滑

6.7.1 标签平滑介绍

标签平滑（Label Smoothing）也称为标签平滑正则化（Label-Smoothing Regularization），简称 LSR。从名字就可以看出标签平滑也是一种正则化策略。

我们在做分类模型的时候通常会把标签变成独热（One-Hot）编码，但是变成独热编码的标签在模型训练时会使模型变得"极度自信"，容易产生过拟合。独热编码可能存在的问题我给大家举个例子，如图 6.21 所示是我写的一个数字。

这个数字你能说它 100%就是 6 吗，不一定吧，它也有点像 2，说不定还是 1 或者 7，只不过手滑了。所以，让模型非常自信地认为图 6.21 中的数字就是 6，独热编码(0,0,0,0,0,0,1,0,0,0)不一定是合适的。可能把它的标签改成(0,0.02,0.2,0.01,0.01,0.01,0.7,0.03,0.01,0.01)会比较好一点。

图 6.21 一个数字

在 MNIST 数据集里面，实际上确实有一些数字会写得比较奇怪，让人也很难分辨，其他数据集也会有类似的问题，所以让模型"过度自信"就不一定是好事了。

标签平滑的处理方式很简单，给大家举一个具体的例子。我们需要设置一个平滑系数，如 0.1，假设一共有 10 个种类。某个数据的真实标签为(0,0,0,0,0,1,0,0,0,0)，经过标签平滑处理以后的标签为(0.01,0.01,0.01,0.01,0.01,0.91,0.01,0.01,0.01,0.01)，其具体实现也就类似于代码（label_smoothing 为平滑系数）：

$$\text{new\_onehot\_labels} = \text{onehot\_labels} * (1 - \text{label\_smoothing}) + \text{label\_smoothing} / \text{num\_classes}$$

6.7.2 标签平滑程序

实现 MNIST 手写数字识别——标签平滑的代码如代码 6-6 所示。

代码 6-6：MNIST 手写数字识别——标签平滑（片段 1）

```python
import tensorflow as tf
from tensorflow.keras.models import Sequential
from tensorflow.keras.layers import Dense,Dropout,Flatten
from tensorflow.keras.optimizers import SGD
from tensorflow.keras.losses import CategoricalCrossentropy
import matplotlib.pyplot as plt
import numpy as np
# 载入数据集
mnist = tf.keras.datasets.mnist
# 载入训练集和测试集
(x_train, y_train), (x_test, y_test) = mnist.load_data()
# 对训练集和测试集的数据进行归一化处理，有助于提升模型的训练速度
x_train, x_test = x_train / 255.0, x_test / 255.0
# 把训练集和测试集的标签转为独热编码
y_train = tf.keras.utils.to_categorical(y_train,num_classes=10)
y_test = tf.keras.utils.to_categorical(y_test,num_classes=10)

# 模型定义，model1 不用 Label Smoothing
model1 = Sequential([
    Flatten(input_shape=(28, 28)),
    Dense(units=200,activation='tanh'),
    Dense(units=100,activation='tanh'),
    Dense(units=10,activation='softmax')
    ])

# 再定义一个一模一样的模型用于对比测试，model2 使用 Label Smoothing
model2 = Sequential([
    Flatten(input_shape=(28, 28)),
    Dense(units=200,activation='tanh'),
    Dense(units=100,activation='tanh'),
    Dense(units=10,activation='softmax')
    ])

# model1 不用 Label Smoothing
loss1 = CategoricalCrossentropy(label_smoothing=0)
# model2 使用 Label Smoothing
loss2 = CategoricalCrossentropy(label_smoothing=0.1)

# sgd 定义随机梯度下降法优化器
# loss 定义交叉熵代价函数
# metrics=['accuracy']模型在训练的过程中同时计算准确率
sgd = SGD(0.2)
model1.compile(optimizer=sgd,
```

```
        loss=loss1,
        metrics=['accuracy'])
model2.compile(optimizer=sgd,
        loss=loss2,
        metrics=['accuracy'])

# 传入训练集数据和标签训练模型
# 周期大小为 30（把所有训练集数据训练一次称为训练一个周期）
epochs = 30
# 批次大小为 32（每次训练模型，传入 32 个数据进行训练）
batch_size=32
# 先训练 model1
history1 = model1.fit(x_train, y_train, epochs=epochs, batch_size=batch_size, validation_data=(x_test,y_test))
# 再训练 model2
history2 = model2.fit(x_train, y_train, epochs=epochs, batch_size=batch_size, validation_data=(x_test,y_test))
```

运行结果如下：

```
Train on 60000 samples, validate on 10000 samples
Epoch 1/30
60000/60000 [==============================] - 4s 62us/sample - loss: 0.2526 - accuracy: 0.9235 - val_loss: 0.1460 - val_accuracy: 0.9571
Epoch 2/30
60000/60000 [==============================] - 3s 51us/sample - loss: 0.1139 - accuracy: 0.9659 - val_loss: 0.0915 - val_accuracy: 0.9700
……
Epoch 30/30
60000/60000 [==============================] - 3s 50us/sample - loss: 4.9963e-04 - accuracy: 1.0000 - val_loss: 0.0720 - val_accuracy: 0.9816
Train on 60000 samples, validate on 10000 samples
Epoch 1/30
60000/60000 [==============================] - 3s 54us/sample - loss: 0.7274 - accuracy: 0.9243 - val_loss: 0.6323 - val_accuracy: 0.9572
Epoch 2/30
60000/60000 [==============================] - 3s 51us/sample - loss: 0.6139 - accuracy: 0.9663 - val_loss: 0.6093 - val_accuracy: 0.9654
……
Epoch 30/30
60000/60000 [==============================] - 3s 51us/sample - loss: 0.5127 - accuracy: 0.9996 - val_loss: 0.5527 - val_accuracy: 0.9817
```

代码 6-6：MNIST 手写数字识别——标签平滑（片段 2）

```
# 画出 model1 验证集的准确率曲线图
plt.plot(np.arange(epochs),history1.history['val_accuracy'],c='b',label='without LSR')
# 画出 model2 验证集的准确率曲线图
plt.plot(np.arange(epochs),history2.history['val_accuracy'],c='y',label='LSR')
# 图例
plt.legend()
# x 坐标描述
plt.xlabel('epochs')
# y 坐标描述
plt.ylabel('accuracy')
```

```
# 显示图像
plt.show()
```

运行结果如下:

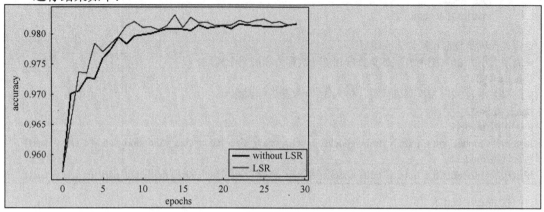

从运行结果来看,使用标签平滑后的结果稍微好一点点,但不太明显。其实,标签平滑作为一个优化策略,其也并不是每次都能使结果更好,只是它有机会可以让结果更好,所以有时候值得我们尝试用一下。

6.8 优化器

目前在 tf.keras.optimizers 中有下面这些优化器(Optimizer)可以使用:
Adadelta
Adagrad
Adam
Adamax
Ftrl
Nadam
RMSprop
SGD

优化器的种类很多, Keras 中只包含了部分常用的优化器,不是全部。之前我们经常使用的优化器是随机梯度下降法(SGD),使用 SGD 算法来最小化代价函数。其实,其他的一些优化器的基础也是梯度下降法,只不过分别做了一些不同的调整或优化而已。

下面我们选几种常用的优化器来重点介绍。

6.8.1 梯度下降法

梯度下降法有 3 种常见的变形,即 BGD、SGD 和 MBGD。我们通常把梯度下降法称为随机梯度下降法(SGD),但是其通常用的是 MBGD 算法。

BGD 是 Batch Gradient Descent 的缩写,表示每次训练都采用整个训练集数据来优化模型。BGD 的优点是每次训练都考虑所有的样本,所以模型优化的方向会比较正确;缺点是每次训练都需要计算大量的数据,所以模型训练的速度比较慢。

SGD 是 Stochastic Gradient Descent 的缩写,表示每次训练都选择训练集中的一个样本来优化模型。SGD 的优点是每次只计算一个样本，权值调整速度比较快；缺点是每次只考虑了一个样本，所以模型优化的方向很可能是错误的。

MBGD 是 Mini-Batch Gradient Descent 的缩写，表示每次训练都选择训练集中一个批次的数据来优化模型，这里的一个批次常用的取值是 32、64 等，取其他的数值也可以。MBGD 相当于结合了 BGD 和 SGD 两者的优点，采用一个小批次的数据量来训练模型，这样训练的速度比较快，同时模型优化的方向也比较正确，所以目前带有小批次的训练方法是最主流的训练方法。一般我们提到梯度下降法，或者随机梯度下降法的时候，默认就是使用 MBGD 的方法。

梯度下降法的公式为

$$W_t = W_{t-1} - \eta \nabla_w f(W_{t-1}) \tag{6.23}$$

其中，t 表示第 t 时刻，η 表示学习率；$\nabla_w f(W_{t-1})$ 表示 $t-1$ 时刻对代价函数 f 求 W 的导数。

6.8.2　Momentum

Momentum 是模拟物理中动量的概念，积累之前的动量来替代真正的梯度。

Momentum 的公式为

$$V_t = \gamma V_{t-1} + \eta \nabla_w f(W_{t-1}) \tag{6.24}$$
$$W_t = W_{t-1} - V_t \tag{6.25}$$

其中，γ 为动力项，通常设置为 0.9。当前权值的改变会受到上一次权值改变的影响，类似于小球向下滚动的时候带上了惯性。这样可以加快小球向下的速度，同时可以抑制小球振荡。

6.8.3　NAG

NAG（Nesterov Accelerated Gradient）的公式为

$$V_t = \gamma V_{t-1} + \eta \nabla_w f(W_{t-1} - \gamma V_{t-1}) \tag{6.26}$$
$$W_t = W_{t-1} - V_t \tag{6.27}$$

其中，γ 为动力项，通常设置为 0.9。$W_{t-1} - \gamma V_{t-1}$ 用来近似代价函数下一步的值，计算的梯度不是当前位置的梯度，而是下一个位置的梯度。NAG 相当于是一个预先知道正确方向的更聪明的小球。

Momentum 和 NAG 都是为了使得梯度更新和更加灵活，但学习率的设置仍然是一个问题。下面介绍的几种优化器针对学习率的问题做出了优化，具有自适应学习率的能力。

6.8.4　Adagrad

Adagrad 的公式为

$$G_t = G_{t-1} + \nabla_w f(W_{t-1})^2 \tag{6.28}$$

$$W_t = W_{t-1} - \frac{\eta}{\sqrt{G_{t-1} + \varepsilon}} \cdot \nabla_w f(W_{t-1}) \tag{6.29}$$

其中，ε 的作用是避免分母为 0，取值一般是 10^{-8}。Adagrad 其实是对学习率进行了一个约束，其主要优势是人为设定一个学习率后这个学习率可以自动调节。它的缺点在于，随着迭代次数的增多，学习率也会越来越低，最终会趋向于 0。

6.8.5 Adadelta

Adadelta 的公式为

$$G_t = \gamma G_{t-1} + (1-\gamma)\nabla_w f(W_{t-1})^2 \tag{6.30}$$

$$E_t = \gamma E_{t-1} + (1-\gamma)(\Delta W_t)^2 \tag{6.31}$$

$$\Delta W_t = -\frac{\sqrt{E_{t-1}+\varepsilon}}{\sqrt{G_t+\varepsilon}}\nabla_w f(W_t) \tag{6.32}$$

$$W_t = W_{t-1} + \Delta W_{t-1} \tag{6.33}$$

其中，γ 通常取 0.9。Adadelta 算是对 Adagrad 的改进，此时 Adadelta 已经不用依赖于全局学习率了。

6.8.6 RMRprop

RMSprop 可以算作 Adadelta 的一个特例，RMSprop 的公式为

$$G_t = \gamma G_{t-1} + (1-\gamma)\nabla_w f(W_{t-1})^2 \tag{6.34}$$

$$W_t = W_{t-1} - \frac{\eta}{\sqrt{G_{t-1}+\varepsilon}}\cdot \nabla_w f(W_{t-1}) \tag{6.35}$$

其中，γ 通常取 0.9。RMSprop 依然依赖于全局学习率，其也算是 Adagrad 的一种发展。

6.8.7 Adam

Adam（Adaptive Moment Estimation）本质上是带有动量项的 RMSprop，Adam 的公式为

$$m_t = \beta_1 m_{t-1} + (1-\beta_1)\nabla_w f(W_t) \tag{6.36}$$

$$v_t = \beta_2 v_{t-1} + (1-\beta_2)\nabla_w f(W_t)^2 \tag{6.37}$$

$$\hat{m}_t = \frac{m_t}{1-\beta_1^t} \tag{6.38}$$

$$\hat{v}_t = \frac{v_t}{1-\beta_2^t} \tag{6.39}$$

$$W_t = W_{t-1} - \eta\frac{\hat{m}_t}{\sqrt{\hat{v}_t}+\varepsilon} \tag{6.40}$$

其中，β_1 通常取 0.9；β_2 通常取 0.999；m_t 和 v_t 分别是对梯度的一阶矩估计和二阶矩估计，可以看作对期望 $E|\nabla_w f(W_t)|$ 和 $E|\nabla_w f(W_t)^2|$ 的估计；$\hat{m}_t$ 和 $\hat{v}_t$ 是对 m_t 和 v_t 的校正，这样可以近似为对期望的无偏估计。在大多数情况下 Adam 的效果都比较好，所以目前用得最多的优化器就是 Adam。Adam 与其他一些优化器在训练 MNIST 数据集时的对比如图 6.22 所示。

从图 6.22 中可以看到，在使用多层神经网络训练 MNIST 数据集时，Adam 的优化速度是最快的。

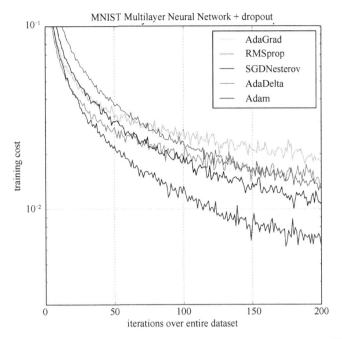

图 6.22　Adam 与其他一些优化器在训练 MNIST 数据集时的对比[2]

6.8.8　优化器程序

如代码 6-7 所示，这里给出了一个使用 Adam 优化器的例子。如果想使用其他优化器，调用 tensorflow.keras.optimizers 里面的优化器即可。

代码 6-7：MNIST 数据集分类模型——优化器（片段 1）

```
import tensorflow as tf
from tensorflow.keras.optimizers import SGD,Adam
import matplotlib.pyplot as plt
import numpy as np
# 载入数据集
mnist = tf.keras.datasets.mnist
# 载入训练集和测试集
(x_train, y_train), (x_test, y_test) = mnist.load_data()
# 对训练集和测试集的数据进行归一化处理，有助于提升模型的训练速度
x_train, x_test = x_train / 255.0, x_test / 255.0
# 把训练集和测试集的标签转为独热编码
y_train = tf.keras.utils.to_categorical(y_train,num_classes=10)
y_test = tf.keras.utils.to_categorical(y_test,num_classes=10)

# 模型定义
model1 = tf.keras.models.Sequential([
 tf.keras.layers.Flatten(input_shape=(28, 28)),
 tf.keras.layers.Dense(10, activation='softmax')
])
# 再定义一个一模一样的模型用于对比测试
model2 = tf.keras.models.Sequential([
 tf.keras.layers.Flatten(input_shape=(28, 28)),
```

```python
    tf.keras.layers.Dense(10, activation='softmax')
])

# 定义 sgd 优化器，学习率为 0.1
sgd = SGD(0.1)
# 定义 Adam 优化器，学习率为 0.001，Adam 优化器的学习率通常较低
adam = Adam(0.001)
# loss='mse'定义均方差代价函数
# metrics=['accuracy']模型在训练的过程中同时计算准确率
# model1 用 Adam 优化器，model2 用 sgd 优化器
model1.compile(optimizer=adam,
        loss='mse',
        metrics=['accuracy'])
model2.compile(optimizer=sgd,
        loss='mse',
        metrics=['accuracy'])

# 传入训练集数据和标签训练模型
# 周期大小为 6（把所有训练集数据训练一次称为训练一个周期）
epochs = 6
# 批次大小为 32（每次训练模型，传入 32 个数据进行训练）
batch_size=32
# validation_data 设置验证集数据
# 先训练 model1
history1 = model1.fit(x_train, y_train, epochs=epochs, batch_size=batch_size, validation_data=(x_test,y_test))
# 再训练 model2
history2 = model2.fit(x_train, y_train, epochs=epochs, batch_size=batch_size, validation_data=(x_test,y_test))
```

运行结果如下：

```
Train on 60000 samples, validate on 10000 samples
Epoch 1/6
60000/60000 [==============================] - 2s 36us/sample - loss: 0.0196 - accuracy: 0.8819 - val_loss: 0.0131 - val_accuracy: 0.9175
Epoch 2/6
60000/60000 [==============================] - 2s 30us/sample - loss: 0.0129 - accuracy: 0.9182 - val_loss: 0.0118 - val_accuracy: 0.9241
……
Epoch 6/6
60000/60000 [==============================] - 2s 31us/sample - loss: 0.0107 - accuracy: 0.9327 - val_loss: 0.0109 - val_accuracy: 0.9316
Train on 60000 samples, validate on 10000 samples
Epoch 1/6
60000/60000 [==============================] - 3s 47us/sample - loss: 0.0499 - accuracy: 0.6986 - val_loss: 0.0285 - val_accuracy: 0.8521
Epoch 2/6
60000/60000 [==============================] - 2s 29us/sample - loss: 0.0257 - accuracy: 0.8583 - val_loss: 0.0216 - val_accuracy: 0.8789
……
Epoch 6/6
60000/60000 [==============================] - 2s 34us/sample - loss: 0.0173 - accuracy: 0.8953 - val_loss: 0.0160 - val_accuracy: 0.9033
```

代码 6-7：MNIST 数据集分类模型——优化器（片段 2）

```python
# 画出 model1 验证集的准确率曲线图
plt.plot(np.arange(epochs),history1.history['val_accuracy'],c='b',label='Adam')
# 画出 model2 验证集的准确率曲线图
plt.plot(np.arange(epochs),history2.history['val_accuracy'],c='y',label='SGD')
# 图例
plt.legend()
# x 坐标描述
plt.xlabel('epochs')
# y 坐标描述
plt.ylabel('accuracy')
# 显示图像
plt.show()
```

运行结果如下：

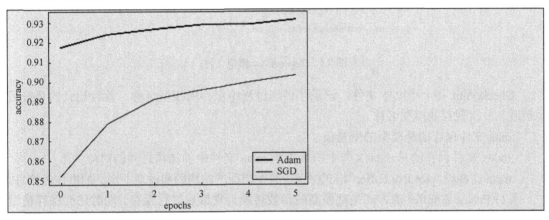

从运行结果中可以看出，使用 Adam 优化器之后，模型的收敛速度加快了很多，最后得到了更好的训练效果。

这一章我们学习了很多模型的优化方法，使用这些模型优化方法把模型训练好以后我们还需要把模型保存下来。如何保存模型将是我们下一章要介绍的内容。

6.9 参考文献

[1] Srivastava N, Hinton G, Krizhevsky A, et al. Dropout: a simple way to prevent neural networks from overfitting[J]. The journal of machine learning research, 2014, 15(1): 1929-1958.

[2] Kingma D P, Ba J. Adam: A method for stochastic optimization[J]. arXiv preprint arXiv:1412.6980, 2014.

第 7 章　Tensorflow 模型的保存和载入

在 Tensorflow 1.0 中，模型的保存和载入通常有两种方式：一种是 Checkpoint 的方式；一种是 Protocol buffer 方式。这两种方式都有各自的一些特点。

（1）Checkpoint 保存的模型通常以".ckpt"结尾，保存后会得到 4 个文件，如图 7.1 所示。

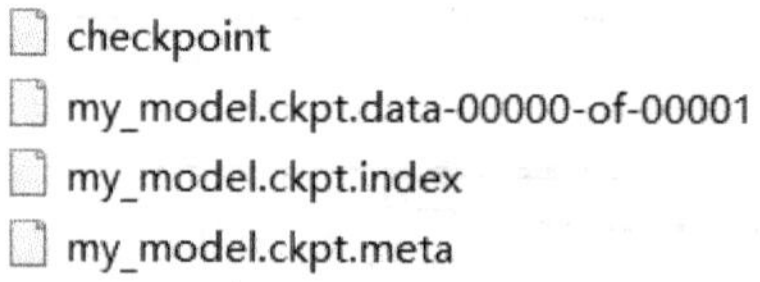

- checkpoint
- my_model.ckpt.data-00000-of-00001
- my_model.ckpt.index
- my_model.ckpt.meta

图 7.1　Tensorflow 模型文件

Checkpoint 是一个文本文件，记录了训练过程中保存的模型名称，首行记录的是最后（最近）一次保存的模型名称。

.data 文件保存的是模型的变量值。

.index 文件保存的是.data 文件中的数据跟.meta 文件中的结构之间的对应关系。

.meta 文件以"protocol buffer"格式保存了整个模型的结构图和模型上定义的操作等信息。

（2）Protocol buffer 的方式是把模型的参数转换为常量后进行保存，同时还会保存模型的结构，保存的模型通常以".pb"结尾，只会得到一个文件。

由于我们很多时候在 Tensorflow 2 中都是使用 Tensorflow.keras 来搭建和训练模型的，所以模型的保存一般也是使用 Tensorflow.keras 的方式。Tensorflow 1.0 中所使用的 Checkpoint 模型保存方式在 Tensorflow 2 中有时也会用到。

7.1　Keras 模型保存和载入

7.1.1　Keras 模型保存

使用 Keras 保存模型，其操作很简单，如模型为 model，可以使用 model.save('path_to_my_model.h5')来保存模型。其中，"path_to_my_model"为模型的保存路径；"h5"为 HDF5 文件格式。使用 model.save 来保存模型，可以把模型的结构、权值参数和优化器的设置，代价函数的设置，metrics 的设置全部保存下来。Keras 模型保存的参考代码如代码 7-1 所示。

代码 7-1：Keras 模型保存的参考代码

```
import tensorflow as tf
from tensorflow.keras.optimizers import SGD
# 载入数据集
```

```python
mnist = tf.keras.datasets.mnist
# 载入数据，数据载入的时候就已经划分好训练集和测试集
(x_train, y_train), (x_test, y_test) = mnist.load_data()
# 对训练集和测试集的数据进行归一化处理，有助于提升模型的训练速度
x_train, x_test = x_train / 255.0, x_test / 255.0
# 把训练集和测试集的标签转为独热编码
y_train = tf.keras.utils.to_categorical(y_train,num_classes=10)
y_test = tf.keras.utils.to_categorical(y_test,num_classes=10)

# 模型定义
model = tf.keras.models.Sequential([
 tf.keras.layers.Flatten(input_shape=(28, 28)),
 tf.keras.layers.Dense(10, activation='softmax')
])

# 定义优化器和代价函数
sgd = SGD(0.2)
model.compile(optimizer=sgd,
        loss='mse',
        metrics=['accuracy'])

# 传入训练集数据和标签训练模型
model.fit(x_train, y_train, epochs=10, batch_size=32, validation_data=(x_test,y_test))

# 保存模型
model.save('my_model/mnist.h5')
```

运行结果如下：

```
Train on 60000 samples, validate on 10000 samples
Epoch 1/5
60000/60000 [==============================] - 2s 35us/sample - loss: 0.0379 - accuracy: 0.7752 - val_loss: 0.0214 - val_accuracy: 0.8808
……
Epoch 5/5
60000/60000 [==============================] - 2s 31us/sample - loss: 0.0156 - accuracy: 0.9043 - val_loss: 0.0145 - val_accuracy: 0.9098
```

模型训练好之后会生成一个 h5 模型文件，并且其保存在 my_model/mnist.h5 中。

7.1.2 Keras 模型载入

使用 Keras 载入模型，其操作也很简单，可以使用 tensorflow.keras.models.load_model('path_to_my_model.h5')来载入模型。其中，"path_to_my_model"为模型所在的路径。Keras 模型载入的参考代码如代码 7-2 所示。

代码 7-2：Keras 模型载入的参考代码

```python
import tensorflow as tf
from tensorflow.keras.models import load_model
# 载入数据集
mnist = tf.keras.datasets.mnist
# 载入数据，数据载入的时候就已经划分好训练集和测试集
```

```
(x_train, y_train), (x_test, y_test) = mnist.load_data()
# 对训练集和测试集的数据进行归一化处理，有助于提升模型的训练速度
x_train, x_test = x_train / 255.0, x_test / 255.0
# 把训练集和测试集的标签转为独热编码
y_train = tf.keras.utils.to_categorical(y_train,num_classes=10)
y_test = tf.keras.utils.to_categorical(y_test,num_classes=10)

# 载入模型
model = load_model('my_model/mnist.h5')

# 再训练 5 个周期模型
model.fit(x_train, y_train, epochs=5, batch_size=32, validation_data=(x_test,y_test))
```

运行结果如下：

```
Train on 60000 samples, validate on 10000 samples
Epoch 1/5
60000/60000 [==============================] - 2s 34us/sample - loss: 0.0150 - accuracy: 0.9073 - val_loss: 0.0141 - val_accuracy: 0.9137
……
Epoch 5/5
60000/60000 [==============================] - 2s 30us/sample - loss: 0.0137 - accuracy: 0.9139 - val_loss: 0.0130 - val_accuracy: 0.9180
```

从运行结果可以看到，模型是在已经训练了 5 个周期的基础上继续训练的。并且使用 model.save 保存模型的时候，不仅保存了模型的结构和权值参数，还保存了对模型优化器、代价函数和 metrics 的设置。所以，在载入模型之后，我们不需要设置优化器、代价函数和 metrics 就可以直接使用 fit 对模型进行训练。

7.2 SavedModel 模型保存和载入

7.2.1 SavedModel 模型保存

SavedModel 是 Tensorflow 中的一种模型格式，其优点是与语言无关，如可以用 Python 训练模型时，然后在 Jave 中非常方便地加载模型。SavedModel 中包含了计算图和网络的权值，一个 SavedModel 模型包含以下内容：

assets/
saved_model.pb
variables/
        variables.data-00000-of-00001
        variables.index

其中，saved_model.pb 包含计算图的结构；variables 文件夹保存模型训练得到的权值；assets 文件夹一般是空的，可以添加一些可能需要的外部文件。

假设程序中训练好的模型为 model，那么可以使用 model.save('path_to_saved_model') 来保存模型。注意，这里的 "path_to_saved_model" 为模型保存的路径，保存后会得到一个文件夹，所以 "path_to_saved_model" 不需要加后缀。

model.save 可以保存两种格式的模型。当我们使用 model.save 的时候，如果"path_to_saved_model"没有后缀，则保存为 SavedModel 格式；如果"path_to_saved_model.h5"有"h5"这个后缀，则保存为 Keras 的 HDF5 格式的模型。SavedModel 模型保存的参考代码如代码 7-3 所示。

代码 7-3：SavedModel 模型保存的参考代码

```python
import tensorflow as tf
from tensorflow.keras.optimizers import SGD
# 载入数据集
mnist = tf.keras.datasets.mnist
# 载入数据，数据载入的时候就已经划分好训练集和测试集
(x_train, y_train), (x_test, y_test) = mnist.load_data()
# 对训练集和测试集的数据进行归一化处理，有助于提升模型的训练速度
x_train, x_test = x_train / 255.0, x_test / 255.0
# 把训练集和测试集的标签转为独热编码
y_train = tf.keras.utils.to_categorical(y_train,num_classes=10)
y_test = tf.keras.utils.to_categorical(y_test,num_classes=10)

# 模型定义
model = tf.keras.models.Sequential([
  tf.keras.layers.Flatten(input_shape=(28, 28)),
  tf.keras.layers.Dense(10, activation='softmax')
])

# 定义优化器和代价函数
sgd = SGD(0.2)
model.compile(optimizer=sgd,
        loss='mse',
        metrics=['accuracy'])

# 传入训练集数据和标签训练模型
model.fit(x_train, y_train, epochs=5, batch_size=32, validation_data=(x_test,y_test))

# 保存模型为 SavedModel 格式
model.save('path_to_saved_model')
```

运行结果如下：

```
Train on 60000 samples, validate on 10000 samples
Epoch 1/5
60000/60000 [==============================] - 2s 37us/sample - loss: 0.0373 - accuracy: 0.7806 - val_loss: 0.0217 - val_accuracy: 0.8776
……
Epoch 5/5
60000/60000 [==============================] - 2s 32us/sample - loss: 0.0156 - accuracy: 0.9038 - val_loss: 0.0145 - val_accuracy: 0.9093
```

7.2.2 SavedModel 模型载入

SavedModel 模型的载入也很简单，也是使用 tensorflow.keras.models.load_model('path_to_my_model')来载入就可以了。载入模型以后再次训练的程序基本上跟代码 7-2 一

样，如代码 7-4 所示。

代码 7-4：SavedModel 模型载入的参考代码

```
import tensorflow as tf
from tensorflow.keras.models import load_model
# 载入数据集
mnist = tf.keras.datasets.mnist
# 载入数据，数据载入的时候就已经划分好训练集和测试集
(x_train, y_train), (x_test, y_test) = mnist.load_data()
# 对训练集和测试集的数据进行归一化处理，有助于提升模型的训练速度
x_train, x_test = x_train / 255.0, x_test / 255.0
# 把训练集和测试集的标签转为独热编码
y_train = tf.keras.utils.to_categorical(y_train,num_classes=10)
y_test = tf.keras.utils.to_categorical(y_test,num_classes=10)

# 载入 SavedModel 模型
model = load_model('path_to_saved_model')

# 再训练 5 个周期模型
model.fit(x_train, y_train, epochs=5, batch_size=32, validation_data=(x_test,y_test))
```

运行结果如下：

```
Train on 60000 samples, validate on 10000 samples
Epoch 1/5
60000/60000 [==============================] - 2s 36us/sample - loss: 0.0151 - accuracy: 0.9065 - val_loss: 0.0140 - val_accuracy: 0.9133
……
Epoch 5/5
60000/60000 [==============================] - 2s 30us/sample - loss: 0.0138 - accuracy: 0.9141 - val_loss: 0.0130 - val_accuracy: 0.9172
```

7.3 单独保存模型的结构

7.3.1 保存模型的结构

有些时候，可能我们只对模型的结构感兴趣，只想保存模型的结构，而不保存模型的权值、优化器和代价函数等内容。那么我们可以使用 config = model.get_config()来保存模型的结构。模型的结构数据是一个 Python 的字典，使用这个模型的结构，我们可以重建一个一模一样的模型，然后重新训练这个模型。

另外，还有一个保存模型的结构的方法，即使用 json_config = model.to_json()来保存模型的结构。这个方法是使用 JSON 格式来保存模型的结构。单独保存模型的结构的参考代码如代码 7-5 所示。

代码 7-5：单独保存模型的结构的参考代码（片段 1）

```
from tensorflow.keras import Sequential
from tensorflow.keras.layers import Flatten,Dense,Dropout
```

```
# 模型的定义
model = Sequential([
    Flatten(input_shape=(28, 28)),
    Dense(units=200,activation='tanh'),
    Dropout(0.4),
    Dense(units=100,activation='tanh'),
    Dropout(0.4),
    Dense(units=10,activation='softmax')
])
# 保存模型的结构
config = model.get_config()
print(config)
```

运行结果如下：

```
{'name': 'sequential', 'layers': [{'class_name': 'Flatten', 'config': {'name': 'flatten', 'trainable': True, 'batch_input_shape': (None, 28, 28), 'dtype': 'float32', 'data_format': 'channels_last'}}, {'class_name': 'Dense', 'config': {'name': 'dense', 'trainable': True, 'dtype': 'float32', 'units': 200, 'activation': 'tanh', 'use_bias': True, 'kernel_initializer': {'class_name': 'GlorotUniform', 'config': {'seed': None}}, 'bias_initializer': {'class_name': 'Zeros', 'config': {}}, 'kernel_regularizer': None, 'bias_regularizer': None, 'activity_regularizer': None, 'kernel_constraint': None, 'bias_constraint': None}}, {'class_name': 'Dropout', 'config': {'name': 'dropout', 'trainable': True, 'dtype': 'float32', 'rate': 0.4, 'noise_shape': None, 'seed': None}}, {'class_name': 'Dense', 'config': {'name': 'dense_1', 'trainable': True, 'dtype': 'float32', 'units': 100, 'activation': 'tanh', 'use_bias': True, 'kernel_initializer': {'class_name': 'GlorotUniform', 'config': {'seed': None}}, 'bias_initializer': {'class_name': 'Zeros', 'config': {}}, 'kernel_regularizer': None, 'bias_regularizer': None, 'activity_regularizer': None, 'kernel_constraint': None, 'bias_constraint': None}}, {'class_name': 'Dropout', 'config': {'name': 'dropout_1', 'trainable': True, 'dtype': 'float32', 'rate': 0.4, 'noise_shape': None, 'seed': None}}, {'class_name': 'Dense', 'config': {'name': 'dense_2', 'trainable': True, 'dtype': 'float32', 'units': 10, 'activation': 'softmax', 'use_bias': True, 'kernel_initializer': {'class_name': 'GlorotUniform', 'config': {'seed': None}}, 'bias_initializer': {'class_name': 'Zeros', 'config': {}}, 'kernel_regularizer': None, 'bias_regularizer': None, 'activity_regularizer': None, 'kernel_constraint': None, 'bias_constraint': None}}]}
```

代码 7-5：单独保存模型的结构的参考代码（片段 2）

```
import json
# 保存 json 模型结构文件
with open('model.json','w') as m:
    json.dump(json_config,m)
```

config 的内容跟 json_config 的内容是差不多的，所以这里附上一个输出结果。保存 json 模型结构文件以后，在本地会得到一个 model.json 文件。

7.3.2 载入模型结构

模型的结构保存后，可以使用 model_from_json 方法再重新把模型的结构载入，载入模型结构的参考代码如代码 7-6 所示。

代码 7-6：载入模型结构的参考代码

```
import tensorflow as tf
import json
```

```
# 读入 json 文件
with open('model.json') as m:
    json_config = json.load(m)

# 载入 json 模型结构得到模型 model
model = tf.keras.models.model_from_json(json_config)

# summary 用于查看模型结构
model.summary()
```

运行结果如下：

```
Model: "sequential"
_____
Layer (type)                 Output Shape              Param #
=================================================================
flatten (Flatten)            (None, 784)               0
_____
dense (Dense)                (None, 200)               157000
_____
dropout (Dropout)            (None, 200)               0
_____
dense_1 (Dense)              (None, 100)               20100
_____
dropout_1 (Dropout)          (None, 100)               0
_____
dense_2 (Dense)              (None, 10)                1010
=================================================================
Total params: 178,110
Trainable params: 178,110
Non-trainable params: 0
```

从运行结果中我们可以看到，打印出来的模型结构跟代码 7-5 中定义的结构是一样的。model.summary()可以很方便地打印出模型的结构，并可以看到网络每一层的输出和需要训练的参数，最后还会统计所有需要训练的参数个数。所以想了解模型的结构时可以多使用 model.summary()。

7.4 单独保存模型参数

7.4.1 保存模型参数

有时候我们只对模型的权值参数感兴趣，而对模型的框架不感兴趣。这个时候，我们可以只获取模型的权值参数，即使用 weights = model.get_weights()来获取模型的权值参数。权值参数保存后会得到一个 list，list 中保存了每一层权值参数的具体数值。获取模型参数以后可以使用 model.set_weights(weights)来对模型的权值进行重新设置。

如果我们想保存模型的参数，可以使用 model.save_weights('path_to_my_model.h5')来保存模型参数，其参考代码如代码 7-7 所示。

代码 7-7：保存模型参数的参考代码

```python
from tensorflow.keras import Sequential
from tensorflow.keras.layers import Flatten,Dense,Dropout
import numpy as np

# 模型定义
model = Sequential([
    Flatten(input_shape=(28, 28)),
    Dense(units=200,activation='tanh'),
    Dropout(0.4),
    Dense(units=100,activation='tanh'),
    Dropout(0.4),
    Dense(units=10,activation='softmax')
    ])

# 保存模型参数
model.save_weights('my_model/model_weights')

# 获取模型参数
weights = model.get_weights()
# 把 list 转变成 array
weights = np.array(weights)

# 循环每一层权值
# enumerate 相当于循环计数器，记录当前循环次数
# weights 保存的数据可以对照 print 输出查看
for i,w in enumerate(weights):
    if i%2==0:
        print('{}:w_shape:{}'.format(int(i/2+1),w.shape))
    else:
        print('{}:b_shape:{}'.format(int(i/2+0.5),w.shape))
```

运行结果如下：

```
1:w_shape:(784, 200)
1:b_shape:(200,)
2:w_shape:(200, 100)
2:b_shape:(100,)
3:w_shape:(100, 10)
3:b_shape:(10,)
```

7.4.2 载入模型参数

模型参数的载入很简单，使用 model.load_weights('path_to_my_model.h5')就可以载入参数。但要注意，载入模型参数之前，需要把模型先定义好，或者使用 model_from_json 方法先载入模型。并且如果我们想进一步训练模型的参数，不仅要定义好模型的结构和载入模型的参数，还需要定义 compile 中的内容，包括优化器和代价函数等。因为 model.save() 会保存 compile 中的内容，而 model.save_weights 只会保存模型的参数。所以，load_weights 以后还需要重新定义 compile 的内容，这样才能进一步训练模型。

载入模型参数的参考代码如代码 7-8 所示。

代码 7-8：载入模型参数的参考代码

```
from tensorflow.keras import Sequential
from tensorflow.keras.layers import Flatten,Dense,Dropou
# 载入模型参数前需要先把模型定义好
# 模型的结构需要与参数匹配
# 或者可以使用 tf.keras.models.model_from_json 载入模型的结构
model = Sequential([
    Flatten(input_shape=(28, 28)),
    Dense(units=200,activation='tanh'),
    Dropout(0.4),
    Dense(units=100,activation='tanh'),
    Dropout(0.4),
    Dense(units=10,activation='softmax')
])

# 载入模型参数
model.load_weights('my_model/model_weights.h5')
```

7.5　ModelCheckpoint 自动保存模型

在第 6 章的抵抗过拟合方法中我们学习了 Early-Stopping，在学习 Early-Stopping 的时候使用了 "from tensorflow.keras.callbacks import EarlyStopping"。

复习一下，Early-Stopping 是 Callbacks 的一种，Callbacks 用于指定在每个 epoch 或 batch 开始和结束的时候进行哪种特定操作。本节我们要学习的 ModelCheckpoint 也是 Callbacks 中的一种，用于自动保存模型。

ModelCheckpoint 的使用方法和说明参数的代码如代码 7-9 所示。其中，参数 monitor 可以设置 {'val_accuracy','val_loss','accuracy','loss'}。如果设置监测 {'val_accuracy','accuracy'}，那么模型的准确率大于最大 {'val_accuracy','accuracy'} 的时候就会保存模型；如果设置监测 {'val_loss','loss'}，那么模型 loss 小于最小 {'val_loss','loss'} 的时候就会保存模型。

代码 7-9：ModelCheckpoint 的使用方法和说明参数的代码

```
import tensorflow as tf
from tensorflow.keras.optimizers import Adam
from tensorflow.keras.callbacks import ModelCheckpoint,CSVLogger
# 载入数据集
mnist = tf.keras.datasets.mnist
# 载入数据，数据载入的时候就已经划分好训练集和测试集
(x_train, y_train), (x_test, y_test) = mnist.load_data()
# 对训练集和测试集的数据进行归一化处理，有助于提升模型的训练速度
x_train, x_test = x_train / 255.0, x_test / 255.0
# 把训练集和测试集的标签转为独热编码
y_train = tf.keras.utils.to_categorical(y_train,num_classes=10)
y_test = tf.keras.utils.to_categorical(y_test,num_classes=10)

# 模型定义
model = tf.keras.models.Sequential([
```

```python
  tf.keras.layers.Flatten(input_shape=(28, 28)),
  tf.keras.layers.Dense(10, activation='softmax')
])

# 定义优化器和代价函数
adam = Adam(0.001)
model.compile(optimizer=adam,
              loss='categorical_crossentropy',
              metrics=['accuracy'])

# 模型保存的位置
output_model = 'ModelCheckpoint/'
# log 保存的位置
output_log = 'log/'

# ModelCheckpoint 用于自动保存模型
# filepath 可以设置模型保存的位置和模型的信息，epoch 表示训练的周期数
# val_accuracy 表示验证集的准确率
# monitor 可选{'val_accuracy','val_loss','accuracy','loss'}, 一般'val_accuracy'用得比较多
# verbose=1 表示保存模型的时候打印信息
# save_best_only=True 表示只保存大于 best_val_accuracy 的模型
# CSVLogger 也是 Callbacks, 用于生成模型训练的 log
callbacks = [
    ModelCheckpoint(filepath=output_model+'{epoch:02d}-{val_accuracy:.4f}.h5',
                    monitor='val_accuracy',
                    verbose=1,
                    save_best_only=True),
    CSVLogger(output_log + 'log.csv')
]

# 传入训练集数据和标签训练模型
model.fit(x_train, y_train,
          epochs=6, batch_size=32,
          validation_data=(x_test,y_test),
          callbacks=callbacks)
```

运行结果如下：

```
Train on 60000 samples, validate on 10000 samples
Epoch 1/6
59744/60000 [============================>.] - ETA: 0s - loss: 0.3711 - accuracy: 0.8957 ETA: 0s - loss: 0.3733 - accuracy: 0.89
Epoch 00001: val_accuracy improved from -inf to 0.91850, saving model to ModelCheckpoint/01-0.9185.h5
60000/60000 [==============================] - 2s 39us/sample - loss: 0.3709 - accuracy: 0.8958 - val_loss: 0.2899 - val_accuracy: 0.9185
Epoch 2/6
59072/60000 [============================>.] - ETA: 0s - loss: 0.2875 - accuracy: 0.9185
Epoch 00002: val_accuracy improved from 0.91850 to 0.92120, saving model to ModelCheckpoint/02-0.9212.h5
60000/60000 [==============================] - 2s 39us/sample - loss: 0.2874 - accuracy: 0.9185 - val_loss: 0.2792 - val_accuracy: 0.9212
Epoch 3/6
```

```
59872/60000 [============================>.] - ETA: 0s - loss: 0.2765 - accuracy: 0.9224
Epoch 00003: val_accuracy improved from 0.92120 to 0.92200, saving model to ModelCheckpoint/03-0.9220.h5
60000/60000 [==============================] - 2s 36us/sample - loss: 0.2763 - accuracy: 0.9225 - val_loss: 0.2813 - val_accuracy: 0.9220
Epoch 4/6
58496/60000 [==========================>.] - ETA: 0s - loss: 0.2702 - accuracy: 0.9243
Epoch 00004: val_accuracy improved from 0.92200 to 0.92630, saving model to ModelCheckpoint/04-0.9263.h5
60000/60000 [==============================] - 2s 38us/sample - loss: 0.2701 - accuracy: 0.9243 - val_loss: 0.2696 - val_accuracy: 0.9263
Epoch 5/6
59936/60000 [============================>.] - ETA: 0s - loss: 0.2658 - accuracy: 0.9261
Epoch 00005: val_accuracy did not improve from 0.92630
60000/60000 [==============================] - 2s 36us/sample - loss: 0.2658 - accuracy: 0.9261 - val_loss: 0.2766 - val_accuracy: 0.9254
Epoch 6/6
58816/60000 [===========================>.] - ETA: 0s - loss: 0.2617 - accuracy: 0.9269
Epoch 00006: val_accuracy did not improve from 0.92630
60000/60000 [==============================] - 2s 36us/sample - loss: 0.2624 - accuracy: 0.9267 - val_loss: 0.2866 - val_accuracy: 0.9217
```

从运行结果中我们就可以看出，模型并不是在每一个周期都会被保存，只有 val_accuracy 大于之前最大的 val_accuracy 时模型才会被保存。以上程序训练 6 个周期以后，用来保存模型的文件夹得到了 4 个模型，如图 7.2 所示。

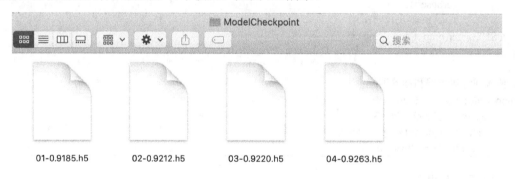

图 7.2　得到 4 个模型

在图 7.2 中，从模型的文件名我们就可以看出模型是训练了多少个周期得到的，并且还可以看出模型的 val_accuracy，只有得到越来越大的 val_accuracy，模型才会被保存。训练在第 5 和第 6 个周期的时候，模型的 val_accuracy 没有超过第 4 个周期的 0.9263，所以第 5 和第 6 个周期的模型没有被保存。

训练结束之后我们还会得到一个 CSV 格式的 log 文件，log 文件中的内容如图 7.3 所示。

A	B	C	D	E
epoch	accuracy	loss	val_accuracy	val_loss
0	0.8957667	0.3708864	0.9185	0.2899205
1	0.9185167	0.2873522	0.9212	0.2792497
2	0.9224667	0.2763191	0.922	0.281269
3	0.9243166	0.2701452	0.9263	0.2695709
4	0.9261333	0.2658397	0.9254	0.2765847
5	0.9267167	0.2624153	0.9217	0.2865786

图 7.3 log 文件中的内容

从图 7.3 中可以看出，log 文件中包含了模型训练每个周期的训练集的准确率（accuracy）、训练集的 loss、验证集的准确率（val_accuracy）和验证集的 val_loss。

7.6 Checkpoint 模型保存和载入

7.6.1 Checkpoint 模型保存

在 Tensorflow 2 中我们也可以使用 Checkpoint 来保存和载入模型，用法跟 Tensorflow 1 中的有些区别，具体的使用方法可以参考下面的例子，如代码 7-10 所示。

代码 7-10：Checkpoint 模型保存

```
import tensorflow as tf
# 载入数据集
mnist = tf.keras.datasets.mnist
(x_train, y_train), (x_test, y_test) = mnist.load_data()
# 归一化
x_train, x_test = x_train / 255.0, x_test / 255.0
# 标签转独热编码
y_train = tf.keras.utils.to_categorical(y_train,num_classes=10)
y_test = tf.keras.utils.to_categorical(y_test,num_classes=10)
# 创建 dataset 对象
mnist_train = tf.data.Dataset.from_tensor_slices((x_train, y_train))
# 训练周期
mnist_train = mnist_train.repeat(1)
# 批次大小
mnist_train = mnist_train.batch(32)
# 创建 dataset 对象
mnist_test = tf.data.Dataset.from_tensor_slices((x_test, y_test))
# 训练周期
mnist_test = mnist_test.repeat(1)
# 批次大小
mnist_test = mnist_test.batch(32)
# 模型定义
model = tf.keras.models.Sequential([
  tf.keras.layers.Flatten(input_shape=(28, 28)),
  tf.keras.layers.Dense(10, activation='softmax')
])
# 优化器定义
optimizer = tf.keras.optimizers.SGD(0.1)
```

```python
# 训练 loss
train_loss = tf.keras.metrics.Mean(name='train_loss')
# 训练准确率计算
train_accuracy = tf.keras.metrics.CategoricalAccuracy(name='train_accuracy')
# 测试 loss
test_loss = tf.keras.metrics.Mean(name='test_loss')
# 测试准确率计算
test_accuracy = tf.keras.metrics.CategoricalAccuracy(name='test_accuracy')
# 模型训练
@tf.function
def train_step(data, label):
    with tf.GradientTape() as tape:
        # 传入数据预测结果
        predictions = model(data)
        # 计算 loss
        loss = tf.keras.losses.MSE(label, predictions)
    # 计算权值调整
    gradients = tape.gradient(loss, model.trainable_variables)
    # 进行权值调整
    optimizer.apply_gradients(zip(gradients, model.trainable_variables))
    # 计算平均 loss
    train_loss(loss)
    # 计算平均准确率
    train_accuracy(label, predictions)

# 模型测试
@tf.function
def test_step(data, label):
    # 传入数据预测结果
    predictions = model(data)
    # 计算 loss
    t_loss = tf.keras.losses.MSE(label, predictions)
    # 计算平均 loss
    test_loss(t_loss)
    # 计算平均准确率
    test_accuracy(label, predictions)
# 定义模型保存、保存优化器和模型参数
ckpt = tf.train.Checkpoint(optimizer=optimizer, model=model)
# 用于管理模型
# ckpt 为需要保存的内容
# 'tf2_ckpts'为模型保存的位置
# max_to_keep 设置最多保留几个模型
manager = tf.train.CheckpointManager(ckpt, 'tf2_ckpts', max_to_keep=3)

EPOCHS = 5
# 训练 5 个周期
for epoch in range(EPOCHS):
    # 循环 60000/32=1875 次
    for image, label in mnist_train:
        # 训练模型
        train_step(image, label)
    # 循环 10000/32=312.5->313 次
```

```
    for test_image, test_label in mnist_test:
        # 测试模型
        test_step(test_image, test_label)

    # 打印结果
    template = 'Epoch {}, Loss: {:.3}, Accuracy: {:.3}, Test Loss: {:.3}, Test Accuracy: {:.3}'
    print (template.format(epoch+1,
                train_loss.result(),
                train_accuracy.result(),
                test_loss.result(),
                test_accuracy.result()))

    # 保存模型
    # checkpoint_number 设置模型编号
    manager.save(checkpoint_number=epoch)
```

运行结果如下：

```
Epoch 1, Loss: 0.0127, Accuracy: 0.919, Test Loss: 0.0125, Test Accuracy: 0.917
Epoch 2, Loss: 0.0125, Accuracy: 0.921, Test Loss: 0.0124, Test Accuracy: 0.918
Epoch 3, Loss: 0.0123, Accuracy: 0.922, Test Loss: 0.0123, Test Accuracy: 0.918
Epoch 4, Loss: 0.0121, Accuracy: 0.923, Test Loss: 0.0123, Test Accuracy: 0.919
Epoch 5, Loss: 0.0119, Accuracy: 0.924, Test Loss: 0.0122, Test Accuracy: 0.92
```

7.6.2 Checkpoint 模型载入

实现 Checkpoint 模型载入的代码如代码 7-11 所示。

代码 7-11：实现 Checkpoint 模型载入的代码

```
import tensorflow as tf
# 载入数据集
mnist = tf.keras.datasets.mnist
(x_train, y_train), (x_test, y_test) = mnist.load_data()
# 归一化
x_train, x_test = x_train / 255.0, x_test / 255.0
# 标签转独热编码
y_train = tf.keras.utils.to_categorical(y_train,num_classes=10)
y_test = tf.keras.utils.to_categorical(y_test,num_classes=10)
# 创建 dataset 对象
mnist_train = tf.data.Dataset.from_tensor_slices((x_train, y_train))
# 训练周期
mnist_train = mnist_train.repeat(1)
# 批次大小
mnist_train = mnist_train.batch(32)
# 创建 dataset 对象
mnist_test = tf.data.Dataset.from_tensor_slices((x_test, y_test))
# 训练周期
mnist_test = mnist_test.repeat(1)
# 批次大小
mnist_test = mnist_test.batch(32)
# 模型定义
model = tf.keras.models.Sequential([
```

```python
    tf.keras.layers.Flatten(input_shape=(28, 28)),
    tf.keras.layers.Dense(10, activation='softmax')
])
# 优化器定义
optimizer = tf.keras.optimizers.SGD(0.1)
# 训练 loss
train_loss = tf.keras.metrics.Mean(name='train_loss')
# 训练准确率计算
train_accuracy = tf.keras.metrics.CategoricalAccuracy(name='train_accuracy')
# 测试 loss
test_loss = tf.keras.metrics.Mean(name='test_loss')
# 测试准确率计算
test_accuracy = tf.keras.metrics.CategoricalAccuracy(name='test_accuracy')
# 模型训练
@tf.function
def train_step(data, label):
    with tf.GradientTape() as tape:
        # 传入数据预测结果
        predictions = model(data)
        # 计算 loss
        loss = tf.keras.losses.MSE(label, predictions)
    # 计算权值调整
    gradients = tape.gradient(loss, model.trainable_variables)
    # 进行权值调整
    optimizer.apply_gradients(zip(gradients, model.trainable_variables))
    # 计算平均 loss
    train_loss(loss)
    # 计算平均准确率
    train_accuracy(label, predictions)

# 模型测试
@tf.function
def test_step(data, label):
    # 传入数据预测结果
    predictions = model(data)
    # 计算 loss
    t_loss = tf.keras.losses.MSE(label, predictions)
    # 计算平均 loss
    test_loss(t_loss)
    # 计算平均准确率
    test_accuracy(label, predictions)

# 定义 Checkpoint，用于保存优化器和模型参数
ckpt = tf.train.Checkpoint(optimizer=optimizer, model=model)
# restore 载入 Checkpoint
# latest_checkpoint 表示载入编号最大的 Checkpoint
ckpt.restore(tf.train.latest_checkpoint('tf2_ckpts/'))
# 载入模型后继续训练
EPOCHS = 5
# 训练 5 个周期
for epoch in range(EPOCHS):
    # 循环 60000/32=1875 次
```

```
for image, label in mnist_train:
    # 训练模型
    train_step(image, label)
# 循环 10000/32=312.5->313 次
for test_image, test_label in mnist_test:
    # 测试模型
    test_step(test_image, test_label)
# 打印结果
template = 'Epoch {}, Loss: {:.3}, Accuracy: {:.3}, Test Loss: {:.3}, Test Accuracy: {:.3}'
print (template.format(epoch+1,
                       train_loss.result(),
                       train_accuracy.result(),
                       test_loss.result(),
                       test_accuracy.result()))
```

运行结果如下:

```
Epoch 1, Loss: 0.0105, Accuracy: 0.934, Test Loss: 0.0116, Test Accuracy: 0.925
Epoch 2, Loss: 0.0105, Accuracy: 0.935, Test Loss: 0.0116, Test Accuracy: 0.925
Epoch 3, Loss: 0.0104, Accuracy: 0.935, Test Loss: 0.0116, Test Accuracy: 0.925
Epoch 4, Loss: 0.0104, Accuracy: 0.935, Test Loss: 0.0116, Test Accuracy: 0.925
Epoch 5, Loss: 0.0103, Accuracy: 0.936, Test Loss: 0.0116, Test Accuracy: 0.925
```

这一章我们学习了 Tensorflow 2 中 3 种模型保存的方式，使用 tf.keras 接口把模型保存为 h5 的文件、保存 SavedModel 格式的模型和保存 Checkpoint 模型。

学习完神经网络和 Tensorflow 的基础知识，下一章我们将开始介绍深度学习算法。

第 8 章 卷积神经网络（CNN）

计算机视觉是人工智能领域最热门的研究领域之一，并且是近几年发展最快的人工智能领域之一。10 年前的人们一定想象不到如今的计算机视觉可以做到如此优秀的水平，**CV**（**Computer Vision**）领域的快速发展主要得益于卷积神经网络的使用。

8.1 计算机视觉介绍

8.1.1 计算机视觉应用介绍

如今计算机视觉的应用已经深入到我们生活中的方方面面，有着许多的实际应用。

（1）人脸识别：使用在高铁进站、酒店住宿和公司门禁等场景下，如图 8.1 所示。

（2）图像检索：使用在搜索引擎的图片搜索中，以及电商网站的商品检索中等，如图 8.2 所示。

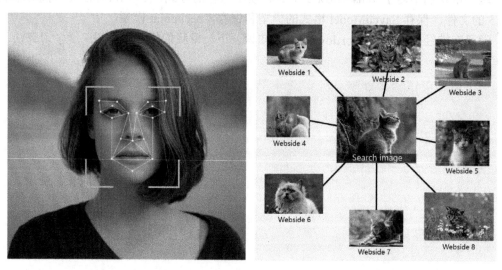

图 8.1　人脸识别　　　　　　图 8.2　图像检索

（3）监控：使用在公共场所中用于检测行人车辆的流量和可疑行为等，如图 8.3 所示。

（4）光学字符识别 OCR：证件识别、车牌识别、文档识别、银行卡识别、名片识别和身份证识别等，如图 8.4 所示。

图 8.3　监控　　　　　　　　　　　图 8.4　OCR

（5）自动驾驶：检测交通标志、路上行人和车辆等，如图 8.5 所示。

图 8.5　自动驾驶

8.1.2　计算机视觉技术介绍

计算机视觉包含很多中技术，下面我们简单介绍 5 种计算机视觉的常用技术。

1．图像分类

图像分类就是图像识别，识别图像中的物体，然后给出类别判断。一般我们对图像进行图像分类时可能会得到多个类别判断，我们可以根据类别的置信度（模型认为图像属于该类别的概率）从高到低进行排序，然后得到可能性最大的几个类别，如图 8.6 所示。

图 8.6　图像分类

2. 目标检测

有时候我们不仅要识别图像属于什么类别，还需要把它们给框选出来，确定它们在图像中的位置和大小，如图 8.7 所示。

图 8.7　目标检测[1]

3. 目标跟踪

目标跟踪是指在特定场景中跟踪某一个或多个特定感兴趣对象的过程，如图 8.8 所示。

图 8.8　目标跟踪[2]

4. 语义分割

语义分割可以将图像分为不同的语义可解释类别，如我们可能会把图片中汽车的颜色都用蓝色表示，所有行人用红色表示。与图像分类或目标检测相比，语义分割可以让我们对图像有更加细致的了解，如图 8.9 所示。

图 8.9　语义分割[3]

5. 实例分割

实例分割可以将不同类型的实例进行分类，如用 4 种颜色来表示 4 辆不同的汽车，用 8 种颜色表示 8 位不同的人，如图 8.10 所示。

图 8.10　实例分割[4]

8.2 卷积神经网简介

卷积神经网络就是一种包含卷积计算的神经网络。卷积计算是一种计算方式，有一个**卷积窗口**（**Convolution Window**）在一个平面上滑动，每次滑动会进行一次卷积计算，得到一个数值，卷积窗口滑动计算完成后，会得到一个用于表示图像特征的**特征图**（**Feature Map**）。下面是一个忽略具体数值计算的卷积计算流程（具体的卷积数值计算在后面的内容再进行详细介绍）：用一个 3×3 的卷积窗口对 4×4 的图片求卷积，卷积的移动步长为 1，最后得到 2×2 的特征图，如图 8.11 所示。

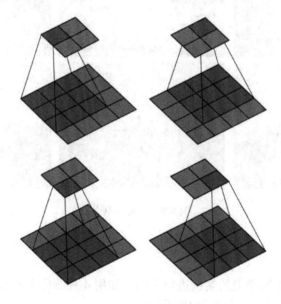

图 8.11　卷积计算

8.2.1　BP 神经网络存在的问题

在前面的章节中我们使用了 BP 神经网络来处理 MNIST 手写数字识别的任务，并且得到了还不错的识别效果。有一个细节问题当时我们可能没有注意到，当时我们使用的手写数字图片是 28×28 的黑白图片，输入数据一共有 28×28×1 个数据，所以输入层只需要 784 个神经元。假如我们有一张 1000×1000 的彩色图片，那么输入层的神经元就需要 1000×1000×3 个，我们使用带有一个隐藏层的神经网络，隐藏层的神经元个数为 1000，那么输入层和隐藏层之间的权值个数就会有 30 亿个，这是一个非常巨大的数字。

如此大量的权值会带来两个问题：计算量巨大，需要花费大量的时间；需要大量的训练样本进行训练，以防止模型过拟合。

因此，我们需要使用卷积神经网络解决计算机视觉任务中权值数量巨大的问题。

8.2.2　局部感受野和权值共享

卷积网络跟神经网络一样，也是受到了生物学的启发。20 世纪 60 年代，神经生理学家哈贝（Hubel）和威塞勒（Wiesel）通过研究猫的**视觉感受野**（**Receptive field of vision**），提出了视觉神经系统的层级结构模型。他们的研究成果在 1981 年获得诺贝尔生理学或医学奖。

卷积神经网络的设计借鉴了哈贝（Hubel）和威塞勒（Wiesel）的研究，在卷积网络中使用了**局部感受野（Local Receptive Field）**。卷积层中的神经元连接不是全连接的，而是后一层的每个神经元连接前一层的一部分神经元。如图 8.12 所示，图 8.12（a）为 BP 神经网络的全连接结构，图 8.12（b）为卷积神经网络的局部连接结构。

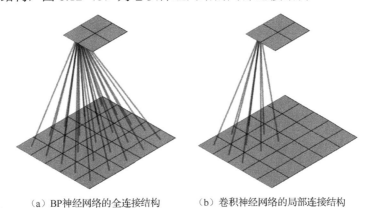

（a）BP神经网络的全连接结构　　（b）卷积神经网络的局部连接结构

图 8.12　全连接和局部连接结构

图 8.10 中，一条连线就是一个权值。如果神经元不是全连接的，那么权值就减少了很多。此外，卷积神经网络还用到了**权值共享（Weight Sharing）**，这里的权值共享指的是同一卷积层中的同一个卷积窗口的权值是共享的。使用 3×3 的卷积窗口（也就是后一层的一个神经元连接前一层 3×3 的区域）对 1000×1000 的图片求卷积，那么大家思考一下输入层和卷积层之间一共有多少个权值需要训练？

现在公布答案，使用 3×3 的卷积窗口对 1000×1000 的图片求卷积，一共有 9 个权值和 1 个偏置值需要训练，那么 3×3 的卷积窗口就有 9 个权值，并且 1 个卷积窗口还会有 1 个偏置值。卷积窗口在进行滑动计算的时候，窗口内的 9 个权值是权值共享的，所以一共只有 9 个权值。同理，假设使用 5×5 的卷积窗口对 500×500 的图片求卷积，一共有 25 个权值和 1 个偏置值需要训练。卷积层的权值数量跟被卷积的图片大小无关，跟卷积步长也无关，跟卷积窗口的大小相关。

8.3　卷积的具体计算

下面我们来讲解一下卷积具体的计算流程。卷积窗口又称为**卷积核（Convolution Kernel）**，卷积之后生成的图称为特征图。卷积窗口/卷积核一般都是使用正方形的，如 1×1、3×3、5×5 等，极少数特殊情况才会使用长方形。对一张图片求卷积，实际上就是卷积核在图片上面滑动并进行卷积计算。卷积计算很简单，即卷积核与图片中对应位置的数值相乘，然后再求和。我们可以通过下面的具体例子来理解，如图 8.13 所示，假设我们有一个 3×3 的卷积核。

我们使用图 8.13 所示的卷积核对 4×4 的图片（见图 8.14）求卷积。

1	0	1
0	1	0
1	0	1

图 8.13　3×3 的卷积核

1	1	1	0
0	1	1	1
0	0	1	1
0	0	0	1

图 8.14　4×4 的图片

3×3 的卷积核对 4×4 的图片求卷积（步长为 1），可以分为 4 个步骤完成，第一步，图 8.12 中左上方的 9 个数求卷积，如图 8.15 所示。

具体卷积计算为 1×1+0×1+1×1+0×0+1×1+0×1+1×0+0×0+1×1=4。

第二步，如图 8.16 所示。

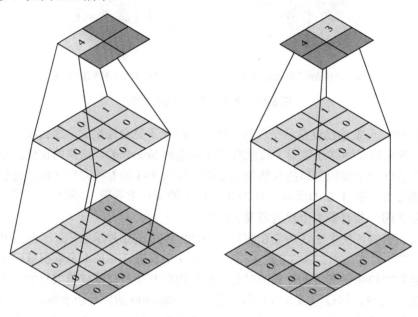

图 8.15　卷积第一步　　　　图 8.16　卷积第二步

具体卷积计算为 1×1+0×1+1×0+0×1+1×1+0×1+1×0+0×1+1×1=3。

第三步，如图 8.17 所示。

具体卷积计算为 1×0+0×1+1×1+0×0+1×0+0×1+1×0+0×0+1×0=2。

第四步，如图 8.18 所示。

具体卷积计算为 1×1+0×1+1×1+0×0+1×1+0×1+1×0+0×0+1×1=4。

卷积的符号一般用"*"表示，上述的卷积计算如图 8.19 所示。

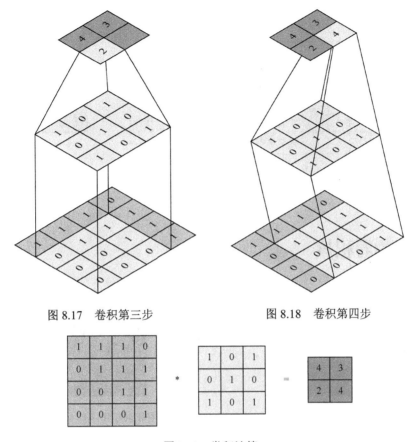

图 8.17　卷积第三步　　　　　图 8.18　卷积第四步

图 8.19　卷积计算

8.4　卷积的步长

卷积的步长指的是卷积每一次移动的步数。前面我们列举的例子中，卷积的步长为 1。卷积的步长理论上可以取任意正整数，如图 8.20 所示是步长为 2 的卷积。

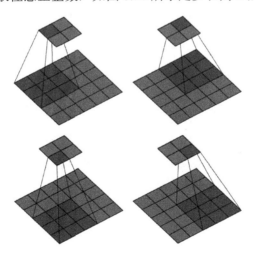

图 8.20　步长为 2 的卷积

如图 8.21 所示为步长为 3 的卷积计算。

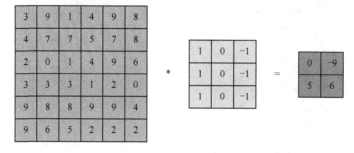

图 8.21　步长为 3 的卷积

8.5　不同的卷积核

使用不同的卷积核来对同一张图片求卷积会得到不同的结果，如图 8.22 和图 8.23 所示。

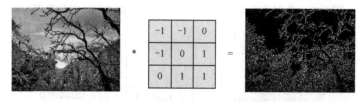

图 8.22　使用不同的卷积核对同一张图片求卷积（1）

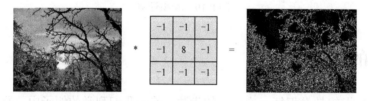

图 8.23　使用不同的卷积核对同一张图片求卷积（2）

所以，在卷积神经网络中，我们通常会使用多个不同的卷积核来对同一图像求卷积，目的就是为了可以提取出图像中多种不同的特征。

那么卷积核的取值要怎么取？如果是使用传统的机器学习思维，我们能想到的方法可能是人为设计大量不同的卷积核，然后使用大量图片来做测试，最后分析哪种卷积核提取出来的特征比较有效。

那在深度学习里面，**卷积核中的数值实际上就是卷积核的权值**。所以说卷积核的取值在卷积神经网络训练最开始的阶段是随机初始化的，之后结合误差反向传播算法，逐渐训练得到最终的结果。训练好的卷积核可以作为特征提取器，用于提取图像特征，然后传到网络后面的全连接层，用于分类回归等任务。

同一个卷积核中的权值是共享的，不同的卷积核中的权值是不共享的。假设使用 6 个 5×5 的卷积核对一幅图像求卷积，会产生 6×5×5=150 个权值和 6 个偏置值，卷积后会得到 6 个不同的特征图，如图 8.24 所示。

图 8.24 使用多个卷积核计算

8.6 池化

一个经典的卷积层包含 3 个部分，即卷积计算、非线性激活函数和**池化（Pooling）**，如图 8.25 所示。

池化也有一个滑动窗口，用于在图像中进行滑动计算，这一点跟卷积有点类似，但池化层中没有需要训练的权值。

我们通常会使用多个不同的卷积核来对图像求卷积，之后会生成很多个不同的特征图，并且卷积网络中的权值参数仍然是很多的。所以池化的一个作用是可以做进一步的特征提取，减少权值参数的个数；另一个作用是使得网络的输入具有平移不变形特征。平移不变形指的是当我们

图 8.25 经典卷积层的 3 个部分

对输入进行少量平移时，经过池化后的数值并不会发生太大变化。这是一个非常有用的性质，因为我们通常关心的是某个特征是否在图像中出现，而不是关心这个特征具体出现的位置。例如，我们要判断一张图片中是否有猫，我们并不关心猫是出现在图片上方，还是下方，还是左边，还是右边，我们只关心猫是否出现在图片中，如图 8.26 所示。

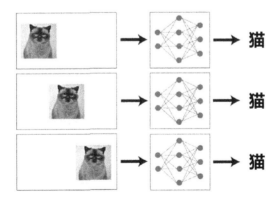

图 8.26 平移不变形

但稍微要注意的是，虽然我们对输入进行少量平移时，经过池化后的数值并不会发生太大变化，但如果对输入平移太多时，池化后的数值还是会发生较大变化的。

池化也有池化窗口，用于对图像进行扫描计算，这一点跟卷积类似。池化通常可以分为 3 种方式，即**最大池化（Max-Pooling）**、**平均池化（Mean-Pooling）**和**随机池化（Stochastic**

Pooling）。最大池化指的是提取池化窗口区域内的最大值；平均池化指的是提取池化窗口区域内的平均值；随机池化指的是提取池化窗口区域内的随机值。其中，最常用的是最大池化。常用的池化窗口大小为 2×2，步长为 2。

池化窗口大小为 2×2、步长为 2 的最大池化计算如图 8.27 所示。

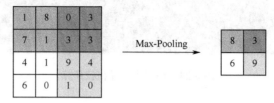

图 8.27　池化窗口大小为 2×2、步长为 2 的最大池化计算

池化窗口大小为 2×2、步长为 2 的平均池化计算如图 8.28 所示。

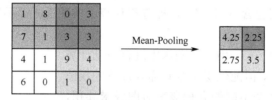

图 8.28　池化窗口大小为 2×2、步长为 2 的平均池化计算

随机池化就是从池化窗口中随机取一个值，一般用得比较少。

8.7　Padding

我们通常会在卷积神经网络中堆叠多个卷积层的结构，形成一个深度的卷积神经网络。堆叠多个卷积层的结构时会碰到一个问题，即每一次做卷积后得到的特征图比原来的图像小一些。这样，特征的数量就会不断减少。例如，使用 3×3 的卷积核对 4×4 的图像求卷积（步长为 1），卷积后得到一个 2×2 的特征图，如图 8.29 所示。

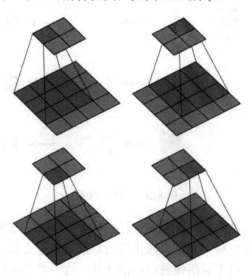

图 8.29　使用 3×3 的卷积核对 4×4 的图像求卷积（步长为 1，卷积后得到的特征图比原图像小）

另外，在计算卷积的时候，图像中间的数据会重复使用多次，而图像边缘的数据可能只会被用到一次。如图 8.30 所示，使用 3×3 的卷积核对 4×4 的图像求卷积（步长为 1，边缘数据的计算次数较少）。

图 8.30 中四个角的 4 个数据只计算了一次，而图像中心的 4 个数据则计算了 4 次，这就表示卷积容易丢失掉图像的边缘特征（但其实边缘位置的信息一般来说也没这么重要）。

图 8.30 使用 3×3 的卷积核对 4×4 的图像求卷积（步长为 1，边缘数据的计算次数较少）

针对上述两个问题，我们可以使用 Padding 的方式来解决。卷积和池化操作都可以使用 Padding，Padding 一般有两种方式，一种是 **Valid Padding**，另一种是 **Same Padding**。

（1）Valid Padding 其实就是不填充。不填充数据，那么卷积后得到的特征图就会比原始图像小一点，如图 8.31 所示。

（2）Same Padding 指的是通过填充数据（一般都是填充 0），使得卷积后得到的特征图的大小跟原始的图像大小相同，如图 8.32 所示。

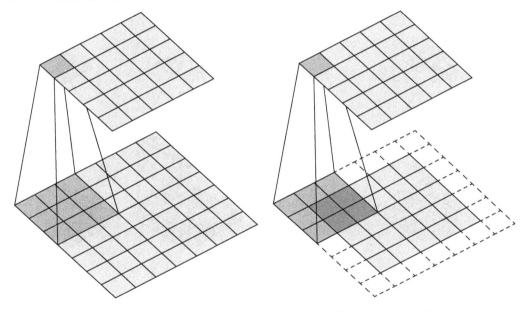

图 8.31 Valid Padding　　　　图 8.32 Same Padding

如图 8.32 所示，使用 3×3 的卷积核对 5×5 的图像进行求卷积的操作，步长为 1。给原图像外圈填充 1 圈 0 之后再做卷积，这样卷积后得到的特征图的大小就可以跟原始图像的大小相同，也是 5×5 的大小。

同理，如果使用 5×5 的卷积核对图像进行求卷积的操作，步长为 1，则给原图像外圈填充 2 圈 0 之后再做卷积，这样卷积后得到的特征图的大小就可以跟原始图像的大小相同；如果使用 7×7 的卷积核对图像进行求卷积的操作，步长为 1，则给原图像外圈填充 3 圈 0 之后再做卷积，这样卷积后得到的特征图的大小就可以跟原始图像的大小相同。

这也是为什么卷积核经常使用单数×单数，因为我们可以通过填充 0 的方式得到与原始图像大小相同的特征图。

Same Padding 还有另外一种理解方式，即当步长不为 1 时，Same Padding 指的是可能会给平面外部补 0。下面举两个例子。

例 1：假如有一个 28×28 的图像，用 2×2、步长为 2 的池化窗口对其进行池化的操作，使用 Same Padding 的方式，池化后得到 14×14 的特征图；使用 Valid Padding 的方式，池化后得到 14×14 的特征图。两种 Padding 方式得到的结果是相同的。

例 2：假如有一个 2×3 的图像，用 2×2、步长为 2 的池化窗口对其进行池化的操作，使用 Same Padding 的方式，池化后得到 1×2 的特征图；使用 Valid Padding 的方式，池化后得到 1×1 的特征图。Same Padding 给原图像补了 0，所以可以进行 2 次池化计算，而 Valid Padding 不会给图像补 0，所以只能进行 1 次池化计算。

8.8 常见的卷积计算总结

8.8.1 对 1 张图像进行卷积生成 1 张特征图

对 1 张图像进行卷积生成 1 张特征图是最简单的一种卷积方式，前面我们已经进行了详解的举例计算，如图 8.33 所示。

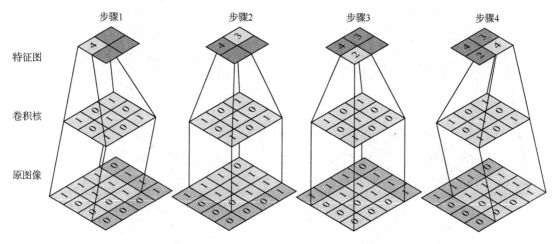

图 8.33 对 1 张图像进行卷积生成 1 张特征图

假如我们只统计乘法的计算量，则图 8.31 中总共进行了 3×3×4 次乘法计算，总共有 9 个权值和 1 个偏置值需要训练。

8.8.2 对 1 张图像进行卷积生成多张特征图

生成多张特征图需要使用多个不同的卷积核来求卷积，这里我们使用 3 个不同的 5×5 大小的卷积核对 28×28 的图像求卷积，使用 Same Padding 的方式，步长为 1，卷积计算后生成 3 张不同的特征图，如图 8.34 所示。

因为每个卷积核中的权值不同，所以使用 3 个不同的卷积核求卷积会得到 3 张不同的特征图。一个卷积核会对原始图像进行 5×5×28×28 次乘法计算，所以总共的计算量为 5×5×28×28×3=58800。总共有 5×5×3=75 个权值和 3 个偏置值需要训练。偏置值的数量主要跟特征图的数量相关，每张特征图有 1 个偏置值。

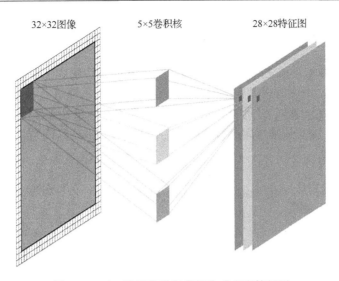

图 8.34 对 1 张图像进行卷积生成多张特征图

8.8.3 对多张图像进行卷积生成 1 张特征图

例如，我们对 1 张彩色图片求卷积，由于彩色图片可以看作 RGB 三原色的组合，所以其可以看作 3 张图像。这里我们对 3 张 28×28 的图像求卷积，卷积窗口的大小为 5×5，使用 Same Padding 的方式，步长为 1，卷积计算后生成 1 张特征图，如图 8.35 所示。

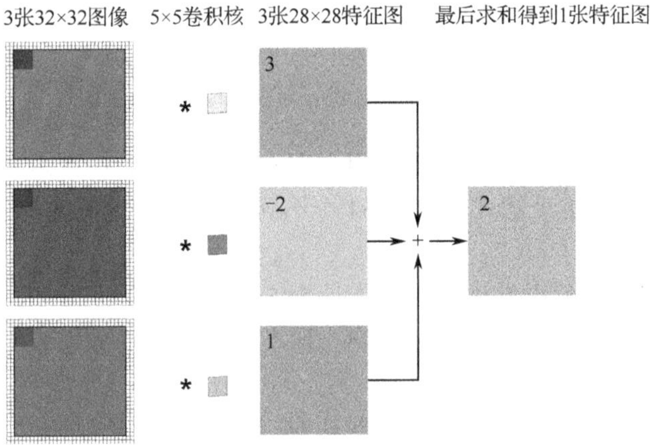

图 8.35 对多张图像进行卷积生成 1 张特征图

对 3 张图像进行卷积的时候，首先分别对每张图像进行卷积，得到 3 张大小相同、数值不同的特征图，其次再对每张特征图对应位置的数值进行相加，最后得到 1 张特征图。

一个卷积核会对原始图像进行 5×5×28×28 次乘法计算，所以总共的计算量为 5×5×28×28×3=58800。这里要注意，**我们对不同图像进行卷积的时候，所使用的卷积核也是不同的**，所以总共有 5×5×3=75 个权值和 1 个偏置值需要训练。

这里我们把对多张图像进行卷积的多个不同的卷积核称为一个**滤波器（Filter）**，一个滤波器可以产生一张特征图。在我们写程序搭建网络结构的时候，我们需要定义卷积层滤波器的数量，实际上就是在定义卷积后生成的特征图的数量。

8.8.4 对多张图像进行卷积生成多张特征图

相对来说，对多张图像进行卷积生成多张特征图最难理解，同时其也是最常见的情况。在卷积神经网络中，很多时候都需要对多张图像进行卷积，然后，再生成多张特征图。这里我们使用 128 个滤波器对 64 张 28×28 的图像求卷积，使用 Same Padding 的方式，步长为 1，卷积计算后生成 128 张不同的特征图。每个滤波器由 64 个不同的 5×5 的卷积核组成，如图 8.36 所示。

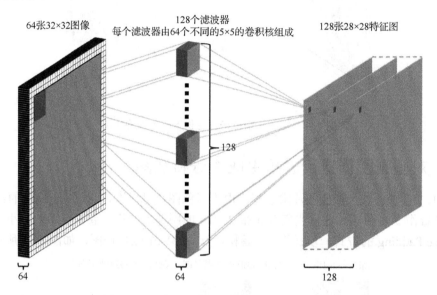

图 8.36 对多张图像进行卷积生成多张特征图

下面我们来分析一下上面这个例子的计算量和权值数量。1 个滤波器对 64 张图像进行卷积，得到 1 张特征图。1 个滤波器中有 64 个不同的 5×5 的卷积核。每个 5×5 的卷积核对 1 张图像求卷积。

1 个卷积核对 1 张图片求卷积的计算量是 5×5×28×28，所以 1 个滤波器 64 个卷积核的计算量是 5×5×28×28×64。一共有 128 个不同的滤波器，所以总的计算量是 5×5×28×28×64×128=160563200。

每个卷积核有 5×5 个权值，1 个滤波器有 64 个卷积核，所以 1 个滤波器有 5×5×64 个权值，128 个滤波器有 5×5×64×128=204800 个权值，另外还有 128 个偏置值。

8.9 经典的卷积神经网络

前面的内容中我们介绍了很多卷积神经网络相关的知识点，但大家可能对一个完整的卷积神经网络的结构还不太了解。常见的卷积神经网络结构实际上是多个卷积层叠加起来之后再加上全连接层构成的。有些卷积神经网络有几十层或者几百层，实际上就是因为网络内部的卷积层的数量比较多，如图 8.37 所示是一个识别猫的卷积神经网络。

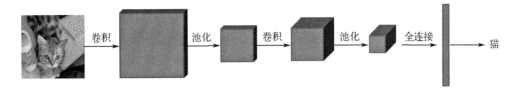

图 8.37 识别猫的卷积神经网络

卷积神经网络前面的部分进行卷积和池化,相当于进行特征提取,后面部分进行全连接,相当于利用提取出来的图像特征进行分类。

我们还可以把卷积神经网络应用于 MNIST 手写数字识别,如图 8.38 所示。

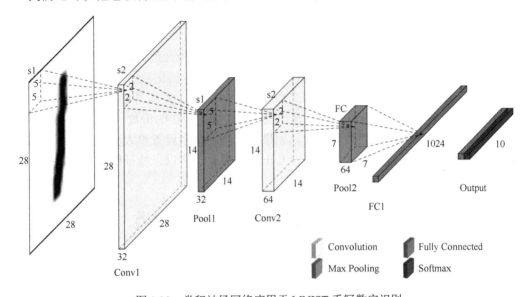

图 8.38 卷积神经网络应用于 MNIST 手写数字识别

为了能让大家看到一目了然的图,我也特地花了一些时间来研究如何画网络结构,以及如何表示图中的计算流程,后面的内容中,大家还会看到更多类似图 8.38 所示的网络结构。图 8.38 中的 s 表示 Stride,s1 代表卷积或池化的步长为 1,s2 代表卷积或池化的步长为 2,以此类推;Conv 是 Convolution(卷积)的缩写;Pool 表示最大池化(Max Pooling),FC 表示全连接(Fully Connected)。

图 8.38 中原始的手写数字的图片是一张 28×28 的图片,并且是黑白的,所以图片的通道数是 1,输入数据是 28×28×1 的数据,如果是彩色图片,图片的通道数就为 3。

图 8.38 所示的网络结构是一个 4 层的卷积神经网络(计算神经网络层数的时候,有权值的才算是一层,如池化层就不能单独算一层)。第 1 层为卷积层,使用 32 个 5×5 的卷积核对原始图片求卷积,步长为 1,使用 Same Padding 的方式。因为使用的是 Same Padding 的方式并且步长为 1,所以卷积后的特征图的大小跟原始图片的大小一样,可以得到 32 张 28×28 的特征图。池化的计算是在卷积层中进行的,使用 2×2、步长为 2 的池化窗口做池化计算,池化后得到 32 张 14×14 的特征图。特征图的长宽都变成了之前的 1/2。权值的数量为 5×5×32=800,偏置值数量为 32(1 个特征图会有 1 个偏置值)。

第 2 层也是卷积层,使用 64 个 5×5 的卷积核对 32 张 14×14 的特征图求卷积,步长为 1,使用 Same Padding 的方式。因为使用的是 Same Padding 的方式,并且步长为 1,所以卷积后的特征图的大小跟原始图片的大小一样，可以得到 64 张 14×14 的特征图。这里对 32 张特征图求卷积产生出 64 张特征图涉及前面我们介绍的对多张图像进行卷积生成多张特征图的内容。

对多张特征图求卷积，相当于同时对多张特征图进行特征提取。同一张特征图中的权值是共享的，不同的特征图之间，其权值是不同的。对 32 张图像求卷积产生 1 张特征图，需要使用 32 个不同的 5×5 的卷积核，那么就会有 5×5×32=800 个连接和 800 个权值。

所以在我们现在看到的这个例子中，第 2 个卷积层卷积窗口的大小 5×5，对 32 张图像求卷积产生 64 张特征图，参数个数是 5×5×32×64=51200 个权值和 64 个偏置（1 张特征图会有 1 个偏置值）。

池化的计算是在卷积层中进行的，使用 2×2、步长为 2 的池化窗口做池化计算，池化后得到 64 张 7×7 的特征图。特征图的长宽都变成了之前的 1/2。

第 3 层是全连接层，第 2 个池化层之后的 64×7×7 个神经元跟 1024 个神经元做全连接。

第 4 层是输出层，输出 10 个预测值，对应 0~9 的 10 个数字。

这个例子中卷积后产生的特征图的个数为 32，64 是属于卷积神经网络中的超参数，需要我们自己调节和设置，也可以修改为其他值，一般设置为 2 的倍数。特征图的数量越多，说明卷积神经网络提取的特征数量越多。如果特征图的数量设置得太少，则容易出现欠拟合；如果特征图的数量设置得太多，则容易出现过拟合。所以，特征图的数量需要设置为合适的数值。

8.10 卷积神经网络应用于 MNIST 数据集分类

实现卷积神经网络应用于 MNIST 数据集分类的代码如代码 8-1 所示。

代码 8-1：卷积神经网络应用于 MNIST 数据集分类

```
import tensorflow as tf
from tensorflow.keras.models import Sequential
from tensorflow.keras.layers import Dense,Dropout,Convolution2D,MaxPooling2D,Flatten
from tensorflow.keras.optimizers import Adam
# 载入数据
mnist = tf.keras.datasets.mnist
# 载入数据，数据载入的时候就已经划分好训练集和测试集
(x_train, y_train), (x_test, y_test) = mnist.load_data()
# 这里要注意，在 Tensorflow 中，做卷积时需要把数据变成 4 维的格式
# 这 4 个维度是数据数量、图片高度、图片宽度和图片通道数
# 所以这里把数据 reshape 变成 4 维数据，黑白图片的通道数是 1，彩色图片的通道数是 3
x_train = x_train.reshape(-1,28,28,1)/255.0
x_test = x_test.reshape(-1,28,28,1)/255.0
# 把训练集和测试集的标签转为独热编码
y_train = tf.keras.utils.to_categorical(y_train,num_classes=10)
y_test = tf.keras.utils.to_categorical(y_test,num_classes=10)

# 定义顺序模型
model = Sequential()
# 第一个卷积层
# input_shape 输入数据
```

```python
# filters 滤波器个数 32,生成 32 张特征图
# kernel_size 卷积窗口大小 5×5
# strides 步长 1
# padding Padding 方式 Same/Valid
# activation 激活函数
model.add(Convolution2D(
    input_shape = (28,28,1),
    filters = 32,
    kernel_size = 5,
    strides = 1,
    padding = 'same',
    activation = 'relu'
))
# 第一个池化层
# pool_size 池化窗口大小 2×2
# strides 步长 2
# padding padding 方式 Same/Valid
model.add(MaxPooling2D(
    pool_size = 2,
    strides = 2,
    padding = 'same',
))
# 第二个卷积层
# filters 滤波器个数 64,生成 64 张特征图
# kernel_size 卷积窗口大小 5×5
# strides 步长 1
# padding Padding 方式 same/valid
# activation 激活函数
model.add(Convolution2D(64,5,strides=1,padding='same',activation='relu'))
# 第二个池化层
# pool_size 池化窗口大小 2×2
# strides 步长 2
# padding Padding 方式 Same/Valid
model.add(MaxPooling2D(2,2,'same'))
# 把第二个池化层的输出进行数据扁平化
# 相当于把(64,7,7,64)数据->(64,7*7*64)
model.add(Flatten())
# 第一个全连接层
model.add(Dense(1024,activation = 'relu'))
# Dropout
model.add(Dropout(0.5))
# 第二个全连接层
model.add(Dense(10,activation='softmax'))
# 定义优化器
adam = Adam(lr=1e-4)
# 定义优化器,loss function,训练过程中计算准确率
model.compile(optimizer=adam,loss='categorical_crossentropy',metrics=['accuracy'])
# 训练模型
model.fit(x_train,y_train,batch_size=64,epochs=10,validation_data=(x_test, y_test))
# 保存模型
model.save('mnist.h5')
```

运行结果如下：

```
Train on 60000 samples, validate on 10000 samples
Epoch 1/10
60000/60000 [==============================] - 73s 1ms/sample - loss: 0.3466 - accuracy: 0.8985 - val_loss: 0.0953 - val_accuracy: 0.9706
Epoch 2/10
60000/60000 [==============================] - 72s 1ms/sample - loss: 0.0986 - accuracy: 0.9706 - val_loss: 0.0601 - val_accuracy: 0.9804
...
Epoch 9/10
60000/60000 [==============================] - 71s 1ms/sample - loss: 0.0251 - accuracy: 0.9920 - val_loss: 0.0263 - val_accuracy: 0.9909
Epoch 10/10
60000/60000 [==============================] - 72s 1ms/sample - loss: 0.0222 - accuracy: 0.9929 - val_loss: 0.0215 - val_accuracy: 0.9928
```

使用卷积神经网络之后，MNIST 手写数字识别测试集的准确率可以提升到 99% 以上的高水准。

8.11 识别自己写的数字图片

在识别 MNIST 数据集的程序中，我们直接调用了 Tensorflow 打包过的数据，而不是一张一张的图片，所以整个流程可能不够直观。我们可以使用 MNIST 数据集训练好的模型来识别自己写的数字图片，来检测一下模型的识别效果。

我们可以自己找一张白纸，写一个数字，注意，数字要写得粗一些，并且写在中间的位置，跟 MNIST 数据集中的数字类似，如图 8.39 所示。

图 8.39　手写数字 6

然后通过代码 8-2 来完成数字图片的识别。

代码 8-2：识别自己写的数字图片（片段 1）

```
import tensorflow as tf
from tensorflow.keras.models import load_model
import matplotlib.pyplot as plt
from PIL import Image
import numpy as np
```

```
# 载入数据
mnist = tf.keras.datasets.mnist
# 载入数据, 数据载入的时候就已经划分好训练集和测试集
(x_train, y_train), (x_test, y_test) = mnist.load_data()

# 获取一张照片,并把它的 shape 变成二维(784->28×28),用灰度图显示
plt.imshow(x_train[18],cmap='gray')
# 不显示坐标
plt.axis('off')
plt.show()
```

运行结果如下:

代码 8-2:识别自己写的数字图片(片段 2)

```
# 载入自己写的数字图片
img=Image.open('6.jpg')
# 显示图片
plt.imshow(img)
# 不显示坐标
plt.axis('off')
plt.show()
```

运行结果如下:

代码 8-2:识别自己写的数字图片(片段 3)

```
# 把图片的大小变成 28×28,并且把它从 3D 的彩色图变为 1D 的灰度图
image = np.array(img.resize((28,28)).convert('L'))
# 显示图片,用灰度图显示
plt.imshow(image,cmap='gray')
# 不显示坐标
```

```
plt.axis('off')
plt.show()
```

运行结果如下:

代码 8-2: 识别自己写的数字图片(片段 4)

```
# 观察发现自己写的数字是白底黑字,MNIST 数据集的图片是黑底白字
# 所以我们需要先把图片从白底黑字变成黑底白字,就是 255-image
# MNIST 数据集的数值都是 0~1 之间的,所以我们还需要除以 255.0 对数值进行归一化
image = (255-image)/255.0
# 显示图片,用灰度图显示
plt.imshow(image,cmap='gray')
# 不显示坐标
plt.axis('off')
plt.show()
```

运行结果如下:

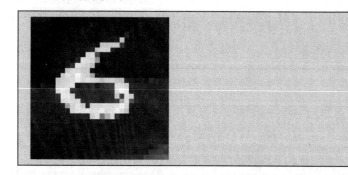

代码 8-2: 识别自己写的数字图片(片段 5)

```
# 把数据处理变成 4 维数据
image = image.reshape((1,28,28,1))
# 载入训练好的模型
model = load_model('mnist.h5')
# predict_classes 对数据进行预测并得到它的类别
prediction = model.predict_classes(image)
print(prediction)
```

运行结果如下:

[6]

8.12 CIFAR-10 数据集分类

CIFAR-10 数据集是深度学习领域比较常用的一个图片数据集,很多模型都会使用 CIFAR-10 数据集来检验模型的效果。CIFAR-10 数据集一共有 10 个种类,每个种类的图片都是 32×32 的彩色图片,每个种类都有 6000 张图片,一共 60000 张图片。其中,50000 张图片是训练集,10000 张图片是测试集。如图 8.40 所示为部分 CIFAR-10 数据集。

图 8.40 部分 CIFAR-10 数据集

另外还有一个数据集叫 CIFAR-100,顾名思义,就是有 100 个种类,每个种类有 600 张图片,一共 60000 张。其中,50000 张图片为训练集,10000 张图片为测试集。CIFAR-10 数据集比较用得更多一些,其分类代码如 8-3 所示。

代码 8-3:CIFAR-10 数据集的分类(片段 1)

```
import numpy as np
from tensorflow.keras.datasets import cifar10
from tensorflow.keras.utils import to_categorical
from tensorflow.keras.models import Sequential
from tensorflow.keras.layers import Dense,Dropout,Convolution2D,MaxPooling2D,Flatten
from tensorflow.keras.optimizers import Adam
import matplotlib.pyplot as plt
# 下载并载入数据
# 训练集数据(50000, 32, 32, 3)
# 测试集数据(50000, 1)
(x_train,y_train),(x_test,y_test) = cifar10.load_data()

# 显示 1 张图片
# 第 3 张图片
n = 3
# 一共 10 个种类
target_name = ['airplane','automobile','bird','cat','deer','dog','frog','horse','ship','truck']
# 显示图片
```

```
plt.imshow(x_train[n])
plt.axis('off')
# 根据标签获得种类的名称
plt.title(target_name[y_train[n][0]])
plt.show()
```

运行结果如下：

代码 8-3：CIFAR-10 数据集的分类（片段 2）

```
# 数据归一化
x_train = x_train/255.0
x_test = x_test/255.0
# 转 One Hot 格式
y_train = to_categorical(y_train,num_classes=10)
y_test = to_categorical(y_test,num_classes=10)

# 定义卷积网络
model = Sequential()
model.add(Convolution2D(input_shape=(32,32,3), filters=32, kernel_size=3, strides=1, padding='same', activation = 'relu'))
model.add(Convolution2D(filters=32, kernel_size=3, strides=1, padding='same', activation = 'relu'))
model.add(MaxPooling2D(pool_size=2, strides=2, padding='valid'))
model.add(Dropout(0.2))
model.add(Convolution2D(filters=64, kernel_size=3, strides=1, padding='same', activation = 'relu'))
model.add(Convolution2D(filters=64, kernel_size=3, strides=1, padding='same', activation = 'relu'))
model.add(MaxPooling2D(pool_size=2, strides=2, padding='valid'))
model.add(Dropout(0.3))
model.add(Convolution2D(filters=128, kernel_size=3, strides=1, padding='same', activation = 'relu'))
model.add(Convolution2D(filters=128, kernel_size=3, strides=1, padding='same', activation = 'relu'))
model.add(MaxPooling2D(pool_size=2, strides=2, padding='valid'))
model.add(Dropout(0.4))
model.add(Flatten())
model.add(Dense(10,activation = 'softmax'))

# 定义优化器
adam = Adam(lr=1e-4)
# 定义优化器，loss function，训练过程中计算准确率
model.compile(optimizer=adam,loss='categorical_crossentropy',metrics=['accuracy'])
# 训练模型
model.fit(x_train, y_train, batch_size=64, epochs=100, validation_data=(x_test, y_test), shuffle=True)
```

运行结果如下：

```
Train on 50000 samples, validate on 10000 samples
Epoch 1/100
50000/50000 [==============================] - 9s 181us/sample - loss: 1.9268 - acc: 0.2873 - val_loss: 1.6186 - val_acc: 0.4077
Epoch 2/100
50000/50000 [==============================] - 6s 127us/sample - loss: 1.5641 - acc: 0.4284 - val_loss: 1.4547 - val_acc: 0.4748
Epoch 3/100
50000/50000 [==============================] - 6s 126us/sample - loss: 1.4103 - acc: 0.4897 - val_loss: 1.2902 - val_acc: 0.5436
……
Epoch 98/100
50000/50000 [==============================] - 6s 126us/sample - loss: 0.2807 - acc: 0.8987 - val_loss: 0.5496 - val_acc: 0.8293
Epoch 99/100
50000/50000 [==============================] - 6s 126us/sample - loss: 0.2797 - acc: 0.8995 - val_loss: 0.5561 - val_acc: 0.8303
Epoch 100/100
50000/50000 [==============================] - 6s 126us/sample - loss: 0.2822 - acc: 0.8979 - val_loss: 0.5498 - val_acc: 0.8278
```

训练 100 个周期，最后得到的测试集的准确率为 83%左右。

卷积神经网络是如今深度学习中最常用的算法之一，而另一种非常常用的算法——序列模型将是我们下一章要介绍的内容。

8.13 参考文献

[1] Redmon J, Farhadi A. Yolov3: An incremental improvement[J]. arXiv preprint arXiv:1804.02767, 2018.

[2] Nam H, Han B. Learning multi-domain convolutional neural networks for visual tracking[C]//Proceedings of the IEEE conference on computer vision and pattern recognition. 2016: 4293-4302.

[3] Badrinarayanan V, Kendall A, Cipolla R. Segnet: A deep convolutional encoder-decoder architecture for image segmentation[J]. IEEE transactions on pattern analysis and machine intelligence, 2017, 39(12): 2481-2495.

[4] He K, Gkioxari G, Dollár P, et al. Mask r-cnn[C]//Proceedings of the IEEE international conference on computer vision. 2017: 2961-2969.

第 9 章 序列模型

1986 年，鲁梅尔哈特（Rumelhart）等人提出**循环神经网络（Recurrent Neural Network）**，简称 **RNN**。RNN 跟我们之前学习过的神经网络都不太一样，它是一种序列模型。例如，卷积神经网络是专门用来处理网格化数据（例如图像数据）的神经网络，RNN 是专门用来处理序列数据的神经网络。所谓的序列数据，指的是跟序列相关的数据，如一段语音、一首歌曲、一段文字和一段录像等。

9.1 序列模型应用

我们生活中的很多数据都是序列数据，因此序列模型可以应用于我们生活中的很多方面。

（1）语音识别：把语音转换成为文字，如图 9.1 所示。

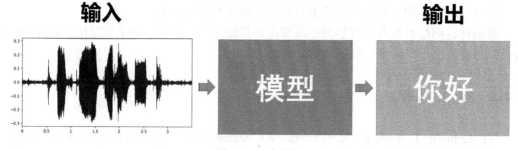

图 9.1　语音识别

（2）文本分类：把文章、邮件或用户评论等文本数据做分类，如图 9.2 所示。

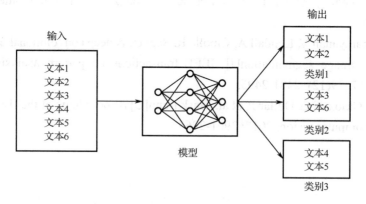

图 9.2　文本分类

（3）机器翻译：如把中文翻译成英文，如图 9.3 所示。

第 9 章 序列模型

图 9.3 机器翻译

（4）视频识别：通过一段视频分析视频中发生的事件，如图 9.4 所示。

图 9.4 视频识别

（5）分词标注：给一段文字做分词标注，标注每个字对应的标号。假如使用 4-tag(BMES) 标注标签，B 表示词的起始位置，M 表示词的中间位置，E 表示词的结束位置，S 表示单字词。可以得到类似如下结果，即

人/B 们/E 常/S 说/S 生/B 活/E 是/S 一/S 部/S 教/B 科/M 书/E。

9.2 循环神经网络（RNN）

9.2.1 RNN 介绍

RNN 的基本结构是 BP 神经网络的结构，也是有输入层、隐藏层和输出层。只不过在 RNN 中，隐藏层的输出不仅可以传到输出层，并且还可以传给下一个时刻的隐藏层，如图 9.5 所示。

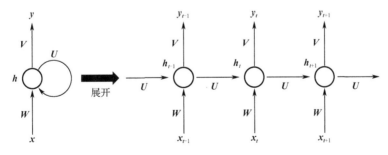

图 9.5 RNN 的基本结构

图 9.5 中，x 为输入信号，x_{t-1} 为 $t-1$ 时刻的输入信号，x_t 为 t 时刻的输入信号，x_{t+1} 为 $t+1$ 时刻的输入信号。h_{t-1} 为 $t-1$ 时刻的隐藏层信号，h_t 为 t 时刻的隐藏层信号，h_{t+1} 为 $t+1$ 时刻的隐藏层信号。y_{t-1} 为 $t-1$ 时刻的输出层信号，y_t 为 t 时刻的输出层信号，y_{t+1} 为 $t+1$ 时刻的输出层信号。W、U、V 为网络的权值矩阵。

假如图 9.5 是一个训练好的词性分析模型，有一个句子是"我爱你"，那么先把句子做分词，得到"我"、"爱"、"你"三个词，然后依次把这 3 个词输入到网络中。那么 x_{t-1} 为"我"所表示的信号，x_t 为"爱"所表示的信号，x_{t+1} 为"你"所表示的信号。而 y_{t-1} 输出结果是主语，y_t 输出结果是谓语，y_{t+1} 输出结果是宾语，分别得到"我"、"爱"、"你"这 3 个词的词性。

从 RNN 的基本结构上可以观察到 RNN 最大的特点是之前序列输入的信息会对模型之后的输出结果造成影响。

9.2.2　Elman network 和 Jordan network

RNN 有两种常见的模型，一种是 Elman network，另一种是 Jordan network。Elman network 和 Jordan network 也被称为 **Simple Recurrent Networks (SRN)** 或 **SimpleRNN**，即简单的循环神经网络。

这两种模型的网络结构是一样的，都如图 9.5 所示，只不过它们的计算公式有一点不同。Elman network 的公式为

$$h_t = \sigma_h(Wx_t + Uh_{t-1} + b_h) \tag{9.1}$$

$$y_t = \sigma_y(Vh_t + b_y) \tag{9.2}$$

Jordan network 的公式为

$$h_t = \sigma_h(Wx_t + Uy_{t-1} + b_h) \tag{9.3}$$

$$y_t = \sigma_y(Vh_t + b_y) \tag{9.4}$$

其中，x_t 为 t 时刻的输入信号，h_t 为 t 时刻隐藏层的输出信号，y_t 为 t 时刻输出层的输出信号。W、U、V 对应图 9.5 中的权值矩阵，b 为偏置值。σ_h 和 σ_y 为激活函数，激活函数可以自行选择。

从上面 Elman network 和 Jordan network 的公式对比中可以看出，Elman network 的隐藏层 h_t 接收的是上时刻的隐藏层 h_{t-1} 的信号；而 Jordan network 的隐藏层 h_t 接收的是上时刻的输出层 y_{t-1} 的信号。一般 Elman network 的形式会更常用一些。

9.3　RNN 的不同架构

为了处理不同输入输出组合的各类任务，RNN 可以分为以下几种不同的架构。

9.3.1　一对一架构

RNN 一对一的架构如图 9.6 所示。

其实就是普通的神经网络，输入序列的长度为 1，输出序列的长度也是 1。注意，这里的 x_1 不是一个数值的意思，而是第一个序列输入的意思，x_1 可以是多个数值。例如，x_1 输入 MNIST 数据集图片的数据，一张图片有 784 个像素，那么这里的 x_1 就有 784 个值。把 x_1 的数据输入，然后 y_1 得到图片数据的预测结果。

图 9.6　RNN 一对一的架构

9.3.2 多对一架构

RNN 多对一的架构如图 9.7 所示。

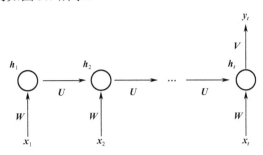

图 9.7　RNN 多对一的架构

模型有多次输入，而我们只关心序列输出的最后一个值。例如，RNN 多对一的架构可以用于情感分类，给模型输入一个句子或一篇文章，而一个句子或一篇文章包含很多个词，每个词看作一个输入信号，那么一个序列被分为多次输入。模型最后的预测结果可以是一个句子或一篇文章的情感分类，比如说是正面的情感还是负面的情感，两个类别，那么模型最后一个序列的输出可以看作预测结果。同样的道理，如果做文本分类，也是可以用 RNN 多对一的架构的。

这里要注意的是，RNN 多对一的架构并不是说模型只有最后一个序列才有输出值。其实每次给模型输入一个词的信号时，模型都会输出一个结果。只不过如果我们需要分析一个句子或者一篇文章的情感，那么我们需要把整个句子或整篇文章都输入到模型，对其进行计算之后再获得模型最终的一个输出结果，这样模型最终的这个输出结果会更准确。而前面得到的输出结果可能就没这么准确了。

9.3.3 多对多架构

RNN 多对多的架构如图 9.8 所示。

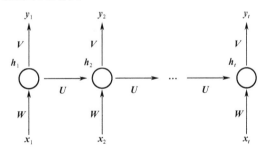

图 9.8　RNN 多对多的架构

序列有多次输入和多次输出。可以应用在 Tagging（标注），如词性标注，标注句子中的每个词分别是什么词性。输入一个信号，然后就输出这个信号的预测结果。

9.3.4 一对多架构

RNN 一对多的架构如图 9.9 所示。

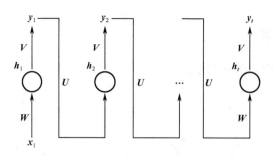

图 9.9 RNN 一对多的架构

一对多模型是只有一个输入信号，就可以得到很多个输出结果。第一个序列的输出结果会作为输入传给第二个序列，第二个序列的输出会作为输入传给第三个序列，以此类推。例如，可以应用于音乐生成和文章生成，给出第一个音符或字，就可以生成一段旋律或者一句话。

9.3.5 Seq2Seq 架构

Seq2Seq 的全称是 Sequence to Sequence，也就是序列到序列模型。Seq2Seq 也算是 RNN 多对多的架构，如图 9.10 所示。

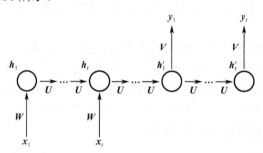

图 9.10 RNN 的 Seq2Seq 架构

Seq2Seq 由两部分组成，即编码器（Encoder）和解码器（Decoder）。Encoder 的作用是负责将输入序列压缩成指定长度的向量，相当于做特征提取。然后把这个向量传给 Decoder 进行计算，得到多个序列输出。

经典的多对多 RNN 架构的输入和输出是等长的，也就是有 10 个输入就必须有 10 个输出结果，它的应用场景也比较有限。而 Seq2Seq 模型的输入和输出可以是不等长的，它实现了一个序列到另一个序列的转换。例如，可以用来做机器翻译，Encoder 输入一段中文，Decoder 可以输出一段英文，中文句子的词汇数跟英文句子的词汇数不一定要相同。例如，还可以用来做聊天机器人，Encoder 输入一句话，Decoder 回复另一句话，这两句话的长度也不一定相同。

9.4 传统 RNN 的缺点

我们知道 RNN 可以根据历史信息进行预测，假如我们训练了一个可以进行文本填空的 RNN 模型，下面要进行文本填空。

题目 1：有一朵云飘在（ ）。

对于题目 1 来说，正确的答案应该是"天上"，或者"空中"，或者"天空中"等。经过大量训练之后的 RNN 可以根据前面文本的信息填出正确的答案。

题目 2：我从小生长在美国，父亲是英国人，母亲是美国人。我最喜欢喝牛奶，吃牛肉，长大想当科学家。我的兴趣爱好是看电影、看书、踢足球，还有周末跟爷爷去钓鱼。我可以说一口流利的（　）。

对于题目 2 来说，因为我是从小生长在美国的，所以应该是可以说一口流利的"英语"。但是传统的 RNN 不一定能预测出正确的结果，原因是句子的长度太长了。

为什么句子的长度太长会对 RNN 的预测产生影响呢？这要考虑到 RNN 的基本模型结构，传统 RNN 的基本模型结构是 BP 神经网络。我们在学习 BP 神经网络的时候有特别讨论过关于梯度消失的问题，就是模型计算得到的误差信号从输出层不断向前传播，以此来调整前面层的权值，使得模型的性能越来越好。但是，由于误差信号在每次传递的时候都需要乘以激活函数的导数，当激活函数的导数的取值范围是 0～1 时，会使得误差信号越传越小，最终趋近于 0。

这个梯度消失的问题在 RNN 中同样存在，RNN 的序列结构展开之后也可以看作有很多的"层"，在计算误差信号的时候同样会出现梯度消失的问题，使得网络输出的学习信号只能影响到它前面的几层，对它前面几层的权值进行调节。所以，反过来考虑，一个信号的输入，只能影响它后面几个序列的输出，并且影响力会越来越弱，如图 9.11 所示。

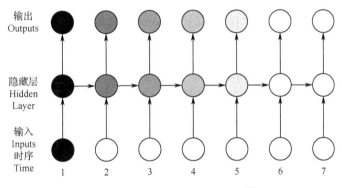

图 9.11　RNN 的梯度消失问题[1]

9.5　长短时记忆网络（LSTM）

LSTM（Long Short Term Memory）是霍克赖特（Hochreiter）和施密特（Schmidhuber）在 1997 年提出的一种网络结构，尽管该网络结构在序列建模上的特性非常突出，但由于当时正是神经网络的下坡期，所以没有能够引起学术界足够的重视。随着深度学习的逐渐发展，LSTM 的应用也逐渐增多。

LSTM 区别于 RNN 的地方主要在于它在算法中加入了一个判断信息有用与否的"处理器"，该处理器作用的结构被称为**记忆块（Memory Block）**，如图 9.12 所示。

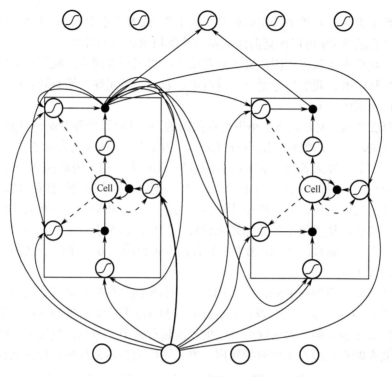

图 9.12　记忆块（Memory Block）[1]

图 9.12 中最下面的 4 个神经元是输入神经元、最上面的 5 个神经元是输出神经元，Memory Block 在隐藏层的位置。传统的 BP 神经网络的隐藏层是普通的神经元，但在 LSTM 里面是结构比较复杂的 Memory Block。Memory Block 内部的具体结构如图 9.13 所示。

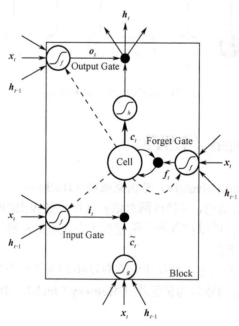

图 9.13　Memory Block 内部的具体结构[1]

$$f_t = \sigma_g(W_f x_t + U_f h_{t-1} + b_f) \tag{9.5}$$

$$i_t = \sigma_g(W_i x_t + U_i h_{t-1} + b_i) \tag{9.6}$$

$$o_t = \sigma_g(W_o x_t + U_o h_{t-1} + b_o) \tag{9.7}$$

$$c_t = f_t \circ c_{t-1} + i_t \circ \sigma_c(W_c x_t + U_c h_{t-1} + b_c) \tag{9.8}$$

$$h_t = o_t \circ \sigma_h(c_t) \tag{9.9}$$

$$\tilde{c}_t = \sigma_c(W_c x_t + U_c h_{t-1} + b_c) \tag{9.10}$$

Memory Block 主要包含了 3 个门，即**遗忘门**（**Forget Gate**）、**输入门**（**Input Gate**）和**输出门**（**Output Gate**），以及一个记忆单元（**Cell**）。信号从下面传入、上面传出。首先我们先了解一下式（9.5）～式（9.10）中符号的含义。

f_t：遗忘门信号。

i_t：输入门信号。

o_t：输出门信号。

x_t：第 t 个序列的输入信号。

h_{t-1}：第 t-1 个序列的 Memory Block 输出信号。

h_t：第 t 个序列的 Memory Block 输出信号，也称为 **Hidden State**。

$\tilde{c}_t$：Cell 输入信号。

c_t：Cell 输出信号，也称为 **Cell State**。

c_{t-1}：第 t-1 个序列的 Cell 信号。

σ_g：sigmoid 函数。

σ_c：tanh 函数。

σ_h：tanh 函数或线性函数。

W、U 和 b：W 和 U 是权值矩阵，b 是偏置。

观察图 9.13，信号从 Memory Block 的底部传入，传入的信号为第 t 个序列的输入信号 x_t 和第 t-1 个序列的输出信号 h_{t-1}，也就是上一个时间 Memory Block 的输出信号会传给当前的 Memory Block 做计算。x_t 和 h_{t-1} 乘以对应的权值矩阵加上偏置值经过激活函数得到 $\tilde{c}_t$ 信号，计算公式为式（9.10），如图 9.14 所示。

$\tilde{c}_t$ 信号继续传会碰到输入门（Input Gate），输入门的计算公式为式 9.6。输入门的传入信号也是 x_t 和 h_{t-1}，激活函数为 sigmoid 函数。我们要注意两个地方：

（1）记忆块中一共有 3 个门，并且这 3 个门的输入信号都是 x_t 和 h_{t-1}，它们的计算公式都是差不多的，但它们的权值矩阵是不同的，不同的门有不同的权值。

（2）3 个门的激活函数都是 sigmoid 函数，所以 3 个门的输出值都在 0～1 之间，体现了门的作用。门的作用就是控制信号的开关。

$\tilde{c}_t$ 信号和输入门信号 i_t 会进行对位相乘，然后再进行传递。i_t 的作用在这里就体现出来了，即 i_t 的值等于 1 表示 $\tilde{c}_t$ 信号会 100%传递；i_t 的值等于 0 表示 $\tilde{c}_t$ 信号会完全消失；i_t 的值等于 0.6 表示 $\tilde{c}_t$ 信号会保留 60%的大小进行传递。如图 9.15 所示。

$\tilde{c}_t$ 和 i_t 对位相乘后继续传递到 Cell 的位置。Cell 的位置处有一个遗忘门（Forget Gate），遗忘门的计算公式为式（9.5），跟输入门的计算类似，最后得到 0～1 之间的结果。当前的 c_t 信号计算公式为式（9.8），表示 $\tilde{c}_t$ 和 i_t 对位相乘后的信号再加上前一个序列的 Cell 信号 c_{t-1} 和 f_t 对位相乘的信号。

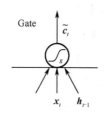
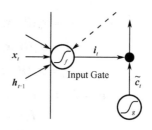

图 9.14 $\tilde{c}_t$ 信号的计算[1]　　图 9.15 i_t 信号的计算[1]

其实就相当于是在 Memory Block 的内部可以保存一个 Cell 信号为 c_t，这个信号会不断"遗忘"，所以需要乘以遗忘门信号 f_t。具体需要全部遗忘还是不遗忘，还是遗忘一部分，是由遗忘门信号 f_t 来控制的。当前的 Cell 信号就等于之前的（Cell 信号进行一些遗忘（$c_{t-1} \circ f_t$））再加上当前传入的信号（$\tilde{c}_t \circ i_t$），如图 9.16 所示。

c_t 信号继续传递会碰到输出门（Output Gate），输出门的计算公式为式（9.7），跟输入门和遗忘门类似。整个 Memory Block 最后的输出为 h_t，计算公式为式（9.9），就是 c_t 信号加上 tanh 激活函数，然后再跟输出门信号 o_t 对位相乘得到 Memory Block 的输出信号 h_t，如图 9.17 所示。

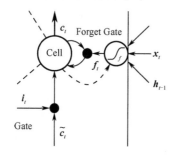
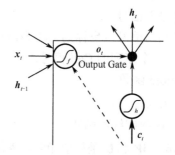

图 9.16 c_t 信号的计算[1]　　图 9.17 h_t 信号的计算[1]

Memory Blocks 输出的 h_t 信号会再乘上输出层的权值矩阵加上偏置值再经过激活函数最后得到 LSTM 网络的输出结果。

9.6 Peephole LSTM 和 FC-LSTM

9.6.1 Peephole LSTM 介绍

Peephole LSTM 跟 LSTM 差不多，其结构如图 9.18 所示。

$$f_t = \sigma_g(W_f x_t + U_f c_{t-1} + b_f) \quad (9.11)$$

$$i_t = \sigma_g(W_i x_t + U_i c_{t-1} + b_i) \quad (9.12)$$

$$o_t = \sigma_g(W_o x_t + U_o c_{t-1} + b_o) \quad (9.13)$$

$$c_t = f_t \circ c_{t-1} + i_t \circ \sigma_c(W_c x_t + U_c c_{t-1} + b_c) \quad (9.14)$$

$$h_t = o_t \circ \sigma_h(c_t) \quad (9.15)$$

$$\tilde{c}_t = \sigma_c(W_c x_t + U_c c_{t-1} + b_c) \quad (9.16)$$

大家可以自己先观察一下 Peephole LSTM 跟 LSTM 的结构与公式哪里不同。

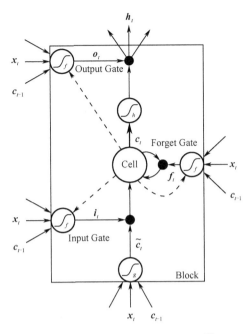

图 9.18 Peephole LSTM 的结构[1]

不仔细观察可能不容易看出，它们的不同之处在于把所有的 h_{t-1} 都改成了 c_{t-1}，也就是说将当前序列的 c_t 信号传给下一个序列进行计算，而不是 h_t 信号。

9.6.2 FC-LSTM 介绍

LSTM 还有一个结构，即 FC-LSTM（Fully-Connected LSTM），如图 9.19 所示。

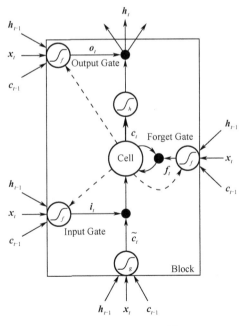

图 9.19 FC-LSTM[1]

$$f_t = \sigma_g(W_f x_t + U_f h_{t-1} + V_f c_{t-1} + b_f) \tag{9.17}$$

$$i_t = \sigma_g(W_i x_t + U_i h_{t-1} + V_i c_{t-1} + b_i) \quad (9.18)$$

$$o_t = \sigma_g(W_o x_t + U_o h_{t-1} + V_o c_{t-1} + b_o) \quad (9.19)$$

$$c_t = f_t \circ c_{t-1} + i_t \circ \sigma_c(W_c x_t + U_c h_{t-1} + V_c c_{t-1} + b_c) \quad (9.20)$$

$$h_t = o_t \circ \sigma_h(c_t) \quad (9.21)$$

$$\tilde{c}_t = \sigma_c(W_c x_t + U_c h_{t-1} + V_c c_{t-1} + b_c) \quad (9.22)$$

观察 FC-LSTM 的结构和公式，我们可以很容易地知道，FC-LSTM 的 c_t 信号和 h_t 信号都可以传给下一个序列进行计算。

总结一下，在 LSTM 中存在 3 个门，即输入门控制信号的输入；遗忘门控制 Cell 信号的遗忘、输出门控制信号的输出。LSTM 的隐藏层中有大量的 Memory Block，我们可以自己设置其数量。经过随时间反向传播（BPTT）算法（跟 BP 算法类似）训练后，LSTM 中的 Memory Block 就可以自动判断哪些信号应该让它输入，哪些信号应该被保存或遗忘，哪些信号应该让它输出。输入门会控制有用的信号进行输入，过滤掉一些无用的信号；遗忘门会保留一些重要的信号，忘记一些不太有用的信号；输出门会控制输出一些有用的信号，如图 9.20 所示。

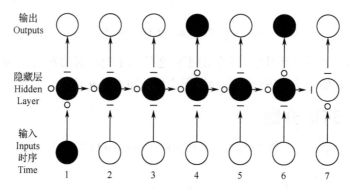

图 9.20　LSTM 对信号的控制[1]

9.7　其他 RNN 模型

9.7.1　门控循环单元（GRU）

GRU（Gated Recurrent Unit）这个结构是 2014 年才出现的，效果跟 LSTM 差不多，但是用到的参数更少，所以计算速度会更快一些。GRU 将遗忘门和输入门合成了一个单一的更新门。GRU 的结构如图 9.21 所示。

$$z_t = \sigma_g(W_z x_t + U_z h_{t-1} + b_z) \quad (9.23)$$

$$r_t = \sigma_g(W_r x_t + U_r h_{t-1} + b_r) \quad (9.24)$$

$$\tilde{h}_t = \tanh(W_h x_t + U_h(r_t \circ h_{t-1})) \quad (9.25)$$

$$h_t = (1 - z_t) \circ h_{t-1} + z_t \circ \tilde{h}_t \quad (9.26)$$

其中，z_t 是更新门(Update Gate)信号，决定 h_t 的更新情况；r_t 是重置门（Reset Gate）信号，决定是否要放弃 h_{t-1}；$\tilde{h}_t$ 是候选输出信号，接收[x_t, h_{t-1}]；h_t 是当前输出信号，接收[$h_{t-1}, \tilde{h}_t$]。

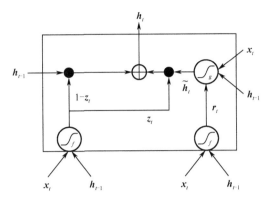

图 9.21 GRU 的结构

9.7.2 双向 RNN

双向 RNN（Bidirectional RNN）的结构如图 9.22 所示。

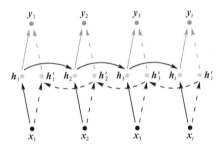

图 9.22 双向 RNN 结构

$$\overrightarrow{h_t} = f(\overrightarrow{W}x_t + \overrightarrow{V}\overrightarrow{h_{t-1}} + \overrightarrow{b}) \qquad (9.27)$$

$$\overleftarrow{h_t} = f(\overleftarrow{W}x_t + \overleftarrow{V}\overleftarrow{h_{t+1}} + \overleftarrow{b}) \qquad (9.28)$$

$$y_t = g(U[\overrightarrow{h_t}; \overleftarrow{h_t}] + c) \qquad (9.29)$$

这里的 RNN 可以使用任意一种 RNN 结构，即 SimpleRNN、LSTM 或 GRU。式（9.27）～式（9.29）中的箭头表示从左到右或从右到左传播，对于每个时刻的预测，都需要来自双向的特征向量，拼接（Concatenate）后进行结果预测。箭头虽然不同，但参数还是同一套参数。有些模型中也可以使用两套不同的参数。f 和 g 表示激活函数，$[\overrightarrow{h_t}; \overleftarrow{h_t}]$ 表示数据拼接（Concatenate）。

双向的 RNN 是同时考虑"过去"和"未来"的信息。图 9.21 是一个序列长度为 4 的双向 RNN 结构。

例如，输入 x_1 沿着实线箭头传输到隐层得到 h_1，然后还需要再利用 x_t 计算得到 h'_t，利用 x_3 和 h'_t 计算得到 h'_3，利用 x_2 和 h'_3 计算得到 h'_2，利用 x_1 和 h'_2 计算得到 h'_1，最后再把 h_1 和 h'_1 进行数据拼接（Concatenate），得到输出结果 y_1。以此类推，同时利用前向传递和反向传递的数据进行结果的预测。

双向 RNN 就像我们做阅读理解的时候一样先从头向后读一遍文章，其次又从后往前读一遍文章，最后再做题。有可能从后往前再读一遍文章的时候会有新的不一样的理解，模型最后可能会得到更好的结果。

9.7.3 堆叠的双向 RNN

堆叠的双向 RNN（Stacked Bidirectional RNN）的结构如图 9.23 所示。

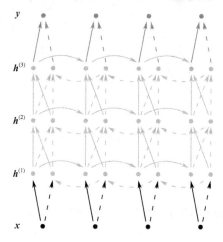

图 9.23　堆叠的双向 RNN（Stacked Bidirectional RNN）的结构

$$\overrightarrow{h_t^{(l)}} = f(\overrightarrow{W^l} h_t^{l-1} + \overrightarrow{V^l} \overrightarrow{h_{t-1}^l} + \overrightarrow{b^l}) \tag{9.30}$$

$$\overleftarrow{h_t^{(l)}} = f(\overleftarrow{W^l} h_t^{l-1} + \overleftarrow{V^l} \overleftarrow{h_{t+1}^l} + \overleftarrow{b^l}) \tag{9.31}$$

$$y_t = g(U[\overrightarrow{h_t^{(l)}}; \overleftarrow{h_t^{(l)}}] + c) \tag{9.32}$$

注意，这里的堆叠的双向 RNN 并不是只有双向的 RNN 才可以堆叠，其实任意的 RNN 都可以堆叠，如 SimpleRNN、LSTM 和 GRU 这些循环神经网络也可以进行堆叠。堆叠指的是在 RNN 的结构中叠加多层，类似于 BP 神经网络中可以叠加多层，增加网络的非线性。图 9.22 是一个堆叠了 3 个隐藏层的 RNN 网络。

9.8　LSTM 网络应用于 MNIST 数据集分类

LSTM 网络是序列模型，一般是比较适合处理序列问题的。这里我们把它用于手写数字图片的分类，其实是相当于把图片看作序列。一张 MNIST 数据集的图片是 28×28 的大小，我们可以把每一行看作是一个序列输入，那么一张图片就是 28 行，序列长度为 28；每一行有 28 个数据，每个序列输入 28 个值。LSTM 网络应用于 MNIST 数据集分类的具体实现如代码 9-1 所示。

代码 9-1：LSTM 网络应用于 MNIST 数据集分类

```
import tensorflow as tf
from tensorflow.keras.models import Sequential
from tensorflow.keras.layers import Dense
from tensorflow.keras.layers import LSTM
from tensorflow.keras.optimizers import Adam

# 载入数据集
mnist = tf.keras.datasets.mnist
# 载入数据，数据载入的时候就已经划分好训练集和测试集
```

```python
# 训练集数据 x_train 的数据形状为（60000,28,28）
# 训练集标签 y_train 的数据形状为（60000）
# 测试集数据 x_test 的数据形状为（10000,28,28）
# 测试集标签 y_test 的数据形状为（10000）
(x_train, y_train), (x_test, y_test) = mnist.load_data()
# 对训练集和测试集的数据进行归一化处理，有助于提升模型的训练速度
x_train, x_test = x_train / 255.0, x_test / 255.0
# 把训练集和测试集的标签转为独热编码
y_train = tf.keras.utils.to_categorical(y_train,num_classes=10)
y_test = tf.keras.utils.to_categorical(y_test,num_classes=10)

# 数据大小-一行有 28 个像素
input_size = 28
# 序列长度-一共有 28 行
time_steps = 28
# 隐藏层 Memory Block 的个数
cell_size = 50

# 创建模型
model = Sequential()

# 循环神经网络的数据输入必须是 3 维数据
# 数据格式为（数据数量、序列长度、数据大小）
# 载入的 MNIST 数据的格式刚好符合要求
# 注意这里的 input_shape 设置模型数据输入时不需要设置数据的数量
model.add(LSTM(
    units = cell_size,
    input_shape = (time_steps,input_size),
))

# 50 个 Memory Block 输出的 50 个值跟输出层的 10 个神经元全连接
model.add(Dense(10,activation='softmax'))

# 定义优化器
adam = Adam(lr=1e-3)

# 定义优化器，loss function，训练过程中计算准确率
model.compile(optimizer=adam,loss='categorical_crossentropy',metrics=['accuracy'])

# 训练模型
model.fit(x_train,y_train,batch_size=64,epochs=10,validation_data=(x_test,y_test))
```

运行结果如下：

```
Train on 60000 samples, validate on 10000 samples
Epoch 1/10
60000/60000 [==============================] - 14s 236us/sample - loss: 0.5748 - accuracy: 0.8189 - val_loss: 0.2315 - val_accuracy: 0.9303
Epoch 2/10
60000/60000 [==============================] - 15s 247us/sample - loss: 0.1953 - accuracy: 0.9416 - val_loss: 0.1521 - val_accuracy: 0.9555
…
```

```
Epoch 10/10
60000/60000 [==============================] - 14s 228us/sample - loss: 0.0486 - accuracy: 0.9852 - val_loss: 0.0644 - val_accuracy: 0.9803
```

LSTM 应用于 MNIST 数据识别也可以得到不错的结果，但当然没有卷积神经网络得到的结果好。更多序列模型的应用案例我们将在后面的章节中进一步介绍。

9.9 参考文献

[1] Graves A. Supervised sequence labelling[M]//Supervised sequence labelling with recurrent neural networks. Springer, Berlin, Heidelberg, 2012: 5-13.

第 10 章 经典图像识别模型介绍（上）

经典的图像识别模型比较多，并且本书希望可以把各种模型的技术细节和设计思路尽可能地给大家介绍清楚，所以经典图像识别模型介绍的部分分为上下两章，即第 10 章和第 11 章。这两章的内容都属于内功修行，为了保持内容的连贯性，这两章的内容都是算法理论的介绍，相关代码实践的内容本书放到了第 12 章。大家可以看完第 10 章和第 11 章再看第 12 章，或者结合第 12 章的代码来看第 10 章和第 11 章，两种方式都可以。

10.1 图像数据集

10.1.1 图像数据集介绍

在正式介绍深度学习的经典图像识别模型之前，我们先来了解一下全世界最大的带有标签的开源图像数据集（ImageNet）。

ImageNet 项目是从 2007 年由斯坦福教授李飞飞领导发起的，ImageNet 项目团队从互联网上下载了近 10 亿张照片，然后使用众包技术（如亚马逊机械土耳其人平台）来帮助他们为这些图像打标签。在巅峰时期，ImageNet 项目有来自 167 个国家的近 50000 名工作者为其进行数据的清理、分类和标注。

直到 2009 年，ImageNet 项目正式交付使用，在 ImageNet 数据库中有 1500 万张左右的照片，包含大约 22000 种类别，免费提供给全世界的研究者使用。ImageNet 的官网地址是 http://www.image-net.org/index 如图 10.1 所示。

图 10.1 ImageNet 的官网

图 10.1 的右上角可以看到当前 ImageNet 数据库图片的数量为 14197122，一共有 21841 个种类。

10.1.2　ImageNet 的深远影响

2020 年 2 月，李飞飞当选美国国家工程院院士，美国国家工程院（NAE）对于李飞飞的当选给出的理由是"李飞飞为建立大型机器学习和视觉理解知识库做出了贡献"。这里的"大型机器学习和视觉理解知识库"其实说白了就是 ImageNet 数据集。为什么创建一个数据集就可以有资格评选美国院士？下面是我个人对于 ImageNet 数据集重要性的理解。

（1）前瞻性和创新性。ImageNet 项目在 2007 年发起，到 2009 年交付使用。这个巨大的项目需要耗费大量的人力、物力和财力，但是这个项目交付以后能发挥多大的作用，在当时并不是十分明确。我们从今天的视角来看，大规模深度学习模型的训练[这里的训练指的是重新训练一个新模型，不是指**迁移学习（Transfer Learning）**]必然需要大规模的数据集才能得到很好的结果，这也是目前深度学习技术的一个局限性。但是在当时，深度学习技术才刚刚萌芽，大家并不明确大规模数据集对于机器学习/深度学习技术会有多大的影响。

（2）ImageNet 对于计算机视觉领域的巨大影响。如果大家之前稍微有关注过计算机视觉的发展，就会发现在 ImageNet 交付使用后，特别是 2012 年以后，计算机视觉领域的技术发展可谓是突飞猛进。图像识别、目标检测和人脸识别等技术的应用效果得到了巨大提升。10 年前，人脸识别技术我们可能只听说过，没见过，现在走到哪里都有人脸识别。这一切都主要得益于深度学习技术的发展和 ImageNet 数据集。

ImageNet 在 2009 年免费发布以后，从 2010 年开始每年都会组织一次计算机视觉的比赛 ILSVRC（ImageNet Large Scale Visual Recognition Challenge），简称 ImageNet Challenge。这个比赛也是近年来计算机视觉领域最受追捧、最具权威的学术竞赛之一，代表了计算机视觉领域的最高水平。比赛的项目有图像分类、目标定位、目标检测、视频目标检测和场景分类。其中，最重要且最受关注的就是图像分类的比赛。

ImageNet Challenge 的图像分类比赛是从 ImageNet 数据集中选出 1000 个生活中常见的分类，120 万张图片作为训练集，10 万张图片作为测试集，5 万张图片作为验证集。参加比赛的人主要都是来自全世界的大公司、学校和研究院等。也有一些创业公司会参赛，因为如果能在这个全世界最知名的图像比赛上拿奖，那就证明了获奖公司拥有全世界最顶尖的图像技术水平，之后拿投资和做推广都会很容易。

从 ImageNet Challenge 比赛中诞生出了很多优秀的深度学习模型，这些模型可以应用于计算机视觉的各种领域，如图像识别、目标检测、目标分割和人脸识别等，极大地推动了计算机视觉的发展。

如果大家对 ImageNet Challenge 比赛感兴趣，想参赛，很遗憾，参加不了了。因为这个比赛是从 2010 年开始举办、到 2017 年结束的，现在这个比赛现在已经没有了。因为这个比赛的初衷就是希望可以通过比赛来推动计算机视觉技术的发展，很显然，这个目的已经完全达到了，比赛中各个项目的模型效果均已接近甚至超过人类水平。

（3）ImageNet 对于其他技术领域的影响。ImageNet 最直接的影响肯定是计算机视觉领域，但除了计算机视觉，ImageNet 也间接地推动了其他技术领域的发展。

深度学习的主要应用领域是图像、文本和语音等，每个技术领域都有不同的特点，但也都有一些相通的地方。例如，不管在哪个领域使用深度学习都需要涉及激活函数、代价函数和网络结构设计等这些方面的内容。ImageNet 的发布和 ImageNet Challenge 比赛促进了深度学习技术的全面发展,让神经网络技术再一次流行起来,使得我们对神经网络/深度学习的技术有了更深刻的理解。所以,当我们在其他领域使用深度学习的时候,ImageNet 也起到了潜移默化的作用。

10.1.3 ImageNet Challenge 历年优秀作品

ImageNet Challenge 从 2010 年开始举办,到 2017 年结束,总共举办了 8 次。在这 8 年的时间里诞生出了很多非常经典而且优秀的模型,让神经网络变得越来越流行,并出现了多种优秀变体,可谓百花齐放。下面我们简单来回顾一下 ImageNet Challenge 比赛的历史,图 10.2 为历年的比赛结果(数据来源于 http://image-net.org/challenges/LSVRC/)。

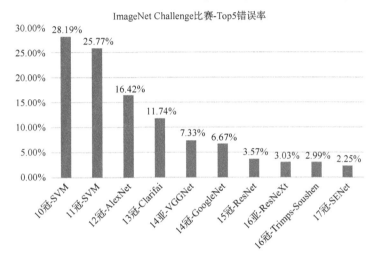

图 10.2 ImageNet Challenge 历年的比赛结果

图 10.2 中的百分比为 ImageNet Challenge 图像分类比赛中的错误率。注意,这里的错误率为 Top5 错误率。一般在对 ImageNet 数据集进行建模分类的时候,模型都会给出两个错误率结果,一个是 Top1 错误率,一个是 Top5 错误率。Top1 错误率表示模型在预测图像分类的时候只能给出一个最可能的预测结果,预测结果跟真实标签相同,则表示预测正确;Top5 错误率表示模型在预测图像分类的时候可以给出 5 个最可能的预测结果,这 5 个最可能的预测结果只要有其中一个跟真实标签相同,则表示预测正确。由于 ImageNet Challenge 图像分类比赛有 1000 个分类,在做预测的时候有一定的错误容忍性,所以经常使用 Top5 错误率作为判断模型好坏的主要指标。

这里先对历年比赛结果做一个简单的介绍,后面我们还会再具体分析其中一些比较经典和优秀的模型。如果大家仔细看的话会发现,有些年份我列出了冠亚军,有些年份我只列出了冠军。这是因为有些模型虽然在某些年份的比赛中是亚军,但是它的名气和创新程度不亚于冠军,所以我也列出来了。

2010 年和 2011 年的冠军使用的都是 SVM 算法,我们知道 SVM 算法是机器学习领域中的经典算法,在深度学习崛起之前,SVM 算法在计算机视觉中有着很多的应用。所以,ImageNet Challenge 比赛的前两届大家用的还是老的思路,使用 SVM 来进行建模。从图 10.2 中我们也可以看出来,使用 SVM 来进行大规模的图片分类,得到的效果明显不如深度学习。

2012年对深度学习来说也是一个重要的年份，因为这是深度学习在ImageNet Challenge图像分类的比赛中首次获得冠军。创造出这个深度学习模型的冠军团队来自多伦多大学，主要作者是亚历克斯·克里茨维斯基（Alex Krizhevsky），所以这个模型被命名为AlexNet。团队成员中还有杰夫·辛顿（Geoffrey Hinton），我们在本书最开始介绍深度学习领域的名人时有介绍过他，其被称为"深度学习教父"。亚历克斯·克里茨维斯基是辛顿的学生，所以这个工作应该是在辛顿牛的带领下主要由学生完成的。AlexNet在当时大获成功，相比SVM，图像识别的错误率有了大幅度的下降。2012年比赛的亚军使用的算法还是传统的机器学习算法，错误率为26.17%，而AlexNet的错误率已经下降到了16.42%，拉开了巨大差距。从2012年以后，深度学习逐渐崛起，在后来的比赛中，所有人都开始使用深度学习技术来进行建模。

2013年的冠军来自Clarifai公司，他们用的也是深度学习模型，但他们获得冠军的网络模型不太有名，网上的资料也不多，后面就不多做介绍了。

2014年的冠军是来自谷歌的团队完成的，所以给模型命名为"GoogleNet"。2014年的亚军模型也很有名，是来自牛津大学的研究组VGG（Visual Geometry Group），所以给模型起名为"VGGNet"。这两个模型都是非常有名且经典的模型，所以在图10.2中都列出来了。

2015年的冠军是来自微软亚洲研究院(MSRA)的团队，他们给模型命名为残差网络（Residual Network），所以模型简称为ResNet。这个模型的层数多达152层，其结构设计非常具有创新性。

2016年的冠军由中国团队获得，是公安部第三研究所的Trimps-Soushen团队，他们用的也是深度学习模型，但他们获得冠军的网络模型不太有名，网上的资料也不多，后面就不多做介绍了。2016年的亚军是来自加州大学圣地亚哥分校（UCSD）和Facebook AI Research（FAIR）的团队，他们的模型是在ResNet的基础上进行改进后得到的，所以模型命名为"ResNeXt"。

2017年的冠军是来自Momenta公司的团队，他们提出了Squeeze-and-Excitation Networks（简称SENet）。

8年来，ImageNet Challenge比赛不断推动着计算机视觉技术和深度学习的发展。人类在ImageNet Challenge图像识别比赛上的表现大约是5.1%的错误率[1]，近年的比赛结果已经比人类的错误率低了许多。2017年是ImageNet Challenge的最后一年，也是一个时代的终结。2017年以后，ImageNet将与全世界最大的数据科学社区Kaggle结合，在Kaggle社区里继续举办比赛。ImageNet Challenge虽然没有了，但ImageNet的影响将继续延续。

10.2 AlexNet

AlexNet是在ImageNet Challenge图像识别比赛中第一个获得冠军的深度学习模型，其由来自多伦多大学的团队完成，主要作者是亚历克斯·克里茨维斯基，被称为"深度学习教父"的辛顿也在团队中。AlexNet对后来的深度学习模型设计和模型训练都有着重要的启发与指导作用。最早提出AlexNet的论文是"*ImageNet Classification with Deep Convolutional Neural Networks*"[2]。

这里我想稍微多说几句，由于ImageNet Challenge是一个比赛，比赛中有很多技巧可以帮助模型得到更好的结果。例如，在AlexNet中，其当时比较创新的是使用了ReLU激活函数和使用了 Dropout 来防止过拟合，并且把每张图片切分为多张进行训练和预测，以及改变图片的颜色以生成更多的数据集等。比赛中的很多技巧内容比较分散，并且效果不稳定，有时候可以让结果更好，有时候会让结果更差。所以，关于模型的介绍我们主要是介绍模型的结构设计，关于模型在比赛中所使用的技巧大家有兴趣可以再另外自行研究。

图 10.3 为"*ImageNet Classification with Deep Convolutional Neural Networks*"论文中 AlexNet 的网络结构。

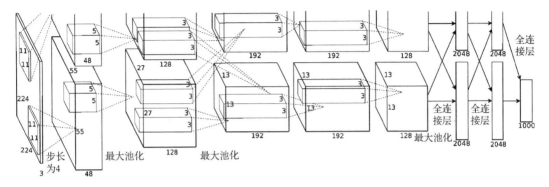

图 10.3 AlexNet 的网络结构[2]

输入图片的大小为 224×224，实际上作者在构建模型的时候使用的图片大小为 227×227，主要是为了后续计算方便。

大家初看图 10.3 可能会觉得这个结构看起来有点复杂，可能暗藏玄机，这个模型的输入是 227×227 的图片（作者把 ImageNet Challenge 比赛的图片都处理成 227×227 的固定大小再传入模型进行训练），后来怎么就变成了上下两个部分，这样设计有什么精妙之处吗？

在当时看来，其实没有什么精妙，只是因为当时的算力有限，也没有什么好用的深度学习开源框架。因为他们只有两个 GTX580 的 3GB 内存的 GPU，为了加快模型的训练速度，所以他们才把模型分为两个部分。一个 GPU 训练上面的部分，一个 GPU 训练下面的部分，所以其网络结构就变成了上下两个部分。我猜测如果尽量不改变模型的设计思路，如果在今天的软硬件条件下，那么 AlexNet 应该会被设计成如图 10.4 所示的结构。

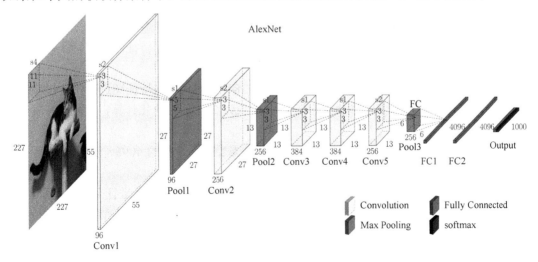

图 10.4 AlexNet 的网络结构（作者猜想）

图 10.4 中，s 表示 stride，代表步长，s1 表示卷积或池化的步长为 1，s2 表示卷积或池化的步长为 2，以此类推。FC 表示 Fully Connected，代表全连接；Pool 表示 Max Pooling，代表最大池化；Conv 表示 Convolution，代表卷积；Output 表示输出。

其实猜测的图 10.4 所示的结构和论文中图 10.3 所示的结构还是有一点点小区别的，论文中的结构分为上下两个部分以后，注意看图 10.3 中的卷积计算，其在某些层会分为上下两个部分独立计算，而在某些层会上下两个部分一起计算。但总的来说，模型的效果差别不是很大（其实图 10.4 所示的 AlexNet 网络结构会比原始的 AlexNet 网络结构效果差一点点，但这里我们忽略不计）。我们就以图 10.4 来看一下 AlexNet 的网络设计。

把图画好其实就可以节省很多文字讲解了，图 10.4 中已经把所有的卷积和池化计算的窗口大小和步长，以及计算以后得到的特征图大小和数量都表示出来了，下面再简单说明一下即可。

图 10.4 中，卷积和池化的 Padding 方式没有标出来，有些层使用的是 Valid Padding 方式，有些层使用的是 Same Padding 方式，不同的 Padding 方式对模型的结果一般不会有很大影响，所以图中就省略了。另外，其实通过图 10.4 中已知的信息，我们可以自己判断出 Padding 的方式。

AlexNet 是一个 8 层的网络（卷积层和全连接层中有需要训练的权值，所以这里计算网络层数的时候只计算卷积层和全连接层），除最后输出层用的是 softmax 函数外，其他层用的都是 ReLU 激活函数。

AlexNet 是专门为 ImageNet 级别的数据集设计的，一共有 6000 多万个需要训练的参数，参数的数量巨大。

第 1 层计算。网络的输入是 227×227 的"臭臭"照片。经过 11×11、步长为 4 的卷积计算后，得到 96 个 55×55 的特征图。然后再进行 3×3、步长为 2 的最大池化计算，得到 96 个 27×27 的特征图。

第 2 层计算。使用 5×5、步长为 1 的卷积对 96 个 27×27 的特征图进行特征提取，得到了 256 个 27×27 的特征图。然后再用 3×3、步长为 2 的最大池化计算，得到 256 个 13×13 的特征图。

第 3 层计算。使用 3×3、步长为 1 的卷积对 256 个 13×13 的特征图进行特征提取，得到了 384 个 13×13 的特征图。

第 4 层计算。使用 3×3、步长为 1 的卷积对 384 个 13×13 的特征图进行特征提取，得到了 384 个 13×13 的特征图。

第 5 层计算。使用 3×3、步长为 1 的卷积对 384 个 13×13 的特征图进行特征提取，得到了 256 个 13×13 的特征图。然后再用 3×3、步长为 2 的最大池化计算，得到 256 个 6×6 的特征图。

第 6 层计算。把 Pool3 的 256 个 6×6 的特征图数据跟 fc1 中的 4096 个神经元进行全连接计算。

第 7 层计算。把 fc2 的 4096 个神经元跟 fc1 中的 4096 个神经元进行全连接计算。

第 8 层计算。把 Output 的 1000（ImageNet Challenge 比赛有 1000 个分类）个神经元跟 fc2 中的 4096 个神经元进行全连接计算。最后再经过 softmax 函数计算得到类别的概率值进行输出。

可能大家会有一些疑问，为什么 AlexNet 要设计成 8 层的网络？为什么有些卷积后面加上了池化，而有些卷积后面没有池化？为什么有些卷积生成的特征图数量是 256，有些是 384？为什么是 384 而不是其他的数字？为什么有 3 个全连接层？为什么是 4096 个神经元？

其实这些为什么都很难给出合理的解释，因为直至今天，深度学习的可解释性依旧是一个重要的科研难题。个人觉得 AlexNet 的网络结构是在 Alex 团队有限的时间、有限的实验次数下得到的最好的模型结构了。如果给他们更好的设备、更多的时间和做更多的实验，他们肯定会得到更优秀的模型，得到更好的结果。

我们在 2012 年的时候知道 AlexNet 是一个正确的方向，它开拓了一个新的并且更好的思路，所以我们只要沿着这个方向继续往前走，肯定有更多的收获等着我们。

10.3 VGGNet

VGGNet 是 2014 年 ImageNet Challenge 图像识别比赛中的亚军。参赛团队是来自牛津大学的研究组 VGG（Visual Geometry Group）。VGGNet 的很多设计思想都受到 AlexNet 的影响，所以跟 AlexNet 也有一点点相似的地方。VGGNet 不仅在图像识别方向有着广泛应用，很多目标检测、目标分割、人脸识别等方面的应用也会使用 VGGNet 作为基础模型。

VGGNet 在 2014 年和 2015 年左右的流行程度甚至超过了 2014 年 ImageNet Challenge 图像识别比赛中的冠军 GoogleNet，是当时用得最多的深度学习模型。VGGNet 被广泛使用也是有一定原因的，VGGNet 的网络结构比较简单，容易搭建，并且 VGGNet 的单模型结果与 GoogleNet 相当。ImageNet Challenge 是一个比赛，在比赛中我们经常会使用**模型融合（Ensemble Model）**策略把多个模型组合在一起，这样有可能会得到更好的结果。2014 年，在 ImageNet Challenge 比赛中，多个 GoogleNet 融合后的结果比多个 VGGNet 融合后的结果更好，所以 GoogleNet 得到了冠军。最早提出 VGGNet 的论文是"*Very Deep Convolutional Networks for Large-Scale Image Recognition*"[3]。

其实，VGGNet 有多个版本，如图 10.5 所示。

图 10.5 中，ConvNet Configuration 表示网络结构；weight layers 表示网络层数；input 表示输入；Conv 表示卷积；Max Pooling 表示最大池化；fc 表示全连接。

从图 10.5 中我们可以看出，VGGNet 有 6 个不同的版本，它们主要的区别是网络层数和网络结构的区别。图 10.5 中的 Conv3 表示 3×3 的卷积，Conv1 表示 1×1 的卷积；Conv3-128 表示 3×3 的卷积计算后生成 128 张特征图；**LRN(Local Response Normalization)**是局部响应归一化，一种在 AlexNet 中使用的数据归一化计算，但 VGGNet 的作者认为 LRN 并没有什么用，所以在 VGGNet 中并没有使用。

其中使用得比较多的有 B，因为它有 13 层，我们称为 VGG13。使用得比较多的还有 D，因为它有 16 层，我们称为 VGG16。使用得比较多的还有 E，因为它有 19 层，我们称为 VGG19。在 ImageNet Challenge 图像识别比赛中效果最好的是 VGG19，其次是 VGG16，最后是 VGG13。

每个版本的网络结构不同，所以参数的数量也有所不同。参数数量最少的是 A，有 1 亿 3 千多万个参数。最多的是 E，有 1 亿 4 千多万个参数。别看网络中有很多的卷积层，其实网络中大部分的参数都是在全连接层中的。例如，在 VGG16 中，卷积层的参数数量占所有参数的 13%，而全连接层的参数数量占到了 87%。

ConvNet Configuration					
A	A-LRN	B	C	D	E
11 weight layers	11 weight layers	13 weight layers	16 weight layers	16 weight layers	19 weight layers
输入（224×224RGB图像）					
Conv 3-64	Conv 3-64 LRN	Conv 3-64 Conv 3-64	Conv 3-64 Conv 3-64	Conv 3-64 Conv 3-64	Conv 3-64 Conv 3-64
Max Pooling					
Conv 3-128	Conv 3-128	Conv 3-128 Conv 3-128	Conv 3-128 Conv 3-128	Conv 3-128 Conv 3-128	Conv 3-128 Conv 3-128
Max Pooling					
Conv 3-256 Conv 3-256	Conv 3-256 Conv 3-256	Conv 3-256 Conv 3-256	Conv 3-256 Conv 3-256 Conv 1-256	Conv 3-256 Conv 3-256 Conv 3-256	Conv 3-256 Conv 3-256 Conv 3-256 Conv 3-256
Max Pooling					
Conv 3-512 Conv 3-512	Conv 3-512 Conv 3-512	Conv 3-512 Conv 3-512	Conv 3-512 Conv 3-512 Conv 1-512	Conv 3-512 Conv 3-512 Conv 3-512	Conv 3-512 Conv 3-512 Conv 3-512 Conv 3-512
Max Pooling					
Conv 3-512 Conv 3-512	Conv 3-512 Conv 3-512	Conv 3-512 Conv 3-512	Conv 3-512 Conv 3-512 Conv 1-512	Conv 3-512 Conv 3-512 Conv 3-512	Conv 3-512 Conv 3-512 Conv 3-512 Conv 3-512
Max Pooling					
FC-4096					
FC-4096					
FC-1000					
softmax					

图 10.5　VGGNet 的多个版本[3]

在很多应用中，VGG16 似乎用得更多一些，下面我们来看一下 VGG16 的网络结构，如图 10.6 所示。

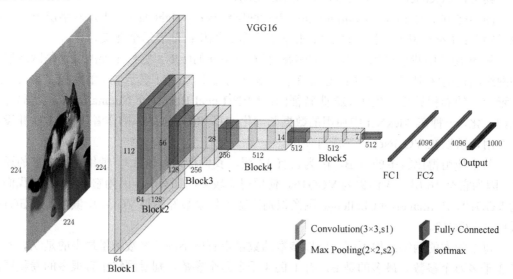

图 10.6　VGG16 的网络结构

VGG16 的所有卷积都是 3×3，步长为 1，Same Padding；所有池化：2×2，步长为 2，Same Padding 方式；输出层函数：softmax。除输出层外，其他层的激活函数都是 ReLU 函数。

VGG16 受 AlexNet 的影响和启发，图片的输入为 224×224 的大小，卷积层后面也使用了 3 个全连接层，并且全连接层也使用了 4096 个神经元。

VGG16 是一个 16 层的网络，它的结构比较简单且易懂，叠加了很多个卷积池化层。2×2、步长为 2 的池化会使得特征图的长宽减少为原来的 1/2，池化后的下一个卷积会使得特征图的数量变成原来的 2 倍。

VGG16 的输入是 224×224 大小的图片。

Block1 为第 1、2 层，其中包含了 2 个卷积和 1 池化，卷积后的图像大小没有发生变化（224×224），池化后的特征图大小变成了 112×112，特征图的数量为 64。

Block2 为第 3、4 层，其中包含了 2 个卷积和 1 池化，卷积后的图像大小没有发生变化（112×112），池化后的特征图大小变成了 56×56，特征图的数量为 128。

Block3 为第 5、6、7 层，其中包含了 3 个卷积和 1 池化，卷积后的图像大小没有发生变化（56×56），池化后的特征图大小变成了 28×28，特征图的数量为 256。

Block4 为第 8、9、10 层，其中包含了 3 个卷积和 1 池化，卷积后的图像大小没有发生变化（28×28），池化后的特征图大小变成了 14×14，特征图的数量为 512。

Block5 为第 11、12、13 层，其中包含了 3 个卷积和 1 池化，卷积后的图像大小没有发生变化（14×14），池化后的特征图大小变成了 7×7，特征图的数量为 512。

大家可能会稍微有点疑惑，Block5 中的特征图的数量按照规律不应该会变成 1024 吗，但是这里还是 512。这里的原因个人猜测是作者他们肯定也尝试过 1024，但是最后的效果估计跟 512 的效果差不多，并且改成 1024 后会增加很多计算量和需要训练的权值，所以最后的版本中就没有使用 1024。

第 14 层计算。把 Pool5 的 512 个 7×7 的特征图数据跟 FC1 中的 4096 个神经元进行全连接计算。

第 15 层计算。把 FC2 的 4096 个神经元跟 FC1 中的 4096 个神经元进行全连接计算。

第 16 层计算。把 OUTPUT 的 1000（ImageNet Challenge 比赛有 1000 个分类）个神经元跟 FC2 中的 4096 个神经元进行全连接计算。最后再经过 softmax 函数计算得到类别的概率值进行输出。

VGGNet 的网络结构本身并没有太多创新的内容，它可以看作 AlexNet 网络的改进优化版本。

10.4　GoogleNet

GoogleNet 是 2014 年 ImageNet Challenge 图像识别比赛中的冠军，从它的名字我们就可以看出它是由来自谷歌的团队完成的。前面我们有介绍，GoogleNet 之所以获得冠军，是因为它进行模型融合以后得到的效果要比 VGGNet 模型融合之后的效果好。但单模型比拼，它与 VGGNet 的效果相当。

虽然 GoogleNet 的模型效果跟 VGGNet 相差不大，但它比 VGGNet 更具有创新性。GoogleNet 有一些更具创新性的设计，为后来的模型设计提供了很多新的思路。最早提出

GoogleNet 的论文是"*Going Deeper with Convolutions*"[4]。

10.4.1　1×1 卷积介绍

在介绍 GoogleNet 结构之前，我们必须先来介绍一下什么是 1×1 卷积。1×1 卷积在 GoogleNet 中有着大量应用，是一个非常重要的设计。它的主要作用主要有两个，即一是增加网络的非线性，二是减少计算量和需要训练的权值。

所谓 1×1 卷积，其实很简单，就是卷积核的大小是 1×1，其他方面跟之前我们学习的卷积没有区别。图 10.7 为 1×1 卷积示意图。

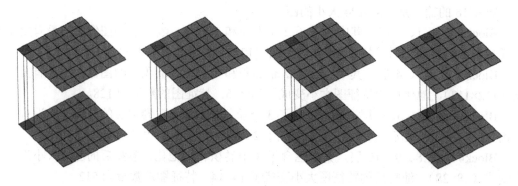

图 10.7　1×1 卷积

使用 1×1 卷积对 6×6 的图像进行特征提取，然后得到 6×6 的特征图。我们可以这么理解，只考虑对 1 张图像进行卷积计算时，3×3 和 5×5 这样的大卷积核可以对大范围区域的特征进行提取，然后得到 1 个特征值。1×1 的卷积只对图上的 1 个值进行特征提取，然后得到 1 个特征值。那么下面我们具体来看一下 1×1 卷积如何应用于实际的网络搭建。我们看一下没有加入 1×1 卷积的卷积层计算，如图 10.8 所示。

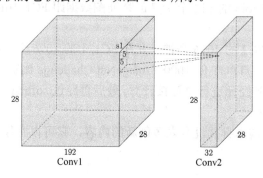

图 10.8　没有加入 1×1 卷积的卷积计算

从图 10.8 中可知，192 张 28×28 的特征图经过 5×5、步长为 1 的卷积进行特征提取，得到 32 张 28×28 的特征图。这里我们主要考虑一下图 10.8 中的权值数量和计算量。关于卷积的权值数量和计算量的计算，我们在第 8 章中已有详细介绍，下面我们就不再详细说明了。

权值数量的计算为 5×5×192×32+32（偏置值个数）=153632。

计算量（这里我们只计算乘法的计算量）为 5×5×28×28×192×32 ≈ 120M，M 为百万。

我们对正常卷积计算的权值数量和计算量有了大致的了解，下面我们再来看一下加入 1×1 卷积后的计算，如图 10.9 所示。

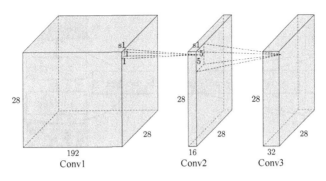

图 10.9　加入了 1×1 卷积的卷积计算

从图 10.9 中可知，192 张 28×28 的特征图经过两次卷积后得到了 32 张 28×28 的特征图，最左边和最右边的特征图跟图 10.8 中左右两边的特征图是完全一样的，只是图 10.9 中间多了一次 1×1 的卷积。

从表面上看，我们就可以看出 1×1 卷积的第一个作用了，增加网络的非线性。因为网络的层数多了一层，层数越多，网络的非线性就越强。

下面我们再来计算一下加入 1×1 卷积后网络的权值数量和计算量。

权值数量的计算如下。

第一个卷积层：1×1×192×16+16（偏置值个数）=3088。

第二个卷积层：5×5×16×32+32（偏置值个数）=12832。

两个卷积层的权值数量相加即 3088+12832=15920，约为图 10.9 中没有 1×1 卷积的 1/10。

计算量（这里我们只计算乘法的计算量）如下。

第一个卷积层：1×1×28×28×192×16 ≈ 2.4M，M 为百万。

第二个卷积层：5×5×28×28×16×32 ≈ 10M。

两个卷积层的计算量相加，即 2.4M+10M=12.4M，约为图 10.9 中没有 1×1 卷积的 1/10。

这就是 1×1 卷积的第二个作用，减少计算量和需要训练的权值。初看这个结果大家可能会有点难接受。前后两端都没有发生变化，看起来明明是多了一个卷积层，感觉上应该会有更多的权值和更多的计算量才对。

其实大家只要仔细再看一下就能发现其中的原因。其中一个原因是 1×1 卷积本身的计算量和权值数量就很少，另一个重要原因是 "16"。1×1 卷积计算后生成了 16 张 28×28 的特征图，比最后输出的 32 张 28×28 的特征图的特征数量更少，相当于 1×1 卷积对原来的特征图进行了特征压缩。特征数量越少，计算量和权值数量自然就越少了。

如果上面计算中我们把 16 改成 160，1×1 卷积后产生 160 张 28×28 的特征图，那么使用了 1×1 卷积的计算，它的权值数量和计算量都跟不使用 1×1 卷积差不多。所以，并不是说用了 1×1 卷积就一定可以减少权值数量和计算量，也要看 1×1 卷积后生成了多少张特征图。但通常来说，我们不会让 1×1 卷积生成太多的特征图，所以一般来说加入 1×1 卷积后是可以减少权值数量和计算量的。

10.4.2　Inception 结构

在 GoogleNet 中最特别的设计就是 Inception 结构，所以 GoogleNet 在后来的版本中改了名字，即 Inception，而 GoogleNet 就是 Inception-v1。Inception 结构如图 10.10 所示。

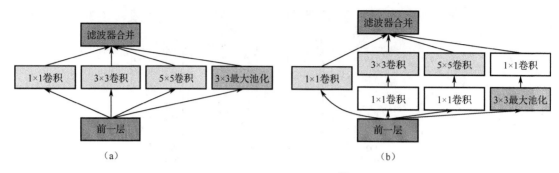

图 10.10 Inception 结构[4]

图 10.10（a）是 Inception 原始的版本，图 10.10（b）是 Inception 后来优化的版本。前面我们已经介绍过 1×1 卷积的作用，所以在图 10.10（b）中我们看到 1×1 卷积应该知道它的用意了，增加网络的层数以增加网络的非线性，同时减少网络的权值数量和计算量。

但 Inception 最特别的设计不在于 1×1 卷积，而在于同时使用多种不同尺度的卷积核。我们可以看到 Inception 结构中使用了 1×1 卷积、3×3 卷积、5×5 卷积和一个最大池化。卷积的作用我们应该很清楚了，用来做特征提取。不同的卷积核可以提取不同的特征，那么不同大小的卷积核当然也是可以从不同的尺度来提取特征的。从一个小区域提取出来的特征跟从一个大区域提取出来的特征当然是不一样的，所以 Inception 具有创新的设计在于使用了多种不同尺度的卷积核来提取不同尺度的特征。

下面我们举一个具体的例子来说明 Inception 结构的计算，如图 10.11 所示。

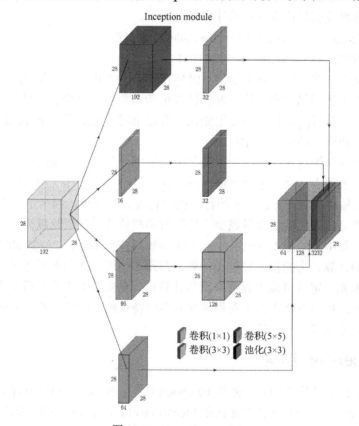

图 10.11 Inception module

Inception module 是从 GoogleNet 结构中拿出来的一个具体计算的例子。输入 192 张 28×28 的特征图，Inception module 会对这些特征图进行不同的特征提取计算。假如我们把 Inception 看作有 4 个通道的特征提取计算：

第 1 个通道就是对输入特征做 1×1、步长为 1、Same Padding 卷积，生成 64 张 28×28 的特征图。

第 2 个通道就是先对输入特征做 1×1、步长为 1、Same Padding 的卷积，生成 96 张 28×28 的特征图，然后再做 3×3、步长为 1、Same Padding 的卷积，生成 128 张 28×28 的特征图。

第 3 个通道就是先对输入特征做 1×1、步长为 1、Same Padding 的卷积，生成 16 张 28×28 的特征图，然后再做 5×5、步长为 1、Same Padding 的卷积，生成 32 张 28×28 的特征图。

第 4 个通道就是先对输入特征做 3×3、步长为 1、Same Padding 的最大池化，生成 192 张 28×28 的特征图，然后再做 1×1、步长为 1、Same Padding 的卷积，生成 32 张 28×28 的特征图。

最后再把这 4 个通道分别得到的特征图组合起来，得到 64+128+32+32=256 张 28×28 的特征图。

GoogleNet 中叠加了很多个 Inception 结构，使得网络的层数变得非常多，并且使得网络特征提取的能力越来越强。

10.4.3 GoogleNet 网络结构

这一小节我们将来具体看一下 GoogleNet 的网络结构，如图 10.12 所示。

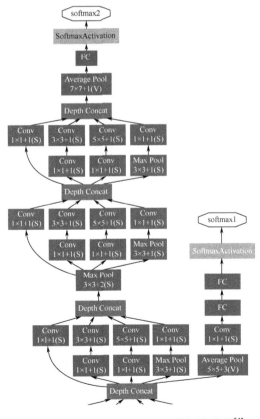

图 10.12 GoogleNet 的网络结构[4]

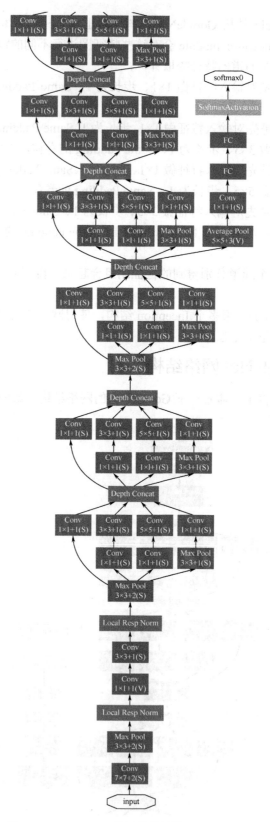

图 10.12　GoogleNet 的网络结构[4]（续）

图 10.12 中的 Conv 表示卷积；MaxPool 表示最大池化；LocalRespNorm 表示局部响应归一化；DepthConcat 表示数据拼接；FC 表示全连接层；AveragePool 表示平均池化。

我们先从整体上了解一下 GoogleNet，它是一个 22 层的网络，网络的输入跟 VGGNet 一样，也是 224×224。除最后一层用的是 softmax 函数外，其他层的激活函数都是 ReLU 函数。我们可以看到 GoogleNet 的主要结构组成是 Inception module，一共叠加了 9 个 Inception。GoogleNet 网络的一些具体细节如图 10.13 所示。

层的类型	窗口大小/步长	输出大小	深度	1×1 卷积	3×3卷积之前的1×1卷积	3×3 卷积	5×5卷积之前的1×1卷积	5×5 卷积	pool proj	参数数量	计算量
卷积	7×7/2	112×112×64	1							2.7K	34M
最大池化	3×3/2	56×56×64	0								
卷积	3×3/1	56×56×192	2		64	192				112K	360M
最大池化	3×3/2	28×28×192	0								
Inception(3a)		28×28×256	2	64	96	128	16	32	32	159K	128M
Inception(3b)		28×28×480	2	128	128	192	32	96	64	380K	304M
最大池化	3×3/2	14×14×480	0								
Inception(4a)		14×14×512	2	192	96	208	16	48	64	364K	73M
Inception(4b)		14×14×512	2	160	112	224	24	64	64	437K	88M
Inception(4c)		14×14×512	2	128	128	256	24	64	64	463K	100M
Inception(4d)		14×14×528	2	112	144	288	32	64	64	580K	119M
Inception(4e)		14×14×832	2	256	160	320	32	128	128	840K	170M
最大池化	3×3/2	7×7×832	0								
Inception(5a)		7×7×832	2	256	160	320	32	128	128	1072K	54M
Inception(5b)		7×7×1024	2	384	192	384	48	128	128	1388K	71M
平均池化	7×7/1	1×1×1024	0								
dropout(40%)		1×1×1024	0								
全连接层		1×1×1000	1							1000K	1M
Soft max		1×1×1000	0								

图 10.13 GoogleNet 结构细节[4]

别看 GoogleNet 有 22 层之多，它的权值参数数量只有 600 多万，仅约为 AlexNet 的 1/10、VGGNet 的 1/20。

GoogleNet 的输入是 224×224×3 的彩色图片，从图 10.13 中我们可以看到，第一个卷积是步长为 2 的 7×7 卷积，卷积后得到了 64 张 112×112 的特征图。然后进行了一次步长为 2 的 3×3 的最大池化，得到了 64 张 56×56 的特征图。

接下来再进行一次步长为 1 的 1×1 卷积，得到 64 张 56×56 的特征图，然后再进行步长为 1 的 3×3 卷积，得到 192 张 56×56 的特征图。这里我们要注意，图 10.13 中第 3 行的卷积，深度为 2，说明这里是有 2 层卷积。

卷积后再进行一次步长为 2 的 3×3 的最大池化，得到 192 张 28×28 的特征图。

下面我们看到了第一个 Inception 模块 Inception(3a)，每个 Inception 模块都有两层卷积，所有深度为 2。

图 10.13 中的信息还是很完整的，所以我们只要仔细看一下图中信息就可以知道 GoogleNet 的网络结构了。中间部分的计算这里就省略不讲了，大家可以自己看。

我们可以想一下，在之前的网络中卷积池化计算后得到了很多张特征图，最后我们还需要做全连接得到最后的分类结果。那么卷积池化计算后得到的特征图是一个 4 维的数据，所以我们还需要做一个"Flatten"，把 4 维数据变成 2 维，因为全连接必须是 2 维数据，AlexNet

和 VGGNet 中都是这么做的。

1. GoogleNet 的平均池化设计

我们看一下图 10.13 中倒数第 4 行，其放在 Inception(5b)后面，我们之前在介绍池化操作的时候有介绍过平均池化，但在实际的网络搭建中还没有介绍过。这里使用的平均池化，它的作用跟"Flatten"的作用其实类似，主要目的是把 4 维的特征图数据变成 2 维的数据，然后再跟后面的 1000 个分类神经元进行全连接。

Inception(5b)的输出是 1024 张 7×7 的特征图，平均池化的窗口大小为 7×7，所以每张特征图求平均可以得到 1 个特征值，从而 1024 张特征图就可以提取出 1024 个特征值，最后再跟 1000 个神经元进行全连接。GoogleNet 的论文中有提到，将"Flatten"后连接 1024 个神经元改成平均池化得到 1024 个特征值，ImageNet Challenge 图像识别比赛 Top1 准确率提高了 0.6%[4]。另外，使用平均池化还可以减少模型的权值数量，因为全连接层会产生大量权值，而池化计算是没有权值的。

2. GoogleNet 的辅助分类器设计

在图 10.13 中，GoogleNet 的网络有 3 个输出，中间部分的两个输出是 GoogleNet 设计的两个辅助分类器。作者引入的两个辅助分类器也会经过 softmax 函数后输出预测结果，预测结果跟真实标签做对比得到辅助损失 aux_loss，该模型的总损失等于真实损失和辅助损失的加权和，论文中的每个辅助损失使用的权重值是 0.3，总 loss 公式如下。

$$total_{loss} = real_{loss} + 0.3 \times aux_{loss_1} + 0.3 \times aux_{loss_2} \quad (10.1)$$

这两个辅助分类器的作用是增加反向传播的梯度信号[4]，也就是说即使整个网络都使用了 ReLU 激活函数，但是网络的层数比较多（22 层），梯度信号在反向传递的过程中还是会损失掉一些有用的信号。所以作者在中间层加入两个辅助分类器，帮助中间层那部分的权值和靠近输入层那部分的权值更好的训练。

辅助分类器只在模型训练阶段起作用。

10.5 Batch Normalization

在介绍后面新的一些网络模型之前，我们先介绍一下批量标准化（Batch Normalization，BN）技术，因为近几年很多网络中都使用了 BN 技术。

BN 是 Google 的研究员在 2015 年提出的一种标准化策略，其被提出以后，很多网络都使用了它。这里需要特别说明一下，很多网络模型用了 BN 技术以后效果有所提升，但并不是所有模型用了 BN 技术就会更好，所以我们可以把它看作一个很可能有效的网络优化策略。下面对 BN 技术主要参考 BN 技术的原始论文 *Batch Normalization: Accelerating Deep Network Training by Reducing Internal Covariate Shift*[5]对其进行介绍。虽然 BN 技术有效，但其并不是一个很好理解的技术，如果大家看了以下内容后还不是特别理解 BN 技术，也不用钻牛角尖，先接受它的作用，至于它的原理，有时间再慢慢品。

10.5.1 Batch Normalization 提出背景

BN 技术的提出主要由于网络的**内部协变量偏移**（**Internal Covariate Shift，ICS**）。

"*Batch Normalization: Accelerating Deep Network Training by Reducing Internal Covariate Shift*" 论文中给出了 ICS 一个比较规范的定义，即在深度学习网络的训练过程中，网络内部结点的分布变化称为内部协变量偏移[5]。其实说白了就是深度学习的深层网络之间的关系很复杂，每一层数据的微小变化都会随着网络一层一层地传递而被逐渐放大（类似于蝴蝶效应）。底层网络（假设靠近输入层的网络我们称为底层网络）输入的微小变化，就会引起高层网络（假设靠近输出层的网络我们称为高层网络）输入分布的剧烈变化，高层网络需要不断适应底层网络的参数更新。这就使得网络训练起来比较困难，也比较慢。

10.5.2　数据标准化（Normalization）

在机器学习领域中，数据标准化是一种很常用的数据处理策略，通常就是对输入数据的每个维度的特征进行标准化，其具体做法就是所有数据每个维度的特征减去该维度的平均值再除以该维度的标准差：

$$\hat{x}_n = \frac{x_n - \mu}{\sqrt{\sigma^2 + \epsilon}} \tag{10.2}$$

x_n 为某个特征维度的第 n 个值，μ 为该维度的平均值，σ 为该维度的标准差，ϵ 为一个接近于 0 的常数，防止分母为 0。如图 10.14 所示为数据标准化具体实现的代码。

```
1  a = [[200,3,0.4,5654],
2       [100,2,0.1,8903],
3       [400,2,0.2,4353],
4       [450,1,0.3,5345],
5       [324,4,0.5,2525]]
```

```
1  sc = StandardScaler()
2  b = sc.fit_transform(a)
3  b
```

```
array([[-0.73605324,  0.58834841,  0.70710678,  0.14307523],
       [-1.51248071, -0.39223227, -1.41421356,  1.70297929],
       [ 0.8168017 , -0.39223227, -0.70710678, -0.48155856],
       [ 1.20501543, -1.37281295,  0.        , -0.0052813 ],
       [ 0.22671682,  1.56892908,  1.41421356, -1.35921465]])
```

图 10.14　数据标准化

在图 10.14 中，a 有 5 个数据，每个数据有 4 个特征，每个特征的大小不一，经过标准化处理以后得到 b，b 中的数据都是在 0 附近的一些值，数值大小差不多。经过标准化以后的数据 b，其每个特征的均值都是 0，方差为 1。标准化以后的数据可以消除特征尺度（有些特征数值比较大，有些特征数值比较小）对于模型训练的影响，并且 a 中特征之间的相关系数和 b 中特征之间的相关系数是一样的。特征之间的相关系数不会因为标准化而改变。

10.5.3　Batch Normalization 模型训练阶段

我们了解了深度学习模型存在的 ICS 问题后，BN 的原始论文的作者提出了对神经网络的每一层数据进行标准化处理的策略。普通的数据标准化只是对输入的样本数据进行标准化处理，然后再放入模型进行训练。而 BN 是对网络中的每一层的输入特征进行标准化处理，使得每一层的每个输入特征都是均值为 0、方差为 1 的分布。每一层标准化的公式都如同式（10.2）。

在计算网络中的每一层的每个信号的均值和标准差的时候，我们并不是一次性把所有数据都传入模型进行计算。因为计算机的内存大小有限，所以我们训练模型的时候通常都是对数据进行分批次 mini-batch 的训练。所以这里每层信号计算的均值和标准差都是针对一个批次 mini-batch 来说的，所以这个算法的名字是 BN（Batch Normalization）。

但我们对每一层的输入信号做标准化处理时可能会改变该层数据的表达。因为标准化处理会把一组数据变成另一组数据，每一组数据所包含的信息都是不同的，所以不能做完标准化处理就完事了。因此，BN 的原始论文的作者还对标准化后的数据进行了线性变换的处理：

$$y^{(k)} = \gamma^{(k)} \hat{x}^{(k)} + \beta^{(k)} \quad (10.3)$$

$\hat{x}^{(k)}$ 表示网络某一层第 k 维度进行标准化后的数值，$y^{(k)}$ 表示 $\hat{x}^{(k)}$ 线性变换后的结果，$\gamma^{(k)}$ 和 $\beta^{(k)}$ 表示网络某一层第 k 维度的两个参数。使用 $\gamma^{(k)}$ 和 $\beta^{(k)}$ 这两个参数可以对数据进行线性变换。网络每一层的每一个维度都会有不同的 γ 和 β，γ 和 β 的具体数值是由网络训练得到的，不是人为设置的。

例如，已知网络某一层的某个特征 x，该特征的 mini-batch 计算得到的平均值是 μ，标准差是 σ。x 进行标准化后得到 $\hat{x}$，$\hat{x}$ 经过线性变换后得到 y。那么有一个比较特别的结果，即当 $\gamma = \sigma$，$\beta = \mu$ 时，线性变换后的结果 y 刚好等于标准化之前的特征 x。也就是论文中作者设计的线性变换的计算实际上是可以恢复原始数据的表达的，但一般不会这么巧，毕竟 γ 和 β 是通过模型训练得到的。不管怎么说，γ 和 β 还是可以在一定程度上起到恢复数据表达能力的作用的。BN 的计算流程如图 10.15 所示。

$$\mu_\beta \leftarrow \frac{1}{m}\sum_{i=1}^{m} x_i$$

$$\sigma_\beta^2 \leftarrow \frac{1}{m}\sum_{i=1}^{m}(x_i - \mu_\beta)^2$$

$$\hat{x}_i \leftarrow \frac{x_i - \mu_\beta}{\sqrt{\sigma_\beta^2 + \epsilon}}$$

$$y_i \leftarrow \gamma \hat{x}_i + \beta \equiv BN_{\gamma,\beta}(x_i)$$

图 10.15 BN 的计算流程[5]

图 10.15 中的内容就是我们前面讲的流程，先对数据进行标准化，然后再做线性变换。

10.5.4 Batch Normalization 模型预测阶段

模型的训练阶段我们已经介绍完了，主要就是对每一层的数据进行标准化处理和线性变换然后再将其传入下一层。模型训练好之后，我们就把每一层每个维度的 γ 和 β 训练好了。在模型的预测阶段，我们也要对每一层的特征进行标准化处理，但在测试阶段我们可能只传入一个数据进行预测，只有一个数据计算均值和标准差就没有意义了。所以，在模型的测试阶段使用的均值和标准差其实就是使用训练集数据计算得到的。

在模型的训练阶段，我们会分批次训练模型，每一个批次在网络的每一层的每个特征都可以计算出该批次的特征均值 μ 和特征方差 σ^2。我们在训练阶段把所有批次的特征均值和特征方差都保存下来，然后计算出所有特征均值的均值 $E[\mu]$ 和所有特征方差的均值 $E[\sigma^2]$，然后再把 $E[\mu]$ 和 $E[\sigma^2]$ 应用到预测阶段的标准化计算中。

每一层的特性 x 先减去用训练集数据计算得到的均值 $E[\mu]$，然后再除以用训练集数据计算得到的标准差 $\sqrt{E[\sigma^2]+\epsilon}$，最后做线性变换乘以 γ 加上 β，公式如下：

$$y = \frac{x - E[\mu]}{\sqrt{E[\sigma^2]+\epsilon}}\gamma + \beta \tag{10.4}$$

10.5.5　Batch Normalization 作用分析

在 BN 技术的原始论文中，其作者总结了 BN 技术的很多作用，但个人觉得 BN 技术的主要作用如下所示。

（1）**加快模型的训练速度**。这个作用不需要多说，加快模型的训练速度可以节约很多模型训练的时间。

（2）**具有一定的正则化作用**。使用了 BN 技术可以减少 Dropout 的使用，甚至不用 Dropout，并且可以减少 L2 正则化的使用。

（3）**有机会使得模型效果更好**。这个效果不是绝对的，但很多模型使用了 BN 技术之后，效果确实变得更好了，所以 BN 技术值得一试。

在"*Batch Normalization: Accelerating Deep Network Training by Reducing Internal Covariate Shift*"论文中，其还使用了 ImageNet 数据集对 BN 技术的效果做了一些实验分析，如图 10.16 所示。

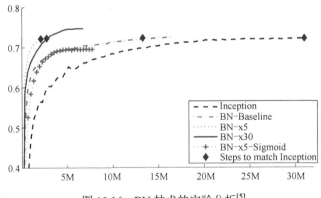

图 10.16　BN 技术的实验分析[5]

图 10.16 中的准确率是使用 ImageNet 验证集计算得到的，由于这里计算的是 Top1 准确率，所以这些模型都没有到 80%。

Inception 就是 GoogLeNet，学习率为 0.0015。这个模型差不多是当时最好的图像识别模型了。

BN-Baseline 为加上了 BN 技术的 Inception，其他训练参数一致。从图 10.16 中我们可以看到，加上 BN 技术后，模型的训练速度快了很多。

BN-x5 跟 BN-Baseline 的结构一样，只不过学习率是 Inception 的 5 倍，为 0.0075。从图 10.16 中我们可以看到，学习率变大以后，模型的训练速度更快了（如果没有使用 BN 技术，则学习率不能设置得太大，会使得模型的调整太剧烈，导致模型无法训练或者训练的效果不好）。

BN-x30 跟 BN-Baseline 的结构一样，只不过学习率是 Inception 的 30 倍。从 10.16 中我们可以看到，更大的学习率不能使得模型更快，虽然加上 BN 技术以后学习率可以设置得大一些，但是也不能太大。

BN-x5-Sigmoid 跟 BN-x5 类似，只不过激活函数用的是 Sigmoid 函数（其他模型都是用 ReLU 函数）。不用 BN 技术，Sigmoid 在 GoogleNet 中是无法使用的，这是由于梯度消失会使得模型无法训练。用了 BN 技术以后，Sigmoid 函数也工作起来了，虽然最后的模型效果还是不太理想。

图 10.16 中的 "Steps to match Inception" 表示这几个模型达到同一准确率的位置。

图 10.16 中几个模型的训练结果如图 10.17 所示。

模型	Steps to 72.2%	最大准确率
Inception	$31.0 \cdot 10^6$	72.2%
BN-Baseline	$13.3 \cdot 10^6$	72.7%
BN-x5	$2.1 \cdot 10^6$	73.0%
BN-x30	$2.7 \cdot 10^6$	74.8%
BN-x5-Sigmoid		69.8%

图 10.17　图 10.16 中几个模型的训练结果[5]

从模型的训练结果中可以看出，加上了 BN 技术的模型，其训练速度都比较快。训练结果最好的是 BN-x30，最差的是 BN-x5-Sigmoid，说明给模型加上 BN 技术以后有可能会得到更好的结果。

BN 技术的作者融合了 6 个 BN-x30 模型，ImageNet 数据集在验证集得到了 4.9% 的 Top5 错误率，在测试集得到了 4.82% 的 Top5 错误率，在当时应该是 ImageNet 数据集最好的结果了。

10.6　ResNet

ResNet 是 2015 年 ImageNet Challenge 图像识别比赛的冠军，其由微软亚洲研究院（MSRA）的研究团队完成，团队的负责人为何恺明。"*Deep Residual Learning for Image Recognition*"[6]论文获得了 2016 年 CVPR(IEEE Conference on Computer Vision and Pattern Recognition)的最佳论文，并且是 2019 年机器学习领域被引用次数最多的论文，达到了 18000 多次，下面根据该论文对 ResNet 的思路进行介绍。

10.6.1　ResNet 背景介绍

在介绍 ResNet 网络之前，我们先介绍一下何恺明，因为他是目前计算机视觉领域最知名且最活跃的专家之一，其代表作 ResNet 更是一鸣惊人。

何恺明在广州长大，从小就是好学生，2003 年保送清华大学。即便如此，他还是参加了广东省高考，得到了 900 分满分的成绩。

2007 年何恺明进入 MSRA 的视觉计算组实习，实习导师是孙剑（现旷视科技的首席科学家），当时视觉计算组的负责人是汤晓鸥（商汤科技的创始人）。

何恺明 2011 年从香港中文大学毕业后正式加入 MSRA。

2016 年 8 月，何恺明离开 MSRA，加入 Facebook AI 研究院（FAIR）。

2020 年 1 月 11 日，荣登 AI 全球最具影响力学者榜单。

观察 ImageNet Challenge 前几届的优秀模型，我们不难发现一个现象，似乎模型的层数越多，效果就越好。AlexNet 有 8 层，VGG19 有 19 层，GoogleNet 有 22 层。于是 ResNet 团队就做了一个实验，他们模仿 VGGNet 的模型，分别设计了 20、32、44、56 层的网络，并使用 CIFAR-10 数据集进行测试，结果如图 10.18 所示。

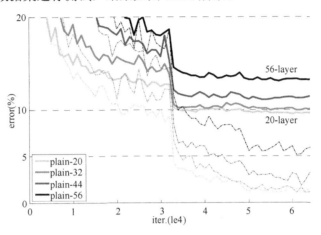

图 10.18　不同深度的网络结果对比

图 10.18 中的 iter 表示迭代次数；error 表示误差。

"Deep Residual Learning for Image Recognition" 论文中把模仿 VGGNet 做出来的一些模型称为 "plain network"。其实验结果表明，20 层的网络误差最低，56 层的网络误差最高，并且层数越多，误差越大，实验结果刚好跟我们前面的猜想相反。

网络层数不是太多的时候，模型的正确率确实会随着网络层数的增加而提升，但随着网络层数的增加，正确率也会达到饱和，这个时候如果再继续增加网络的层数，那么正确率就会下降。"Deep Residual Learning for Image Recognition" 论文中把这种现象称为**退化问题**（**Degradation Problem**），并且论文作者认为退化问题不是由过拟合引起的。

10.6.2　残差块介绍

ResNet 之所以叫残差网络（Residual Network），是因为 ResNet 是由很多**残差块**（**Residual Block**）组成的。而残差块的使用，可以解决前面说到的退化问题。残差块如图 10.19 所示。

图 10.19 中的 weight layer 是 3×3 的卷积层；$F(x)$ 表示经过两个卷积层计算后得到的结果；identity 表示"恒等映射"，也称为"shortcut connections"，说白了就是把 x 的值不做任何处理直接传过去。最后计算 $F(x)+x$，这里的 $F(x)$ 跟 x 是种类相同的信号，所以将其对应位置进行相加。

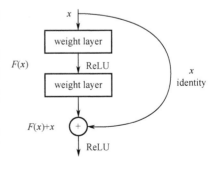

图 10.19　残差块[6]

图 10.20 加上了 BN 层的残差块。

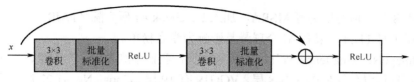

图 10.20　加上 BN 层的残差块

残差块可以有多种设计方式，如改变残差块中卷积层的数量，或者残差块中卷积窗口的大小，或者卷积计算后先 ReLU 后 BN，就像搭积木一样，我们可以随意设置。ResNet 研究团队经过很多的测试最终定下了两种他们觉得最好的残差块的结构，如图 10.21 所示。

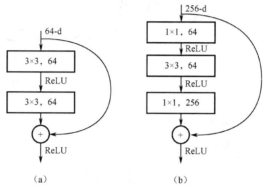

图 10.21　残差块的两种结构[6]

图 10.21 中的 1×1 和 3×3 表示卷积窗口的大小；64 和 256 表示特征图的数量（注意，这里的图片是作者给出的示意图，真正搭建模型的时候，特征图的数量不一定是图中的 64 和 256）。图 10.21（a）有 2 个卷积层，图 10.21（b）有 3 个卷积层，图 10.21（b）加上 BN 层后如图 10.22 所示。

图 10.22　加上 BN 层后的图 10.21（b）

ResNet 也有很多个版本，如 ResNet18、ResNet34、ResNet50、ResNet101 和 ResNet152 等，不同的数字表示不同的网络层数，18 就是 18 层，152 就是 152 层。本书作者在搭建不同版本的 ResNet 的时候使用了不同的残差结构，ResNet18 和 ResNet34 用的是 2 层卷积的残差结构，ResNet50、ResNet101、ResNet152 用的是 3 层卷积的残差结构。

残差结构的主要作用是传递信号，把深度学习浅层的网络信号直接传给深层的网络。深度学习中不同的层所包含的信息是不同的，一般我们认为深层的网络所包含的特征可能对最后模型的预测更有帮助，但是并不是说浅层的网络所包含的信息就没用，深层网络的特征就是从浅层网络中不断提取而得到的。现在我们给网络提供一个"捷径"，也就是"Shortcut Connections"，它可以直接将浅层信号传递给深层网络，跟深层网络的信号结合，从而帮助网络得到更好的效果。

10.6.3　ResNet 网络结构

图 10.23 中有 3 个网络结构，10.23（a）为 VGG19，10.23（b）为模仿 VGGNet 设计

的 34 层平面网络（Plain Network），10.23（c）为 ResNet34。

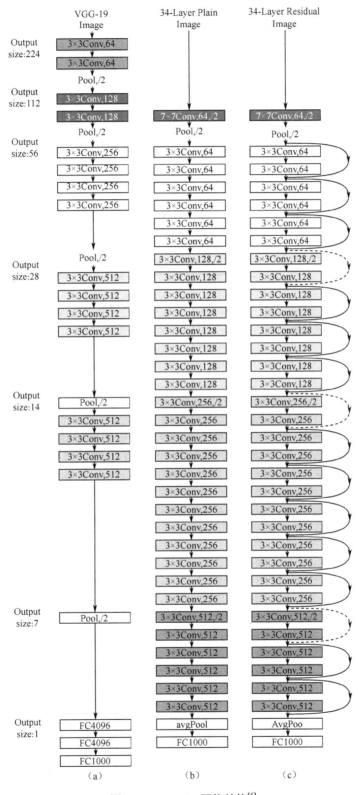

图 10.23　ResNet 网络结构[6]

图 10.23 中的 Conv 表示卷积；Pool 表示池化；FC 表示全连接层；Avg Pool 表示平均池化；Output Size 表示输出大小；Image 表示图片。

VGG19 和 Plain Network 大家自己看看就行。其中，Plain Network 中有个地方要注意，其没有使用池化层（池化层不一定要使用）。在网络中有几个位置我们可以看到"7×7conv，64，/2"、"3×3conv，128，/2"、"3×3conv，256，/2"、"3×3conv，512，/2"。这里的 7×7 和 3×3 表示卷积窗口大小；65/128/256/512 表示卷积后生成多少特征图；/2 表示卷积的步长为 2，卷积后特征图的长宽都会变为原来的 1/2。最后的 avg pool 为平均池化，是模仿 GoogleNet 设计的。

我们重点来看看 ResNet34，其是从 34 层的 Plain Network 改进得来的，结构上跟 34 层的 Plain Network 非常相似。主要区别是 ResNet34 增加了"Shortcut Connections"，由 16 个 2 层的残差结构堆叠而成。但我们发现"Shortcut Connections"分为实线和虚线，实线表示残差结构的输入 x 与残差结构中卷积计算结果 $F(x)$ 的 shape 是一样的，可以直接进行对位相加，具体例子如图 10.24 所示。

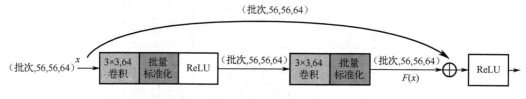

图 10.24 实线"Shortcut Connections"例子

虚线"Shortcut Connections"表示无法直接进行对位相加的接连。我们可以发现虚线部分的残差块输入 x 和残差结构中卷积计算结果 $F(x)$ 的 shape 是不一致的，输入 x 的特征图数量是 $F(x)$ 特征图数量的 1/2，并且输入 x 的特征图长宽是 $F(x)$ 特征图长宽的 2 倍。虚线"Shortcut Connections"在 ResNet 论文中给出了 A 和 B 两种连接方式。

A：Zero-Padding。先做步长为 2 的恒等映射（Identity Mapping），新增的特征图用 0 填充。ResNet 一般不用这种方式，论文中没有写明白具体的操作，网上的资料也比较少，所以下面 Zero-Padding 的操作主要来自作者的推测，如图 10.25 所示，其表示 1 张特征图进行步长为 2 的 Identity Mapping。

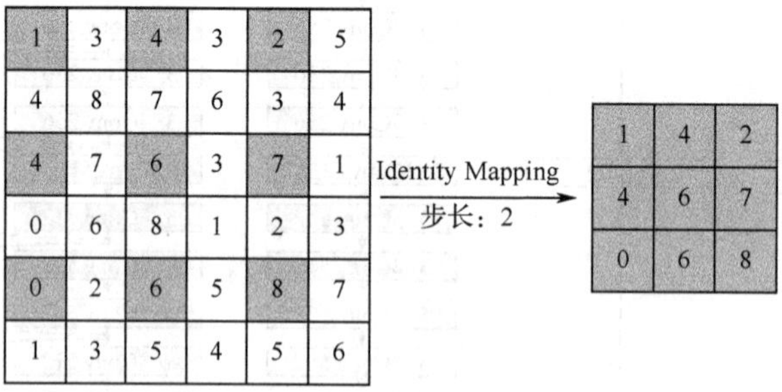

图 10.25 步长为 2 的恒等映射

图 10.26 表示多张特征图步长为 2 的恒等映射，特征图变成原来的 2 倍，新增的特征图用 0 填充。

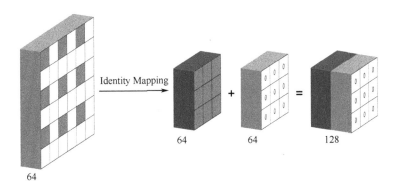

图 10.26　Identity Mapping+Zero-Padding

图 10.27 表示 Zero-Padding 的"Shortcut Connections"在 ResNet 中使用的具体例子。

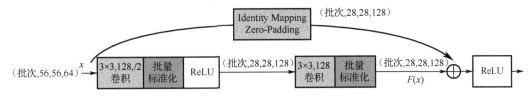

图 10.27　Zero-Padding

Zero-Padding 的好处是计算简单，并且不需要给网络增加额外的权值，同时也可以得到较好的效果。

B：Projection Shortcut。ResNet 作者把第二种方式称为"Projection Shortcut"，具体做法是用步长为 2、大小为 1×1 的卷积来对残差块的输入信号 x 进行特征提取，使 x 信号和 $F(x)$ 信号的形状（Shape）一致。ResNet 通常都是使用 Projection Shortcut 的方法，如图 10.28 所示。

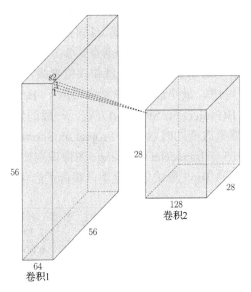

图 10.28　步长为 2，1×1 卷积

图 10.29 表示 Projection Shortcut 的"Shortcut Connections"在 ResNet 中使用的具体例子。

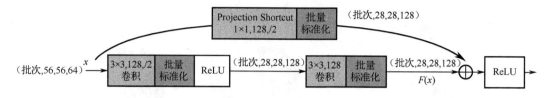

图 10.29　Projection Shortcut

图 10.29 中的 Conv 表示卷积；Batch Norm 表示批量标准化；Batch 表示批次。

相比于 Zero-Padding，使用 Projection Shortcut 可以让模型获得更好的效果。另外，作者还提出了另外一种 Shortcut 连接方案，即"All Shortcuts Are Projections"。

C：All Shortcuts Are Projections。顾名思义，也就是 ResNet 中所有的 Shortcuts，不管是没有特征图数量增加的实线 Shortcut，还是有特征图数量增加的虚线 Shortcut，都使用带 1×1 卷积的 Projection Shortcut 来进行连接。

ResNet 作者使用 Imagenet 数据集对 A、B、C 三种 Shortcut 方式进行了评估，结果如图 10.30 所示。

模型	Top1错误率	Top5错误率
VGG-16 [41]	28.07	9.33
GoogLeNet [44]	-	9.15
PReLU-net [13]	24.27	7.38
plain-34	28.54	10.02
ResNet-34 A	25.03	7.76
ResNet-34 B	24.52	7.46
ResNet-34 C	24.19	7.40
ResNet-50	22.85	6.71
ResNet-101	21.75	6.05
ResNet-152	**21.43**	**5.71**

图 10.30　3 种 Shortcut 方式评估[6]

图 10.30 中的 A、B、C 分别表示前面提到的 3 种 Shortcut 方式，ResNet-50、ResNet-101 和 ResNet-152 用的是 B(Projection Shortcut)方式。我们从图 10.30 中可以看出，C 方式比 B 方式稍微好一点点，B 方式比 A 方式稍微好一点点。C 方式需要给网络增加较多的计算量和权值参数，B 方式需要给网络增加一点计算量和权值参数，C 方式不需要额外的权值参数。ResNet 作者综合情况考虑，最终选择在模型中使用了 B 方式。所以我们现在看到的 ResNet 模型一般都是使用 B(Projection Shortcut)方式，一般的残差块都是 Identity Mapping (恒等映射)，只有特征图数量改变的时候使用 Projection Shortcut。

ResNet 团队最终在 2015 年 ImageNet Challenge 图像识别比赛中融合了 6 个不同深度的 ResNet 模型，得到了 3.57% 的 Top5 测试集错误率，获得了当年比赛的冠军。图 10.31 为不同模型的测试结果。

模型	测试集ToP5错误率
VGG [41] (ILSVRC'14)	7.32
GoogLeNet [44] (ILSVRC'14)	6.66
VGG [41] (v5)	6.8
PReLU-net [13]	4.94
BN-inception [16]	4.82
ResNet (ILSVRC'15)	**3.57**

图 10.31　不同模型的测试结果[6]

10.6.4 ResNet-V2

2016 年,何恺明所在的 ResNet 团队又发表了一篇关于 ResNet 的论文,即 "*Identity Mappings in Deep Residual Networks*"。在这篇论文中,他们提出了一种关于 ResNet 的结构优化,并表示新的 ResNet 结构可以让 ResNet 获得更好的效果。我们一般把 "*Identity Mappings in Deep Residual Networks*"[7]这篇论文中提到的 ResNet 结构称为 ResNet-V2,如图 10.32 所示。

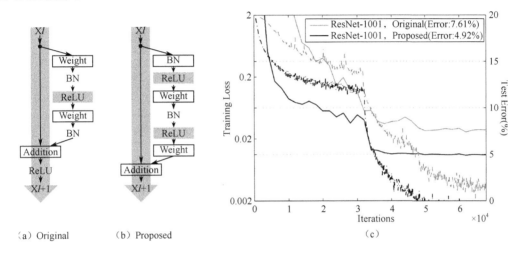

图 10.32 ResNet-V2

图 10.32 中的 Iterations 表示迭代次数;Test Error 表示测试集错误率。

图 10.32(a)Original 表示原始的 ResNet 的残差结构,图 10.32(b)Proposed 表示新的 ResNet 的残差结构。其主要差别就是图 10.32(a)先卷积后进行 BN 和激活函数计算,最后执行 Addition 后再进行 ReLU 计算;图 10.32(b)先进行 BN 和激活函数计算后卷积,把 Addition 后的 ReLU 计算放到了残差结构内部。论文作者使用这两种不同的结构在 CIFAR-10 数据集上做测试,模型用的是 1001 层的 ResNet 模型。从图 10.32 所示的结果中我们可以看出,图 10.32(b)Proposed 的测试集错误率明显更低一些,达到了 4.92%的错误率,图 10.32(a)Original 的测试集错误率是 7.61%。

其实 ResNet 团队对 ResNet 的残差结构做了很多不同的尝试,如图 10.33 所示。

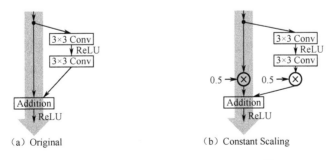

图 10.33 Shortcut 结构的不同尝试[7]

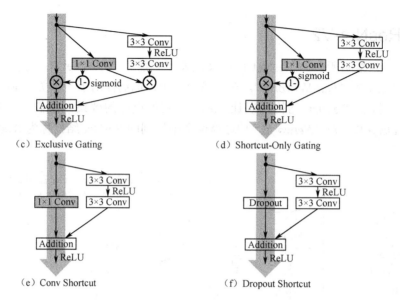

图 10.33 Shortcut 结构的不同尝试[7]（续）

图 10.33 都是论文作者对残差结构的 Shortcut 部分进行的不同尝试，这里我们就不具体介绍了，因为论文作者对不同 Shortcut 结构的尝试结果如图 10.34 所示。

Case	Fig.	On Shortcut	on $\mathcal{F}$	Error (%)	Remark
Original [1]	图10.33(a)	1	1	**6.61**	
Constant Scaling	图10.33(b)	0	1	fail	This is a plain net
		0.5	1	fail	
		0.5	0.5	12.35	frozen gating
Exclusive Gating	图10.33(c)	$1-g(\mathbf{x})$	$g(\mathbf{x})$	fail	init b_g=0 to -5
		$1-g(\mathbf{x})$	$g(\mathbf{x})$	8.70	init b_g=-6
		$1-g(\mathbf{x})$	$g(\mathbf{x})$	9.81	init b_g=-7
Shortcut-Only Gating	图10.33(d)	$1-g(\mathbf{x})$	1	12.86	init b_g=0
		$1-g(\mathbf{x})$	1	6.91	init b_g=-6
1×1 Conv Shortcut	图10.33(e)	1×1 conv	1	12.22	
Dropout Shortcut	图10.33(f)	dropout 0.5	1	fail	

图 10.34 不同 Shortcut 结构的测试结果[7]

论文中作者用不同 Shortcut 结构的 ResNet-110 在 CIFAR-10 数据集上做测试，发现最原始的结构是最好的，也就是 Identity Mapping（恒等映射）是最好的。

然后论文中作者又对残差结构的残差单元进行了不同的尝试，如图 10.35 所示。

最好的结果是图 10.35（e）Full Pre-Activation，其次为图 10.35（a）Original。图 10.35（a）Original 的残差结构是应用在最原始的 ResNet 中的残差结构；图 10.35（e）Full Pre-Activation 的残差结构就是我们前面介绍的 ResNet-V2 中的残差结构。

从 ResNet 的设计和发展过程中我们可以知道，深度学习是一门非常注重实验的学科，我们需要有创新的好想法，同时也需要大量的实验来支撑和证明我们的想法。有些时候我们无法从理论上推断哪种模型设计或优化方法是最好的，这个时候我们可能就需要做大量的实验来不断尝试，找到最好的结果。如今 ResNet 已经得到广泛的应用和肯定，对深度学习和计算机视觉做出了重要贡献。

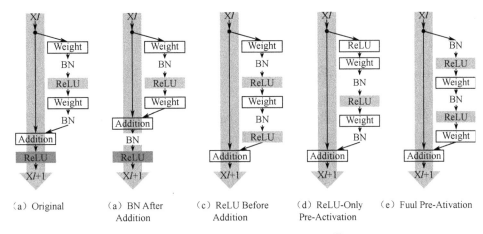

图 10.35 不同残差单元的测试结果[7]

经典图像识别模型介绍下一章继续。

10.7 参考文献

[1] Russakovsky O, Deng J, Su H, et al. ImageNet Large Scale Visual Recognition Challenge[J]. International Journal of Computer Vision, 2015, 115(3):211-252.

[2] Krizhevsky A, Sutskever I, Hinton G. ImageNet Classification with Deep Convolutional Neural Networks[C]// NIPS. Curran Associates Inc. 2012.

[3] Simonyan, Karen, Zisserman, Andrew. Very Deep Convolutional Networks for Large-Scale Image Recognition[J].

[4] Szegedy C, Liu W, Jia Y, et al. Going Deeper with Convolutions[J]. 2014.

[5] Ioffe S, Szegedy C. Batch Normalization: Accelerating Deep Network Training by Reducing Internal Covariate Shift[J]. 2015.

[6] He K, Zhang X, Ren S, et al. Deep Residual Learning for Image Recognition[C]// 2016 IEEE Conference on Computer Vision and Pattern Recognition (CVPR). IEEE Computer Society, 2016.

[7] He K, Zhang X, Ren S, et al. Identity Mappings in Deep Residual Networks[J]. 2016.

第 11 章 经典图像识别模型介绍（下）

这一章我们将继续介绍经典的图像识别模型。

11.1 Inception 模型系列

Inception 的前身就是前面我们介绍过的 GoogleNet，GoogleNet 中提出了一个多种尺度同时进行特征提取的结构（称为 Inception），所以 GoogleNet 后来改名变成了 Inception-v1。Google 的团队后来在 Inception-v1 的基础上做了更多的研究和优化，提出了 Inception-v2、Inception-v3、Inception-v4、Inception-ResNet-v1 和 Inception-ResNet-v2 多个优化版本。

11.1.1 Inception-v2/v3 优化策略

Inception-v2 和 Inception-v3 都出自论文"*Rethinking the inception architecture for computer vision*"[1]，该论文提出了多种基于 Inception-v1 的模型优化方法。Inception-v2 用了其中的一部分模型优化方法，Inception-v3 用了论文中提到的所有优化方法，相当于 Inception-v2 只是一个过渡版本，Inception-v3 一般用得更多。下面我们主要针对论文中所涉及的一些比较重要的优化方法进行讲解，具体是用在 Inception-v2 还是 Inception-v3 就不做详细区分了，可以都看作 Inception-v3 的内容。顺便说一下，之前我们学过的标签平滑（Label Smoothing）就是出自该论文的。

"*Rethinking the inception architecture for computer vision*"论文中，Inception-v3 最大的优化是模型结构上的优化。在其中，作者对 Inception 结构中的卷积进行了分解。分解后的好处是增加了网络的层数，即增加了网络的特征提取能力。同时还对 Inception 结构进行了一些调整，设计了不同的 Inception，用在模型的不同位置。

我们先回忆一下最原始的 Inception 结构，如图 11.1 所示。

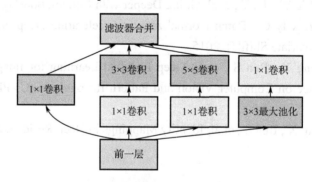

图 11.1 最原始的 Inception 结构[1]

Inception-v3 中提出了一个新思路，即使用两个 3×3 卷积来替代原始 Inception 结构中的 5×5 卷积，如图 11.2 所示。

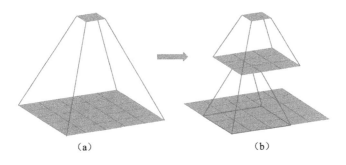

图 11.2 分解 5×5 卷积

将 5×5 卷积分解为两层的 3×3 卷积,对于最后得到的特征来说,感受野的大小是相同的,都是 5×5 的区域。相当于 5×5 卷积对 5×5 区域进行特征提取,得到一个特征值;两层的 3×3 卷积对 5×5 区域进行特征提取,也是得到一个特征值。这两种特征提取的方式类似,但最后得到的特征值可能是不同的,图 11.2(b)所示的两层 3×3 卷积做了两次卷积,得到的特征值或许会更好一些。

沿着这个卷积分解的思路继续思考,作者又提出了一种新的卷积分解,把 3×3 卷积分解为 1×3 卷积和 3×1 卷积,如图 11.3 所示。

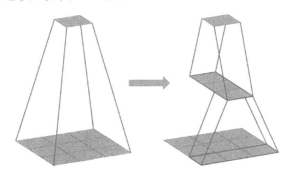

图 11.3 分解 3×3 卷积

把 3×3 卷积分解为 1×3 卷积和 3×1 卷积,道理跟将 5×5 卷积分解为两层的 3×3 卷积差不多,对于最后的特征来说,感受野的大小是一样的,并且分解后可以让网络层数变得更多,增加网络的非线性。理论上 $n \times n$ 的卷积都可以分解为 $1 \times n$ 卷积和 $n \times 1$ 卷积。

作者还分析了减小特征图大小时的操作,如图 11.4 所示。

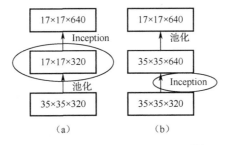

图 11.4 减小特征图大小的操作[2]

作者认为直接使用窗口大小为 2×2、步长为 2 的池化来压缩特征图的大小效果不太好。因为特征图的数量不变,但是特征图的长宽变成为原来的 1/2,相当于特征值的数量被压缩为原来的 1/4 了，特征值的数量一下减少太多不利于模型的训练，所以图 11.4（a）所示的结构不太理想。图 11.4（b）所示的结构先用 Inception 来增加特征图的数量，然后再进行池化减小特征图的大小，对于特征的提取来说没什么问题，就是计算量太大。

所以设计了新的 Inception 结构，在减小特征图大小的同时可以增加特征图的数量，如图 11.5 所示。

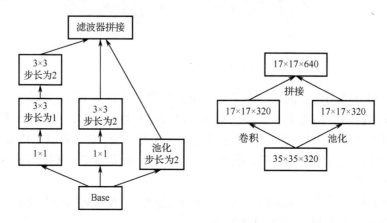

图 11.5　用于减小特征图大小并增加特征图数量的 Inception 结构[2]

除此之外，作者还根据实验分析和建模经验设计了一些新的 Inception 结构，如图 11.6 所示。

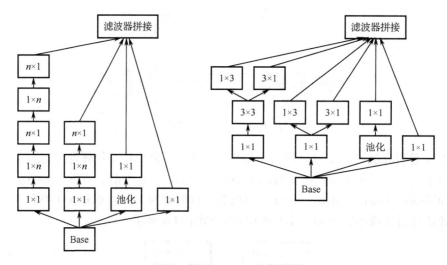

图 11.6　一些新的 Inception 结构[2]

将这些不同的 Inception 结构就像搭积木一样堆叠起来，即组成了 Inception-v3 的模型。

11.1.2　Inception-v2/v3 模型结构

Inception-v2/v3 模型的结构非常庞大，"*Rethinking the inception architecture for computer vision*" 论文中给出的模型结构描述也不是特别清晰，如图 11.7 所示。

第 11 章 经典图像识别模型介绍（下）

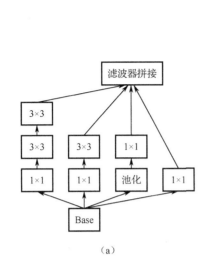

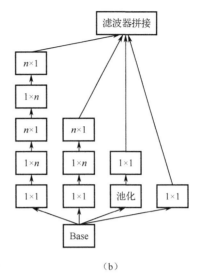

Inception-v2/v3 architecture

type	patch size/stride or remarks	input size
卷积	3×3/2	299×299×3
卷积	3×3/1	149×149×32
卷积填补	3×3/1	147×147×32
池化	3×3/2	147×147×64
卷积	3×3/1	73×73×64
卷积	3×3/2	71×71×80
卷积	3×3/1	35×35×192
3× Inception	图11.7（a）	35×35×288
5×Inception	图11.7（b）	17×17×768
2× Inception	图11.7（c）	8×8×1280
池化	8×8	8×8×2048
全连接层	Logits	1×1×2048
Softmax	分类（Classifier）	1×1×1000

图 11.7　Inception-v2/v3 模型的结构[2]

　　大家应该能大致看懂图 11.7 中所示的 Inception-v2/v3 结构，但是好像又看不太懂。那么要如何把 Inception-v2/v3 模型的结构在书里表示清楚，让大家能看懂，我想了很久。其实要把 Inception-v2/v3 模型的结构图画出来不难，难的是怎么在书里画出来，书这个信息载体对长图片的支持不太友好。最后我想到了一个比较清晰简洁、在书里看起来也相对比较友好的画结构图的方法——"方块构图法"（我瞎起的名字）。我画的这个结构跟论文中描述的结构细节上有些许不同，我是参考 tensorflow.keras.applications.inception_v3 中的结构画的，Inception-v2/v3 模型的结构如图 11.8 所示。

　　图 11.8 中的 Conv 表示卷积；MaxPool 表示最大池化；AvgPool 表示平均池化；Concat 表示拼接；FC 表示全连接层；V 表示 Valid Padding。

　　相信这个结构图大家应该是很容易看懂的，我只需要稍微提几个注意事项即可：

　　（1）图 11.8 中的卷积和池化默认的步长是 1，所以没有写出来。如果有 "/2"，则表示步长为 2。

　　（2）图 11.8 中的卷积和池化默认都是 Same Padding，所以没有写出来。如果有 "V"，则表示 Valid Padding。

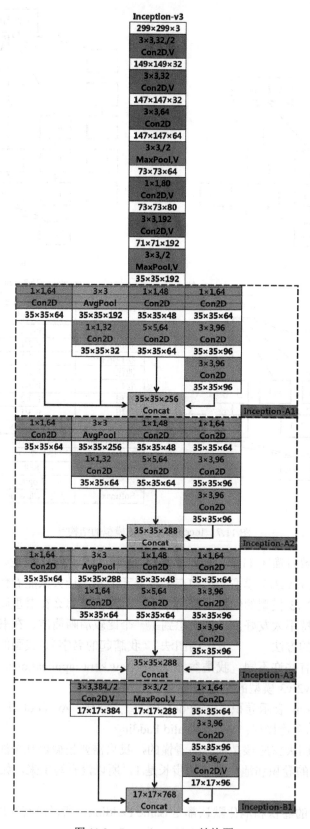

图 11.8 Inception-v2/v3 结构图

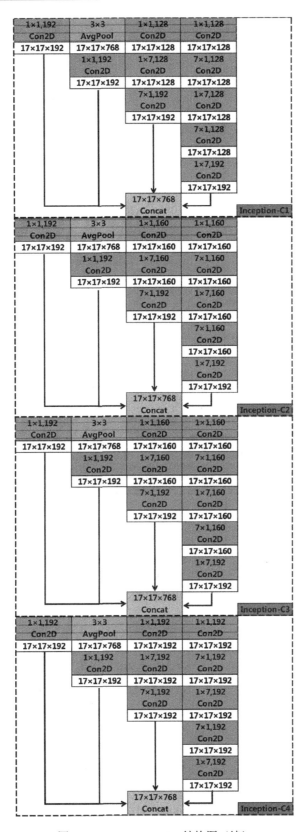

图 11.8 Inception-v2/v3 结构图（续）

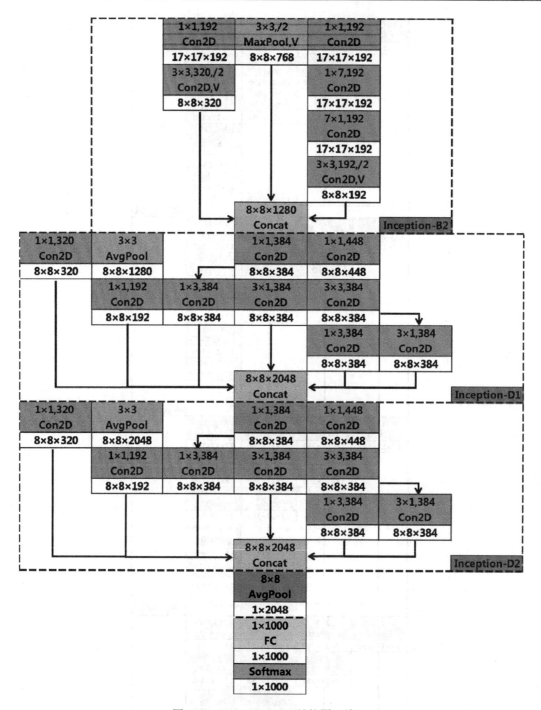

图 11.8 Inception-v2/v3 结构图（续）

（3）每个卷积层后面有 BN 和 ReLU，图 11.8 中省略了。

（4）Inception-ABCD 表示论文中提到的几种不同类似的 Inception 模型结构，但并不是跟论文中的完全一致。

最后我们来看一下 Inception-v3 在 ImageNet 数据集中的测试结果，如图 11.9 所示。

Network	Crops Evaluated	Top-5 Error	Top-1 Error
GoogLeNet [20]	10	-	9.15%
GoogLeNet [20]	144	-	7.89%
VGG [18]	-	24.4%	6.8%
BN-Inception [7]	144	22%	5.82%
PReLU [6]	10	24.27%	7.38%
PReLU [6]	-	21.59%	5.71%
Inception-v3	12	19.47%	4.48%
Inception-v3	144	**18.77%**	**4.2%**

图 11.9　Inception-v3 单模型测试结果[2]

图 11.10 为 Inception-v3 模型融合后的测试结果。

Network	Models Evaluated	Crops Evaluated	Top-1 Error	Top-5 Error
VGGNet [18]	2	-	23.7%	6.8%
GoogLeNet [20]	7	144	-	6.67%
PReLU [6]	-	-	-	4.94%
BN-Inception [7]	6	144	20.1%	4.9%
Inception-v3	4	144	**17.2%**	**3.58%***

图 11.10　Inception-v3 模型融合后测试结果[2]

图 11.9 和图 11.10 中的 Network 表示网络；Models Evaluated 表示评估时集成了几个模型（图 11.10 中的）；Crops Evaluated 表示模型评估时裁剪出多少张图片进行预测；Top-5 Error 表示 Top5 错误率；Top-1 Error 表示 Top1 错误率。

Inception-v3 模型融合后的 Top5 错误率为 3.58%，这个结果跟 2015 年 ImageNet Challenge 图像识别比赛的冠军 ResNet 已经非常接近了，ResNet 的 Top5 错误率为 3.57%。

11.1.3　Inception-v4 和 Inception-ResNet 介绍

Inception-v3 结构的复杂程度已经够复杂了，但是它还有几个升级版本，即 Inception-v4，Inception-ResNet-v1 和 Inception-ResNet-v2，这几个升级版本都出自论文 "*Inception-v4, Inception-ResNet and the Impact of Residual Connections on Learning*" [3]。

这几个升级版的 Inception 模型的基本设计思路都是遵循 Inception-v3 的设计思路的，只不过比 Inception-v3 再稍微复杂一些。"*Inception-v4, Inception-ResNet and the Impact of Residual Connections on Learning*" 论文的作者不认同非常深层的网络一定要使用残差单元才行，所以他们设计了没有使用残差单元的深度网络 Inception-v4，我大概数了一下论文中的 Inception-v4 结构，应该有 76 层。但 "*Inception-v4, Inception-ResNet and the Impact of Residual Connections on Learning*" 的作者认同加上残差单元以后，模型可以训练得更加快一些。

Inception-ResNet-v1 和 Inception-ResNet-v2，顾名思义就是 Inception 的设计加上 ResNet 的残差结构设计得到的模型。

由于 Inception-v4、Inception-ResNet-v1 和 Inception-ResNet-v2 的结构设计跟 Inception-v3 的差别不大，并且使用一次"方块构图法"消耗的体力太多，所以这几个模型的具体网络结构就不给大家展示了。下面使用论文中的一些图给大家展示一下 Inception-v4 和 Inception-ResNet-v2 的结构，大家大致看一下即可，图 11.11 为 Inception-v4 的结构图。

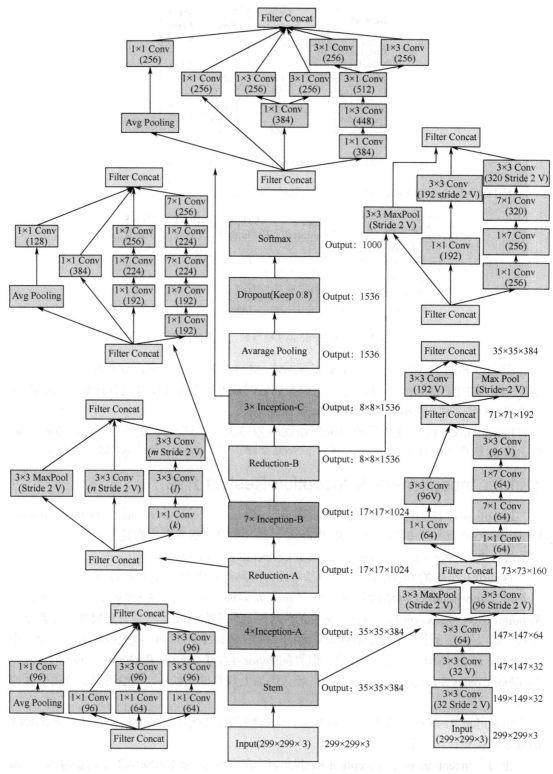

图 11.11 Inception-v4 结构图[3]

图 11.11 中的 Conv 表示卷积；MaxPool 表示最大池化；Output 表示输出；Input 表示输入；Filter Concat 表示滤波器拼接；Avg Pooling 和 Average Pooling 表示平均池化；Stride

表示步长。

Inception-v4 延续了 Inception-v3 的设计，并进行了一些优化，主要也是使用多个不同的 Inception 结构堆叠得到深层的网络模型。

如图 11.12 所示为 Inception-ResNet-v2 的结构。

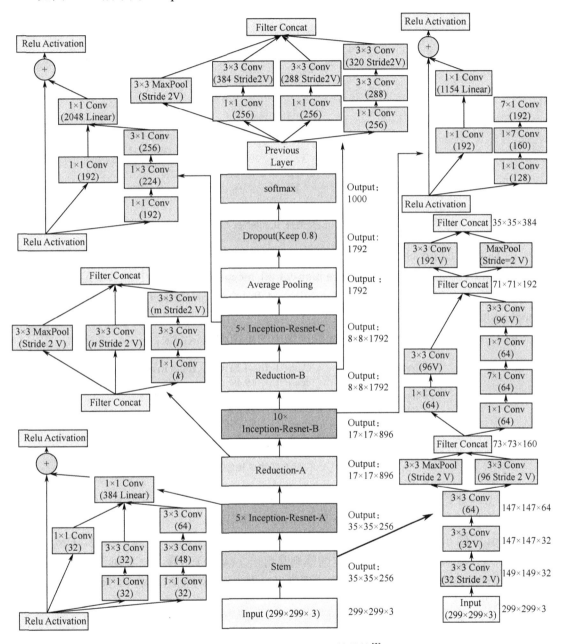

图 11.12　Inception-ResNet-v2 的结构[3]

图 11.12 中的 Conv 表示卷积；MaxPool 表示最大池化；Output 表示输出；Input 表示输入；Filter Concat 表示滤波器拼接；Average Pooling 表示平均池化；stride 表示步长。

Inception-ResNet-v2 结构的特殊之处就是把 Inception 和残差单元的设计结合到了一起，变成了 Inception-Resnet 模块。

图 11.13 为 4 个 Inception 模型在 ImageNet 数据集中，单模型 Top5 错误率的测试结果。

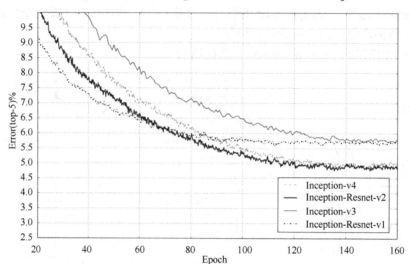

图 11.13　4 种 Inception 模型在 ImageNet 数据集中的测试结果[3]

图 11.13 中的 Epoch 表示训练周期；Error 表示误差。

从图 11.13 中我们可以看到 Inception-v3 和 Inception-ResNet-v1 的效果是差不多的，Inception-ResNet-v1 稍微好一点点。Inception-v4 和 Inception-ResNet-v2 的效果是差不多的，Inception-ResNet-v2 稍微好一点点。

图 11.14 为几个模型在 ImageNet 数据集中的单模型测试结果。

Network	Crops	Top-1 Error	Top-5 Error
ResNet-151 [5]	dense	19.4%	4.5%
Inception-v3 [15]	144	18.9%	4.3%
Inception-ResNet-v1	144	18.8%	4.3%
Inception-v4	144	17.7%	3.8%
Inception-ResNet-v2	144	17.8%	3.7%

图 11.14　几个不同模型的单模型测试结果[3]

图 11.14 中的 Network 表示网络；Crops 表示从一张图片中裁剪出多少张图片；Top-1 Error 表示 Top1 错误率；Top-5 Error 表示 Top5 错误率。

Crops 中的 dense 表示直接对一张测试图片进行预测，得到一个预测结果。Crops 中的 144 表示从一张测试图片中按照一定的规则裁剪出 144 个子区域，然后对这 144 个子区域分别进行预测，得到 144 个预测结果，最后再对这 144 个预测结果求平均得到最终的一个预测结果[4]。

图 11.15 为模型融合的测试结果。

Network	Models	Top-1 Error	Top-5 Error
ResNet-151 [5]	6	–	3.6%
Inception-v3 [15]	4	17.3%	3.6%
Inception-v4 + 3× Inception-ResNet-v2	4	16.5%	3.1%

图 11.15　模型融合的测试结果[3]

图 11.15 中的 Network 表示网络；Models 表示集成的模型数量；Top-1 Error 表示 Top1 错误率；Top-5 Error 表示 Top5 错误率。

使用 1 个 Inception-v4 和 3 个 Inception-ResNet-v2 模型进行融合，在 ImageNet 的验证集中得到了 3.1%的 Top5 错误率，在 ImageNet 的测试集中得到了 3.08%的 Top5 错误率，这个结果已经比 ResNet 的模型融合后的结果更好了。

11.2 ResNeXt

ResNeXt 获得了 2016 年 ImageNet Challenge 图像识别比赛的亚军，是由来自加州大学圣地亚哥分校（UCSD）和 Facebook AI Research（FAIR）的团队完成的。ResNeXt 中的"Res"表示"ResNet"，"NeXt"表示"Next Dimension"，在 ResNeXt 的"Aggregated Residual Transformations for Deep Neural Networks"[5]论文中，"Next Dimension"被称为"Cardinality Dimension"。作者提出把 Cardinality 作为深度学习网络中的一个新参数，就像是网络的深度（网络的层数）和宽度（特征图的数量）一样。在介绍 ResNeXt 之前，我们先来了解一下 ResNeXt 网络中的核心内容，即**分组卷积（Group Convolution）**。

11.2.1 分组卷积介绍

分组卷积（Group Convolution）是一种特殊的卷积，最早应该是用在 AlexNet 网络中的。AlexNet 网络的原始结构分为上下两部分，我们可以将其看作上下两个通道或者上下两个分组，如图 11.16 所示。

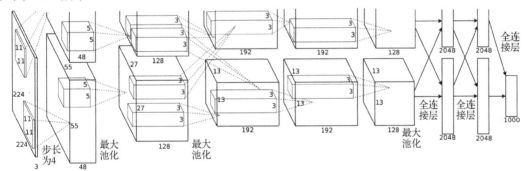

图 11.16　AlexNet 网络的结构[6]

AlexNet 使用分组卷积主要是由于当时的软硬件条件比较受限，AlexNet 团队想用两个 GPU 来加速模型，一个 GPU 运行上面分组的卷积计算，一个 GPU 运行下面分组的卷积计算。所以在 AlexNet 中使用这样的分组卷积设计并不是他们的本意，更多的是巧合。但有实验证明当初 AlexNet 里面使用分组卷积是正确的设计，使用了分组卷积以后不仅其计算量和权值数量减少了，并且模型的准确率也提升了一些[5]，实验结果如图 11.17 所示。

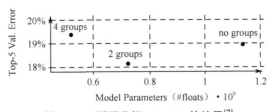

图 11.17　不同分组 AlexNet 的结果[7]

图 11.17 中的 Model Parameters 表示模型的参数数量；Top-5 Val. Error 表示 Top5 验证集错误率；"2 groups"表示将卷积分为 2 组；"no groups"表示不分组；"4 groups"表示将卷积分为 4 组。

图 11.17 中的横坐标表示模型的参数数量，纵坐标表示模型的错误率。从图 11.17 中我们可以看到，分组越多，模型的参数越少，模型的准确率上下会有浮动，但变化不是很大。这 3 个实验结果中将卷积分为 2 组是最好的选择。

下面我们正式介绍分组卷积，简单来说，分组卷积就是将特征图分为不同的组，然后再对每组特征图分别进行卷积。这里的分组一般都是分为 n 等份，理论上其实不是等份也可以，但一般为了实现方便，都是分为等份。分组卷积的好处主要是可以减少模型的计算量和训练参数，同时对模型的准确率影响不大，甚至有可能会提高模型的准确率。下面我们通过几个图来详细了解一下。其中图 11.18 为普通卷积。

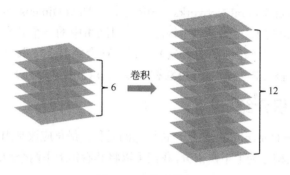

图 11.18　普通卷积

这里特征图的大小和卷积和的大小都不是重点内容，所以图 11.18 中没有标出，我们只要能看出 6 个特征图卷积后得到 12 个特征图就可以了。但为了让大家理解分组卷积的计算量和权值数量，这里我们举例计算一下，假设特征图的大小是 28×28，卷积核的大小为 5×5，Same Padding。则卷积层的权值数量为 5×5×6×12+12=1812，乘法的计算量为 5×5×28×28×6×12=1411200。

下面我们看一下分组卷积，分组卷积一般都是把特征图分为 n 等份，然后再对 n 等份的特征图分别卷积，这里的 n 可以人为设置，如图 11.19 所示。

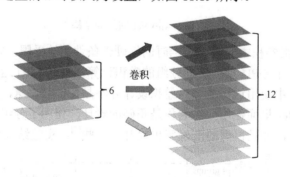

图 11.19　分组卷积

为了跟普通卷积对比，这里分组卷积的例子输入也是 6 个特征图，输出也是 12 个特征图。这里我们可以看到把 6 个特征图分为了 3 组，每组 2 个特征图，每组分别进行卷积，卷积后得到 4 个特征图。最后再把 3 组共 12 个特征图组合起来。假设特征图的大小是 28×28，卷积核大小为 5×5，Same Padding。则卷积层的权值数量为 5×5×2×4×3+12=612，乘法的计算量为 5×5×28×28×2×4×3=470400。权值的数量和计算量都约为普通卷积的 1/3。

11.2.2 ResNeXt 中的分组卷积

这一小节我们将主要学习 ResNeXt 的核心内容，即分组卷积在 ResNeXt 中的使用。ResNeXt 中提出的模型调节的新维度"Cardinality"，其实就是分组卷积中的分组数量，如 Cardinality 为 2 表示把卷积分为 2 组，Cardinality 为 32 表示把卷积分为 32 组。

作者将分组卷积应用到 ResNet 的残差结构中，如图 11.20 所示。

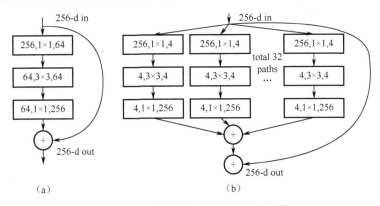

图 11.20　残差结构中使用分组卷积[5]

图 11.20 中的 in 表示输入；out 表示输出；d 表示 Dimension，代表维度；total 32 paths 表示总共 32 个通道。

图 11.20（a）中为 ResNet 的残差结构，图 11.20（b）是 Cardinality 为 32 的新残差结构。每个格子中的 3 个数字分别表示输入通道数、卷积核大小和输出通道数。原始的 ResNet 的残差结构就不用多说了，ResNeXt 中的残差结构也很容易理解，第 1 层卷积的输入是 256 个特征图，输出是 4×32=128 个特征图。然后对这 128 个特征图进行分组，分为 32 组，每组 4 个特征图，在第 2 层卷积进行分组卷积计算。第 2 层卷积计算后，每组卷积产生 4 个特征图。第 3 层卷积是对 4 个特征图进行卷积，产生 256 个特征图。然后再对 32 个分组产生的 32 组（每组 256 个特征图）进行 Element-Wise Addition 按位相加，最后再加上恒等映射传过来的信号，得到残差结构的输出。

这里大家可能会有个小疑问，为什么图 11.20（a）所示的原始的残差结构的第 1 层卷积输入 256 个特征图，产生 64 个特征图，而图 11.20（b）所示的分组卷积残差结构的第 1 层卷积输入 256 个特征图，产生 4×32=128 个特征图，看起来两个残差结构中间部分产生的特征图数量不一致。其实作者之所以这么设计分组卷积特征图的数量，其主要是为了使得两个残差结构训练参数的数量大致相同。

我们来计算一下图 11.20（a）中所示的残差结构训练参数的数量（为了计算方便，忽略偏置值）即 256×64+3×3×64×64+64×256≈70000。图 11.20（b）所示的分组卷积残差结构的参数数量为（为了计算方便忽略偏置值）$C×(256×d+3×3×d×d+d×256) ≈ 70000$。其中 C=32，表示 Cardinality 为 32；d=4，表示每个分组有 4 个特征图。图 11.20（b）我们也可以表示为 32×4d，意思是 32 个分组，每组 4 个特征图。如果是 8×16d 则表示 8 个分组，每组 16 个特征图；如果是 1×64d 则表示 1 个分组（也就是不分组），每组 64 个特征图。在作者的设计下，新的分组卷积残差结构的权值数量和计算量跟原始的残差结构的差不多，但最后模型的效果可以变得更好。

其实在ResNeXt的论文中，作者给出了3种形式的分组卷积残差结构，这3种形式的分组卷积残差结构的输入信号和输出信号都是一样的，只是中间部分略有不同，如图11.21所示。

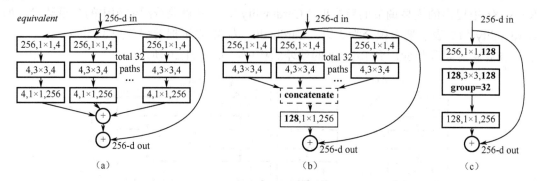

图11.21　3种形式的分组卷积残差结构[5]

图11.21中的in表示输入；out表示输出；d表示Dimension，代表维度；total 32 paths表示总共32个通道；group表示分组数；equivalent表示相等的；concatenate表示拼接。

前面我们已经仔细分析了图11.21（a）所示的结构，实际上图11.21（b）所示的结构和图11.21（c）所示的结构跟图11.21（a）所示结构也是非常类似的。图11.21（b）所示的结构是在第2层卷积输出的位置对32组（每组4个特征图）进行拼接，从而得到128个特征图。然后再传给第3层卷积进行计算，最后输出256个特征图。图11.21（c）所示结构，作者在这里用简化的方式表示分组卷积的计算，注意看图11.21（c）所示的结构中有些数字是加粗的，这些加粗的数字表示跟分组卷积相关，也就是图11.21（c）所示结构的第2层卷积跟图11.21（a）和图11.21（b）所示的结构都不一样，图11.21（c）中的第2层卷积分为32组，每组输入4个特征图，输出128个特征图。然后再对这32组（每组128个特征图）进行Element-Wise Addition按位相加，之后传给第3层卷积。第3层卷积就是输入128个特征图，输出256个特征图。

这3种形式的残差结构作者都进行了实验，最后得到的结果基本上都差不多，最终选择了图11.21（c）所示结构，这是由于其更简单，且速度也更快。

11.2.3　ResNeXt的网络结构

了解了ResNeXt中使用的残差结构以后，下面我们来看一下ResNeXt的网络结构，如图11.22所示。

图11.22中的Stage表示阶段；Conv表示卷积；Output表示输出；Stride表示步长；d表示Dimension，代表维度；Max Pool表示最大池化；C表示Cardinality，代表分组数；Global Average Pool表示全局平均池化；FC表示全连接；Params表示参数数量；FLOPs表示计算量。

图11.22中有两个网络结构，一个是ResNet-50，一个是ResNeXt-50(32×4d)。ResNeXt-50(32×4d)是在ResNet-50网络结构的基础上对残差结构进行了一些修改得到的，所以这两个模型的结构框架基本是一致的。这个结构图还是很容易看懂的，基本上要讲解

的地方不多。ResNeXt-50(32×4d)的残差结构加上了分组卷积，32×4d 表示图中的 Conv2 中使用的分组卷积是 32 个分组（每组 4 个特征图）。ResNeXt 的结构一般只需要标明第一个分组卷积残差模块的信息，因为后面 Conv3、Conv4、Conv5 中的分组卷积信息都可以由第一个分组卷积得到。按照 ResNeXt 的设计思路，所有的分组卷积 Cardinality 都是一样的，如图中的 32。Conv2 特征图大小是 56×56，每组 4 个特征图；Conv3 特征图大小是 28×28，每组 8 个特征图；Conv4 特征图大小是 14×14，每组 16 个特征图；Conv5 特征图大小是 7×7，每组 32 个特征图。

Stage	Output	ResNet-50	ResNeXt-50 (32×4d)
Conv1	112×112	7×7, 64, Stride 2	7×7, 64, Stride 2
		3×3 Max Pool, Stride 2	3×3 Max Pool, Stride 2
Conv2	56×56	$\begin{bmatrix} 1\times1, 64 \\ 3\times3, 64 \\ 1\times1, 256 \end{bmatrix} \times 3$	$\begin{bmatrix} 1\times1, 128 \\ 3\times3, 128, C=32 \\ 1\times1, 256 \end{bmatrix} \times 3$
Conv3	28×28	$\begin{bmatrix} 1\times1, 128 \\ 3\times3, 128 \\ 1\times1, 512 \end{bmatrix} \times 4$	$\begin{bmatrix} 1\times1, 256 \\ 3\times3, 256, C=32 \\ 1\times1, 512 \end{bmatrix} \times 4$
Conv4	14×14	$\begin{bmatrix} 1\times1, 256 \\ 3\times3, 256 \\ 1\times1, 1024 \end{bmatrix} \times 6$	$\begin{bmatrix} 1\times1, 512 \\ 3\times3, 512, C=32 \\ 1\times1, 1024 \end{bmatrix} \times 6$
Conv5	7×7	$\begin{bmatrix} 1\times1, 512 \\ 3\times3, 512 \\ 1\times1, 2048 \end{bmatrix} \times 3$	$\begin{bmatrix} 1\times1, 1024 \\ 3\times3, 1024, C=32 \\ 1\times1, 2048 \end{bmatrix} \times 3$
	1×1	Global Average Pool 1000-d FC, softmax	Global Average Pool 1000-d FC, softmax
# params.		25.5×10^6	25.0×10^6
FLOPs		4.1×10^9	4.2×10^9

图 11.22　ResNeXt 网络结构[5]

从图 11.22 中我们还可以看出 ResNet-50 和 ResNeXt-50(32×4d) 的权值参数数量和浮点计算量都是差不多的。而 ResNet-101 和 ResNeXt-101(32×4d) 的权值参数数量和浮点计算量也都是差不多的。这 4 个模型在 ImageNet 数据集中的测试结果如图 11.23 所示。

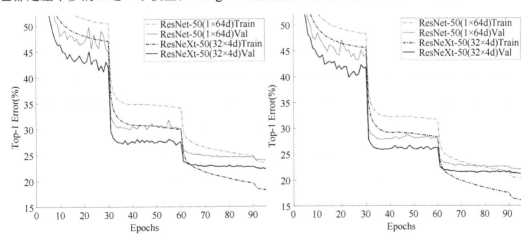

图 11.23　4 个模型的准确率对比[5]

图 11.23 中的 Epochs 表示周期；Top-1 Error 表示 Top1 错误率；Train 表示训练集；Val 表示验证集。

从图 11.23 中可以看出 ResNeXt-50(32×4d) 比 ResNet-50 更好，ResNeXt-101(32×4d) 比 ResNet-101 更好。

作者也尝试了一些不同分组的残差模块，测试结果如图 11.24 所示。

	Setting	Top-1 Error (%)
ResNet-50	1 × 64d	23.9
ResNeXt-50	2 × 40d	23.0
ResNeXt-50	4 × 24d	22.6
ResNeXt-50	8 × 14d	22.3
ResNeXt-50	32 × 4d	**22.2**
ResNet-101	1 × 64d	22.0
ResNeXt-101	2 × 40d	21.7
ResNeXt-101	4 × 24d	21.4
ResNeXt-101	8 × 14d	21.3
ResNeXt-101	32 × 4d	**21.2**

图 11.24 不同分组的残差网络测试结果[5]

图 11.24 中的 Setting 表示结构设置，表示模型第一个分组卷积残差模块的分组数和特征图数量；Top-1 Error 表示 Top1 错误率。

从图 11.24 中可以看出，32×4d 是一个比较好的选择。

图 11.25 为 ResNeXt 使用不同大小的图片跟不同模型在 ImageNet 验证集的单模型测试结果。

	224×224		320×320 / 299×299	
	Top-1 Err	Top-5 Err	Top-1 Err	Top-5 Err
ResNet-101 [14]	22.0	6.0	-	-
ResNet-200 [15]	21.7	5.8	20.1	4.8
Inception-v3 [39]	-	-	21.2	5.6
Inception-v4 [37]	-	-	20.0	5.0
Inception-ResNet-v2 [37]	-	-	19.9	4.9
ResNeXt-101 (**64 × 4d**)	20.4	5.3	**19.1**	**4.4**

图 11.25 不同模型的测试结果

图 11.25 中的 Top-1 Err 表示 Top1 错误率；Top-5 Err 表示 Top5 错误率。

ResNet 和 ResNeXt 使用的是 224×224 和 320×320 的分辨率图片，Inception 相关的模型用的是 299×299 的分辨率图片。从图 11.25 中可以看出，使用分辨率比较高的图片的准确率也会高一些，且 ResNeXt-101 是上面几个模型中最好的。

ResNeXt 模型融合后在 ImageNet 测试集得到了 3.03% 的 Top5 错误率，比 Inception-v4/Inception-ResNet-v2 的 3.08% 结果要更好。

11.3 SENet

SENet 是 ImageNet Challenge 图像识别比赛 2017 年的冠军，是由来自 Momenta 公司的

团队完成的。他们提出了 Squeeze-and-Excitation Networks（简称 SENet）。SENet 不是独立的模型设计，其只是对模型的一种优化。一般 SENet 都会结合其他模型一起使用，如 SENet 用于 ResNet-50 中，我们就把这个模型称为 SE-ResNet-50；如 SENet 用于 Inception-ResNet-v2 中，我们就把这个模型称为 SE-Inception-ResNet-v2。最早提出 SENet 的论文是"*Squeeze-and-Excitation Networks*"[8]。

11.3.1 SENet 介绍

我们之前介绍了很多模型，其中 Inception 系列的模型使用不同尺度的卷积大小来提取不同的特征，ResNet 给模型增加了捷径，更有利于信号传递，ResNeXt 使用分组卷积提取特征并进行分组处理。SENet 的模型优化思路很有意思，主要是针对特征的信道进行优化的。

我们可以想象在进行图像识别的时候，卷积计算后生成了很多特征图，不同的滤波器会得到不同的特征图，不同的特征图代表从图像中提取的不同的特征。我们得到了这么多的特征图，按理来说某些特征图很重要，某些特征图没那么重要，并不是所有的特征图都一样的重要。所以 SENet 的核心思想就是给特征图增加注意力和门控机制，增强重要的特征图的信息，减弱不重要的特征图的信息。

那么如何做到增强重要的信息、减弱不重要的信息。我们看一下 SENet 的名字，即 Squeeze-and-Excitation Networks，其中，"Squeeze"的中文意思是"挤压"，在模型中的实际操作其实是压缩特征图的特征，论文中使用的压缩特征图特征的方式是平均池化，这个大家应该很熟悉了，求一个特征图所有值的平均值，把平均池化计算后的结果作为特征图压缩后的特征。例如，一共有 64 个特征图，"Squeeze"计算后我们就会得到 64 个值，代表 64 个特征图压缩后的特征；"Excitation"的中文意思是"激发"，在模型中的实际操作是调节特征图信号的强弱，论文中使用的方式是给"Squeeze"计算后的结果加上两个全连接层，最终输出每个特征图对应的激活值，该激活值可以改变特征图信号的强弱，每个特征图乘以它所对应的激活值，得到特征图的输出，然后再传给下一层。

文字描述很难具体描述清楚，我们还是看图吧，我们先复习一下普通的 ResNet 中的残差结构，如图 11.26 所示。

图 11.26 中的 Conv 表示卷积；Batch Norm 表示批量标准化；Identity Mapping 表示恒等映射；Batch 表示批次。

普通的残差结构我们就不需要多说了，下面我们看一下加上了 Squeeze-and-Excitation 模块后的残差结构，如图 11.27 所示。

图 11.27 中的 Conv 表示卷积；Batch Norm 表示批量标准化；Identity Mapping 表示恒等映射；Batch 表示批次；AvgPool 表示平均池化。

加上 Squeeze-and-Excitation 模块后的残差结构的主要变化是在原来残差结构的最后一个卷积层后面进行 Squeeze-and-Excitation 的操作。Squeeze 就是先做平均池化，得到每一个特征图的压缩特征。图 11.27 中的特征图大小为 56×56，所以池化的窗口大小也是 56×56。池化过后就是 Excitation 操作，前面我们提到 Excitation 操作有两个全连接层，这是 SENet 原始论文中的做法，实际我们在写程序的时候也可以用两个窗口大小为 1×1 的卷积层来替代，效果跟全连接是一样的。Excitation 操作部分最后的激活函数是 Sigmoid 函数，使用 Sigmoid 函数主要是利用 Sigmoid 函数的输出范围是 0～1 这个特性，让 Excitation 的输出激活值可以起到一个门控的作用。Excitation 输出的激活值会乘以原始残差结构最后一个卷积层的输出结果,对特征图的数值大小进行控制。如果是重要的特征图,会保持比较大的数值;如果是不重要的特征图,特征图的数值就会变小。

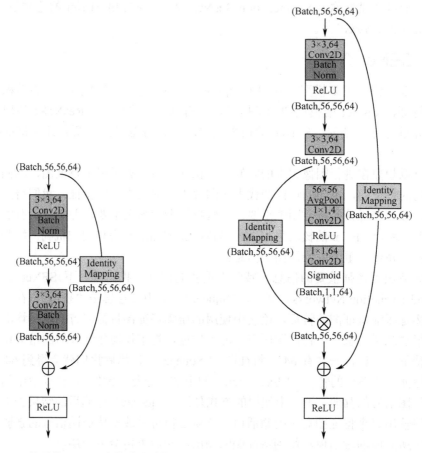

图 11.26　普通的 ResNet 中的残差结构　　图 11.27　SE-残差结构

"*Squeeze-and-Excitation Networks*"论文中也有一些图,一并给大家看看好了,如图 11.28 所示。

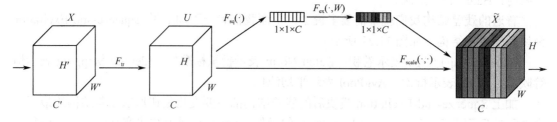

图 11.28　Squeeze-and-Excitation block[8]

各种符号什么意思我们这里就不解释了,跟前面介绍的内容差不多,大家随意看看就可以。图 11.29 和图 11.30 为 SE-Inception 模块和 SE-ResNet 模块。

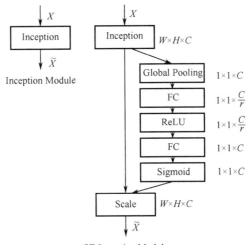

图 11.29 SE-Inception 模块[8]

图 11.29 中的 Global Pooling 表示全局池化；W 表示图片宽度；H 表示图片高度；C 表示图片通道数；FC 表示全连接层；r 表示缩减率，意思是通道数在第一个全连接层缩减多少，总之就是一个超参数，不用细究，一般取值为 16。

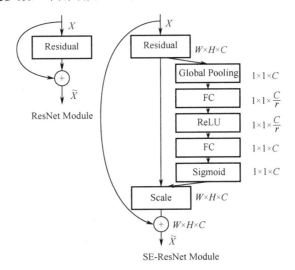

图 11.30 SE-ResNet 模块[8]

图 11.30 中的 Global Pooling 表示全局池化；W 表示图片宽度；H 表示图片高度；C 表示图片通道数；FC 表示全连接层；r 表示缩减率，意思是通道数在第一个全连接层缩减多少，总之就是一个超参数，不用细究，一般取值为 16。

ResNet-50、SE-ResNet-50、SE-ResNeXt-50(32×4d)模型结构如图 11.31 所示。

图 11.31 中的 Output Size 表示输出大小；Conv 表示卷积；Max Pool 表示最大池化；Stride 表示步长；FC 表示全连接层，其后面的两个数字表示 SE 模块中两个全连接层的输出维度；Global Average Pool 表示全局平均池化；C 表示分组数。

Output Size	ResNet-50	SE-ResNet-50	SE-ResNeXt-50 (32×4d)
112×112	conv, 7×7, 64, Stride 2		
56×56	Max Pool, 3×3, Stride 2		
56×56	$\begin{bmatrix} conv, 1\times1, 64 \\ conv, 3\times3, 64 \\ conv, 1\times1, 256 \end{bmatrix} \times 3$	$\begin{bmatrix} conv, 1\times1, 64 \\ conv, 3\times3, 64 \\ conv, 1\times1, 256 \\ FC, [16, 256] \end{bmatrix} \times 3$	$\begin{bmatrix} conv, 1\times1, 128 \\ conv, 3\times3, 128\ C=32 \\ conv, 1\times1, 256 \\ FC, [16, 256] \end{bmatrix} \times 3$
28×28	$\begin{bmatrix} conv, 1\times1, 128 \\ conv, 3\times3, 128 \\ conv, 1\times1, 512 \end{bmatrix} \times 4$	$\begin{bmatrix} conv, 1\times1, 128 \\ conv, 3\times3, 128 \\ conv, 1\times1, 512 \\ FC, [32, 512] \end{bmatrix} \times 4$	$\begin{bmatrix} conv, 1\times1, 256 \\ conv, 3\times3, 256\ C=32 \\ conv, 1\times1, 512 \\ FC, [32, 512] \end{bmatrix} \times 4$
14×14	$\begin{bmatrix} conv, 1\times1, 256 \\ conv, 3\times3, 256 \\ conv, 1\times1, 1024 \end{bmatrix} \times 6$	$\begin{bmatrix} conv, 1\times1, 256 \\ conv, 3\times3, 256 \\ conv, 1\times1, 1024 \\ FC, [64, 1024] \end{bmatrix} \times 6$	$\begin{bmatrix} conv, 1\times1, 512 \\ conv, 3\times3, 512\ C=32 \\ conv, 1\times1, 1024 \\ FC, [64, 1024] \end{bmatrix} \times 6$
7×7	$\begin{bmatrix} conv, 1\times1, 512 \\ conv, 3\times3, 512 \\ conv, 1\times1, 2048 \end{bmatrix} \times 3$	$\begin{bmatrix} conv, 1\times1, 512 \\ conv, 3\times3, 512 \\ conv, 1\times1, 2048 \\ FC, [128, 2048] \end{bmatrix} \times 3$	$\begin{bmatrix} conv, 1\times1, 1024 \\ conv, 3\times3, 1024\ C=32 \\ conv, 1\times1, 2048 \\ FC, [128, 2048] \end{bmatrix} \times 3$
1×1	Global Average Pool, 1000-d Fc, Softmax		

图 11.31 Global Average Pool 3 种 ResNet 模型对比[8]

11.3.2 SENet 结果分析

基础模型增加 SE 模块后会使得整体模型的参数增加 10%左右，计算量增加不多，模型的效果一般来说也会有所提升。作者使用多个模型在 ImageNet 数据集上进行了测试，图 11.32 为多个模型的 ImageNet 验证集测试结果。

	Original		Re-Implementation			SENet		
	Top-1 err.	Top-5 err.	Top-1 err.	Top-5 err.	GFLOPs	Top-1 err.	Top-5 err.	GFLOPs
ResNet-50 [9]	24.7	7.8	24.80	7.48	3.86	23.29(1.51)	6.62(0.86)	3.87
ResNet-101 [9]	23.6	7.1	23.17	6.52	7.58	22.38(0.79)	6.07(0.45)	7.60
ResNet-152 [9]	23.0	6.7	22.42	6.34	11.30	21.57(0.85)	5.73(0.61)	11.32
ResNeXt-50 [43]	22.2	-	22.11	5.90	4.24	21.10(1.01)	5.49(0.41)	4.25
ResNeXt-101 [43]	21.2	5.6	21.18	5.57	7.99	20.70(0.48)	5.01(0.56)	8.00
BN-Inception [14]	25.2	7.82	25.38	7.89	2.03	24.23(1.15)	7.14(0.75)	2.04
Inception-ResNet-v2 [38]	19.9†	4.9†	20.37	5.21	11.75	19.80(0.57)	4.79(0.42)	11.76

图 11.32 多个模型的测试结果[8]

图 11.32 中的 Original 表示模型原始论文中的结果；Re-Implementation 表示 SENet 作者重新训练模型的结果；SENet 表示给这些模型加上 SE 模块后的结果；Top-1 err.表示 Top1 错误率；Top-5 err.表示 Top5 错误率；GFLOPs 表示计算量。

从图 11.32 中可以看出，图 11.32 中测试的所有模型只要加上 SE 模块，错误率都能降低，并且模型的浮点计算量没有太大变化。从图 11.33 和图 11.34 中也能看出加上 SE 模块后模型的效果可以变得更好。

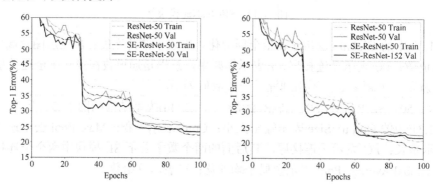

图 11.33 加上 SE 模块后的模型结果对比（1）[8]

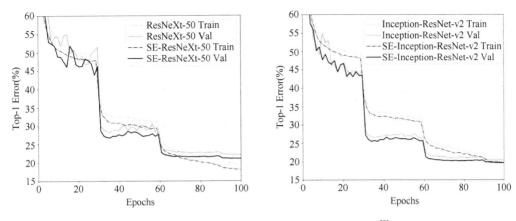

图 11.34 加上 SE 模块后的模型结果对比（2）[8]

图 11.33 和图 11.34 中的 Epochs 表示周期；Top-1 Error 表示 Top1 错误率；Train 表示训练集；Val 表示验证集。

SENet 论文的最后，作者还给了一组很有意思的图。作者用 ImageNet 数据集训练了一个 SE-ResNet-50，然后选出 4 个种类（goldfish、pug、plane、cliff）的图片，统计这 4 个种类在 SE-ResNet-50 模型的每个 SE 模块的特征图的激活情况，如图 11.35 所示。

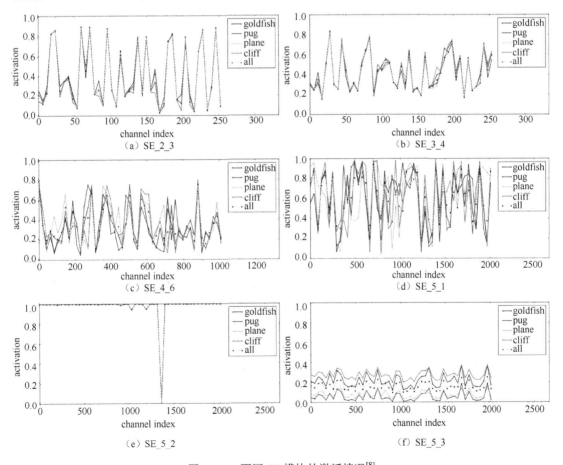

图 11.35 不同 SE 模块的激活情况[8]

图 11.35 中的 all 表示所有 1000 个种类的平均值；goldfish 表示金鱼；pug 表示哈巴狗；plane 表示飞机；cliff 表示悬崖；channel index 表示通道；activation 表示激活值。

作者从实验结果中得到了 3 个结论：

第一，不同种类的物体在浅层中的激活分布情况是类似的，如图中的 SE_2_3 和 SE_3_4，即不管是识别哪种物体，在浅层的卷积层中，重要的特征图总是比较固定的。

第二，在更深层一些的位置，不同种类的特征图激活分布不同，因为不同类别对特征有不同的偏好，如图中的 SE_4_6 和 SE_5_1。低层特征通常更普遍，识别不同种类的物体可以使用类似的滤波器，而高层特征通常包含更多细节，识别不同种类的物体需要使用不同的滤波器。

第三，在模型的最后阶段，SE_5_2 呈现出饱和状态，其中大部分激活值都接近于 1，也有一些接近于 0。对于激活值为 1 的特征图，相当于 SE 模块不存在。在网络的最后一个 SE 模块 SE_5_3，不同种类有着类似的分布，只是尺度不同。也就是说 SE_5_2 和 SE_5_3 相对来说没有前面的一些 SE 模块重要，作者通过实验发现删除最后一个阶段的 SE 模块，总体参数可以显著减少，性能只有一点损失（小于 0.1%的 Top1 错误率）。

下一章我们将介绍经典图像识别模型的代码实现，以及如何使用这些模型进行图像识别。

11.4 参考文献

[1] Szegedy C, Liu W, Jia Y, et al. Going Deeper with Convolutions[J]. 2014.

[2] C.Szegedy, V.Vanhoucke, S.Ioffe, J.Shlens, and Z.Wojna. Rethinking the inception architecture for computer vision. arXiv preprint arXiv: 1512.00567, 2015.

[3] Szegedy C, Ioffe S, Vanhoucke V. Inception-v4, Inception-ResNet and the Impact of Residual Connections on Learning[J]. 2016.

[4] Simonyan, Karen, Zisserman, Andrew. Very Deep Convolutional Networks for Large-Scale Image Recognition[J].

[5] Xie S, Girshick R, Dollár, Piotr, et al. Aggregated Residual Transformations for Deep Neural Networks[J]. 2016.

[6] Krizhevsky A, Sutskever I, Hinton G. ImageNet Classification with Deep Convolutional Neural Networks[C]// NIPS. Curran Associates Inc. 2012.

[7] Ioannou Y, Robertson D, Cipolla R, et al. Deep Roots: Improving CNN Efficiency with Hierarchical Filter Groups[J]. 2016.

[8] Hu J, Shen L, Albanie S, et al. Squeeze-and-Excitation Networks[J]. IEEE Transactions on Pattern Analysis and Machine Intelligence, 2017.

第 12 章 图像识别项目实战

本章我们将结合图像识别项目实战内容给大家讲解模型的搭建,由于图像识别技术在各个行业中的应用基本上差别不大,不管你是做医疗图像分类、农产品图像分类、工业部件图像分类、天气云图图像分类、生活用品图像分类等,只要是图像分类,所用到的技术和流程都是差不多的。所以为了方便,本章我们主要使用一个数据集给大家讲解。如果大家有其他图像数据集或自己收集了一些图像数据集,也可以用本章内容进行图像分类。

特别要说明一下,本章的重点在于 Tensorflow 中不同模型的搭建方法,以及图像识别模型的训练流程,因为数据量比较小,作者也没有进行调参,所以不需要太在意模型最后的准确率。因为正常的图像识别模型训练都不会从头训练(Train From Scratch),一般我们都在预训练模型的基础上做进一步的训练。由于我们使用的数据集太小,并不是 ImageNet 级别的大数据集,所以从头训练(Train From Scratch)很难发挥模型的真正水平。12.11 节我们将会介绍使用预训练模型进行迁移学习的方法。

12.1 图像数据准备

12.1.1 数据集介绍

建模之前,我们需要准备好数据。图像数据集有很多,大家可以自行收集,我们这里使用的数据集是来自 Visual Geometry Group 的 17 Category Flower Dataset 数据集,也就是 17 种花的数据集。具体是哪 17 种,这个我们可以不用管,反正就是 17 个类别。每个类别的花有 80 张图片,一共是 1360 张图片。单击网址 http://www.robots.ox.ac.uk/~vgg/data/flowers/17/,则出现如图 12.1 所示的界面。

图 12.1　17 Category Flower Dataset 界面

单击图 12.1 中的"1.Dataset images"就可以下载数据集了，下载其后得到一个名为"17flowers.tgz"的压缩包，解压该压缩包后得到一个名为"17flowers"的文件夹，该文件夹里面是一个名为"jpg"的文件夹，打开"jpg"文件夹，我们会看到 1362 个文件，其中有 1360 张图片。我们需要删除不是图片的那两个文件，只留下图片文件，如图 12.2 所示。

图 12.2　17 种花的图片

观察图 12.2 中的图片名称，我们可以发现其都是由编号构成的，前 1～80 号为第一种花，81～160 号为第二种花，以此类推，1360 张图片一共 17 种花。

12.1.2　数据集准备

我们在做图像分类任务的时候，通常需要整理好数据。数据整理的格式通常都是每一个类别一个文件夹，文件夹的名称就是类别名称，如图 12.3 所示。

图 12.3　数据集准备

如图 12.3 所示，作者想做一个 5 分类的图像识别模型，这 5 个分类分别是"animal"、"flower"、"guitar"、"house"、"plane"。我需要在一个新的路径下新建 5 个文件夹，修改这 5 个文件夹的名称为"animal"、"flower"、"guitar"、"house"、"plane"，然后把对应类别的图片存放到对应的文件夹下面，如图 12.4 所示。

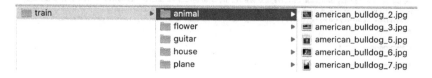

图 12.4　存放数据

这是图像分类任务的基本操作，正常情况下大家都会这么整理数据。但 Visual Geometry Group 的 17 Category Flower Dataset 数据集所有的图片都是在一个文件夹下面的，所以这里我们还需要写一个程序来帮助我们整理一下图片，本文写的这个程序是放在与

"17flowers"文件夹相同目录下运行的，如果在其他路径下运行，要注意程序中路径的设置，如代码 12-1 所示。

代码 12-1：17Flower 数据整理

```python
import os
import shutil

# 新建文件夹，用于存放整理后的图片
os.mkdir('new_17_flowers')
for i in range(17):
    # 17 个种类，新建 17 个文件夹，0～16
    os.mkdir('new_17_flowers'+'/'+str(i))

# 循环所有花的图片
for i,path in enumerate(os.listdir('17flowers/jpg/')):
    # 定义图片的完整路径
    image_path = '17flowers/jpg/' + path
    # 复制到对应类别，每个类别中有 80 张图片
    shutil.copyfile(image_path, 'new_17_flowers'+'/'+str(i//80)+'/'+path)
```

运行完程序后就会产生文件夹"new_17_flowers"，这个文件夹里面有 17 个子文件夹，名字为 flower0～flower16，表示 17 种花的编号。flower0～flower16 文件夹里面各自都存放了 80 张图片。

12.1.3 切分数据集程序

按照格式准备好数据集以后，我们还需要切分训练集和测试集。因为作者经常需要做数据切分的工作，所以就自己写了一个程序专门用于打乱数据并切分训练集和测试集。大家如果之后需要做类似的操作，可以参考或直接使用代码 12-2。该程序是放在与"new_17_flowers"文件夹相同的路径下的，如果大家在其他路径运行下，需要注意程序中路径的设置。

代码 12-2：切分数据集

```python
import os
import random
import shutil
import numpy as np
# 数据集路径
DATASET_DIR = "new_17_flowers"
# 数据切分后的存放路径
NEW_DIR = "data"
# 测试集占比
num_test = 0.2

# 打乱所有种类数据，并分割训练集和测试集
def shuffle_all_files(dataset_dir, new_dir, num_test):
    # 先删除已有的 new_dir 文件夹
    if not os.path.exists(new_dir):
        pass
```

```python
else:
    # 递归删除文件夹
    shutil.rmtree(new_dir)
# 重新创建 new_dir 文件夹
os.makedirs(new_dir)
# 在 new_dir 文件夹目录下创建 train 文件夹
train_dir = os.path.join(new_dir, 'train')
os.makedirs(train_dir)
# 在 new_dir 文件夹目录下创建 test 文件夹
test_dir = os.path.join(new_dir, 'test')
os.makedirs(test_dir)
# 原始数据类别列表
directories = []
# 新训练集类别列表
train_directories = []
# 新测试集类别列表
test_directories = []
# 类别名称列表
class_names = []
# 循环所有类别
for filename in os.listdir(dataset_dir):
    # 原始数据类别路径
    path = os.path.join(dataset_dir, filename)
    # 新训练集类别路径
    train_path = os.path.join(train_dir, filename)
    # 新测试集类别路径
    test_path = os.path.join(test_dir, filename)
    # 判断该路径是否为文件夹
    if os.path.isdir(path):
        # 加入原始数据类别列表
        directories.append(path)
        # 加入新训练集类别列表
        train_directories.append(train_path)
        # 新建类别文件夹
        os.makedirs(train_path)
        # 加入新测试集类别列表
        test_directories.append(test_path)
        # 新建类别文件夹
        os.makedirs(test_path)
        # 加入类别名称列表
        class_names.append(filename)
print('类别列表：',class_names)

# 循环每个分类的文件夹
for i in range(len(directories)):
    # 保存原始图片的路径
    photo_filenames = []
    # 保存新训练集图片的路径
    train_photo_filenames = []
    # 保存新测试集图片的路径
    test_photo_filenames = []
    # 得到所有图片的路径
```

```
        for filename in os.listdir(directories[i]):
            # 原始图片的路径
            path = os.path.join(directories[i], filename)
            # 训练图片的路径
            train_path = os.path.join(train_directories[i], filename)
            # 测试集图片的路径
            test_path = os.path.join(test_directories[i], filename)
            # 保存图片的路径
            photo_filenames.append(path)
            train_photo_filenames.append(train_path)
            test_photo_filenames.append(test_path)
    # list 转 array
    photo_filenames = np.array(photo_filenames)
    train_photo_filenames = np.array(train_photo_filenames)
    test_photo_filenames = np.array(test_photo_filenames)
    # 打乱索引
    index = [i for i in range(len(photo_filenames))]
    random.shuffle(index)
    # 对 3 个 list 进行相同的打乱，保证在 3 个 list 中的索引一致
    photo_filenames = photo_filenames[index]
    train_photo_filenames = train_photo_filenames[index]
    test_photo_filenames = test_photo_filenames[index]
    # 计算测试集的数据个数
    test_sample_index = int((1-num_test) * float(len(photo_filenames)))
    # 复制测试集图片
    for j in range(test_sample_index, len(photo_filenames)):
        # 复制图片
        shutil.copyfile(photo_filenames[j], test_photo_filenames[j])
    # 复制训练集图片
    for j in range(0, test_sample_index):
        # 复制图片
        shutil.copyfile(photo_filenames[j], train_photo_filenames[j])

# 打乱并切分数据集
shuffle_all_files(DATASET_DIR, NEW_DIR, num_test)
```

运行结果如下：

类别列表：['flower0', 'flower1', 'flower10', 'flower11', 'flower12', 'flower13', 'flower14', 'flower15', 'flower16', 'flower2', 'flower3', 'flower4', 'flower5', 'flower6', 'flower7', 'flower8', 'flower9']

运行 12-2 程序后会生成文件夹"data"，该文件夹中有两个子文件夹，即"train"和"test"。"train"表示训练集数据，占数据集的 80%；"test"表示测试集数据，占数据集的 20%。"train"和"test"文件夹下的子文件夹都是 flower0～flower16，就是 17 种花的类别。"train"的子文件夹下，每个类别有 64 张图片；"test"的子文件夹下，每个类别有 16 张图片。

12.2　AlexNet 图像识别

这一节我们将要学习如何搭建 AlexNet 模型和从头进行模型训练，具体实现如代码 12-3 所示。

代码 12-3：AlexNet 图像识别（片段 1）

```python
import numpy as np
from tensorflow.keras.preprocessing.image import ImageDataGenerator
from tensorflow.keras.utils import to_categorical
from tensorflow.keras.models import Sequential
from tensorflow.keras.layers import Dense,Dropout,Conv2D,MaxPool2D,Flatten
from tensorflow.keras.optimizers import Adam
import matplotlib.pyplot as plt
from tensorflow.keras.callbacks import LearningRateScheduler
# 类别数
num_classes = 17
# 批次大小
batch_size = 32
# 周期数
epochs = 100
# 图片大小
image_size = 224

# 对训练集数据进行数据增强
train_datagen = ImageDataGenerator(
    rotation_range = 20,         # 随机旋转度数
    width_shift_range = 0.1,     # 随机水平平移
    height_shift_range = 0.1,    # 随机竖直平移
    rescale = 1/255,             # 数据归一化
    shear_range = 10,            # 随机错切变换
    zoom_range = 0.1,            # 随机放大
    horizontal_flip = True,      # 水平翻转
    brightness_range=(0.7, 1.3), # 亮度变化
    fill_mode = 'nearest',       # 填充方式
)
# 只需要归一化测试集数据就可以了
test_datagen = ImageDataGenerator(
    rescale = 1/255,     # 数据归一化
)

# 训练集数据生成器，可以在训练时自动产生数据进行训练
# 从'data/train'获得训练集数据
# 获得数据后会把图片变为 image_size×image_size 的大小
# 训练集数据生成器每次会产生 batch_size 个数据
train_generator = train_datagen.flow_from_directory(
    'data/train',
    target_size=(image_size,image_size),
    batch_size=batch_size,
    )

# 测试集数据生成器
test_generator = test_datagen.flow_from_directory(
    'data/test',
    target_size=(image_size,image_size),
    batch_size=batch_size,
    )
```

```
#字典的键为17个文件夹的名字，值为对应的分类编号
print(train_generator.class_indices)
```

运行结果如下：

```
{'flower0': 0,
 'flower1': 1,
 'flower10': 2,
 'flower11': 3,
 'flower12': 4,
 'flower13': 5,
 'flower14': 6,
 'flower15': 7,
 'flower16': 8,
 'flower2': 9,
 'flower3': 10,
 'flower4': 11,
 'flower5': 12,
 'flower6': 13,
 'flower7': 14,
 'flower8': 15,
 'flower9': 16}
```

代码 12-3：AlexNet 图像识别（片段 2）

```
# AlexNet
model = Sequential()
# 卷积层
model.add(Conv2D(filters=96,kernel_size=(11,11),strides=(4,4),padding='valid',input_shape=(image_size,image_size,3),activation='relu'))
model.add(MaxPool2D(pool_size=(3,3),strides=(2,2),padding='valid'))
model.add(Conv2D(filters=256,kernel_size=(5,5),strides=(1,1),padding='same',activation='relu'))
model.add(MaxPool2D(pool_size=(3,3),strides=(2,2),padding='valid'))
model.add(Conv2D(filters=384,kernel_size=(3,3),strides=(1,1),padding='same',activation='relu'))
model.add(Conv2D(filters=384,kernel_size=(3,3),strides=(1,1),padding='same',activation='relu'))
model.add(Conv2D(filters=256,kernel_size=(3,3),strides=(1,1),padding='same',activation='relu'))
model.add(MaxPool2D(pool_size=(3,3), strides=(2,2),padding='valid'))
# 全连接层
model.add(Flatten())
model.add(Dense(4096, activation='relu'))
model.add(Dropout(0.5))
model.add(Dense(4096, activation='relu'))
model.add(Dropout(0.5))
model.add(Dense(num_classes, activation='softmax'))
# 模型概要
model.summary()
# 模型概要输出省略

# 学习率调节函数，逐渐减小学习率
def adjust_learning_rate(epoch):
    # 前30周期
    if epoch<=30:
```

```
        lr = 1e-4
    # 前 30～70 周期
    elif epoch>30 and epoch<=70:
        lr = 1e-5
    # 70～100 周期
    else:
        lr = 1e-6
    return lr

# 定义优化器
adam = Adam(lr=1e-4)

# 定义学习率衰减策略
callbacks = []
callbacks.append(LearningRateScheduler(adjust_learning_rate))

# 定义优化器和 loss function，在训练过程中计算准确率
model.compile(optimizer=adam,loss='categorical_crossentropy',metrics=['accuracy'])

# Tensorflow2.1 版本之前可以使用 fit_generator 训练模型
# history = model.fit_generator(train_generator,steps_per_epoch=len(train_generator),epochs=epochs,validati
# on_data=test_generator,validation_steps=len(test_generator))

# Tensorflow2.1 版本(包括 2.1)之后可以直接使用 fit 训练模型
history = model.fit(x=train_generator,epochs=epochs,validation_data=test_generator,callbacks=callbacks)
```

运行结果如下：

```
Train for 34 steps, validate for 9 steps
Epoch 1/100
34/34 [==============================] - 14s 418ms/step - loss: 2.7750 - accuracy: 0.0800 - val_loss: 2.4774 - val_accuracy: 0.1250
Epoch 2/100
34/34 [==============================] - 13s 395ms/step - loss: 2.4628 - accuracy: 0.1296 - val_loss: 2.2861 - val_accuracy: 0.1949
……
Epoch 99/100
34/34 [==============================] - 13s 390ms/step - loss: 0.0879 - accuracy: 0.9743 - val_loss: 0.7067 - val_accuracy: 0.8346
Epoch 100/100
34/34 [==============================] - 13s 390ms/step - loss: 0.1061 - accuracy: 0.9660 - val_loss: 0.7062 - val_accuracy: 0.8346
```

代码 12-3：AlexNet 图像识别（片段 3）

```
# 画出训练集准确率曲线图
plt.plot(np.arange(epochs),history.history['accuracy'],c='b',label='train_accuracy')
# 画出验证集准确率曲线图
plt.plot(np.arange(epochs),history.history['val_accuracy'],c='y',label='val_accuracy')
# 图例
plt.legend()
# x 坐标描述
plt.xlabel('epochs')
```

```
# y 坐标描述
plt.ylabel('accuracy')
# 显示图像
plt.show()
```

运行结果如下:

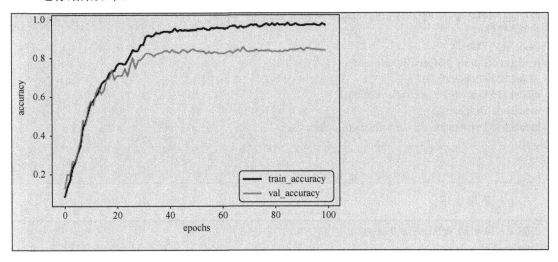

12.3 VGGNet 图像识别

这一节我们将要学习如何搭建 VGGNet 模型和从头进行模型训练,由于我们使用的都是同一个数据集案例,所以关于模块导入、参数设定、数据集预处理、模型训练、训练后画图的程序基本都是一样的,主要就是模型搭建部分不同,所以为了节约用纸,我们仅在书中展示模型搭建部分的代码,完整的代码可见于本书相关代码。模型代码如代码 12-4 所示。

代码 12-4:模型代码

```
...
...
...
# VGG16
model = Sequential()
# 卷积层
model.add(Conv2D(filters=64,kernel_size=(3,3),strides=(1,1),padding='same',activation='relu',input_shape=(image_size,image_size,3)))
model.add(Conv2D(filters=64,kernel_size=(3,3),strides=(1,1),padding='same',activation='relu'))
model.add(MaxPool2D(pool_size=(3,3),strides=(2,2),padding='same'))
model.add(Conv2D(filters=128,kernel_size=(3,3),strides=(1,1),padding='same',activation='relu'))
model.add(Conv2D(filters=128,kernel_size=(3,3),strides=(1,1),padding='same',activation='relu'))
model.add(MaxPool2D(pool_size=(3,3),strides=(2,2),padding='same'))
model.add(Conv2D(filters=256,kernel_size=(3,3),strides=(1,1),padding='same',activation='relu'))
model.add(Conv2D(filters=256,kernel_size=(3,3),strides=(1,1),padding='same',activation='relu'))
model.add(Conv2D(filters=256,kernel_size=(3,3),strides=(1,1),padding='same',activation='relu'))
model.add(MaxPool2D(pool_size=(3,3),strides=(2,2),padding='same'))
model.add(Conv2D(filters=512,kernel_size=(3,3),strides=(1,1),padding='same',activation='relu'))
```

```
model.add(Conv2D(filters=512,kernel_size=(3,3),strides=(1,1),padding='same',activation='relu'))
model.add(Conv2D(filters=512,kernel_size=(3,3),strides=(1,1),padding='same',activation='relu'))
model.add(MaxPool2D(pool_size=(3,3),strides=(2,2),padding='same'))
model.add(Conv2D(filters=512,kernel_size=(3,3),strides=(1,1),padding='same',activation='relu'))
model.add(Conv2D(filters=512,kernel_size=(3,3),strides=(1,1),padding='same',activation='relu'))
model.add(Conv2D(filters=512,kernel_size=(3,3),strides=(1,1),padding='same',activation='relu'))
model.add(MaxPool2D(pool_size=(3,3),strides=(2,2),padding='same'))
# 全连接层
model.add(Flatten())
model.add(Dense(4096,activation='relu'))
model.add(Dropout(0.5))
model.add(Dense(4096,activation='relu'))
model.add(Dropout(0.5))
model.add(Dense(num_classes,activation='softmax'))
...
...
...
```

运行结果如下：

```
Train for 34 steps, validate for 9 steps
Epoch 1/100
34/34 [==============================] - 15s 447ms/step - loss: 2.8344 - accuracy: 0.0506 - val_loss: 2.8332 - val_accuracy: 0.0588
Epoch 2/100
34/34 [==============================] - 14s 400ms/step - loss: 2.8252 - accuracy: 0.0542 - val_loss: 2.8332 - val_accuracy: 0.0588
……
Epoch 99/100
34/34 [==============================] - 14s 401ms/step - loss: 0.2013 - accuracy: 0.9311 - val_loss: 0.7145 - val_accuracy: 0.7831
Epoch 100/100
34/34 [==============================] - 14s 400ms/step - loss: 0.1859 - accuracy: 0.9338 - val_loss: 0.7183 - val_accuracy: 0.7868
```

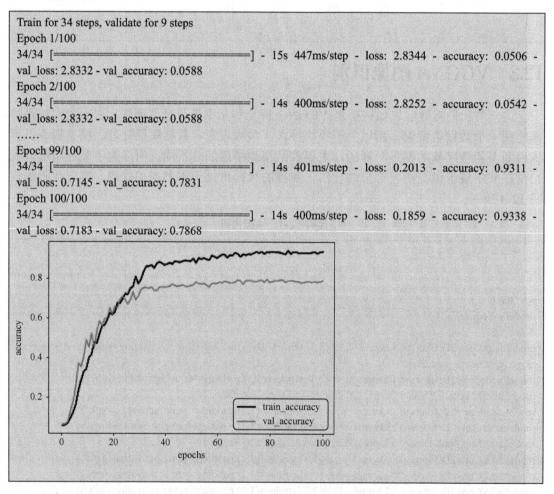

观察 AlexNet 和 VGG16 模型的训练结果，我们其实会发现 AlexNet 的结果反而比 VGG16 的结果要好一些。AlexNet 测试集的准确率在 83%左右，VGG16 测试集的准确率

在 78%左右。由于我们是从训练模型,并且数据量比较少,VGG16 模型比 AlexNet 结构更复杂,所以更难训练,那么结果差一些也是可以理解的。如果是大量数据的情况下,则 VGG16 得到的结果应该会比 AlexNet 更好。

12.4 函数式模型

12.4.1 函数式模型介绍

Tenorflow.keras 中有两种搭建模型的方式,一种就是我们之前学习的顺序(Sequential)模型,其就像汉堡一样,是一层一层叠加起来的。另外一种是函数式(Functional)模型,其特点是需要定义模型的输入和输出,并且在模型搭建的过程中也更灵活。下面举个例子,如我们在构建 GoogleNet 的 Inception 结构时,使用函数式模型的方式就会比较方便,下面程序我们将构建 GoogleNet 中第一个 Inception 的结构,如代码 12-5 所示。

代码 12-5:函数式编程实现 Inception 结构

```
from tensorflow.keras.layers import Input,Conv2D,MaxPool2D,concatenate
from tensorflow.keras.models import Model

# 定义模型输入
inputs = Input(shape=(28,28,192))
# 注意函数式模型的特点,Conv2D 后面的(inputs)表示将 inputs 信号输入到 Conv2D 中计算
tower_1 = Conv2D(filters=64,kernel_size=(1,1),strides=(1,1),padding='same',activation='relu')(inputs)
# 注意函数式模型的特点,Conv2D 后面的(inputs)表示将 inputs 信号输入到 Conv2D 中计算
tower_2 = Conv2D(filters=96,kernel_size=(1,1),strides=(1,1),padding='same',activation='relu')(inputs)
# 注意函数式模型的特点,Conv2D 后面的(tower_2)表示将 tower_2 信号输入到 Conv2D 中计算
tower_2 = Conv2D(filters=128,kernel_size=(3,3),strides=(1,1),padding='same',activation='relu')(tower_2)
# 注意函数式模型的特点,Conv2D 后面的(inputs)表示将 inputs 信号输入到 Conv2D 中计算
tower_3 = Conv2D(filters=16,kernel_size=(1,1),strides=(1,1),padding='same',activation='relu')(inputs)
# 注意函数式模型的特点,Conv2D 后面的(tower_3)表示将 tower_3 信号输入到 Conv2D 中计算
tower_3 = Conv2D(filters=32,kernel_size=(5,5),strides=(1,1),padding='same',activation='relu')(tower_3)
# 注意函数式模型的特点,MaxPool2D 后面的(inputs)表示将 inputs 信号输入到 MaxPool2D 中计算
pooling = MaxPool2D(pool_size=(3, 3),strides=(1, 1),padding='same')(inputs)
# 注意函数式模型的特点,Conv2D 后面的(pooling)表示将 pooling 信号输入到 Conv2D 中计算
pooling = Conv2D(filters=32,kernel_size=(1,1),strides=(1,1),padding='same',activation='relu')(pooling)
# concatenate 合并 4 个信号,axis=3 表示根据 channel 进行合并,得到模型的输出
outputs = concatenate([tower_1,tower_2,tower_3,pooling],axis=3)
# 定义模型,设置输入和输出信号
model = Model(inputs=inputs, outputs=outputs)
# 查看模型概要
model.summary()
```

运行结果如下:

```
Model: "model"
_____
Layer (type)                    Output Shape         Param #     Connected to
==========================================================================================
input_1 (InputLayer)            [(None, 28, 28, 192) 0
_____
conv2d_1 (Conv2D)               (None, 28, 28, 96)   18528       input_1[0][0]
_____
conv2d_3 (Conv2D)               (None, 28, 28, 16)   3088        input_1[0][0]
_____
max_pooling2d (MaxPooling2D)    (None, 28, 28, 192)  0           input_1[0][0]
_____
conv2d (Conv2D)                 (None, 28, 28, 64)   12352       input_1[0][0]
_____
conv2d_2 (Conv2D)               (None, 28, 28, 128)  110720      conv2d_1[0][0]
_____
conv2d_4 (Conv2D)               (None, 28, 28, 32)   12832       conv2d_3[0][0]
_____
conv2d_5 (Conv2D)               (None, 28, 28, 32)   6176        max_pooling2d[0][0]
_____
concatenate (Concatenate)       (None, 28, 28, 256)  0           conv2d[0][0]
                                                                 conv2d_2[0][0]
                                                                 conv2d_4[0][0]
                                                                 conv2d_5[0][0]
==========================================================================================
Total params: 163,696
Trainable params: 163,696
Non-trainable params: 0
```

由于我们第一次介绍函数式编程，所以注释里强调了很多次要注意函数式模型的特点，输入信号要放在函数的后面。

12.4.2 使用函数式模型进行 MNIST 图像识别

我们再来看一个函数式模型的完整例子，如代码 12-6 所示。

代码 12-6：使用函数式模型进行 MNIST 图像识别

```
import tensorflow as tf
from tensorflow.keras.models import Sequential
from tensorflow.keras.layers import Input,Dense,Dropout,Conv2D,MaxPool2D,Flatten
from tensorflow.keras.optimizers import Adam
from tensorflow.keras.models import Model

# 载入数据
mnist = tf.keras.datasets.mnist
# 载入数据，数据载入的时候就已经划分好训练集和测试集
(x_train, y_train), (x_Test, y_test) = mnist.load_data()
# 这里要注意，在 ensorflow 中，在做卷积的时候需要把数据变成 4 维的格式
# 这 4 个维度是数据数量、图片高度、图片宽度、图片通道数
# 所以这里把数据 reshape 变成 4 维数据，黑白图片的通道数是 1，彩色图片的通道数是 3
x_train = x_train.reshape(-1,28,28,1)/255.0
x_test = x_test.reshape(-1,28,28,1)/255.0
# 把训练集和测试集的标签转为独热编码
y_train = tf.keras.utils.to_categorical(y_train,num_classes=10)
y_test = tf.keras.utils.to_categorical(y_test,num_classes=10)

# 定义模型输入
inputs = Input(shape=(28,28,1))
x = Conv2D(filters=32,kernel_size=5,strides=1,padding='same',activation='relu')(inputs)
x = MaxPool2D(pool_size=2,strides=2,padding='same')(x)
```

```
x = Conv2D(64,5,strides=1,padding='same',activation='relu')(x)
x = MaxPool2D(pool_size=2,strides=2,padding='same')(x)
x = Flatten()(x)
x = Dense(1024,activation='relu')(x)
x = Dropout(0.5)(x)
x = Dense(10,activation='softmax')(x)
# 定义模型
model = Model(inputs,x)

# 定义优化器
adam = Adam(lr=1e-4)
# 定义优化器和损失函数,在训练过程中计算准确率
model.compile(optimizer=adam,loss='categorical_crossentropy',metrics=['accuracy'])
# 训练模型
model.fit(x_train,y_train,batch_size=64,epochs=2,validation_data=(x_test, y_test))
```

运行结果如下:

```
Train on 60000 samples, validate on 10000 samples
Epoch 1/2
60000/60000 [==============================] - 83s 1ms/sample - loss: 0.3269 - accuracy: 0.9077 - val_loss: 0.0849 - val_accuracy: 0.9752
Epoch 2/2
60000/60000 [==============================] - 87s 1ms/sample - loss: 0.0893 - accuracy: 0.9730 - val_loss: 0.0528 - val_accuracy: 0.9825
```

12.5 模型可视化

12.5.1 使用 plot_model 进行模型可视化

Tensorflow 里面有一个小工具可以方便地画出模型结构,很好用,其就是 tensorflow.keras.utils.plot_model。

使用 plot_model 前需要做一些准备工作,我们先要打开命令提示符安装 3 个 Python 模块:

pip install pydot

pip install pydot_ng

pip install graphviz

安装好 3 个 Python 模块后,我们还需要安装 Graphviz 软件,该软件的下载网址是 https://graphviz.gitlab.io/download/,其里面有 Linux、Windows、Mac 系统相对应的安装方法如图 12.5 所示。

Windows 用户应该比较多,本书就以 Windows 为例简单说明一下如何安装 Graphviz 软件。Windows 版本有一个软件下载地址,其为 https://www2.graphviz.org/Packages/stable/windows/10/msbuild/Release/Win32/graphviz-2.38-win32.msi。下载完成后双击安装就可以,安装的路径我们要记住,默认路径一般是"C:\Program Files(x86)\Graphviz2.38",可以使用默认路径或者修改为其他路径。安装好之后,我们还需要把 Graphviz 软件主目录下 bin 文件的路径添加到环境变量中,如果是默认路径安装,则将"C:\Program Files(x86)\

Graphviz2.38\bin"添加到环境变量中。安装配置好以后最好重启一下电脑，到此为止准备工作应该就做好了。如果运行时还出现其他问题，可以自行通过搜索引擎解决。

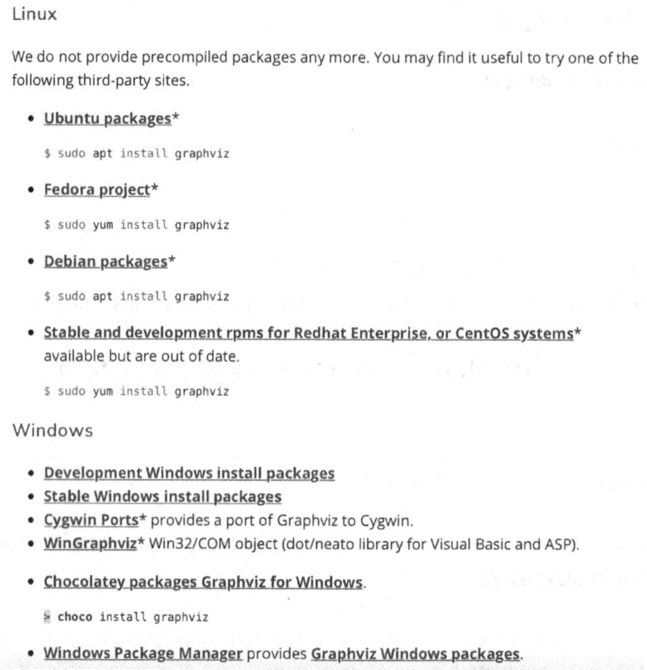

Linux

We do not provide precompiled packages any more. You may find it useful to try one of the following third-party sites.

- **Ubuntu packages***

  `$ sudo apt install graphviz`

- **Fedora project***

  `$ sudo yum install graphviz`

- **Debian packages***

  `$ sudo apt install graphviz`

- **Stable and development rpms for Redhat Enterprise, or CentOS systems***
  available but are out of date.

  `$ sudo yum install graphviz`

Windows

- **Development Windows install packages**
- **Stable Windows install packages**
- **Cygwin Ports*** provides a port of Graphviz to Cygwin.
- **WinGraphviz*** Win32/COM object (dot/neato library for Visual Basic and ASP).
- **Chocolatey packages Graphviz for Windows**.

  `$ choco install graphviz`

- **Windows Package Manager** provides **Graphviz Windows packages**.

图 12.5 安装 Graphviz 软件的方法

前面我们用函数式模型搭建了一个 Inception 结构，该 Inception 结构如果我们看它的 summary 输出结果，大概可以看出来它的信号传递关系，但是看起来不太直观。summary 比较适合用来看顺序模型的结构，看函数式模型就不太方便了。下面我们来学习 plot_model 的用法，它可以比较直观地画出模型的结构，实现代码如代码 12-7 所示。

代码 12-7：画出模型结构（plot_model）

```
from tensorflow.keras.layers import Input,Conv2D,MaxPool2D,concatenate
from tensorflow.keras.models import Model
from tensorflow.keras.utils import plot_model
# 定义模型输入
inputs = Input(shape=(28,28,192))
tower_1 = Conv2D(filters=64,kernel_size=(1,1),strides=(1,1),padding='same',activation='relu')(inputs)
tower_2 = Conv2D(filters=96,kernel_size=(1,1),strides=(1,1),padding='same',activation='relu')(inputs)
tower_2 = Conv2D(filters=128,kernel_size=(3,3),strides=(1,1),padding='same',activation='relu')(tower_2)
tower_3 = Conv2D(filters=16,kernel_size=(1,1),strides=(1,1),padding='same',activation='relu')(inputs)
tower_3 = Conv2D(filters=32,kernel_size=(5,5),strides=(1,1),padding='same',activation='relu')(tower_3)
pooling = MaxPool2D(pool_size=(3, 3),strides=(1, 1),padding='same')(inputs)
pooling = Conv2D(filters=32,kernel_size=(1,1),strides=(1,1),padding='same',activation='relu')(pooling)
# concatenate 合并 4 个信号，axis=3 表示根据 channel 进行合并，得到模型的输出
outputs = concatenate([tower_1,tower_2,tower_3,pooling],axis=3)
# 定义模型，设置输入和输出信号
model = Model(inputs=inputs, outputs=outputs)
# model 表示要画图的模型
# 'model.png'表示图片存放的路径
```

```
# show_shapes=True 表示画出信号的 shape
# dpi 表示分辨率，默认是 96
plot_model(model=model, to_file='model.png', show_shapes=True, dpi=200)
```

运行结果如下：

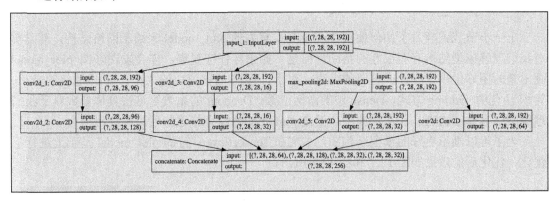

运行程序后，在程序所在目录下会产生一张名为"model.png"的图片，其保存着模型的结构图，从该图中我们可以清楚地看到信号的传递关系和信号的 shape 变化。

代码 12-8 中的模型使用 plot_model 画出来的结构如图 12.6 所示。

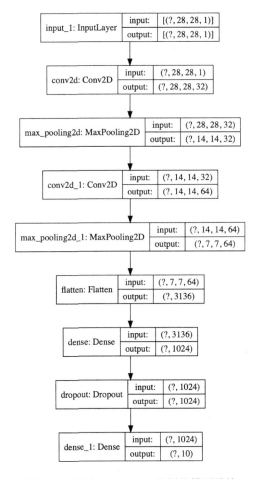

图 12.6 使用 plot_model 绘制的模型结构

从 plot_model 画出来的模型结构中我们可以很清晰地看到网络各层的结构、信号的流动关系和信号输入输出的 shape。如果大家对模型的结构理解得不够好，则可以用 plot_model 把模型结构画出来，看着模型结构图来理解模型的结构会容易一些。

12.5.2 plot_model 升级版

上一小节我们学习了如何使用 Tensorflow 官方的 plot_model 来绘制网络结构，其确实对我们理解模型结构有着很好的帮助。但是，如果你仔细观察，你会发现好像 plot_model 画出来的图好像少了些什么重要的内容。对了，卷积/池化窗口的大小、卷积/池化的步长、卷积/池化的 padding 方式、Dense 层的激活函数、Dropout 的系数等这些具体参数对于我们理解网络具体结构也是非常重要的，但是 plot_model 没有将这些信息标注出来。

为了可以画出更好的模型结构图，本文在 Tensorflow 官方的 plot_model 基础上进行了优化，优化后的效果如图 12.7 和图 12.8 所示。

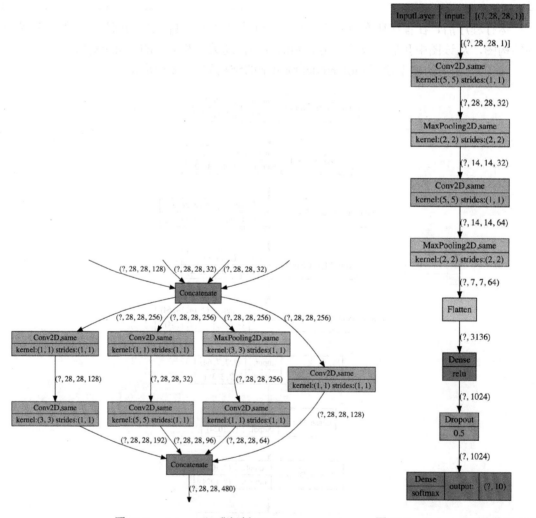

图 12.7　plot_model 升级版（1）　　　　图 12.8　plot_model 升级版（2）

本书对原始 plot_model 的修改主要就是增加了更多的模型细节，以及不同的模块使有不同的颜色，简单的模型可能效果不够明显，但如果大家在学习复杂模型的时候，显示更多的细节和颜色区分帮助还是很大的。

本书优化过的 plot_model 已经发布在 PyPi（https://pypi.org/project/plot-model/），源代码在作者的 Github 中可以看到，即 https://github.com/Qinbf/plot_model。推荐的安装方式是使用 pip 安装，打开命令提示符输入命令：

```
pip install plot_model
```

安装好以后通过如下代码导入：

```
from plot_model import plot_model
```

plot_model 的使用方式跟 Tensorflow 中的 plot_model 一样，但增加了两个参数。一个是 style，可以取值 0 和 1，默认值为 0。style=0 表示使用新风格，style=1 表示使用老风格，大家可以自行尝试。还有一个参数是 color，取值为 True 或 False，默认值是 True。color=True 表示画彩色结构图，color=False 表示画黑白结构图。以后大家需要画模型结构图的时候，推荐大家使用本书的 plot_model。

12.6 GoogleNet 图像识别

GoogleNet 中包含了很多 Inception 模块，所以我们可以定义一个 Inception 函数专门用于实现 Inception 模块。在调用 Inception 函数时，根据 GoogleNet 网络结构描述传入不同的参数即可。我们将使用函数式模型来定义 GoogleNet。同样，我们只展示建模的相关代码，如代码 12-8 所示。

代码 12-8：GoogleNet 图像识别

```
...
...
...
# 定义 Inception 结构
def Inception(x,filters):
    tower_1 = Conv2D(filters=filters[0],kernel_size=1,strides=1,padding='same',activation='relu')(x)
    tower_2 = Conv2D(filters=filters[1],kernel_size=1,strides=1,padding='same',activation='relu')(x)
    tower_2 = Conv2D(filters=filters[2],kernel_size=3,strides=1,padding='same',activation='relu')(tower_2)
    tower_3 = Conv2D(filters=filters[3],kernel_size=1,strides=1,padding='same',activation='relu')(x)
    tower_3 = Conv2D(filters=filters[4],kernel_size=5,strides=1,padding='same',activation='relu')(tower_3)
    pooling = MaxPool2D(pool_size=3,strides=1,padding='same')(x)
    pooling = Conv2D(filters=filters[5],kernel_size=1,strides=1,padding='same',activation='relu')(pooling)
    x = concatenate([tower_1,tower_2,tower_3,pooling],axis=3)
    return x

# 定义 GoogleNet 模型
model_input = Input(shape=(image_size,image_size,3))
x = Conv2D(filters=64,kernel_size=7,strides=2,padding='same',activation='relu')(model_input)
x = MaxPool2D(pool_size=3,strides=2,padding='same')(x)
x = Conv2D(filters=64,kernel_size=1,strides=1,padding='same',activation='relu')(x)
x = Conv2D(filters=192,kernel_size=3,strides=1,padding='same',activation='relu')(x)
x = MaxPool2D(pool_size=3,strides=2,padding='same')(x)
```

```
x = Inception(x,[64,96,128,16,32,32])
x = Inception(x,[128,128,192,32,96,64])
x = MaxPool2D(pool_size=3,strides=2,padding='same')(x)
x = Inception(x,[192,96,208,16,48,64])
x = Inception(x,[160,112,224,24,64,64])
x = Inception(x,[128,128,256,24,64,64])
x = Inception(x,[112,144,288,32,64,64])
x = Inception(x,[256,160,320,32,128,128])
x = MaxPool2D(pool_size=3,strides=2,padding='same')(x)
x = Inception(x,[256,160,320,32,128,128])
x = Inception(x,[384,192,384,48,128,128])
x = AvgPool2D(pool_size=7,strides=7,padding='same')(x)
x = Flatten()(x)
x = Dropout(0.4)(x)
x = Dense(num_classes,activation='softmax')(x)
model = Model(inputs=model_input,outputs=x)
...
...
...
```

运行结果如下：

```
Train for 34 steps, validate for 9 steps
Epoch 1/100
34/34 [==============================] - 16s 477ms/step - loss: 2.7764 - accuracy: 0.0699 - val_loss: 2.5863 - val_accuracy: 0.1140
Epoch 2/100
34/34 [==============================] - 13s 392ms/step - loss: 2.4651 - accuracy: 0.1360 - val_loss: 2.3358 - val_accuracy: 0.1471
...
Epoch 99/100
34/34 [==============================] - 13s 395ms/step - loss: 0.1723 - accuracy: 0.9366 - val_loss: 0.8696 - val_accuracy: 0.7831
Epoch 100/100
34/34 [==============================] - 13s 393ms/step - loss: 0.1641 - accuracy: 0.9430 - val_loss: 0.8596 - val_accuracy: 0.7904
```

GoogleNet 的结构是由一个个 Inception 结构叠加而成的，看程序就很容易理解，但还是建议大家用 plot_model()把模型结构画出来，对照着模型结构图来看，理解起来更容易，绝对能够让你清晰地理解 GoogleNet 的具体结构（注意图片太大，dpi 不要调太高）。由于 plot_model()画出来的图太长，我们就不放到书里了，大家可以自行操作。

12.7 Batch Normalization 使用

我们在之前的内容中学习过 BN（Batch Normalization），其是一种很神奇的网络优化技巧，下面我们通过一个 CIFAR10 的图像分类来对比一下使用 BN 和不使用 BN 的模型效果，如代码 12-9 所示。

代码 12-9：BN-CIFAR10 图像分类

```
import numpy as np
from tensorflow.keras.datasets import cifar10
from tensorflow.keras.utils import to_categorical
from tensorflow.keras.models import Sequential
from tensorflow.keras.layers import Dense,Dropout,Conv2D,MaxPooling2D,Flatten,BatchNormalization,Activation
from tensorflow.keras.optimizers import Adam,RMSprop
import matplotlib.pyplot as plt
# 下载并载入数据
# 训练集数据(50000, 32, 32, 3)
# 测试集数据(50000, 1)
(x_train,y_train),(x_test,y_test) = cifar10.load_data()
# 数据归一化
x_train = x_train/255.0
x_test = x_test/255.0
# 换 One-Hot 格式
y_train = to_categorical(y_train,num_classes=10)
y_test = to_categorical(y_test,num_classes=10)

# 定义卷积网络
model = Sequential()
model.add(Conv2D(input_shape=(32,32,3), filters=32, kernel_size=3, strides=1, padding='same', activation = 'relu'))
model.add(Conv2D(filters=32, kernel_size=3, strides=1, padding='same', activation = 'relu'))
model.add(MaxPooling2D(pool_size=2, strides=2, padding='valid'))
model.add(Dropout(0.2))

model.add(Conv2D(filters=64, kernel_size=3, strides=1, padding='same', activation = 'relu'))
model.add(Conv2D(filters=64, kernel_size=3, strides=1, padding='same', activation = 'relu'))
model.add(MaxPooling2D(pool_size=2, strides=2, padding='valid'))
model.add(Dropout(0.3))

model.add(Conv2D(filters=128, kernel_size=3, strides=1, padding='same', activation = 'relu'))
model.add(Conv2D(filters=128, kernel_size=3, strides=1, padding='same', activation = 'relu'))
model.add(MaxPooling2D(pool_size=2, strides=2, padding='valid'))
model.add(Dropout(0.4))

model.add(Flatten())
model.add(Dense(10,activation = 'softmax'))
```

```
# 定义使用了 BN 的卷积网络
# 两个模型结构完全一致,区别只在于是否使用 BN
model_bn = Sequential()
model_bn.add(Conv2D(input_shape=(32,32,3), filters=32, kernel_size=3, strides=1, padding='same'))
model_bn.add(BatchNormalization())
model_bn.add(Activation('relu'))
model_bn.add(Conv2D(filters=32, kernel_size=3, strides=1, padding='same'))
model_bn.add(BatchNormalization())
model_bn.add(Activation('relu'))
model_bn.add(MaxPooling2D(pool_size=2, strides=2, padding='valid'))
model_bn.add(Dropout(0.2))

model_bn.add(Conv2D(filters=64, kernel_size=3, strides=1, padding='same'))
model_bn.add(BatchNormalization())
model_bn.add(Activation('relu'))
model_bn.add(Conv2D(filters=64, kernel_size=3, strides=1, padding='same'))
model_bn.add(BatchNormalization())
model_bn.add(Activation('relu'))
model_bn.add(MaxPooling2D(pool_size=2, strides=2, padding='valid'))
model_bn.add(Dropout(0.3))

model_bn.add(Conv2D(filters=128, kernel_size=3, strides=1, padding='same'))
model_bn.add(BatchNormalization())
model_bn.add(Activation('relu'))
model_bn.add(Conv2D(filters=128, kernel_size=3, strides=1, padding='same'))
model_bn.add(BatchNormalization())
model_bn.add(Activation('relu'))
model_bn.add(MaxPooling2D(pool_size=2, strides=2, padding='valid'))
model_bn.add(Dropout(0.4))

model_bn.add(Flatten())
model_bn.add(Dense(10,activation = 'softmax'))

# 定义优化器
adam = Adam(lr=1e-4)

# 定义优化器和损失函数,在训练过程中计算准确率
model.compile(optimizer=adam,loss='categorical_crossentropy',metrics=['accuracy'])
# 定义优化器和损失函数,在训练过程中计算准确率
model_bn.compile(optimizer=adam,loss='categorical_crossentropy',metrics=['accuracy'])
# 训练模型
history = model.fit(x_train, y_train, batch_size=64, epochs=100, validation_data=(x_test, y_test), shuffle=True)
history_bn = model_bn.fit(x_train, y_train, batch_size=64, epochs=100, validation_data=(x_test, y_test), shuffle=True)

plt.plot(np.arange(100),history.history['val_accuracy'],c='b',label='without_bn')
# 画出使用 BN 的模型验证集准确率
plt.plot(np.arange(100),history_bn.history['val_accuracy'],c='y',label='bn')
plt.legend()
plt.xlabel('epochs')
plt.ylabel('accuracy')
plt.show()
```

运行结果如下:

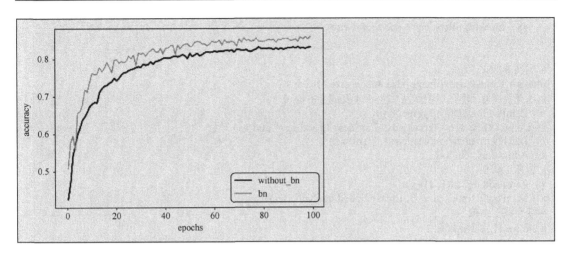

12.8 ResNet 图像识别

同样，这里我们只展示 ResNet 建模相关的代码，如代码 12-10 所示。

代码 12-10：ResNet50 图像识别

```
from tensorflow.keras.layers import Input,Dense,Dropout,Conv2D,MaxPool2D,Flatten,GlobalAvgPool2D,concatenate,BatchNormalization,Activation,Add,ZeroPadding2D
...
...
...
# 定义残差单元
def block(x, filters, strides=1, conv_shortcut=True):
    # projection shortcut
    if conv_shortcut == True:
        shortcut = Conv2D(filters*4,kernel_size=1,strides=strides,padding='valid')(x)
        # epsilon 为 BN 公式中防止分母为零的值
        shortcut = BatchNormalization(epsilon=1.001e-5)(shortcut)
    else:
        # identity_shortcut
        shortcut = x
    # 3 个卷积层
    x = Conv2D(filters=filters,kernel_size=1,strides=strides,padding='valid')(x)
    x = BatchNormalization(epsilon=1.001e-5)(x)
    x = Activation('relu')(x)
    
    x = Conv2D(filters=filters,kernel_size=3,strides=1,padding='same')(x)
    x = BatchNormalization(epsilon=1.001e-5)(x)
    x = Activation('relu')(x)
    
    x = Conv2D(filters=filters*4,kernel_size=1,strides=1,padding='valid')(x)
    x = BatchNormalization(epsilon=1.001e-5)(x)
    
    x = Add()([x, shortcut])
    x = Activation('relu')(x)
    return x

# 堆叠残差单元
def stack(x, filters, blocks, strides):
    x = block(x, filters, strides=strides)
    for i in range(blocks-1):
```

```python
        x = block(x, filters, conv_shortcut=False)
    return x
# 定义 ResNet50
inputs = Input(shape=(image_size,image_size,3))
# 填充 3 圈 0，填充后图像从 224×224 变成 230×230
x = ZeroPadding2D((3, 3))(inputs)
x= Conv2D(filters=64,kernel_size=7,strides=2,padding='valid')(x)
x = BatchNormalization(epsilon=1.001e-5)(x)
x = Activation('relu')(x)
# 填充 1 圈 0
x = ZeroPadding2D((1, 1))(x)
x = MaxPool2D(pool_size=3,strides=2,padding='valid')(x)
# 堆叠残差结构
# blocks 表示堆叠数量
x = stack(x, filters=64, blocks=3, strides=1)
x = stack(x, filters=128, blocks=4, strides=2)
x = stack(x, filters=256, blocks=6, strides=2)
x = stack(x, filters=512, blocks=3, strides=2)
# 根据特征图的大小进行平均池化，池化后得到 2 维数据
x = GlobalAvgPool2D()(x)
x = Dense(num_classes, activation='softmax')(x)
# 定义模型
model = Model(inputs=inputs,outputs=x)
...
...
...
```

运行结果如下：

```
Train for 34 steps, validate for 9 steps
Epoch 1/100
34/34 [==============================] - 19s  546ms/step - loss: 3.0563 - accuracy: 0.1195 - val_loss: 2.8569 - val_accuracy: 0.0588
Epoch 2/100
34/34 [==============================] - 14s  399ms/step - loss: 2.4523 - accuracy: 0.2022 - val_loss: 2.9909 - val_accuracy: 0.0588
...
Epoch 99/100
34/34 [==============================] - 14s  406ms/step - loss: 0.0224 - accuracy: 0.9954 - val_loss: 1.0080 - val_accuracy: 0.7794
Epoch 100/100
34/34 [==============================] - 14s  404ms/step - loss: 0.0229 - accuracy: 0.9972 - val_loss: 1.0078 - val_accuracy: 0.7794
```

本书使用了一种比较简洁的方式来搭建 ResNet 模型，程序比较简洁，但理解起来可能需要多花点时间，建议一行一行代码仔细理解。同时可以借助 plot_model() 来帮助模型结构的理解。由于 plot_model() 画出来的图太长我们就不放到书里了，截取两个局部给大家看看，如图 12.9 所示。

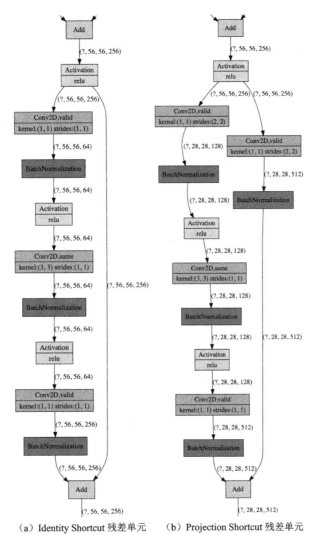

（a）Identity Shortcut 残差单元　　（b）Projection Shortcut 残差单元

图 12.9　Identity 和 Projection 残差单元

12.9　ResNeXt 图像识别

同样，这里我们只展示 ResNeXt 建模相关的代码，如代码 12-11 所示。

代码 12-11：ResNeXt50(32×4d) 图像识别

```
from tensorflow.keras.layers import Input,Dense,Dropout,Conv2D,MaxPool2D,Flatten,GlobalAvgPool2D,concatenate,BatchNormalization,Activation,Add,ZeroPadding2D,Lambda
...
...
...
```

```python
# 定义分组卷积
# g_channels: 每组的通道数
# groups: 多少组
def grouped_convolution_block(init_x, strides, groups, g_channels):
    group_list = []
    # 分组进行卷积
    for c in range(groups):
        # 分组取出数据
        x = Lambda(lambda x: x[:, :, :, c*g_channels:(c+1)*g_channels])(init_x)
        # 分组进行卷积
        x = Conv2D(filters=g_channels,kernel_size=3,strides=strides,padding='same',use_bias=False)(x)
        # 存入 list
        group_list.append(x)
    # 合并 list 中的数据
    group_merge = concatenate(group_list, axis=3)
    x = BatchNormalization(epsilon=1.001e-5)(group_merge)
    x = Activation('relu')(x)
    return x

# 定义残差单元
def block(x, filters, strides=1, groups=32, conv_shortcut=True):
    # projection shortcut
    if conv_shortcut == True:
        shortcut = Conv2D(filters*2,kernel_size=1,strides=strides,padding='same')(x)
        # epsilon 为 BN 公式中防止分母为零的值
        shortcut = BatchNormalization(epsilon=1.001e-5)(shortcut)
    else:
        # identity_shortcut
        shortcut = x
    # 3 个卷积层
    x = Conv2D(filters=filters,kernel_size=1,strides=1,padding='same')(x)
    x = BatchNormalization(epsilon=1.001e-5)(x)
    x = Activation('relu')(x)
    # 计算每组的通道数
    g_channels = int(filters / groups)
    # 进行分组卷积
    x = grouped_convolution_block(x, strides, groups, g_channels)

    x = Conv2D(filters=filters*2,kernel_size=1,strides=1,padding='same')(x)
    x = BatchNormalization(epsilon=1.001e-5)(x)
    x = Add()([x, shortcut])
    x = Activation('relu')(x)
    return x

# 堆叠残差单元
def stack(x, filters, blocks, strides, groups=32):
    x = block(x, filters, strides=strides, groups=groups)
    for i in range(blocks):
        x = block(x, filters, groups=groups, conv_shortcut=False)
    return x

# 定义 ResNeXt50
inputs = Input(shape=(image_size,image_size,3))
# 填充 3 圈 0,填充后图像从 224×224 变成 230×230
x = ZeroPadding2D((3, 3))(inputs)
```

```
x = Conv2D(filters=64,kernel_size=7,strides=2,padding='valid')(x)
x = BatchNormalization(epsilon=1.001e-5)(x)
x = Activation('relu')(x)
# 填充 1 圈 0
x = ZeroPadding2D((1, 1))(x)
x = MaxPool2D(pool_size=3,strides=2,padding='valid')(x)
# 堆叠残差结构
# blocks 表示堆叠数量
x = stack(x, filters=128, blocks=2, strides=1)
x = stack(x, filters=256, blocks=3, strides=2)
x = stack(x, filters=512, blocks=5, strides=2)
x = stack(x, filters=1024, blocks=2, strides=2)
# 根据特征图的大小进行平均池化，池化后得到 2 维数据
x = GlobalAvgPool2D()(x)
x = Dense(num_classes, activation='softmax')(x)
# 定义模型
model = Model(inputs=inputs,outputs=x)

# 电脑配置不好的话不要运行 summary 或者 plot_model
# model.summary()
…
…
…
```

运行结果如下：

```
Train for 34 steps, validate for 9 steps
Epoch 1/100
34/34 [==============================] - 37s 1s/step - loss: 2.8832 - accuracy: 0.0901 - val_loss: 2.9076 - val_accuracy: 0.0588
Epoch 2/100
34/34 [==============================] - 17s 490ms/step - loss: 2.4876 - accuracy: 0.1838 - val_loss: 3.1728 - val_accuracy: 0.0588
…
Epoch 99/100
34/34 [==============================] - 17s 495ms/step - loss: 0.0328 - accuracy: 0.9982 - val_loss: 0.9105 - val_accuracy: 0.8088
Epoch 100/100
34/34 [==============================] - 17s 495ms/step - loss: 0.0248 - accuracy: 0.9991 - val_loss: 0.9058 - val_accuracy: 0.8088
```

ResNeXt50 的模型程序跟 ResNet50 差不多，使用函数 grouped_convolution_block 完成分组卷积的操作。建议大家使用 plot_model 看一下模型结构（建议 dpi 使用 96 或更低的值），groups=32 画出来的图太大了，下面给大家看一下 groups=4 画出来的图的残差结构，如图 12.10 所示。

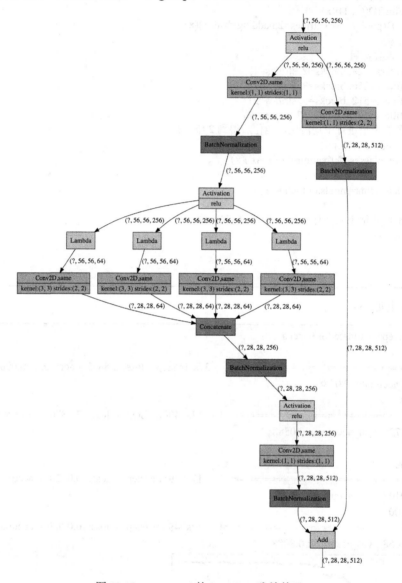

图 12.10　groups=4 的 ResNeXt 残差单元

12.10　SENet 图像识别

同样，这里我们只展示 SE-ResNet50 建模相关的代码，如代码 12-12 所示。

代码 12-12：SE-ResNet50 图像识别

```
from tensorflow.keras.layers import Input,Dense,Dropout,Conv2D,MaxPool2D,Flatten,GlobalAvgPool2D,BatchNormalization,Activation,Add,ZeroPadding2D,Multiply
...
```

```python
...
...
# SE 模块
def ChannelSE(input_tensor, reduction=16):
    # 获得信号通道数
    channels = input_tensor.shape[-1]
    # SE 模块
    x = GlobalAvgPool2D()(input_tensor)
    # 把 2 维数据再变成 4 维(?,1,1,?)
    x = x[:, None, None, :]
    # 卷积替代全连接层
    x = Conv2D(filters=channels//reduction,kernel_size=1,strides=1)(x)
    x = Activation('relu')(x)
    x = Conv2D(filters=channels,kernel_size=1,strides=1)(x)
    x = Activation('sigmoid')(x)
    x = Multiply()([input_tensor, x])
    return x

# 定义残差单元
def block(x, filters, strides=1, conv_shortcut=True, reduction=16):
    # projection shortcut
    if conv_shortcut == True:
        shortcut = Conv2D(filters*4,kernel_size=1,strides=strides,padding='valid')(x)
        # epsilon 为 BN 公式中防止分母为零的值
        shortcut = BatchNormalization(epsilon=1.001e-5)(shortcut)
    else:
        # identity_shortcut
        shortcut = x
    # 3 个卷积层
    x = Conv2D(filters=filters,kernel_size=1,strides=strides,padding='valid')(x)
    x = BatchNormalization(epsilon=1.001e-5)(x)
    x = Activation('relu')(x)

    x = Conv2D(filters=filters,kernel_size=3,strides=1,padding='same')(x)
    x = BatchNormalization(epsilon=1.001e-5)(x)
    x = Activation('relu')(x)

    x = Conv2D(filters=filters*4,kernel_size=1,strides=1,padding='valid')(x)
    x = BatchNormalization(epsilon=1.001e-5)(x)

    # SE 模块
    x = ChannelSE(x, reduction=reduction)

    x = Add()([x, shortcut])
    x = Activation('relu')(x)
    return x

# 堆叠残差单元
def stack(x, filters, blocks, strides):
    x = block(x, filters, strides=strides)
    for i in range(blocks-1):
        x = block(x, filters, conv_shortcut=False)
    return x

# 定义 SE-ResNet50
inputs = Input(shape=(image_size,image_size,3))
```

```
# 填充 3 圈 0,填充后图像从 224×224 变成 230×230
x = ZeroPadding2D((3, 3))(inputs)
x = Conv2D(filters=64,kernel_size=7,strides=2,padding='valid')(x)
x = BatchNormalization(epsilon=1.001e-5)(x)
x = Activation('relu')(x)
# 填充 1 圈 0
x = ZeroPadding2D((1, 1))(x)
x = MaxPool2D(pool_size=3,strides=2,padding='valid')(x)
# 堆叠残差结构
# blocks 表示堆叠数量
x = stack(x, filters=64, blocks=3, strides=1)
x = stack(x, filters=128, blocks=4, strides=2)
x = stack(x, filters=256, blocks=6, strides=2)
x = stack(x, filters=512, blocks=3, strides=2)
# 根据特征图的大小进行平均池化,池化后得到 2 维数据
x = GlobalAvgPool2D()(x)
x = Dense(num_classes, activation='softmax')(x)
# 定义模型
model = Model(inputs=inputs,outputs=x)
…
…
…
```

运行结果如下:

```
Train for 34 steps, validate for 9 steps
Epoch 1/100
34/34 [==============================] - 27s 786ms/step - loss: 2.4803 - accuracy: 0.2114 - val_loss: 2.8556 - val_accuracy: 0.0588
Epoch 2/100
34/34 [==============================] - 14s 401ms/step - loss: 1.8287 - accuracy: 0.4017 - val_loss: 2.9926 - val_accuracy: 0.0588
…
Epoch 99/100
34/34 [==============================] - 14s 406ms/step - loss: 0.0044 - accuracy: 1.0000 - val_loss: 1.0369 - val_accuracy: 0.8088
Epoch 100/100
34/34 [==============================] - 14s 407ms/step - loss: 0.0043 - accuracy: 1.0000 - val_loss: 1.0355 - val_accuracy: 0.8088
```

SE-ResNet50 用 plot_model 画出来的图会很大,大家可以自己运行,下面就给大家看一下 SE-ResNet50 其中一个残差单元的图,如图 12.11 所示。

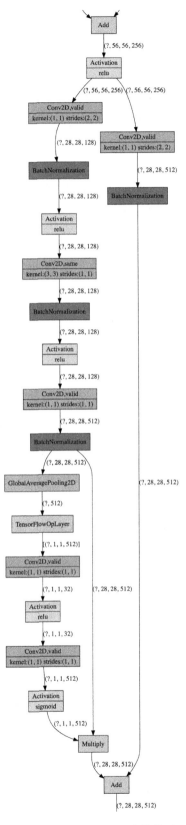

图 12.11 SE-ResNet50 残差单元

12.11 使用预训练模型进行迁移学习

12.11.1 使用训练好的模型进行图像识别

本章前面的内容中,我们主要是学习了模型的搭建方法,本小节我们将学习如何使用迁移学习的方式来训练图像识别模型。简单来说,图像识别的迁移学习就是使用一个已经经过预训练的模型,在这个预训练的模型基础上稍作修改,然后训练自己的数据集,也称为**微调(Finetune)**,这里的预训练模型通常都是使用 ImageNet 比赛数据集训练出来的模型。Tensorflow 中有很多官方提供的使用 ImageNet 数据集训练好的预训练模型,我们可以直接下载使用,如图 12.12 所示。

```
from tensorflow.keras.applications.
    tensorflow.keras.applications.densenet
    tensorflow.keras.applications.imagenet_utils
    tensorflow.keras.applications.inception_resnet_v2
    tensorflow.keras.applications.inception_v3
    tensorflow.keras.applications.mobilenet
    tensorflow.keras.applications.mobilenet_v2
    tensorflow.keras.applications.nasnet
    tensorflow.keras.applications.resnet
    tensorflow.keras.applications.resnet50
    tensorflow.keras.applications.resnet_v2
```

图 12.12　可用的预训练模型

下面我们先看一下如何使用预训练模型来进行图像识别。第一次载入模型时需要从网上下载模型,下载的模型会存放在用户目录下.keras 隐藏文件夹下的 models 文件夹中(如 C:\User\qin\.keras\models)。本书自己准备了一些图片存放在"test"文件夹中用于测试,如代码 12-13 所示。

代码 12-13:使用训练好的 ResNet50 进行图像识别

```
from tensorflow.keras.applications.resnet50 import ResNet50
# imagenet 数据处理工具
from tensorflow.keras.applications.imagenet_utils import decode_predictions,preprocess_input
from tensorflow.keras.preprocessing.image import img_to_array,load_img
import matplotlib.pyplot as plt
import os
import numpy as np
# 图片大小
image_size = 224
# 存放测试图片的文件夹
image_dir = 'test'
# 载入使用 imagenet 训练好的预训练模型
# include_top=True 表示模型包含全连接层
# include_top=False 表示模型不包含全连接层
# 下载的程序会存放在用户目录下.keras 隐藏文件夹下的 models 文件夹中
resnet50 = ResNet50(weights='imagenet',include_top=True, input_shape=(image_size,image_size,3))

# 循环目录下的图片并进行显示预测
for file in os.listdir(image_dir):
```

```
# 测试图片的完整路径
file_dir = os.path.join(image_dir,file)
# 读入图片，并将其大小变为 224×224
img = load_img(file_dir, target_size=(224, 224))
# 显示图片
plt.imshow(img)
plt.axis('off')
plt.show()
# 将图片转化为序列(array)
x = img_to_array(img)
# 增加 1 个维度将其变成 4 维数据
# (224, 224, 3)->(1, 224, 224, 3)
x = np.expand_dims(x, axis=0)
# 把像素数值归一化为(-1,1)之间，并让 RGB 通道减去对应均值
x = preprocess_input(x)
# preds.shap->(1, 1000),1000 个概率值
preds = resnet50.predict(x)
# decode_predictions 用于预测结果解码
# 将测试结果解码为如下形式：
# [(编码 1, 英文名称 1, 概率 1),(编码 2, 英文名称 2, 概率 2), ......]
# top=1 表示概率最大的 1 个结果，top=3 表示概率最大的 3 个结果
predicted_classes = decode_predictions(preds, top=1)
imagenet_id, name, confidence = predicted_classes[0][0]
# 打印结果
print("This is a {} with {:.4}% confidence!".format(name, confidence * 100))
```

运行结果如下：

This is a sandbar with 44.15% confidence!

This is a soup_bowl with 61.99% confidence!

This is a tabby named chouchou with 90.97% confidence!

12.11.2　使用训练好的模型进行迁移学习

现在我们要使用预训练的模型来训练自己的数据集了，为了方便，我还是使用 17flowers 的数据集，如果大家有其他数据集的话也可以使用。使用 VGG16 完成迁移学习的代码如代码 12-14 所示。

代码 12-14：使用 VGG16 完成迁移学习（片段 1）

```python
from tensorflow.keras.applications.vgg16 import VGG16
from tensorflow.keras.models import Sequential
from tensorflow.keras.layers import Dropout,Flatten,Dense
from tensorflow.keras.optimizers import SGD
from tensorflow.keras.preprocessing.image import ImageDataGenerator,img_to_array,load_img
import json
import matplotlib.pyplot as plt
import numpy as np
# 类别数
num_classes = 17
# 批次大小
batch_size = 32
# 周期数
epochs = 40
# 图片大小
image_size = 224
# 训练集数据进行数据增强
train_datagen = ImageDataGenerator(
    rotation_range = 20,        # 随机旋转度数
    width_shift_range = 0.1,    # 随机水平平移
    height_shift_range = 0.1,   # 随机竖直平移
    rescale = 1/255,            # 数据归一化
    shear_range = 10,           # 随机错切变换
    zoom_range = 0.1,           # 随机放大
    horizontal_flip = True,     # 水平翻转
    brightness_range=(0.7, 1.3),# 亮度变化
    fill_mode = 'nearest',      # 填充方式
)
# 测试集数据只需要归一化就可以
test_datagen = ImageDataGenerator(
    rescale = 1/255,            # 数据归一化
)
```

```python
# 训练集数据生成器,可以在训练时自动产生数据进行训练
# 从'data/train'中获得训练集数据
# 获得数据后会把图片改为 image_size×image_size 的大小
# 训练集数据生成器每次会产生 batch_size 个数据
train_generator = train_datagen.flow_from_directory(
    'data/train',
    target_size=(image_size,image_size),
    batch_size=batch_size,
    )

# 测试集数据生成器
test_generator = test_datagen.flow_from_directory(
    'data/test',
    target_size=(image_size,image_size),
    batch_size=batch_size,
    )

# 字典的键为 17 个文件夹的名字,值为对应的分类编号
label = train_generator.class_indices
# 把字典的键值对反过来
# 分类编号为键,分类名称为值
label = dict(zip(label.values(),label.keys()))
# 保存到 json 文件中
file = open('label_flower.json','w',encoding='utf-8')
json.dump(label, file)
# 载入使用 imagenet 训练好的预训练模型
# include_top=True 表示模型包含全连接层
# include_top=False 表示模型不包含全连接层
vgg16 = VGG16(weights='imagenet',include_top=False, input_shape=(image_size,image_size,3))

# 搭建全连接层,连接在 VGG16 模型后面
# 我们主要利用 VGG16 卷积网络已经训练好的特征提取能力来提取特征
# 然后搭建新的全连接层来进行新图片类型的分类
top_model = Sequential()
top_model.add(Flatten(input_shape=vgg16.output_shape[1:]))
top_model.add(Dense(256,activation='relu'))
top_model.add(Dropout(0.5))
top_model.add(Dense(num_classes,activation='softmax'))

model = Sequential()
model.add(vgg16)
model.add(top_model)

# 定义优化器和代价函数,在训练的过程中计算准确率,设置一个较小的学习率
model.compile(optimizer=SGD(lr=1e-3,momentum=0.9),loss='categorical_crossentropy',metrics=['accuracy'])

# Tensorflow2.1 版本之前可以使用 fit_generator 训练模型
# history = model.fit_generator(train_generator,steps_per_epoch=len(train_generator),epochs=epochs,validati
# on_data=test_generator,validation_steps=len(test_generator))

# Tensorflow2.1 版本(包括 2.1)之后可以直接使用 fit 训练模型
history = model.fit(x=train_generator,epochs=epochs,validation_data=test_generator)
```

运行结果如下：

```
Train for 34 steps, validate for 9 steps
Epoch 1/40
34/34 [==============================] - 15s 440ms/step - loss: 2.8396 - accuracy: 0.1131 - val_loss: 2.2644 - val_accuracy: 0.2904
Epoch 2/40
34/34 [==============================] - 14s 406ms/step - loss: 1.9765 - accuracy: 0.3713 - val_loss: 1.3263 - val_accuracy: 0.6029
…
Epoch 39/40
34/34 [==============================] - 14s 402ms/step - loss: 0.0062 - accuracy: 0.9991 - val_loss: 0.1977 - val_accuracy: 0.9632
Epoch 40/40
34/34 [==============================] - 14s 399ms/step - loss: 0.0121 - accuracy: 0.9945 - val_loss: 0.1575 - val_accuracy: 0.9706
```

代码 12-14：使用 VGG16 完成迁移学习（片段 2）

```python
# 画出训练集准确率曲线图
plt.plot(np.arange(epochs),history.history['accuracy'],c='b',label='train_accuracy')
# 画出验证集准确率曲线图
plt.plot(np.arange(epochs),history.history['val_accuracy'],c='y',label='val_accuracy')
# 图例
plt.legend()
# x 坐标描述
plt.xlabel('epochs')
# y 坐标描述
plt.ylabel('accuracy')
# 显示图像
plt.show()
# 模型保存
model.save('vgg16.h5')
```

运行结果如下：

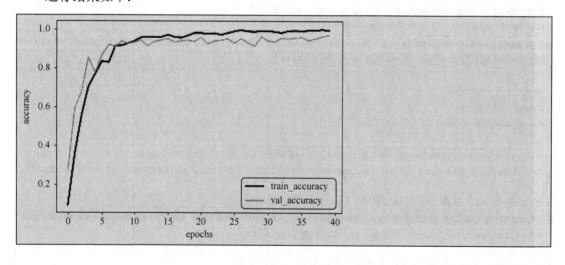

从运行结果中我们可以看到，使用预训练的 VGG16 模型来训练 17flowers 数据集，模型的收敛速度非常快，只训练几个周期就得到了很好的结果，并且训练 40 个周期以后，模型的验证集达到了非常高（97%）的准确率。

12.11.3 载入训练好的模型进行预测

上一小节我们训练好了一个 97%准确率的 17 种花的识别模型，并将其保存为"vgg16.h5"模型文件，本小节我们将重新载入这个训练好的模型，使用它对其他图片进行预测。模型分类编号跟分类名称的对应关系在上一小节的程序里面也已经保存在"label_flower.json"文件中了，可以直接载入。本书将准备的几张测试图片存放在"flowers_test"文件夹中，测试图片的文件名就是该图片的分类名称，如代码 12-15 所示。

代码 12-15：载入训练好的模型进行预测（片段 1）

```
from tensorflow.keras.models import load_model
from tensorflow.keras.preprocessing.image import img_to_array,load_img
import json
import os
import matplotlib.pyplot as plt
import numpy as np
# 测试图片存放的位置
image_dir = 'flowers_test'
# 载入标签 json 文件
file = open('label_flower.json','r',encoding='utf-8')
label = json.load(file)
# 键为分类编号，值为分类名称
print(label)
```

运行结果如下：

```
{'0': 'flower0', '1': 'flower1', '2': 'flower10', '3': 'flower11', '4': 'flower12', '5': 'flower13', '6': 'flower14', '7': 'flower15', '8': 'flower16', '9': 'flower2', '10': 'flower3', '11': 'flower4', '12': 'flower5', '13': 'flower6', '14': 'flower7', '15': 'flower8', '16': 'flower9'}
```

代码 12-15：载入训练好的模型进行预测（片段 2）

```
# 载入训练好的模型
model = load_model('VGG16.h5')

# 预测函数
def model_predict(file_dir):
    # 读入图片，并将其改为 224*224 大小
    img = load_img(file_dir, target_size=(224, 224))
    # 显示图片
    plt.imshow(img)
    plt.axis('off')
    plt.show()
    # 将图片转化为序列(array)
    x = img_to_array(img)
    # 增加 1 个维度，变成 4 维数据
    # (224, 224, 3)->(1, 224, 224, 3)
    x = np.expand_dims(x, axis=0)
```

```python
# 模型预测结果
# predict_classes 直接返回预测分类结果，如:[2]
preds = model.predict_classes(x)
# label 字典中的键为字符串，所以这里需要把 preds[0]转为 str
# 根据分类编号查询 label 中对应的分类名称
preds = label[str(preds[0])]
return preds

# 循环测试文件夹
for file in os.listdir(image_dir):
    # 测试图片完整的路径
    file_dir = os.path.join(image_dir,file)
    # 打印文件路径
    print(file_dir)
    # 传入文件的路径进行预测
    preds = model_predict(file_dir)
    print('predict:',preds)
    print('-'*20)
```

运行结果如下：

flowers_test\flower0.jpg

predict: flower0

----

flowers_test\flower10.jpg

predict: flower10

----

flowers_test\flower5.jpg

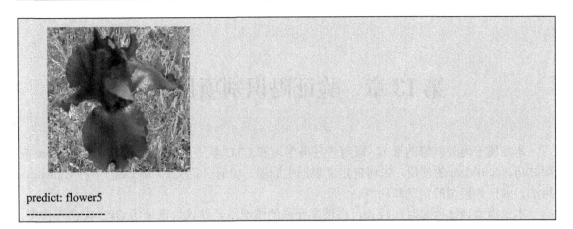

predict: flower5

第 13 章　验证码识别项目实战

本章属于内外兼修的章节，既有多任务学习和 CTC 算法介绍，又有大量 Tensorflow 应用技巧，如 tf.data 的使用，如何自定义数据生成器，如何自定义 Callbacks，多种 Callbacks 用法，多任务模型的定义和训练。

本章模型训练所需时间较长，在情况允许的情况下，建议大家使用 GPU 来训练模型，提高效率。如果使用 CPU 训练本章模型，每个模型大约需要 2 天时间。

13.1　多任务学习介绍

多任务学习（Multi-task Learning）是深度学习中很常用的一种模型训练策略，意思其实也很简单，就是同时训练多个任务。例如，在目标检测项目中，我们既要知道目标所在的位置（也就是预测框的坐标值），也要知道预测框内是什么物体。预测框的坐标值是连续型数据，所以是一个回归任务；预测框内的物体是一个具体的类别，所以是一个分类任务。如图 13.1 所示为目标检测任务案例。

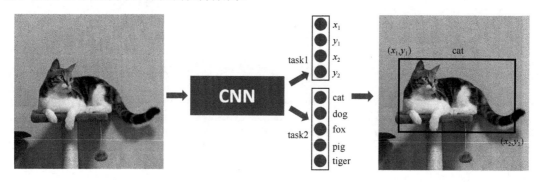

图 13.1　目标检测任务案例

图 13.1 中的 task1 和 task2 可以共享卷积层。其中 task1 就是目标检测的回归任务，用来预测目标框的位置，我们只要知道目标框左上角的(x_1,y_1)坐标和右下角的(x_2,y_2)坐标，就可以把目标框给画出来，所以 task1 中需要 4 个神经元来预测 4 个回归值；task2 的作用是判断目标框内是什么物体，假设我们这个目标检测任务一共有 5 个分类，那么就需要 5 个神经元来预测 5 个分类结果。

再给大家举一个例子，我们在做人脸识别的时候，不仅可以识别人脸所在的位置，还可以识别人的年龄、表情、性别等特征。使用多任务学习的方式，我们可以让模型同时训练多个任务，模型训练好以后，输入一张图片，模型就可以输出人脸的位置，以及人的年龄、表情、性别，如图 13.2 所示。

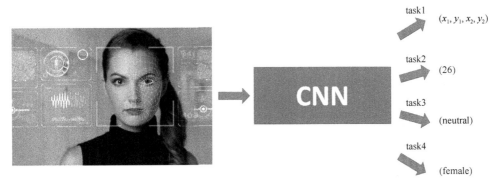

图 13.2 人脸识别任务案例

如图 13.2 所示，task1 任务是识别人脸所在的位置，属于回归任务；task2 任务是识别人的年龄，也是回归任务；task3 任务是识别人的表情，人的表情可以人为地标注几个类别，属于分类任务；task4 任务是识别人的性别，当然也是分类任务。所以我们可以看到，使用多任务学习模型可以同时训练多个任务，在模型预测阶段也可以同时对多个任务进行预测。

前面提到的多任务人脸识别的例子中，不同的任务其实也可以共享卷积层。因为卷积层的作用主要是特征提取，先提取图像的特征，然后再使用这些特征来预测人的年龄、表情、性别。用于特征提取的卷积层可以共享，不但不同的任务还需要有自己的任务层（Task Layer），专门用于训练特定任务。

13.2 验证码数据集生成

验证码想必大家都很熟悉了，下面我们就来介绍一下本章将要使用的验证码数据集。有一个 Python 模块是专门用来生成验证码图片的，打开命令提示符输入命令：

```
pip install captcha
```

验证码图片生成的代码如代码 13-1 所示。

代码 13-1：验证码生成

```python
# 安装验证码生成库:pip install captcha
from captcha.image import ImageCaptcha
import random
import string

# 字符包含所有数字和所有大小写英文字母，一共 62 个
characters = string.digits+string.ascii_letters

# 随机产生验证码，长度为 4
def random_captcha_text(char_set=characters, captcha_size=4):
    # 验证码列表
    captcha_text = []
    for i in range(captcha_size):
        # 随机选择
        c = random.choice(char_set)
        # 加入验证码列表
```

```
        captcha_text.append(c)
    return captcha_text

# 生成字符对应的验证码
def gen_captcha_text_and_image():
    # 验证码图片宽高可以设置，默认 width=160, height=60
    image = ImageCaptcha(width=160, height=60)
    # 获得随机生成的验证码
    captcha_text = random_captcha_text()
    # 把验证码列表转为字符串
    captcha_text = ''.join(captcha_text)
    # 保存验证码图片
    image.write(captcha_text, 'captcha/' + captcha_text + '.jpg')

# 产生 1000 次随机验证码
# 真正的数量可能会少于 1000
# 因为重名的图片会被覆盖掉
num = 1000
for i in range(num):
    gen_captcha_text_and_image()

print("生成完毕")
```

程序运行后会在"captcha"文件夹下产生差不多 1000 张验证码的图片，虽然生成验证码的程序运行了 1000 次，但有可能会产生两张重名的图片，第二张图片会把第一张图片给覆盖掉，所以实际图片可能不到 1000 张。运行程序后得到的验证码图片如图 13.3 所示。

图 13.3 验证码图片

13.3 tf.data 介绍

13.3.1 tf.data 概述

tf.data 是一个很好用的数据读取管道搭建的 API，具有高性能并且简洁易用的特点。我们可以使用 tf.data 来定义数据从哪里获取，获取以后如何对数据进行处理，处理以后还可以打乱数据，给数据进行分批次等。总而言之，tf.data 的作用就是用来获取并处理数据的。

tf.data 最常用的用法就是使用 tf.data.Dataset.from_tensor_slices 来获取数据，例如：

```
dataset_train = tf.data.Dataset.from_tensor_slices((x_train, y_train))
```

其中，(x_train, y_train)是训练集数据和对应的标签。

tf.data.Dataset 支持一类特殊的操作，即 Transformation。一个 Dataset 通过 Transformation 可以变成一个新的 Dataset。通常我们就是使用 Transformation 来对数据进行处理的。例如：

（1）使用 shuffle 来打乱数据。

```
dataset_train = dataset_train.shuffle(buffer_size=1000)
```

（2）使用 map 进行数据处理。

map 可以接收一个自定义数据处理函数，Dataset 中的数据会传入 map 中的函数进行处理，并返回处理后的数据作为新的 Dataset。

```
dataset_train = dataset_train.map(image_function)
```

（3）使用 repeat 来重复数据。

repeat 可以将数据序列重复 n 次，其实也就是重复 n 个周期（epoch）。一般我认为就只重复 1 个周期比较好，因为模型训练的时候(model.fit)还会再设置模型训练周期。

```
dataset_train = dataset_train.repeat(1)
```

（4）使用 batch 来设置数据产生的批次大小。

```
dataset_train = dataset_train.batch(batch_size)
```

这几个 Transformation 是用得比较多的，还有其他的一些 Transformation 这里我们就不一一列出了。

定义好 Dataset 以后，我们可以使用：

```
x,y = next(iter(dataset_test))
```

来获得一个批次的数据和标签，查看数据的情况。

也可以循环迭代的方式循环一个周期的数据，每次循环获得一个批次数据：

```
for x,y in dataset_test:
    pass
```

在模型训练阶段，我们可以把 Dataset 传入 model.fit 中进行训练：

```
model.fit(x=dataset_train)
```

除非是在本书相关的实际应用中用到,否则本书就不展开介绍 Tensorflow 的一些细节上的使用了。如果不结合实际应用,很多内容感觉说不明白。更多 tf.data 的使用方法可以参考 Tensorflow 官方指南(https://tensorflow.google.cn/guide/data)。

13.3.2 使用 tf.data 完成多任务学习:验证码识别

1. 使用 tf.data 完成多任务学习模型训练

本部分我们将介绍如何使用多任务学习的方法来进行验证码识别,如我们要识别的验证码有 4 个字符,我们可以给模型定义 4 个任务,每个任务负责识别 1 个字符。第一个任务识别第一个字符,第二个任务识别第二个字符,第三个任务识别第三个字符,第四个任务识别第四个字符。验证码识别的模型框架如图 13.4 所示。

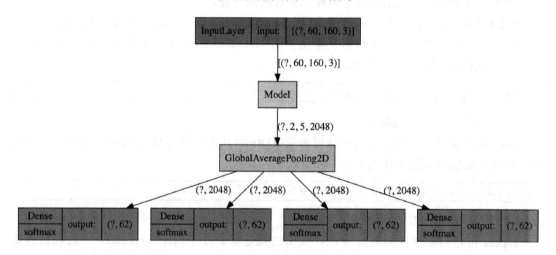

图 13.4 验证码识别的模型框架

图 13.4 中的 4 个输出表示 4 个任务,每个输出都是 62 个分类,这是由于我们使用的验证码的字符是数字加上大小写英文字母,所以一共 62 种字符。使用 tf.data 完成多任务学习模型训练的具体实现如代码 13-2 所示。

代码 13-2:tf.data——多任务学习——验证码识别(片段 1)

```
import tensorflow as tf
from tensorflow.keras.layers import Dense,GlobalAvgPool2D,Input
from tensorflow.keras.optimizers import SGD
from tensorflow.keras.models import Model
from tensorflow.keras.applications.resnet50 import ResNet50
from tensorflow.keras.callbacks import EarlyStopping,CSVLogger,ModelCheckpoint,ReduceLROnPlateau
import string
import numpy as np
import os
from plot_model import plot_model

# 字符包含所有数字和所有大小写英文字母,一共 62 个
```

```python
characters = string.digits + string.ascii_letters
# 类别数为 62
num_classes = len(characters)
# 批次大小
batch_size = 64
# 周期数
epochs=100
# 训练集数据，大约 50000 张图片
# 事先用 captcha 模块生成，长度都是 4
train_dir = "./captcha/train/"
# 测试集数据，大约 10000 张图片
# 事先用 captcha 模块生成，长度都是 4
test_dir = "./captcha/test/"
# 图片宽度
width=160
# 图片高度
height=60

# 获取所有验证码图片的路径和标签
def get_filenames_and_classes(dataset_dir):
    # 存放图片路径
    photo_filenames = []
    # 存放图片标签
    y = []
    for filename in os.listdir(dataset_dir):
        # 获取文件完整路径
        path = os.path.join(dataset_dir, filename)
        # 保存图片路径
        photo_filenames.append(path)
        # 取文件名前 4 位，也就是验证码的标签
        captcha_text = filename[0:4]
        # 定义一个空 label
        label = np.zeros((4, num_classes), dtype=np.uint8)
        # 标签转独热编码
        for i, ch in enumerate(captcha_text):
            # 设置标签，独热编码 One-Hot 格式
            # characters.find(ch)得到 ch 在 characters 中的位置，可以理解为 ch 的编号
            label[i, characters.find(ch)] = 1
        # 保存独热编码格式的标签
        y.append(label)
    # 返回图片路径和标签
        return np.array(photo_filenames),np.array(y)

# 获取训练集图片的路径和标签
x_train,y_train = get_filenames_and_classes(train_dir)

# 获取测试集图片的路径和标签
x_test,y_test = get_filenames_and_classes(test_dir)

# 图像处理函数
# 获得每一条数据的图片路径和标签
def image_function(filenames, label):
```

```python
    # 根据图片路径读取图片内容
    image = tf.io.read_file(filenames)
    # 将图像解码为 jpeg 格式的 3 维数据
    image = tf.image.decode_jpeg(image, channels=3)
    # 归一化
    image = tf.cast(image, tf.float32) / 255.0
    # 返回图片数据和标签
    return image, label
# 标签处理函数
# 获得每一个批次的图片数据和标签
def label_function(image, label):
    # transpose 改变数据的维度,如原来的数据 shape 是(64,4,62)
    # 这里的 64 是批次大小,验证码长度为 4,有 4 个标签,62 是 62 个不同的字符
    # tf.transpose(label,[1,0,2])计算后得到的 shape 为(4,64,62)
    # 原来的第 1 个维度变成了第 0 维度,原来的第 0 维度变成了 1 维度,第 2 维不变
    # (64,4,62)->(4,64,62)
    label = tf.transpose(label,[1,0,2])
    # 返回图片内容和标签,注意这里标签的返回,我们的模型会定义 4 个任务,所以这里返回 4 个标签
    # 每个标签的 shape 为(64,62), 64 是批次大小,62 是独热编码格式的标签
    return image, (label[0],label[1],label[2],label[3])

# 创建 dataset 对象,传入训练集图片的路径和标签
dataset_train = tf.data.Dataset.from_tensor_slices((x_train, y_train))
# 打乱数据,buffer_size 定义数据缓冲器的大小, 随意设置一个较大的值
# reshuffle_each_iteration=True,每次迭代都会随机打乱
dataset_train = dataset_train.shuffle(buffer_size=1000,reshuffle_each_iteration=True)
# map-可以自定义一个函数来处理每一条数据
dataset_train = dataset_train.map(image_function)
# 数据重复生成 1 个周期
dataset_train = dataset_train.repeat(1)
# 定义批次大小
dataset_train = dataset_train.batch(batch_size)
# 注意这个 map 和前面的 map 有所不同,第一个 map 在 batch 之前,所以是处理每一条数据
# 这个 map 在 batch 之后,所以是处理每一个 batch 的数据
dataset_train = dataset_train.map(label_function)

# 创建 dataset 对象,传入测试集图片的路径和标签
dataset_test = tf.data.Dataset.from_tensor_slices((x_test, y_test))
# 打乱数据,buffer_size 定义数据缓冲器的大小, 随意设置一个较大的值
# reshuffle_each_iteration=True,每次迭代都会随机打乱
dataset_test = dataset_test.shuffle(buffer_size=1000,reshuffle_each_iteration=True)
# map-可以自定义一个函数来处理每一条数据
dataset_test = dataset_test.map(image_function)
# 数据重复生成 1 个周期
dataset_test = dataset_test.repeat(1)
# 定义批次大小
dataset_test = dataset_test.batch(batch_size)
# 注意这个 map 和前面的 map 有所不同,第一个 map 在 batch 之前,所以是处理每一条数据
# 这个 map 在 batch 之后,所以是处理每一个 batch 的数据
dataset_test = dataset_test.map(label_function)

# 生成一个批次的数据和标签
```

```python
# 可以用于查看数据和标签的情况
x,y = next(iter(dataset_test))
print(x.shape)
print(np.array(y).shape)
```

结果输出如下:

```
(64, 60, 160, 3)
(4, 64, 62)
```

代码 13-2: tf.data——多任务学习——验证码识别(片段 2)

```python
# 也可以循环迭代的方式循环一个周期的数据,每次循环获得一个批次
# for x,y in dataset_test:
#     pass
# 载入预训练的 resnet50 模型
resnet50 = ResNet50(weights='imagenet', include_top=False, input_shape=(height,width,3))
# 设置输入
inputs = Input((height,width,3))
# 使用 resnet50 进行特征提取
x = resnet50(inputs)
# 平均池化
x = GlobalAvgPool2D()(x)
# 把验证码识别的 4 个字符看作 4 个不同的任务
# 每个任务负责识别 1 个字符
# 任务 1 识别第 1 个字符,任务 2 识别第 2 个字符,任务 3 识别第 3 个字符,任务 4 识别第 4 个字符
x0 = Dense(num_classes, activation='softmax', name='out0')(x)
x1 = Dense(num_classes, activation='softmax', name='out1')(x)
x2 = Dense(num_classes, activation='softmax', name='out2')(x)
x3 = Dense(num_classes, activation='softmax', name='out3')(x)
# 定义模型
model = Model(inputs, [x0,x1,x2,x3])
# 画图
plot_model(model,style=0)

# 4 个任务,我们可以定义 4 个 loss
# loss_weights 可以用来设置不同任务的权重,验证码识别的 4 个任务权重都一样
model.compile(loss={'out0':'categorical_crossentropy',
                    'out1':'categorical_crossentropy',
                    'out2':'categorical_crossentropy',
                    'out3':'categorical_crossentropy'},
              loss_weights={'out0':1,
                            'out1':1,
                            'out2':1,
                            'out3':1},
              optimizer=SGD(lr=1e-2,momentum=0.9),
              metrics=['acc'])

# 监控指标统一使用 val_loss
# 可以使用 EarlyStopping 来让模型停止,val_loss 连续 6 个周期没有下降就结束训练
# CSVLogger 保存训练数据
# ModelCheckpoint 保存所有训练周期中 val_loss 最低的模型
# ReduceLROnPlateau 学习率调整策略,val_loss 连续 3 个周期没有下降,则当前学习率乘以 0.1
```

```
callbacks = [EarlyStopping(monitor='val_loss', patience=6, verbose=1),
             CSVLogger('Captcha_tfdata.csv'),
             ModelCheckpoint('Best_Captcha_tfdata.h5', monitor='val_loss', save_best_only=True),
             ReduceLROnPlateau(monitor='val_loss', factor=0.1, patience=3, verbose=1)]

# 训练模型
# 传入之前定义的 dataset_train 和 dataset_test 进行训练
model.fit(x=dataset_train,
          epochs=epochs,
          validation_data=dataset_test,
          callbacks=callbacks)
```

结果输出如下：

```
Train for 781 steps, validate for 156 steps
Epoch 1/100
781/781 [==============================] - 96s 123ms/step - loss: 7.1427 - out0_loss: 1.3058 - out1_loss: 2.1121 - out2_loss: 2.0675 - out3_loss: 1.6573 - out0_acc: 0.6824 - out1_acc: 0.4488 - out2_acc: 0.4548 - out3_acc: 0.5494 - val_loss: 16.5515 - val_out0_loss: 9.0025 - val_out1_loss: 3.4140 - val_out2_loss: 2.1353 - val_out3_loss: 1.9997 - val_out0_acc: 0.0323 - val_out1_acc: 0.2611 - val_out2_acc: 0.4728 - val_out3_acc: 0.4884
...
Epoch 00023: ReduceLROnPlateau reducing learning rate to 9.999999019782991e-06.
781/781 [==============================] - 88s 113ms/step - loss: 0.0088 - out0_loss: 0.0028 - out1_loss: 0.0020 - out2_loss: 0.0018 - out3_loss: 0.0021 - out0_acc: 1.0000 - out1_acc: 0.9999 - out2_acc: 1.0000 - out3_acc: 1.0000 - val_loss: 0.6167 - val_out0_loss: 0.2020 - val_out1_loss: 0.1470 - val_out2_loss: 0.1508 - val_out3_loss: 0.1168 - val_out0_acc: 0.9550 - val_out1_acc: 0.9644 - val_out2_acc: 0.9647 - val_out3_acc: 0.9708
Epoch 00023: early stopping
```

模型的初始学习率为 0.01，随着模型训练，学习率会逐渐降低，最后模型训练了 23 周期就提前停止了。我们可以看到训练集 4 个任务的准确率基本上都已经是 1 了，测试集 4 个任务的准确率大约为 0.96 左右，有一定的过拟合现象也是正常的。

别看 0.96 的准确率好像挺高的，验证码识别可是要 4 个验证码都识别正确，最后的结果才算正确。所以真正的识别正确率大约是 4 个任务正确率的相乘的结果，即约等于 0.86，结果也还可以，但这么看好像就不算非常高了。

2. 使用 tf.data 完成多任务学习模型预测

下面我们再来看一下载入训练好的模型进行准确率计算和验证码结果预测的程序，如代码 13-3 所示。

代码 13-3：tf.data——多任务学习——验证码识别——模型预测（片段 1）

```
import tensorflow as tf
from tensorflow.keras.models import load_model
import matplotlib.pyplot as plt
import os
import numpy as np
import string
```

```python
# 载入之前训练好的模型
model = load_model('Best_Captcha_tfdata.h5')

# 字符包含所有数字和所有大小写英文字母，一共 62 个
characters = string.digits + string.ascii_letters
# 类别数
num_classes = len(characters)
# 批次大小
batch_size = 64
# 测试集数据，大约 10000 张图片
# 事先用 captcha 模块生成，长度都是 4
test_dir = "./captcha/test/"

# 获取所有验证码图片的路径和标签
def get_filenames_and_classes(dataset_dir):
    # 存放图片路径
    photo_filenames = []
    # 存放图片标签
    y = []
    for filename in os.listdir(dataset_dir):
        # 获取文件完整的路径
        path = os.path.join(dataset_dir, filename)
        # 保存图片路径
        photo_filenames.append(path)
        # 取文件名前 4 位，也就是验证码的标签
        captcha_text = filename[0:4]
        # 定义一个空 label
        label = np.zeros((4, num_classes), dtype=np.uint8)
        # 标签转独热编码
        for i, ch in enumerate(captcha_text):
            # 设置标签，独热编码格式
            # characters.find(ch)得到 ch 在 characters 中的位置，可以理解为 ch 的编号
            label[i, characters.find(ch)] = 1
        # 保存独热编码格式的标签
        y.append(label)
    # 返回图片路径和标签
    return np.array(photo_filenames),np.array(y)

# 获取测试集图片的路径和标签
x_test,y_test = get_filenames_and_classes(test_dir)

# 图像处理函数
# 获得每一条数据的图片路径和标签
def image_function(filenames, label):
    # 根据图片路径读取图片内容
    image = tf.io.read_file(filenames)
    # 将图像解码为 jpeg 格式的 3 维数据
    image = tf.image.decode_jpeg(image, channels=3)
    # 归一化
    image = tf.cast(image, tf.float32) / 255.0
    # 返回图片数据和标签
    return image, label
```

```python
# 标签处理函数
# 获得每一个批次的图片数据和标签
def label_function(image, label):
    # transpose 改变数据的维度，如原来的数据 shape 是(64,4,62)
    # 这里的 64 是批次大小，验证码长度为 4，有 4 个标签，62 是 62 个不同的字符
    # tf.transpose(label,[1,0,2])计算后得到的 shape 为(4,64,62)
    # 原来的第 1 个维度变成了第 0 维度，原来的第 0 维度变成了 1 维度，第 2 维不变
    # (64,4,62)->(4,64,62)
    label = tf.transpose(label,[1,0,2])
    # 返回图片内容和标签，注意这里标签的返回，我们的模型会定义 4 个任务，所以这里返回 4 个标签
    # 每个标签的 shape 为(64,62)，64 是批次大小，62 是独热编码格式的标签
    return image, (label[0],label[1],label[2],label[3])

# 创建 dataset 对象，传入测试集图片的路径和标签
dataset_test = tf.data.Dataset.from_tensor_slices((x_test, y_test))
# 打乱数据，buffer_size 定义数据缓冲器的大小，随意设置一个较大的值
# reshuffle_each_iteration=True，每次迭代都会随机打乱
dataset_test = dataset_test.shuffle(buffer_size=1000,reshuffle_each_iteration=True)
# map-可以自定义一个函数来处理每一条数据
dataset_test = dataset_test.map(image_function)
# 数据重复生成 1 个周期
dataset_test = dataset_test.repeat(1)
# 定义批次大小
dataset_test = dataset_test.batch(batch_size)
# 注意这个 map 和前面的 map 有所不同，第一个 map 在 batch 之前，所以是处理每一条数据
# 这个 map 在 batch 之后，所以是处理每一个 batch 的数据
dataset_test = dataset_test.map(label_function)

# 用于统计准确率
acc_sum = 0
# 统计批次数量
n = 0
for x,y in dataset_test:
    # 计算批次数量
    n+=1
    # 进行一个批次的预测
    pred = model.predict(x)
    # 获得对应编号
    pred = np.argmax(pred, axis=-1)
    # 获得标签数据
    label = np.argmax(y, axis=-1)
    # 计算这个批次的准确率，然后将其累加到总的准确率统计中
    acc_sum += (pred == label).all(axis=0).mean()
# 计算测试集准确率
print(acc_sum / n)
```

结果输出如下：

0.8631052107614607

代码 13-3：tf.data——多任务学习——验证码识别——模型预测（片段 2）

```python
# 把标签编号变成字符串
```

```python
# 如[2,34,22,45]->'2ymJ'
def labels_to_text(labels):
    ret = []
    for l in labels:
        ret.append(characters[l])
    return "".join(ret)

# 把一个批次的标签编号都变成字符串
def decode_batch(labels):
    ret = []
    for label in labels:
        ret.append(labels_to_text(label))
    return np.array(ret)

# 获得一个批次数据
x,y = next(iter(dataset_test))
# 预测结果
pred = model.predict(x)
# 获得对应编号
pred = np.argmax(pred, axis=-1)
# shape 转换
# (4,64)->(64,4)
pred = pred.T
# 获得标签数据
label = np.argmax(y, axis=-1)
# (4,64)->(64,4)
label = label.T
# 根据编号获得对应验证码
pred = decode_batch(pred)
# 根据编号获得对应验证码
label = decode_batch(label)
# 获取前3张图片数据
for i,image in enumerate(x[:3]):
    # 显示图片
    plt.imshow(image)
    # 设置标题
    plt.title('real:%s\npred:%s'%(label[i],pred[i]))
    plt.show()
```

结果输出如下：

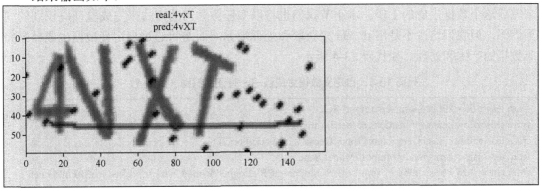

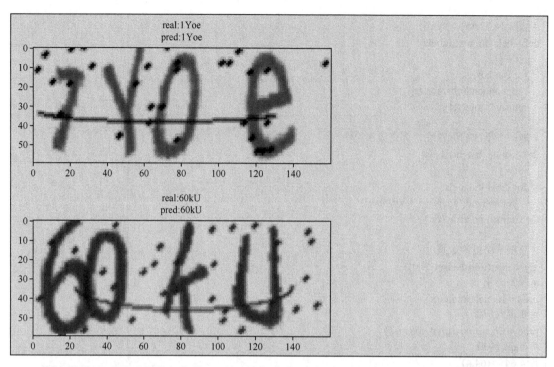

从结果输出中我们可以看到,要把 4 个验证码都预测正确其实还是挺难的,因为我这里做的验证码识别是需要区分大小写的,如第一张图片中的第 3 个字符的正确标签是小 x,模型预测的结果是 X,这确实很容易判断错误。还有 0、o、O 等这些都比较容易混淆,所以能得到 86%的准确率也算不错了。

13.4 使用自定义数据生成器完成验证码识别

13.4.1 使用自定义数据生成器完成模型训练

我们之前有用过 Tensorflow.keras 自带的一个专门用来处理图片数据的生成器 ImageDataGenerator,它可以从电脑硬盘读取数据,进行数据增强处理,然后再生成一个一个批次的数据,在 model.fit 中进行模型训练。

我们现在要做的验证码识别项目使用的数据集是一个 Python 模块自动生成的,所以在训练模型的时候我们可以一边生成数据集一边训练模型,那么我们可以自定义一个生成器来完成这个数据生成的工作。本小节我们也将以多任务学习的方式来完成验证码识别的模型训练,但我们这次不是用 tf.data 来获取和处理数据,而是将通过自定义数据生成器来完成数据的产生和处理,如代码 13-4 所示。

代码 13-4:自定义数据生成器——验证码识别(片段 1)

```python
from tensorflow.keras.optimizers import SGD
from tensorflow.keras.applications.resnet50 import ResNet50
from tensorflow.keras.layers import Input,Dense,GlobalAvgPool2D
from tensorflow.keras.models import Model,Sequential
from tensorflow.keras.callbacks import EarlyStopping,CSVLogger,ModelCheckpoint,ReduceLROnPlateau
from captcha.image import ImageCaptcha
```

```python
import matplotlib.pyplot as plt
import numpy as np
import random
import string
from plot_model import plot_model
# 字符包含所有数字和所有大小写英文字母,一共 62 个
characters = string.digits + string.ascii_letters
# 类别数
num_classes = len(characters)
# 批次大小
batch_size = 64
# 训练集批次数
# 训练集大小相当于 64×1000=64000
train_steps = 1000
# 测试集批次数
# 测试集大小相当于 64×100=6400
test_steps = 100
# 周期数
epochs=100
# 图片宽度
width=160
# 图片高度
height=60


# 用于自定义数据生成器
from tensorflow.keras.utils import Sequence

# 这里的 Sequence 定义其实不算典型,因为一般的数据集数量是有限的
# 把所有数据训练一次属于训练一个周期,一个周期可以分为 n 个批次
# Sequence 一般是定义一个训练周期内每个批次的数据如何产生
# 我们这里的验证码数据集是使用 captcha 模块生产出来的,一边生产一边训练,所以可以认为数据集
# 是无限的
class CaptchaSequence(Sequence):
    # __getitem__ 和 __len__ 是必须定义的两个方法
    def __init__(self, characters, batch_size, steps, n_len=4, width=160, height=60):
        # 字符集
        self.characters = characters
        # 批次大小
        self.batch_size = batch_size
        # 生成器生成多少批次的数据
        self.steps = steps
        # 验证码长度
        self.n_len = n_len
        # 验证码图片宽度
        self.width = width
        # 验证码图片高度
        self.height = height
        # 字符集长度
        self.num_classes = len(characters)
        # 用于产生验证码图片
        self.image = ImageCaptcha(width=self.width, height=self.height)
        # 用于保存最近一批次的验证码字符
```

```python
        self.captcha_list = []

    # 获得 index 位置的批次数据
    def __getitem__(self, index):
        # 初始化数据用于保存验证码图片
        x = np.zeros((self.batch_size, self.height, self.width, 3), dtype=np.float32)
        # 初始化数据用于保存标签
        # n_len 是多任务学习的任务数量，这里是 4 个任务；batch 是批次大小 num_classes 是分类数量
        y = np.zeros((self.n_len, self.batch_size, self.num_classes), dtype=np.uint8)
        # 数据清 0
        self.captcha_list = []
        # 生产一批次的数据
        for i in range(self.batch_size):
            # 随机产生验证码
            captcha_text = ''.join([random.choice(self.characters) for j in range(self.n_len)])
            self.captcha_list.append(captcha_text)
            # 生产验证码图片数据并进行归一化处理
            x[i] = np.array(self.image.generate_image(captcha_text)) / 255.0
            # j(0-3),i(0-61),ch(单个字符)
            # self.characters.find(ch)得到 ch 在 characters 中的位置，可以理解为 ch 的编号
            for j, ch in enumerate(captcha_text):
                # 设置标签，独热编码格式
                y[j, i, self.characters.find(ch)] = 1
        # 返回一批次的数据和标签
        return x, [y[0],y[1],y[2],y[3]]

    # 返回批次数量
    def __len__(self):
        return self.steps

# 测试生成器
# 一共一批次，批次大小也是 1
data = CaptchaSequence(characters, batch_size=1, steps=1)
for i in range(2):
    # 产生一批次的数据
    x, y = data[0]
    # 显示图片
    plt.imshow(x[0])
    # 验证码字符和其对应的编号
    plt.title(data.captcha_list[0])
    plt.show()
```

结果输出如下：

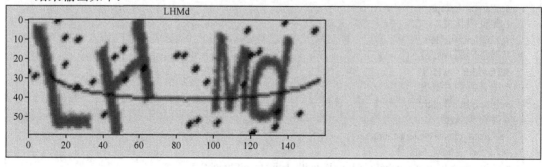

第 13 章 验证码识别项目实战

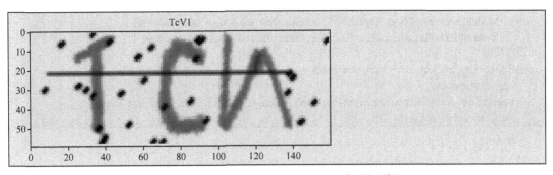

代码 13-4：自定义数据生成器——验证码识别（片段 2）

```
# 载入预训练的 resnet50 模型
resnet50 = ResNet50(weights='imagenet', include_top=False, input_shape=(height,width,3))
# 设置输入
inputs = Input((height,width,3))
# 使用 resnet50 进行特征提取
x = resnet50(inputs)
# 平均池化
x = GlobalAvgPool2D()(x)
# 把验证码识别的 4 个字符看作 4 个不同的任务
# 每个任务负责识别 1 个字符
# 任务 1 识别第 1 个字符，任务 2 识别第 2 个字符，任务 3 识别第 3 个字符，任务 4 识别第 4 个字符
x0 = Dense(num_classes, activation='softmax', name='out0')(x)
x1 = Dense(num_classes, activation='softmax', name='out1')(x)
x2 = Dense(num_classes, activation='softmax', name='out2')(x)
x3 = Dense(num_classes, activation='softmax', name='out3')(x)
# 定义模型
model = Model(inputs, [x0,x1,x2,x3])
# 画图
plot_model(model,style=0)

# 4 个任务，我们可以定义 4 个 loss
# loss_weights 可以用来设置不同任务的权重，验证码识别的 4 个任务权重都一样
model.compile(loss={'out0':'categorical_crossentropy',
        'out1':'categorical_crossentropy',
        'out2':'categorical_crossentropy',
        'out3':'categorical_crossentropy'},
    loss_weights={'out0':1,
        'out1':1,
        'out2':1,
        'out3':1},
    optimizer=SGD(lr=1e-2,momentum=0.9),
    metrics=['acc'])

# 监控指标统一使用 val_loss
# 可以使用 EarlyStopping 让模型停止，val_loss 连续 6 个周期没有下降就结束训练
# CSVLogger 保存训练数据
# ModelCheckpoint 保存所有训练周期中 val_loss 最低的模型
# ReduceLROnPlateau 学习率调整策略，val_loss 连续 3 个周期没有下降，当前学习率就乘以 0.1
callbacks = [EarlyStopping(monitor='val_loss', patience=6, verbose=1),
        CSVLogger('Captcha.csv'),
```

```
            ModelCheckpoint('Best_Captcha.h5', monitor='val_loss', save_best_only=True),
            ReduceLROnPlateau(monitor='val_loss', factor=0.1, patience=3, verbose=1)]
# 训练模型
model.fit(x=CaptchaSequence(characters, batch_size=batch_size, steps=train_steps),
          epochs=epochs,
          validation_data=CaptchaSequence(characters, batch_size=batch_size, steps=test_steps),
          callbacks=callbacks)
```

结果输出如下：

```
Train for 1000 steps, validate for 100 steps
Epoch 1/100
1000/1000 [==============================] - 164s 164ms/step - loss: 10.0266 - out0_loss: 2.3069 - out1_loss: 2.7054 - out2_loss: 2.6668 - out3_loss: 2.3474 - out0_acc: 0.3711 - out1_acc: 0.3144 - out2_acc: 0.3197 - out3_acc: 0.3896 - val_loss: 3.8732 - val_out0_loss: 1.1623 - val_out1_loss: 0.9057 - val_out2_loss: 0.9186 - val_out3_loss: 0.8866 - val_out0_acc: 0.6719 - val_out1_acc: 0.7352 - val_out2_acc: 0.7278 - val_out3_acc: 0.7531
...
Epoch 00050: ReduceLROnPlateau reducing learning rate to 9.99999883788405e-07.
1000/1000 [==============================] - 160s 160ms/step - loss: 0.1092 - out0_loss: 0.0254 - out1_loss: 0.0295 - out2_loss: 0.0283 - out3_loss: 0.0260 - out0_acc: 0.9901 - out1_acc: 0.9880 - out2_acc: 0.9885 - out3_acc: 0.9902 - val_loss: 0.1104 - val_out0_loss: 0.0260 - val_out1_loss: 0.0304 - val_out2_loss: 0.0273 - val_out3_loss: 0.0267 - val_out0_acc: 0.9902 - val_out1_acc: 0.9877 - val_out2_acc: 0.9900 - val_out3_acc: 0.9881
Epoch 00050: early stopping
```

由于使用自定义数据生成器可以生产出无数张图片，所以相当于模型的训练数据比之前用 tf.data 从硬盘中读取数据多了很多。最终我们也可以看到更多的训练数据得到的结果也会更好。

13.4.2 使用自定义数据生成器完成模型预测

下面我们来看一下关于模型预测部分的程序，如代码 13-5 所示。

代码 13-5：自定义数据生成器——验证码识别——模型预测（片段 1）

```python
from tensorflow.keras.models import load_model
# 用于自定义数据生成器
from tensorflow.keras.utils import Sequence
from captcha.image import ImageCaptcha
import numpy as np
import string
import matplotlib.pyplot as plt
import random
# 字符包含所有数字和所有大小写英文字母，一共 62 个
characters = string.digits + string.ascii_letters
# 批次大小
batch_size = 64
# 载入训练好的模型
model = load_model('Best_Captcha.h5')

# 这里的 Sequence 定义其实不算典型，因为一般的数据集数量是有限的
# 把所有数据训练一次属于训练一个周期，一个周期可以分为 n 个批次
```

```python
# Sequence 一般是定义一个训练周期内每个批次的数据如何产生
# 我们这里的验证码数据集是使用 captcha 模块生产出来的,一边生产一边训练,所以可以认为数据集
# 是无限的
class CaptchaSequence(Sequence):
    # __getitem__ 和 __len__ 是必须定义的两个方法
    def __init__(self, characters, batch_size, steps, n_len=4, width=160, height=60):
        # 字符集
        self.characters = characters
        # 批次大小
        self.batch_size = batch_size
        # 生成器生成多少批次的数据
        self.steps = steps
        # 验证码长度
        self.n_len = n_len
        # 验证码图片宽度
        self.width = width
        # 验证码图片高度
        self.height = height
        # 字符集长度
        self.num_classes = len(characters)
        # 用于产生验证码图片
        self.image = ImageCaptcha(width=self.width, height=self.height)
        # 用于保存最近一批次的验证码字符
        self.captcha_list = []

    # 获得 index 位置的批次数据
    def __getitem__(self, index):
        # 初始化数据用于保存验证码图片
        x = np.zeros((self.batch_size, self.height, self.width, 3), dtype=np.float32)
        # 初始化数据用于保存标签
        # n_len 是多任务学习的任务数量,这里是 4 个任务; batch 是批次大小 num_classes 是分类数量
        y = np.zeros((self.n_len, self.batch_size, self.num_classes), dtype=np.uint8)
        # 数据清 0
        self.captcha_list = []
        # 生产一批次数据
        for i in range(self.batch_size):
            # 随机产生验证码
            captcha_text = ''.join([random.choice(self.characters) for j in range(self.n_len)])
            self.captcha_list.append(captcha_text)
            # 生产验证码图片数据并进行归一化处理
            x[i] = np.array(self.image.generate_image(captcha_text)) / 255.0
            # j(0-3),i(0-61),ch(单个字符)
            # self.characters.find(ch)得到 ch 在 characters 中的位置,可以理解为 ch 的编号
            for j, ch in enumerate(captcha_text):
                # 设置标签,独热编码格式
                y[j, i, self.characters.find(ch)] = 1
        # 返回一批次的数据和标签
        return x, [y[0],y[1],y[2],y[3]]

    # 返回批次数量
    def __len__(self):
        return self.steps
```

```
# 测试模型，随机生成验证码
# 一共一批次，批次大小也是1
data = CaptchaSequence(characters, batch_size=1, steps=1)
for i in range(2):
    # 产生一批次的数据
    x, y = data[0]
    # 预测结果
    pred = model.predict(x)
    # 获得对应编号
    captcha = np.argmax(pred,axis=-1)[:,0]
    # 根据编号获得对应验证码
    pred = ''.join([characters[x] for x in captcha])
    # 显示图片
    plt.imshow(x[0])
    # 验证码字符和其对应编号
    plt.title('real:%s\npred:%s'%(data.captcha_list[0],pred))
    plt.show()
```

结果输出如下：

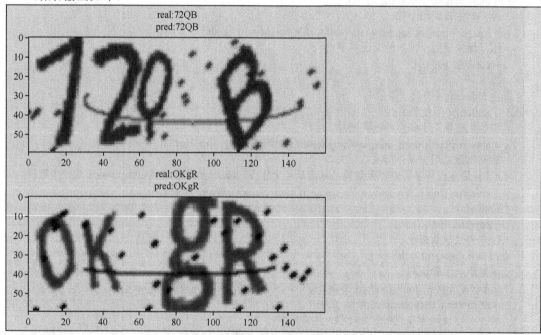

代码 13-5：自定义数据生成器——验证码识别——模型预测（片段2）

```
# 自定义验证码生成和预测
# 生成自定义验证码
captcha_text = 'OoO0'
image = ImageCaptcha(width=160, height=60)
# 数据归一化
x = np.array(image.generate_image(captcha_text)) / 255.0
# 给数据增加一个维度变成4维
x = np.expand_dims(x, axis=0)
# 预测结果
```

```
pred = model.predict(x)
# 获得对应编号
captcha = np.argmax(pred,axis=-1)[:,0]
# 根据编号获得对应验证码
pred = ''.join([characters[x] for x in captcha])
# 显示图片
plt.imshow(x[0])
# 验证码字符和其对应的编号
plt.title('real:%s\npred:%s'%(captcha_text,pred))
plt.show()
```

结果输出如下：

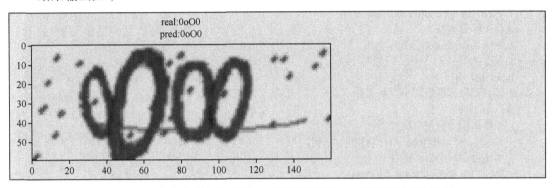

代码 13-5：自定义数据生成器——验证码识别——模型预测（片段 3）

```
# 计算准确率，区分大小写
def accuracy(test_steps=100):
    # 用于统计准确率
    acc_sum = 0
    for x,y in CaptchaSequence(characters, batch_size=batch_size, steps=test_steps):
        # 进行一批次的预测
        pred = model.predict(x)
        # 获得对应编号
        pred = np.argmax(pred, axis=-1)
        # 获得标签数据
        label = np.argmax(y, axis=-1)
        # 计算这个批次的准确率，然后将其累加到总的准确率统计中
        acc_sum += (pred == label).all(axis=0).mean()
    # 返回平均准确率
    return acc_sum / test_steps
# 计算准确率，区分大小写
print(accuracy())
```

结果输出如下：

```
0.956875
```

代码 13-5：自定义数据生成器——验证码识别——模型预测（片段 4）

```
# 计算准确率，忽略大小写
def accuracy2(test_steps=100):
    # 用于统计准确率
    acc_sum = 0
```

```
    for x,y in CaptchaSequence(characters, batch_size=batch_size, steps=test_steps):
        # 进行一批次的预测
        pred = model.predict(x)
        # 获得对应编号
        pred = np.argmax(pred,axis=-1).T
        # 保存预测值
        pred_list = []
        # 把验证码预测值转小写后保存
        for c in pred:
            # 根据编号获得对应验证码
            temp_c = ''.join([characters[x] for x in c])
            # 字母都转小写后保存
            pred_list.append(temp_c.lower())
        # 获得标签数据
        label = np.argmax(y, axis=-1).T
        # 保存标签
        label_list = []
        # 把验证码标签值转小写后保存
        for c in label:
            # 根据编号获得对应验证码
            temp_c = ''.join([characters[x] for x in c])
            # 字母都转小写后保存
            label_list.append(temp_c.lower())
        # 计算这个批次的准确率，然后将其累加到总的准确率统计中
        acc_sum += (np.array(pred_list) == np.array(label_list)).mean()
    # 返回平均准确率
    return acc_sum / test_steps
# 计算准确率，忽略大小写
print(accuracy2())
```

结果输出如下：

```
0.98546875
```

我们从测试结果中可以看到，使用自定义数据生成器产生更多的训练数据以后，模型的准确率提高到了 95.69%（区分大小写），非常高的准确率。如果不区分大小写，准确率则可以进一步提高到 98.55%。

在自定义验证码程序段中，本书生成了一个"0oO0"验证码，就问大家能不能分辨出哪个是 0、哪个是 o、哪个是 O，反正我肯定是分不出来的，但是这个模型还能识别正确（当然，这个难度还是很大的，不能保证它每一次都能识别正确）。个人觉得我们训练的这个模型在这种类型的验证码识别准确率上应该是超过人类的。

13.5 挑战变长验证码识别

13.5.1 挑战变长验证码识别模型训练

前面我们生成的验证码是固定 4 位长度的，下面我们将增加难度，挑战不固定长度的验证码识别，将其设置为 3～6 位的随机 4 种长度。程序的大体框架跟代码 13-4 和代码 13-7

差不多,主要是自定义数据生成器的部分做了一些修改,让数据生成器会产生随机长度的验证码。

但为了保证标签对齐,我们还是需要固定标签的数量和多任务学习任务的数量。因为验证码最长是 6,所以我们把标签的长度和多任务学习任务的数量固定为 6,在标签不足长度为 6 的情况下我们会把标签填充到 6。模型的类别数会增加一个空白类别,用于填充。

另外,本书还给模型增加了一个用于预测验证码长度的新任务,该任务其实可有可无,但用作演示,还是加上给大家看看效果,其中变长验证码识别的模型结构如图 13.5 所示。

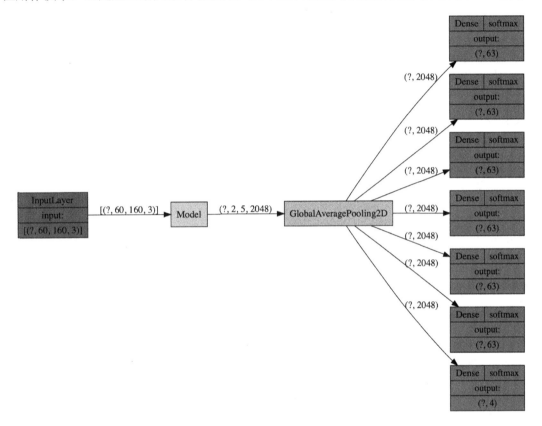

图 13.5 变长验证码识别的模型结构

图 13.5 中有一共有 7 个输出,其中 6 个输出表示验证码识别的 6 个任务,每个任务有 63 个类别(62 个字符和一个空白符)。另外一个输出表示验证码的长度,有 4 个类别,分别表示 3、4、5、6,一共 4 种验证码的长度。

挑战变长验证码识别的代码如代码 13-6 所示。

代码 13-6:挑战变长验证码识别(片段 1)

```
from tensorflow.keras.optimizers import SGD
from tensorflow.keras.applications.resnet50 import ResNet50
from tensorflow.keras.layers import Input,Dense,GlobalAvgPool2D
from tensorflow.keras.models import Model,Sequential
from tensorflow.keras.callbacks import EarlyStopping,CSVLogger,ModelCheckpoint,ReduceLROnPlateau
from captcha.image import ImageCaptcha
import matplotlib.pyplot as plt
```

```python
import numpy as np
import random
import string
from plot_model import plot_model
# 字符包含所有数字和所有大小写英文字母，一共 62 个
characters = string.digits + string.ascii_letters
# 类别数，包含一个空白符类别
num_classes = len(characters)+1
# 批次大小
batch_size = 64
# 训练集批次数
# 训练集大小相当于 64×1000=64000
train_steps = 1000
# 测试集批次数
# 测试集大小相当于 64×100=6400
test_steps = 100
# 周期数
epochs=100
# 图片宽度
width=160
# 图片高度
height=60
# 最长验证码
max_len = 6

# 用于自定义数据生成器
from tensorflow.keras.utils import Sequence

# 这里的 Sequence 定义其实不算典型，因为一般的数据集数量是有限的
# 把所有数据训练一次属于训练一个周期，一个周期可以分为 n 个批次
# Sequence 一般是定义一个训练周期内每个批次的数据如何产生
# 我们这里的验证码数据集是使用 captcha 模块生产出来的，一边生产一边训练，所以可以认为数据集
# 是无限的
class CaptchaSequence(Sequence):
    # __getitem__ 和 __len__ 是必须定义的两个方法
    def __init__(self, characters, batch_size, steps, width=160, height=60):
        # 字符集
        self.characters = characters
        # 批次大小
        self.batch_size = batch_size
        # 生成器生成多少批次的数据
        self.steps = steps
        # 验证码长度随机，3~6 位
        self.n_len = np.random.randint(3,7)
        # 验证码图片宽度
        self.width = width
        # 验证码图片高度
        self.height = height
        # 字符集长度
        self.num_classes = num_classes
        # 用于产生验证码图片
        self.image = ImageCaptcha(width=self.width, height=self.height)
```

```python
    # 用于保存最近一批次的验证码字符
    self.captcha_list = []

# 获得 index 位置的批次数据
def __getitem__(self, index):
    # 初始化数据用于保存验证码图片
    x = np.zeros((self.batch_size, self.height, self.width, 3), dtype=np.float32)
    # 初始化数据用于保存标签
    # 6 个验证码识别任务，batch 表示批次大小，num_classes 表示分类数量
    y = np.zeros((max_len, self.batch_size, self.num_classes), dtype=np.float32)
    # 数据清 0
    self.captcha_list = []
    # 初始化数据用于保存判断验证码长度的标签，一共 4 种情况
    len_captcha = np.zeros((self.batch_size, 4), dtype=np.int)
    # 生产一批次数据
    for i in range(self.batch_size):
        # 随机产生验证码
        self.n_len = np.random.randint(3,7)
        # 设置标签，独热编码格式，一共 4 种情况
        len_captcha[i, self.n_len-3] = 1
        # 转字符串
        captcha_text = ''.join([random.choice(self.characters) for j in range(self.n_len)])
        # 保存验证码
        self.captcha_list.append(captcha_text)
        # 生产验证码图片数据并进行归一化处理
        x[i] = np.array(self.image.generate_image(captcha_text)) / 255.0
        # j(0-3),i(0-61),ch(单个字符)
        # self.characters.find(ch)得到 ch 在 characters 中的位置，可以理解为 ch 的编号
        for j, ch in enumerate(captcha_text):
            # 设置标签，独热编码格式
            y[j, i, self.characters.find(ch)] = 1
        # 如果验证码的长度不是 6，则需要设置空白字符的标签为 1
        # 空白字符在-1 位
        for k in range(len(captcha_text),max_len):
            # 空白字符
            y[k, i, -1] = 1
    # 返回一批次的数据和标签
    return x, [y[0],y[1],y[2],y[3],y[4],y[5],len_captcha]

# 返回批次数量
def __len__(self):
    return self.steps

# 测试生成器
# 一共一批次，批次大小也是 1
data = CaptchaSequence(characters, batch_size=1, steps=1)
for i in range(2):
    # 产生一批次的数据
    x, y = data[0]
    # 显示图片
    plt.imshow(x[0])
    # 验证码字符和对应编号
```

```
plt.title(data.captcha_list[0])
plt.show()
```

结果输出如下：

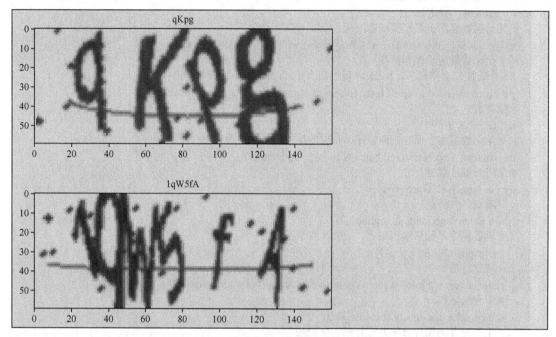

代码13-6：挑战变长验证码识别（片段2）

```
# 载入预训练的 resnet50 模型
resnet50 = ResNet50(weights='imagenet', include_top=False, input_shape=(height,width,3))

# 设置输入图片
inputs = Input((height,width,3))
# 使用 resnet50 进行特征提取
x = resnet50(inputs)
# 平均池化
x = GlobalAvgPool2D()(x)
# 每个任务负责识别1个字符
x0 = Dense(num_classes, activation='softmax', name='out0')(x)
x1 = Dense(num_classes, activation='softmax', name='out1')(x)
x2 = Dense(num_classes, activation='softmax', name='out2')(x)
x3 = Dense(num_classes, activation='softmax', name='out3')(x)
x4 = Dense(num_classes, activation='softmax', name='out4')(x)
x5 = Dense(num_classes, activation='softmax', name='out5')(x)
# 预测验证码的长度为3~6，4种情况，所以定义4个分类
num_x = Dense(4, activation='softmax', name='out_num')(x)
# 定义模型
model = Model(inputs, [x0,x1,x2,x3,x4,x5,num_x])
# 画图
plot_model(model,style=0,dpi=200)

# loss_weights 可以用来设置不同任务的权重，验证码识别的6个任务权重都一样
# 相对而言 out_num 更重要一些，因为如果验证码的长度判断错误，那么识别结果一定是错的
```

```python
# 所以可以给 out_num 更大一点的权重
model.compile(loss={'out0':'categorical_crossentropy',
                    'out1':'categorical_crossentropy',
                    'out2':'categorical_crossentropy',
                    'out3':'categorical_crossentropy',
                    'out4':'categorical_crossentropy',
                    'out5':'categorical_crossentropy',
                    'out_num':'categorical_crossentropy'},
              loss_weights={'out0':1,
                            'out1':1,
                            'out2':1,
                            'out3':1,
                            'out4':1,
                            'out5':1,
                            'out_num':2},
              optimizer=SGD(lr=1e-2,momentum=0.9),
              metrics=['acc'])

# 监控指标统一使用 val_loss
# 可以使用 EarlyStopping 让模型停止，val_loss 连续 6 个周期没有下降就结束训练
# CSVLogger 保存训练数据
# ModelCheckpoint 保存所有训练周期中 val_loss 最低的模型
# ReduceLROnPlateau 学习率调整策略，val_loss 连续 3 个周期没有下降，则当前的学习率乘以 0.1
callbacks = [EarlyStopping(monitor='val_loss', patience=6, verbose=1),
             CSVLogger('Captcha2.csv'),
             ModelCheckpoint('Best_Captcha2.h5', monitor='val_loss', save_best_only=True),
             ReduceLROnPlateau(monitor='val_loss', factor=0.1, patience=3, verbose=1)]

# 训练模型
model.fit(x=CaptchaSequence(characters, batch_size=batch_size, steps=train_steps),
          epochs=epochs,
          validation_data=CaptchaSequence(characters, batch_size=batch_size, steps=test_steps),
          callbacks=callbacks)
```

结果输出如下：

```
Train for 1000 steps, validate for 100 steps
Epoch 1/100
1000/1000 [==============================] - 184s 184ms/step - loss: 14.0520 - out0_loss: 2.2189 - out1_loss: 2.6810 - out2_loss: 2.9503 - out3_loss: 2.5608 - out4_loss: 1.8766 - out5_loss: 1.0524 - out_num_loss: 0.3560 - out0_acc: 0.4063 - out1_acc: 0.3020 - out2_acc: 0.2447 - out3_acc: 0.3636 - out4_acc: 0.5493 - out5_acc: 0.7673 - out_num_acc: 0.8614 - val_loss: 13.9098 - val_out0_loss: 2.5258 - val_out1_loss: 1.9578 - val_out2_loss: 2.3671 - val_out3_loss: 2.5046 - val_out4_loss: 1.6575 - val_out5_loss: 0.9196 - val_out_num_loss: 0.9887 - val_out0_acc: 0.4391 - val_out1_acc: 0.5095 - val_out2_acc: 0.4242 - val_out3_acc: 0.4322 - val_out4_acc: 0.6039 - val_out5_acc: 0.7880 - val_out_num_acc: 0.8316
……
Epoch 00036: ReduceLROnPlateau reducing learning rate to 9.99999883788405e-08.
1000/1000 [==============================] - 178s 178ms/step - loss: 0.2524 - out0_loss: 0.0436 - out1_loss: 0.0534 - out2_loss: 0.0558 - out3_loss: 0.0457 - out4_loss: 0.0341 - out5_loss: 0.0173 - out_num_loss: 0.0013 - out0_acc: 0.9825 - out1_acc: 0.9796 - out2_acc: 0.9800 - out3_acc: 0.9823 - out4_acc: 0.9870 - out5_acc: 0.9930 - out_num_acc: 0.9997 - val_loss: 0.2374 - val_out0_loss: 0.0452 -
```

```
val_out1_loss: 0.0515 - val_out2_loss: 0.0498 - val_out3_loss: 0.0404 - val_out4_loss: 0.0307 -
val_out5_loss: 0.0174 - val_out_num_loss: 0.0012 - val_out0_acc: 0.9823 - val_out1_acc: 0.9786 -
val_out2_acc: 0.9792 - val_out3_acc: 0.9841 - val_out4_acc: 0.9886 - val_out5_acc: 0.9931 -
val_out_num_acc: 0.9997
Epoch 00036: early stopping
```

从模型最后的结果中可以看出预测验证码长度的任务准确率几乎达到了 1，也就是说模型预测验证码的长度是非常准了。6 个验证码预测任务中准确率最高的是 out5，也就是最后 1 位验证码的预测。out5 准确率明显高于其他任务是因为验证码的长度是 3~6，也就是说只要验证码的长度判断正确，那么有 75%的可能性最后 1 位验证码它就是空白符，所以准确率比较高。相对而言，out0~out2 的准确率就会偏低一些了，因为不可能会有空白符。

13.5.2 挑战变长验证码识别模型预测

实现变长验证码识别-模型预测的代码如代码 13-7 所示。

代码 13-7：变长验证码识别——模型预测（片段 1）

```python
from tensorflow.keras.models import load_model
# 用于自定义数据生成器
from tensorflow.keras.utils import Sequence
from captcha.image import ImageCaptcha
import numpy as np
import string
import matplotlib.pyplot as plt
import random
# 载入训练好的模型
model = load_model('Best_Captcha2.h5')
# 字符包含所有数字和所有大小写英文字母，一共 62 个
characters = string.digits + string.ascii_letters
# 预测阶段使用的字符多一个空白符在最后
pred_characters = characters + ' '
# 类别数，包含一个空白符类别
num_classes = len(characters)+1
# 批次大小
batch_size = 64
# 最长验证码
max_len = 6

# 用于自定义数据生成器
from tensorflow.keras.utils import Sequence

# 这里的 Sequence 定义其实不算典型，因为一般的数据集数量是有限的
# 把所有数据训练一次属于训练一个周期，一个周期可以分为 n 个批次
# Sequence 一般是定义一个训练周期内每个批次的数据如何产生
# 我们这里的验证码数据集是使用 captcha 模块生产出来的，一边生产一边训练，所以可以认为数据集
# 是无限的
class CaptchaSequence(Sequence):
    # __getitem__ 和 __len__ 是必须定义的两个方法
    def __init__(self, characters, batch_size, steps, width=160, height=60):
        # 字符集
        self.characters = characters
```

```python
        # 批次大小
        self.batch_size = batch_size
        # 生成器生成多少批次的数据
        self.steps = steps
        # 验证码长度随机，3～6位
        self.n_len = np.random.randint(3,7)
        # 验证码图片宽度
        self.width = width
        # 验证码图片高度
        self.height = height
        # 字符集长度
        self.num_classes = num_classes
        # 用于产生验证码图片
        self.image = ImageCaptcha(width=self.width, height=self.height)
        # 用于保存最近一批次的验证码字符
        self.captcha_list = []

    # 获得index位置的批次数据
    def __getitem__(self, index):
        # 初始化数据用于保存验证码图片
        x = np.zeros((self.batch_size, self.height, self.width, 3), dtype=np.float32)
        # 初始化数据用于保存标签
        # 6个验证码识别任务，batch表示批次大小，num_classes表示分类数量
        y = np.zeros((max_len, self.batch_size, self.num_classes), dtype=np.float32)
        # 数据清0
        self.captcha_list = []
        # 初始化数据用于保存判断验证码长度的标签，一共4种情况
        len_captcha = np.zeros((self.batch_size, 4), dtype=np.int)
        # 生产一批次数据
        for i in range(self.batch_size):
            # 随机产生验证码
            self.n_len = np.random.randint(3,7)
            # 设置标签，独热编码格式，一共4种情况
            len_captcha[i, self.n_len-3] = 1
            # 转字符串
            captcha_text = ''.join([random.choice(self.characters) for j in range(self.n_len)])
            # 保存验证码
            self.captcha_list.append(captcha_text)
            # 生产验证码图片数据并进行归一化处理
            x[i] = np.array(self.image.generate_image(captcha_text)) / 255.0
            # j(0-3),i(0-61),ch(单个字符)
            # self.characters.find(ch)得到ch在characters中的位置，可以理解为ch的编号
            for j, ch in enumerate(captcha_text):
                # 设置标签，独热编码格式
                y[j, i, self.characters.find(ch)] = 1
            # 如果验证码的长度不是6，则需要设置空白字符的标签为1
            # 空白字符在-1位置
            for k in range(len(captcha_text),max_len):
                # 空白字符
                y[k, i, -1] = 1
        # 返回一批次的数据和标签
        return x, [y[0],y[1],y[2],y[3],y[4],y[5],len_captcha]
```

```python
# 返回批次数量
def __len__(self):
    return self.steps

# 测试模型
# 一共一批次，批次大小也是 1
data = CaptchaSequence(characters, batch_size=1, steps=1)
for i in range(2):
    # 产生一批次的数据
    x, y = data[0]
    # 预测结果
    pred = model.predict(x)
    # 0 表示长度 3，1 表示长度 4，2 表示长度 5，3 表示长度 6
    captcha_len = np.argmax(pred[6],axis=-1)[0]+3
    # 打印验证码长度
    print('验证码长度：',captcha_len)
    # 获得对应编号
    captcha = np.argmax(pred[:6],axis=-1)[:,0]
    # 根据编号获得对应验证码
    # 注意，这里需要使用 pred_characters，包含空白符
    pred = ''.join([pred_characters[x] for x in captcha])
    # 显示图片
    plt.imshow(x[0])
    # 验证码字符和其对应的编号
    plt.title('real:%s\npred:%s'%(data.captcha_list[0],pred))
    plt.show()
```

结果输出如下：

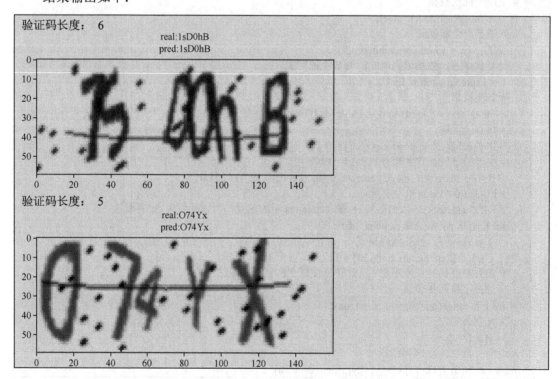

代码 13-7：变长验证码识别-模型预测（片段 2）

```python
# 自定义验证码生成和预测
# 生成自定义验证码
captcha_text = 'oOxXvV'
image = ImageCaptcha(width=160, height=60)
# 数据归一化
x = np.array(image.generate_image(captcha_text)) / 255.0
# 给数据增加一个维度变成4维
x = np.expand_dims(x, axis=0)
# 预测结果
pred = model.predict(x)
# 获得对应编号
captcha = np.argmax(pred[:6],axis=-1)[:,0]
# 根据编号获得对应验证码
pred = ''.join([pred_characters[x] for x in captcha])
# 显示图片
plt.imshow(x[0])
# 验证码字符和其对应的编号
plt.title('real:%s\npred:%s'%(captcha_text,pred))
plt.show()
```

结果输出如下：

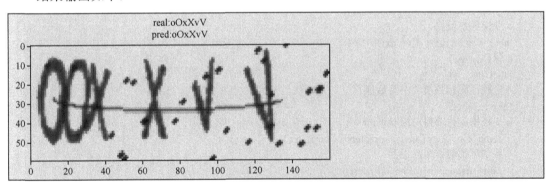

代码 13-7：变长验证码识别——模型预测（片段 3）

```python
# 计算准确率，区分大小写
def accuracy(test_steps=100):
    # 用于统计准确率
    acc_sum = 0
    for x,y in CaptchaSequence(characters, batch_size=batch_size, steps=test_steps):
        # 进行一批次的预测
        pred = model.predict(x)
        # 获得对应编号
        pred = np.argmax(pred[:6], axis=-1)
        # 获得标签数据
        label = np.argmax(y[:6], axis=-1)
        # 计算这个批次的准确率，然后将其累加到总的准确率统计中
        acc_sum += (pred == label).all(axis=0).mean()
    # 返回平均准确率
    return acc_sum / test_steps
# 打印区分大小写准确率
```

```
print(accuracy())
```

结果输出如下：

```
0.913125
```

代码 13-7：变长验证码识别——模型预测（片段 4）

```python
# 计算准确率，忽略大小写
def accuracy2(test_steps=100):
    # 用于统计准确率
    acc_sum = 0
    for x,y in CaptchaSequence(characters, batch_size=batch_size, steps=test_steps):
        # 进行一批次的预测
        pred = model.predict(x)
        # 获得对应编号
        pred = np.argmax(pred[:6],axis=-1).T
        # 保存预测值
        pred_list = []
        # 把验证码预测值转小写后保存
        for c in pred:
            # 根据编号获得对应验证码
            temp_c = ''.join([pred_characters[x] for x in c])
            # 字母都转小写后保存
            pred_list.append(temp_c.lower())
        # 获得标签数据
        label = np.argmax(y[:6], axis=-1).T
        # 保存标签
        label_list = []
        # 把验证码标签值转小写后保存
        for c in label:
            # 根据编号获得对应验证码
            temp_c = ''.join([pred_characters[x] for x in c])
            # 字母都转小写后保存
            label_list.append(temp_c.lower())
        # 计算这个批次的准确率，然后将其累加到总的准确率统计中
        acc_sum += (np.array(pred_list) == np.array(label_list)).mean()
    # 返回平均准确率
    return acc_sum / test_steps
# 打印忽略大小写准确率
print(accuracy2())
```

结果输出如下：

```
0.963125
```

从输出结果中我们可以看到，这个模型可以自动判断验证码的长度，并做出正确识别，就连"oOxXvV"这种几乎不可能识别正确的验证码图片它也能识别正确。但由于变长验证码难度更大，并且验证码的位数有可能比原来的 4 位更多，所以验证码的综合准确率相比之前有所下降。

13.6 CTC 算法

13.6.1 CTC 算法介绍

CTC（**Connectionist Temporal Classification**）是用来解决输入序列和输出序列难以一一对应的问题，主要用于语音识别和 **OCR**（**Optical Character Recognition**）领域。语音识别如图 13.6 所示。

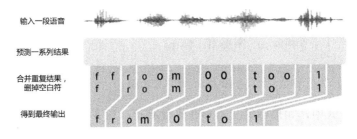

图 13.6　语音识别

例如，在语音识别任务中，我们需要将一大段语音跟一段文本对应。最容易想到的方式就是把一大段语音切分为语音片段，然后每个语音片段对应一个字或一个词。但是每个人说话的语速不同，这个切分的规则很难定义。如果每一段语音都通过人为手动切分，虽然方法可行，但是工作量非常大。

同样地，在 OCR 领域也会遇到同样的对齐困难，如图 13.7 所示。

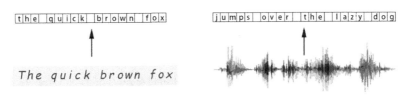

图 13.7　数据对齐困难

CTC 就是用来解决输入数据和输出数据的对齐问题的，我们可以通过下面的例子来理解。不管是语音识别或是 OCR 还是其他类似任务，假设我们先以一定的方法（如卷积）对输入数据进行特征提取，然后得到 6 个数据特征，如图 13.8 中的 $x_1 \sim x_6$。

6 个特征（$x_1 \sim x_6$）分别预测出对应的 6 个字符，然后我们可以将相邻并重复的字符删除，得到最后的结果。这个对齐方式有两个问题，第一个问题是在语音识别时，有些音频片段可能是无声的，这个时候应该是没有字符输出的；第二个问题是有些单词本身就存在重复单词，如"hello"，如果去重，则就会变成"helo"。

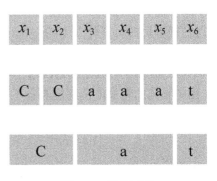

图 13.8　数据对齐

为了解决这两个问题，CTC 引入了一个空白占位符，用来表示空白输出，这里我们用 ϵ 来表示。加入空白符以后，输入和输出就可以合理地对应上了，如图 13.9 所示。

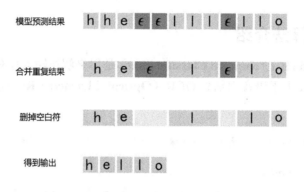

图 13.9　加入空白符

在这个对齐方式中，如果标签文本存在重复字符，对齐过程中会在两个重复字符当中插入空白符隔开，这样 "hello" 就不会变成 "helo" 了。

假设标签文本为 "Cat"，图 13.10（a）都是正确的结果，图 13.10（b）都是错误的结果。

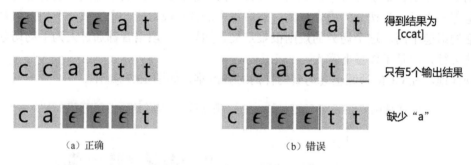

（a）正确　　　　　　　　　（b）错误

图 13.10　正确对齐和错误对齐

13.6.2　贪心算法（Greedy Search）和集束搜索算法（Beam Search）

下面我们进一步考虑更多的细节，如我们把一段 "hello" 的语音进行特征提取，然后再把提取后的特征传入 RNN 中，每传入 1 个特征，RNN 就会输出一组结果，如图 13.11 所示。

图 13.11 中 RNN 的每次输出都有 5 种可能的结果，这 5 种可能的结果有不同的概率值（图中不同的背景颜色深度表示不同的概率值，颜色越深，表示概率越大）。对于一组输入输出 (X,Y) 来说，CTC 的目标是最大化条件概率：

$$p(Y|X) = \sum_{A \in A_{X,Y}} \prod_{t=1}^{T} p_t(a_t|X) \tag{13.1}$$

$p_t(a_t|X)$ 表示 RNN 每个时间序列的输出概率分布；t 表示 RNN 里第 t 个序列；$\prod_{t=1}^{T} p_t(a_t|X)$ 表示一条路径所有字符的概率相乘；$\sum_{A \in A_{X,Y}} \prod_{t=1}^{T} p_t(a_t|X)$ 表示多条路径概率相加。

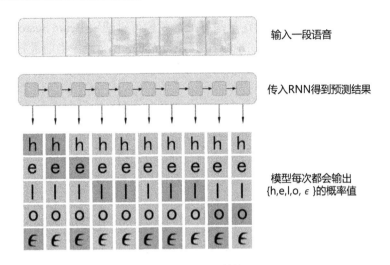

图 13.11　CTC 算法

其实有多条路径可以得到"hello"的结果，如序列长度为 10，"heeϵlϵloϵϵ""hϵϵeeϵlϵlo""ϵϵhheϵlϵlo""hϵeeϵlϵloϵ"等结果其实都是表示"hello"的。所以"hello"的概率应该是所有有效的"hello"路径概率的总和。

$P($"hello"$)=P($"heeϵlϵloϵϵ"$)+P($"hϵϵeeϵlϵlo"$)+P($"ϵϵhheϵlϵlo"$)+P($"hϵeeϵlϵloϵ"$)+\cdots$

对于一个输出，可以得到这个输出的路径肯定是非常多的。在实际应用中，我们不会将所有路径的概率都计算出来，主要是计算量太大了，所以我们需要采用动态规划的思想来计算。CTC 主要采用两种动态规划的算法，即**贪心算法（Greedy Search）**和**集束搜索算法（Beam Search）**。

下面我们举两个简单的例子来说明，贪心算法就是在序列输出的每一个阶段都选取概率最大的一个输出值，如我们有一个序列，其有 3 种输出，即"a"、"b"、"-"。"-"表示空白符，贪心算法输出的结果如图 13.12 所示。

t_0 阶段概率最大的是"-"，为 0.8，t_1 阶段概率最大的是"-"，为 0.6，所以贪心算法的输出结果为"--"，概率为 0.8×0.6=0.48。一般来说，贪心算法时计算量小，效果也不错，但有时候得到的结果不一定是最好的，如图 13.13 所示。

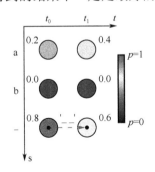

图 13.12　贪心算法（Greedy Search）

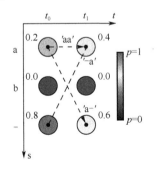

图 13.13　贪心算法失效

例如，我们计算一下"a"的输出概率：

$P($"a"$)=P($"aa"$)+P($"a-"$)+P($"-a"$)=0.2×0.4+0.2×0.6+0.8×0.4=0.52>0.48$。

所以贪心算法得到的结果不一定是最好的，我们可以使用 Beam Search。

Beam Search 跟贪心算法不同的地方在于 Beam Search 会计算当前最好的 N 个结果，N 可以人为设定。还是使用上面的例子，当 N 等于 2 时，可以得到图 13.14。

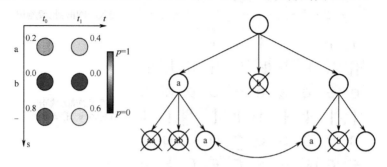

图 13.14　Beam Search

我们来分析一下，t_0 时 "a" 的概率为 0.2，空白符 "-" 的概率为 0.8，所以 t_0 时我们选出最好的两个结果就是 "a" 和 "-"。t_1 时我们得到的组合有 "aa"、"ab"、"a"、"b"、" "，我们一个一个来分析。

t_1 时输出 "aa" 是不可能的，因为如果真的要输出 "aa"，必须至少要有一个空白符在两个 "a" 中间，如 "a-a" -> "aa"。

t_1 时输出 "ab" 也不可能，因为 t_1 时 "b" 的概率为 0。

t_1 时输出 "b" 也不可能，因为 t_1 时 "b" 的概率为 0。

t_1 时输出 "a" 可以。t_0 输出 "a"，t_1 输出 "a" 或 "-"，最后的结果都是 "a"；t_0 输出 "-"，t_1 输出 "a"，也可以得到 "a"。总概率为 0.52。

t_1 时输出空白 " " 可以。t_0 输出 "-"，t_1 也输出 "-"，最后得到 " "，概率为 0.48。

如果有更长的序列，我们将沿着这个结果继续往下分析，并且每个序列只保存概率最大的两个输出。

13.6.3　CTC 存在的问题

最后总结一下 CTC 存在的几个问题：

（1）条件独立性。CTC 做了一个假设，即不同时间序列的输出之间是独立的。这个假设对于很多序列问题来说并不成立，输出序列之间往往存在联系。

（2）单调对齐。CTC 只允许单调对齐，这在语音识别、OCR 等领域中可能是有效的。但是在机器翻译中，如有些中文句子后面的词可能对应于英文句子中前面的词，这个 CTC 无法做到。

（3）多对一映射。CTC 的输入和输出是多对一的关系，这意味着输出的长度不能超过输入的长度，这在语音识别、OCR 等领域中问题不大，但是对于某些输出的长度大于输入的长度的应用，CTC 就无法处理了。

13.6.4　CTC 算法：验证码识别

1. 使用 CTC 算法训练验证码模型

下面我们要学习的 CTC 算法-验证码识别程序要注意的点挺多的，本书在程序注释中都已经详细地写清楚了。这里再稍微提一下,由于 Tensorflow.keras 中没有实现 CTC 算法的相关功能,所以 CTC 算法的相关计算需要调用 Tensorflow 中的程序实现,如代码 13-8 所示。

代码 13-8:CTC 算法——验证码识别(片段 1)

```python
from tensorflow.keras.optimizers import SGD
from tensorflow.keras.applications.resnet50 import ResNet50
from tensorflow.keras.layers import Input,Dense,Reshape,Bidirectional,GRU,Lambda
from tensorflow.keras.models import Model,Sequential
from tensorflow.keras.callbacks import EarlyStopping,CSVLogger,ModelCheckpoint,ReduceLROnPlateau
from tensorflow.keras import backend as K
from captcha.image import ImageCaptcha
import matplotlib.pyplot as plt
import numpy as np
import random
import string
from plot_model import plot_model
# 字符包含所有数字和所有大小写英文字母,一共 62 个
characters = string.digits + string.ascii_letters
# 类别数+空白字符
num_classes = len(characters)+1
# 批次大小
batch_size = 64
# 训练集批次数
# 训练集大小相当于 64×1000=64000
train_steps = 1000
# 测试集批次数
# 测试集大小相当于 64×100=6400
test_steps = 100
# 周期数
epochs=100
# 图片宽度
width=160
# 图片高度
height=60
# RNN 的 cell 数量
RNN_cell = 128
# 最长验证码
max_len = 6
# 用于自定义数据生成器
from tensorflow.keras.utils import Sequence
# 这里的 Sequence 定义其实不算典型,因为一般的数据集数量是有限的
# 把所有数据训练一次属于训练一个周期,一个周期可以分为 n 个批次
# Sequence 一般是定义一个训练周期内每个批次的数据如何产生
# 我们这里的验证码数据集是使用 captcha 模块生产出来的,一边生产一边训练,所以可以认为数据集
# 是无限的
class CaptchaSequence(Sequence):
    # __getitem__ 和 __len__ 是必须定义的两个方法
    def __init__(self, characters, batch_size, steps, n_len=max_len, width=160, height=60,
            input_len=10, label_len=max_len):
        # 字符集
        self.characters = characters
        # 批次大小
        self.batch_size = batch_size
```

```python
        # 生成器生成多少批次的数据
        self.steps = steps
        # 验证码长度随机,3~6位
        self.n_len = np.random.randint(3,7)
        # 验证码图片宽度
        self.width = width
        # 验证码图片高度
        self.height = height
        # 输入长度为10。注意,这里输入的长度指的是RNN模型输出的序列长度,具体要看下面模型的
        # 搭建部分
        # RNN模型输出序列的长度为10,表示模型最多可以输入10个字符(包含空白符在内)
        self.input_len = input_len
        # 标签长度
        self.label_len = label_len
        # 字符集长度
        self.num_classes = num_classes
        # 用于产生验证码图片
        self.image = ImageCaptcha(width=self.width, height=self.height)
        # 用于保存最近一批次验证码字符
        self.captcha_list = []

    # 获得index位置的批次数据
    def __getitem__(self, index):
        # 初始化数据用于保存验证码图片
        x = np.zeros((self.batch_size, self.height, self.width, 3), dtype=np.float32)
        # 初始化数据用于保存标签
        y = np.zeros((self.batch_size, self.label_len), dtype=np.int8)
        # 输入长度
        input_len = np.ones(self.batch_size)*self.input_len
        # 标签长度
        label_len = np.ones(self.batch_size)*self.label_len
        # 数据清0
        self.captcha_list = []
        # 生产一批次数据
        for i in range(self.batch_size):
            # 随机产生验证码
            self.n_len = np.random.randint(3,7)
            # 转字符串
            captcha_text = ''.join([random.choice(self.characters) for j in range(self.n_len)])
            # 保存验证码
            self.captcha_list.append(captcha_text)
            # 生产验证码图片数据并进行归一化处理
            x[i] = np.array(self.image.generate_image(captcha_text)) / 255.0
            for j, ch in enumerate(captcha_text):
                # 设置标签,这里不需要独热编码
                y[i, j] = self.characters.find(ch)
            # 如果验证码的长度不是6,则需要设置空白字符
            for k in range(len(captcha_text),self.label_len):
                # 空白字符编号为num_classes-1
                y[i, k] = num_classes-1
        # 返回一批次的数据和标签
        # 注意这里的标签np.ones(self.batch_size)是没有意义的,只是由于返回的数据必须要有标签
        return [x, y, input_len, label_len], np.ones(self.batch_size)

    # 返回批次数量
```

```
    def __len__(self):
        return self.steps
# 测试生成器
# 一共一批次，批次大小也是 1
data = CaptchaSequence(characters, batch_size=1, steps=1)
for i in range(2):
    # 产生一批次的数据
    [x, y, _, _], _ = data[0]
    # 显示图片
    plt.imshow(x[0])
    # 验证码字符和其对应的编号
    plt.title(data.captcha_list[0])
    plt.show()
```

结果输出如下：

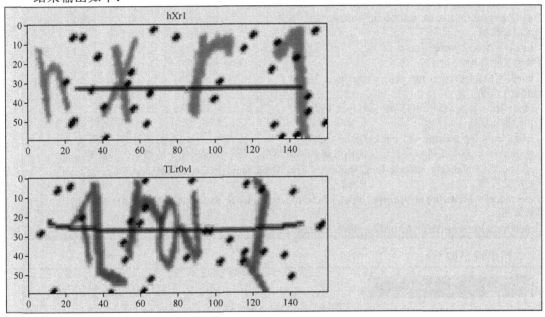

代码 13-8：CTC 算法——验证码识别（片段 2）

```
# Keras 调用 Tensorflow 中的 ctc_batch_cost
# x 是模型输出，shape-(?,10,63)
# labels 是验证码的标签，shape-(?,max_len)
# input_len 是 x 的长度，shape-(?,1)，x 的长度为 10
# label_len 是 labels 的长度，shape-(?,1)，labels 的长度为 max_len
def ctc_lambda_func(args):
    x, labels, input_len, label_len = args
    # Tensorflow 中封装的 CTC 计算
        # return K.ctc_batch_cost(labels, x, input_len, label_len)

# 载入预训练的 resnet50 模型，不包含全连接层
resnet50 = ResNet50(weights='imagenet', include_top=False, input_shape=(height,width,3))
# 设置输入
image_input = Input((height,width,3), name='image_input')
# 使用 resnet50 进行特征提取
x = resnet50(image_input)
# resnet50 计算后得到的数据 shape 为(?,2,5,2048)
```

```python
# 10 个输入最多对应 10 个输出，验证码最长为 6，理论上只要不出现 6 个字符都相同的极端情况，长
# 度是够用的
# 如极端情况'aaaaaa', '-'表示空白符，模型输出'a-a-a-a-a-a'至少需要 11 的长度
# 但长度不够可能会影响对连续重复字符的判断效果，如'aaaa'可能会被识别为'aaa'
# 如果要增加输入长度，可以通过增大输入图片的大小或修改网络结构的方式来实现
# 这里 Reshape 的作用是将卷积输出的 4 维数据转化为 RNN 输入所要求的 3 维数据，2×5=10 表示序列
# 的长度
x = Reshape((10,2048))(x)
# Bidirectional 为双向 RNN，可以把 RNN/LSTM/GRU 传入 Bidirectional 中
# GRU 中的 return_sequences=True 表示返回所有序列的结果
# 如在本程序中 return_sequences=True 返回的结果 shape 为(?,10,256)
# GRU 中的 return_sequences=False 表示只返回序列 last output 的结果
# 如在本程序中 return_sequences=False 返回的结果 shape 为(?,256)
x = Bidirectional(GRU(RNN_cell, return_sequences=True))(x)
x = Bidirectional(GRU(RNN_cell, return_sequences=True))(x)
x = Dense(num_classes, activation='softmax')(x)
# 定义模型
model = Model(image_input, x)
# 定义标签输入
labels = Input(shape=(max_len), name='max_len')
# 输入长度
input_len = Input(shape=(1), name='input_len')
# 标签长度
label_len = Input(shape=(1), name='label_len')
# Lambda 的作用是可以将自定义的函数封装到网络中，用于自定义的一些数据计算处理
ctc_out = Lambda(ctc_lambda_func, name='ctc')([x, labels, input_len, label_len])
# 定义模型
ctc_model = Model(inputs=[image_input, labels, input_len, label_len], outputs=ctc_out)
# 画图
plot_model(ctc_model,style=0,show_layer_names=True)
```

结果输出如下：

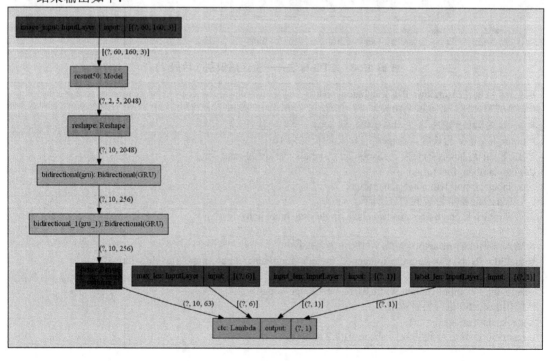

代码 13-8：CTC 算法-验证码识别（片段 3）

```python
from tensorflow.keras.callbacks import Callback

# 编号转成字符串
def labels_to_text(labels):
    ret = []
    for l in labels:
        # -1 是空白符
        if l == -1:
            ret.append('')
        else:
            ret.append(characters[l])
    return ''.join(ret)

# 把一批次的编号转为字符串
def decode_batch(labels):
    ret = []
    for label in labels:
        ret.append(labels_to_text(label))
    return np.array(ret)

# 自定义 Callback
class Evaluate(Callback):
    def __init__(self):
        pass
    # 自定义准确率计算
    def accuracy(self, model, batch_size=batch_size, steps=test_steps):
        # 准确率统计
        batch_acc = 0
        # 产生测试数据
        valid_data = CaptchaSequence(characters, batch_size, steps)
        for [X_test, y_test, _, _], _ in valid_data:
            # 特别要注意，空白字符的编号为-1
            # 这里可以先将我们自定义的空白符标签变成-1
            for i,label in enumerate(y_test):
                for j,l in enumerate(label):
                    if l == num_classes-1:
                        y_test[i,j] = -1
            # 将一批次的标签数据转为字符串形式
            y_test = decode_batch(y_test)
            # 得到预测结果
            y_pred = model.predict(X_test)
            # shape[0]为 batch_size，shape[1]为 max_len
            shape = y_pred.shape
            # ctc_decode 默认使用贪心算法计算出 CTC 的预测结果
            # get_value 获得 ctc_decode 的数值返回 numpy array 格式的数据
            out = K.get_value(K.ctc_decode(y_pred, input_length=np.ones(shape[0])*shape[1])[0][0])
            # 将一批次的预测数据转为字符串形式
            out = decode_batch(out)
            # 对比一批次的标签和预测数据，计算准确率
            batch_acc += (y_test == out).mean()
```

```python
        # 返回准确率
        return batch_acc / steps

    # 顾名思义，在一个训练周期的末尾会自动调用这个方法
    # 这里的 epoch 是当前训练的周期数
    # logs 是一个字典用来记录一些模型训练的信息
    def on_epoch_end(self, epoch, logs):
        # 计算准确率
        acc = self.accuracy(model)
        # 记录 val_acc
        logs['val_acc'] = acc
        # 打印
        print(f'\nacc: {acc*100:.4f}')

    # 除 on_epoch_end 外，自定义 Callback 还可以定义很多方法，例如：
    # def on_epoch_begin(self, epoch, logs=None):
    # def on_batch_begin(self, batch, logs=None):
    # def on_batch_end(self, batch, logs=None):
    # 等等，有兴趣的同学可以看 Tensorflow 源码进一步研究。

# loss 的计算是在 K.ctc_batch_cost 中实现的，所以这里定义了一个假的 loss，没什么意义，也没有作用，
# 但是必须要定义
ctc_model.compile(loss={'ctc': lambda y_true, y_pred: y_pred}, optimizer=SGD(lr=1e-2,momentum=0.9))

# 监控指标统一使用 val_acc
# 可以使用 EarlyStopping 让模型停止，val_acc 连续 6 个周期没有上升，则结束训练
# CSVLogger 保存训练数据
# ModelCheckpoint 保存所有训练周期中 val_acc 最高的模型
# ReduceLROnPlateau 学习率调整策略，val_acc 连续 3 个周期没有上升，则当前的学习率乘以 0.1
callbacks = [Evaluate(),
             EarlyStopping(monitor='val_acc', patience=6, verbose=1),
             CSVLogger('Captcha_ctc.csv'),
             ModelCheckpoint('Best_Captcha_ctc.h5', monitor='val_acc', save_best_only=True),
             ReduceLROnPlateau(monitor='val_acc', factor=0.1, patience=3, verbose=1)
             ]

# 训练模型
ctc_model.fit(x=CaptchaSequence(characters, batch_size=batch_size, steps=train_steps),
              epochs=epochs,
              validation_data=CaptchaSequence(characters, batch_size=batch_size, steps=test_steps),
              callbacks=callbacks)
```

结果输出如下：

```
Train for 1000 steps, validate for 100 steps
Epoch 1/100
 999/1000 [============================>.] - ETA: 0s - loss: 5.8164
acc: 33.6562
1000/1000 [=============================] - 313s 313ms/step - loss: 5.8136 - val_loss: 4.2324
Epoch 2/100
 999/1000 [============================>.] - ETA: 0s - loss: 1.7650
acc: 62.4844
```

```
……
Epoch 36/100
 999/1000 [============================>.] - ETA: 0s - loss: 0.3042
acc: 89.7344
Epoch 00036: ReduceLROnPlateau reducing learning rate to 9.99999883788405e-08.
1000/1000 [=============================] - 306s 306ms/step - loss: 0.3042 - val_loss: 0.2984
Epoch 00036: early stopping
```

2. 使用 CTC 算法训练验证码模型——模型预测

关于模型测试阶段，我们需要注意的是以 load_weights 的方式载入模型权值，而不是直接使用 load_model 载入模型。因为 keras 中没有封装 CTC 的 loss，CTC 的 loss 是在 Tensorflow 中定义的，属于 keras 外部自定义的 loss。保存模型 save 的时候如果包含了自定义的 loss，那么在载入模型的时候也需要声明自定义的 loss。在这个应用中还是重新搭建一遍模型，并使用 load_weights 载入模型权值比较简单，如代码 13-9 所示。

代码 13-9：CTC 算法——验证码识别——模型预测（片段 1）

```python
from tensorflow.keras.applications.resnet50 import ResNet50
from tensorflow.keras.layers import Input,Dense,Reshape,Bidirectional,GRU,Lambda
from tensorflow.keras.models import Model
from tensorflow.keras import backend as K
from captcha.image import ImageCaptcha
import matplotlib.pyplot as plt
import numpy as np
import string
# 字符包含所有数字和所有大小写英文字母，一共 62 个
characters = string.digits + string.ascii_letters
# 类别数+空白字符
num_classes = len(characters)+1
# 图片宽度
width=160
# 图片高度
height=60
# RNN 的 cell 数量
RNN_cell = 128
# 最长验证码
max_len = 6
# Keras 调用 Tensorflow 中的 ctc_batch_cost
# x 是模型输出，shape-(?,10,63)
# labels 是验证码的标签，shape-(?,max_len)
# input_len 是 x 的长度，shape-(?,1)，x 的长度为 10
# label_len 是 labels 的长度，shape-(?,1)，labels 的长度为 max_len
def ctc_lambda_func(args):
    x, labels, input_len, label_len = args
    # Tensorflow 中封装的 CTC 计算
    return K.ctc_batch_cost(labels, x, input_len, label_len)
# 载入预训练的 resnet50 模型
resnet50 = ResNet50(weights='imagenet', include_top=False, input_shape=(height,width,3))
# 设置输入
image_input = Input((height,width,3), name='image_input')
```

```python
# 使用 resnet50 进行特征提取
x = resnet50(image_input)
# 搭建 RNN
x = Reshape((10,2048))(x)
x = Bidirectional(GRU(RNN_cell, return_sequences=True))(x)
x = Bidirectional(GRU(RNN_cell, return_sequences=True))(x)
x = Dense(num_classes, activation='softmax')(x)
# 定义模型
model = Model(image_input, x)
# 定义标签输入
labels = Input(shape=(max_len), name='max_len')
# 输入长度
input_len = Input(shape=(1), name='input_len')
# 标签长度
label_len = Input(shape=(1), name='label_len')
# Lambda 的作用是可以将自定义的函数封装到网络中,用于自定义的一些数据计算处理
ctc_out = Lambda(ctc_lambda_func, name='ctc')([x, labels, input_len, label_len])
# 定义模型
ctc_model = Model(inputs=[image_input, labels, input_len, label_len], outputs=ctc_out)

# 注意,这里是 load_weights,载入权值,不能直接用 load_model 载入模型
# 因为 keras 中没有封装 CTC 的 loss,其是在 Tensorflow 中定义的,属于 keras 外部自定义 loss
# 保存模型的时候如果包含了自定义的 loss,那么在载入模型的时候也需要声明自定义的 loss
# 在这个应用中还是重新搭建一遍模型,并使用 load_weights 载入模型权值比较简单
model.load_weights('Best_Captcha_ctc.h5')

# 用于预测的字符集多一个空白符
pre_characters = characters + '-'

# 使用贪心算法预测结果
def greedy(captcha_text):
    # 自定义产生一个验证码
    captcha_text = captcha_text
    # 产生验证码并将其归一化
    image = ImageCaptcha(width=160, height=60)
    x = np.array(image.generate_image(captcha_text)) / 255.0
    # 变成 4 维数据
    X_test = np.expand_dims(x, axis=0)
    # 用模型进行预测
    y_pred = model.predict(X_test)
    # 查看 y_pred 的 shape
    print("y_pred shape:",y_pred.shape)
    # 获得每个序列最大概率的输出所在位置,其实也就是字符编号
    argmax = np.argmax(y_pred[0], axis=-1)
    print('id','\t','characters')
    for x in argmax:
        # 打印字符编号和其对应的字符
        print(x,'\t',pre_characters[x])
    # 使用贪心算法计算预测结果
    out = K.get_value(K.ctc_decode(y_pred, input_length=np.ones(y_pred.shape[0])*y_pred.shape[1], greedy=True)[0][0])
    # 把预测结果转化为字符串
```

```
out = ''.join([characters[x] for x in out[0]])
# 显示图片
plt.imshow(X_test[0])
# 设置 title
plt.title('pred:' + out + '\ntrue: ' + captcha_text)
# show
plt.show()
# 生产特定验证码并进行识别
greedy('a0b1C3')
```

结果输出如下：

```
y_pred shape: (1, 10, 63)
id   characters
10   a
0    0
11   b
1    1
38   C
3    3
62   -
62   -
62   -
62   -
```

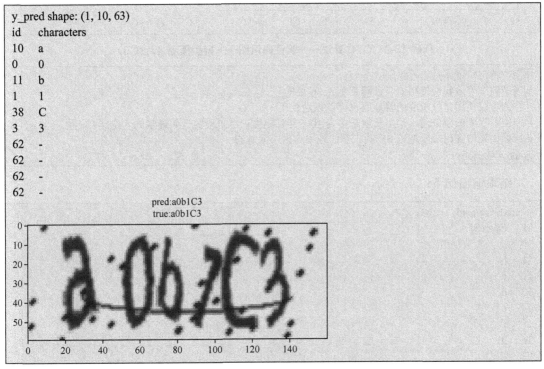

代码 13-9：CTC 算法——验证码识别——模型预测（片段 2）

```
# 生产特定验证码并进行识别
# 模型训练阶段我们使用的验证码都是 3~6 位的
# 预测阶段使用 2 位长度的验证码也可以识别正确
greedy('aa')
```

结果输出如下：

```
y_pred shape: (1, 10, 63)
id   characters
10   a
62   -
10   a
10   a
62   -
62   -
62   -
```

62	-
62	-
62	-

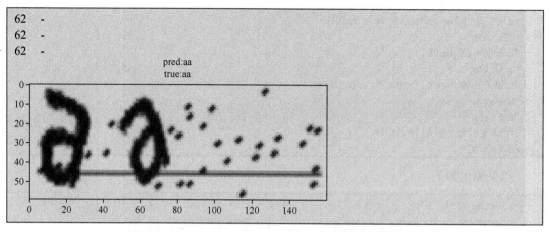

代码 13-9：CTC 算法——验证码识别——模型预测（片段 3）

```
# 生产特定验证码并进行识别
# 模型训练阶段我们使用的验证码都是 3~6 位的
# 预测阶段使用 7 位长度的验证码也可以识别正确
# 但由于我们的模型输入输出长度最多为 10，并且模型训练阶段验证码最多为 6 位
# 所以如果验证码长度超过 6，则识别的效果可能不太理想
greedy('abcdefg')
```

结果输出如下：

y_pred shape: (1, 10, 63)

id	characters
10	a
11	b
12	c
13	d
14	e
15	f
16	g
62	-
62	-
62	-

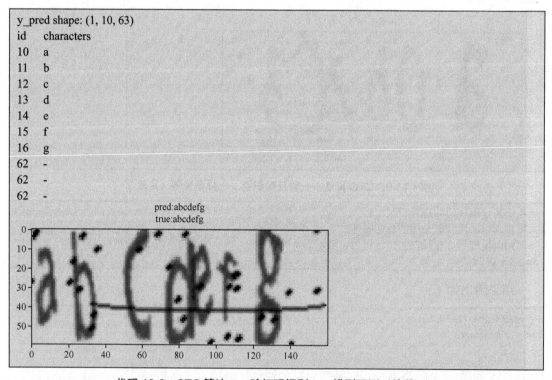

代码 13-9：CTC 算法——验证码识别——模型预测（片段 4）

```
# 使用 Beam Search 预测结果
def beam_search(captcha_text):
    # 自定义产生一个验证码
```

```python
    captcha_text = captcha_text
    # 产生验证码并将其归一化
    image = ImageCaptcha(width=160, height=60)
    x = np.array(image.generate_image(captcha_text)) / 255.0
    # 变成4维数据
    X_test = np.expand_dims(x, axis=0)
    # 用模型进行预测
    y_pred = model.predict(X_test)
    # 最好的3个结果
    top_paths = 3
    # 保存最好的3个结果
    outs = []
    for i in range(top_paths):
        labels = K.get_value(K.ctc_decode(y_pred, input_length=np.ones(y_pred.shape[0])*y_pred.shape[1],
                        greedy=False,top_paths=top_paths)[0][i])[0]
        outs.append(labels)
    # 分别显示出最好的3个结果
    for out in outs:
        # 转字符串
        out = ''.join([characters[x] for x in out])
        # 显示图片
        plt.imshow(X_test[0])
        # 设置title
        plt.title('pred:' + out + '\ntrue: ' + captcha_text)
        # show
        plt.show()

# 生产特定验证码并进行识别
beam_search('AbCd70')
```

结果输出如下：

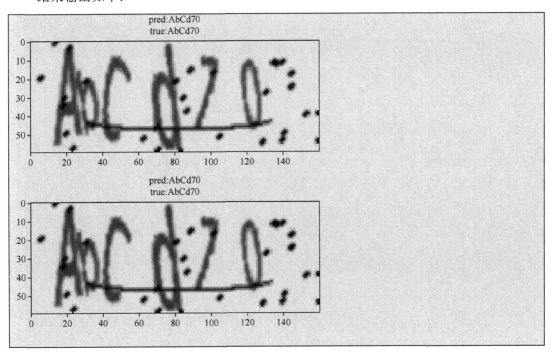

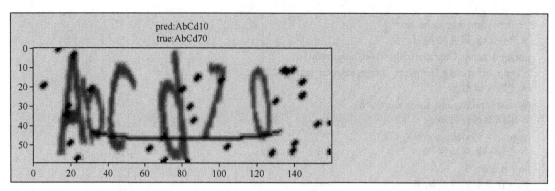

从 CTC 算法模型测试结果中可以看出，就算训练阶段验证码的长度是 3～6 位，模型也能预测少于 3 位或多于 6 位的验证码结果。在使用 Beam Search 算法后，模型可以给出概率最大的几个输出结果。

第 14 章　自然语言处理（NLP）发展历程（上）

本章主要给大家介绍 NLP（Natural Language Processing）技术的发展历程，但由于 NLP 技术是 AI 技术领域的一个大方向，所以真的要把 NLP 技术的发展历程介绍清楚那至少要写一两本书。所以本章介绍的内容主要是近年来 NLP 与深度学习结合的最重要和最新的一些成果。由于内容比较多，所以分两章给大家介绍。

14.1　NLP 应用介绍

在介绍 NLP 的具体技术之前，我们先来了解一下 NLP 的一些实际应用。NLP 的任务基本上都可以使用序列模型来完成，其应用中的大部分任务都可以使用 Seq2Seq 架构来完成，Seq2Seq 架构的具体细节我们在后面再详细介绍。

NLP 的部分应用如下所示。

1．文本分类/情感分类

文本分类就是把一段文本划分到不同的类别；情感分类就是对一段文本中所包含的情感进行分类。其实文本分类或文章中句子的情感分类本质上都是一样的，都属于分类任务，套用序列模型里面我们讲过的框架，属于多对一框架。如图 14.1 所示，输入一篇文章或一个句子（可以看作一个序列），整个序列输入结束后，我们只需要将获得最后一个序列输出即可，然后对最后一个序列的输出信号进行分类，得到分类结果。

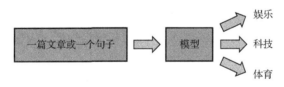

图 14.1　文本分类

2．分词标注

分词标注可以使用多对多架构完成，序列的每个输入都会得到一个对应的输出结果。例如，例如，给一段文字做分词标注，标注每个字对应的标号。假如使用 4-tag(BMES)标注标签，B 表示词的起始位置，M 表示词的中间位置，E 表示词的结束位置，S 表示单字词，则可以得到如下类似的结果："人/B 们/E 常/S 说/S 生/B 活/E 是/S 一/S 部/S 教/B 科/M 书/E"。

3．机器翻译

机器翻译是典型的 Seq2Seq 应用。如图 14.2 所示，输入一段中文，中文句子就是一段序列，输出得到一段英文，英文句子也是一段序列。类似这种问题都可以使用 Seq2Seq 架构来完成。

图 14.2 机器翻译

4. 聊天机器人

聊天机器人也是典型的 Seq2Seq 应用，输入一个句子，输出一个句子，如图 14.3 所示。但目前的技术发展还不够成熟，纯娱乐性质的聊天机器人用处不大，因为你稍微跟它多聊几句可能就会发现它是个智障。你只能跟它聊今天星期几，明天什么天气之类的话题，无法实现复杂对话。

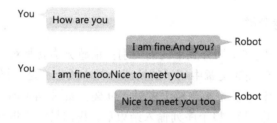

图 14.3 聊天机器人

但聊天机器人在某些特定领域，如机器人客服领域，还是发挥了很大的作用。很多电商和银行都已经上线了机器人客服的应用，因为在特定领域，大家的聊天内容相对固定，所以比较容易判断用户的意图，然后给出相应的回复。

大家要注意，像机器人客服这样的应用，其并不是一个模型就可以搞定所有事情的，虽然模型也会用，但很多用户意图的判断和对话的回复还是通过规则来实现的。例如，匹配句子是否出现了某个词，假设出现"发货"这个词，那说明用户可能想咨询发货相关的问题；假设出现"信用卡"，那用户可能是要咨询信用卡相关业务。并且机器人的回复也不是自动生成的回复，其回复的内容基本上也是事先人工设置好的内容。

5. 自动摘要

自动摘要很容易理解，就是阅读文章后产生出文章的标题，也属于 Seq2Seq 架构，这要求模型具备极强的核心内容提取概括能力，听起来就很难。所以目前自动摘要技术做得也不算非常好，有些时候效果不错，有些时候效果很差。

6. 文章生成

可以给模型输入一段话或者一大段文章，然后让模型自动生成接下来的内容，生成的文章长度可以人为控制，这也是 Seq2Seq 模型，这个应用听起来就既神奇有趣又不靠谱。

另外，诗歌生成也是类似的，我们可以给模型传入诗歌的标题，模型就可以产生一首诗出来。

7. 图片描述

图片描述是计算机视觉与 NLP 相结合的一个技术应用，首先使用一个预训练的 CNN 模型对图片数据进行特征提取，然后把 CNN 模型提取的图像特征传给 RNN 网络进行文字生成，如图 14.4 所示为图片描述模型。

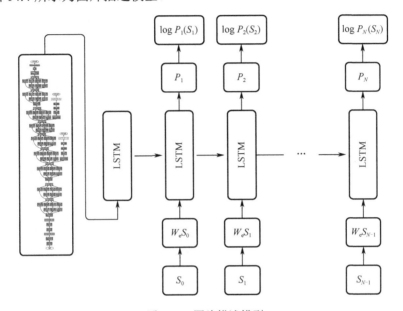

图 14.4　图片描述模型

有些图片得到的效果挺好的，如图 14.5 所示。

图 14.5　图片描述（1）

图 14.5 中，臭臭躺在床上，但只看背景也不太看得出是床，所以描述是"laying on a couch"也是合理的。

有些图片描述的效果就比较奇怪了，如图 14.6 所示。

图 14.6　图片描述（2）

图 14.6 中，一个女人站在人行道上，穿着粉红色的雨伞……很显然该模型不具备生活的常识，生活的常识就是人是不会穿雨伞的，它只是把它识别到的物体给拼凑到一起了。

图片描述在某些特定场景下可以得到不错的效果，但整体而言效果还是差强人意的。NLP 的应用还有很多，这里我们就不举太多例子了，大家有兴趣可以自行研究。

14.2　从传统语言模型到神经语言模型

传统的自然语言处理也叫统计自然语言处理，听名字我们就知道传统的自然语言处理技术主要使用的是数学和统计学，这跟神经网络/深度学习在自然语言处理中的技术截然不同，神经网络/深度学习主要使用的是数学和玄学（开玩笑）。由于技术上的巨大差异，下面关于统计自然语言处理的部分我们只做简单介绍，如规则模型[1]和统计语言模型[1]，重点还是介绍神经网络/深度学习在自然语言处理方面的应用。

14.2.1　规则模型

在 20 世纪 60 年代左右，学术界对人工智能和自然语言处理的普遍理解是：要让机器完成翻译或语言识别等只有人类才能做的事情，就必须先让计算机理解自然语言，而做到这一点就必须让计算机拥有类似我们人类这样的智能（真正做到这点确实很难，直到今天计算机也没能做到这一步，所以现在几乎所有的科学家都不再坚持这一点了）。

那么要如何让计算机理解自然语言呢，当时科学家得出的结论是分析语句和获取语义。我们在学校学习外语的时候都要学习**语法规则（Grammar Rules）**、**词性（Part of Speech）**和**构词法（Morphologie）**等，这些内容对于我们学习外语有一定的帮助，并且比较容易用计算机的算法描述，大家以为这会是一条正确的道路。

在 20 世纪 80 年代以前,自然语言处理工作中的文法规则都是人工写的,直到 2000 年后,很多公司还是靠人工来总结文法规则的。通过人工设计的规则来分析句子虽然可能会有些效果,但是总体而言不太靠谱,如有下面 3 个问题。

问题 1:我们人类的语言博大精深,几乎有无数种不同的句子,如果真的有一套规则能描述好每一个句子,那这套规则得有多少条,几亿条还是几百亿条还是更多?这么复杂的一套规则即使真的存在,我们人类可能也无法把它写出来。

问题 2:我们人类设计的文法规则通常是上下文无关文法(Context Independent Grammar),而实际句子的文法其实应该是跟上下文相关的,属于上下文相关文法(Context Dependent Grammar)。两者的设计难度和计算量都无法相提并论。

问题 3:我们人类的语言有些是需要常识来进行判断的。例如,"吃饭前我想方便一下""你方便的时候我想请你吃饭""你方不方便你去方便的时候问你吃饭的事",这里的"方便"我们都能理解什么意思,但是要跟老外解释清楚就不容易了,更别说计算机了。

14.2.2 统计语言模型

在 20 世纪 80 年代末,随着计算能力的提升和数据量的不断增加,过去看似不可能通过统计模型完成的任务,渐渐都变得可能了。到了 20 世纪 90 年代末期,大家发现通过统计得到的句法规则甚至比语言学家总结的更有说服力。2005 年以后,Google 基于统计方法的翻译系统全面超过基于规则的 SysTran 翻译系统,宣告规则方法学派的全面溃败。

统计语言模型简单来说就是通过统计得到的语言模型。规则模型的主要思想是通过人工设定的规则来描述语言,而统计语言模型是通过统计学找到语言的规律,如一个句子:

"我爱北京天安门,天安门上太阳升。"

意思清晰,句子通顺。如果我们调整一些词的位置,得到:

"我爱天安门北京,太阳升上天安门。"

虽然句子有些不够通顺,但是意思我们还是可以看懂的,假设我们再调整一下句子,得到:

"爱北京天安我门,升门天安上太阳。"

这句话就基本看不懂什么意思了,为什么会这样?规则方法学派的科学家认为一个句子是否能被理解,要看句子是否合乎语法,句子中的语义是否清晰。他们的想法有一定的道理,但是在规则方法学这条路上的困难要远大于方法,所以这条路是走不通的。

著名的语音识别和自然语言处理的专家弗莱德里克·贾里尼克(Frederick Jelinek)提出了一个新的思路,可以使用简单的统计模型来分析一个句子。其实方法很简单,一个句子是否合理,我们不需要分析它的语法和语义,只需要分析这句话出现的概率,如上面我们列举的 3 个天安门的句子,第一个句子出现的概率可能是 10^{-10},第二个句子出现的概率可能是 10^{-30},第三个句子出现的概率可能是 10^{-100}。第一个句子出现的概率最大,所以最合理;第三个句子出现的概率最小,所以最不合理。

例如,用 S 表示一个句子,一个句子由若干个顺序排列的词 $w_1, w_2, w_3, \cdots, w_n$ 组成。所以一个句子出现的概率就等于这个句子中每一个词出现的条件概率相乘:

$$P(S) = P(w_1, w_2, \cdots, w_n) = P(w_1) \cdot P(w_2 | w_1) \cdot P(w_3 | w_1, w_2) \cdots P(w_n | w_1, w_2, \cdots, w_{n-1}) \quad (14.1)$$

其中,$P(w_1)$ 表示第一个词出现的概率;$P(w_2 | w_1)$ 是在已知第一个词的前提下,第二个词出现的概率;以此类推,词 w_n 的出现概率取决于它前面所有的词。

怎么统计每个词出现的条件概率？通常在训练 NLP 模型的时候我们都会准备一个语料库（Corpus），语料库其实就是一个数据集，这个数据集就是大量的文本数据。我们可以在这个数据集中统计每个词出现的概率，以及前后相邻的两个词出现的概率，前后相邻的 3 个词、4 个词、N 个词出现的概率。

但统计语言模型存在一个问题，即计算量的问题。$P(w_1)$ 很容易统计出来，$P(w_2|w_1)$ 难度也不是很大，但 $P(w_3|w_1,w_2)$ 难度就已经非常大了，并且这个计算量是指数级增长的，如果句子比较长，$P(w_n|w_1,w_2,\cdots,w_{n-1})$ 可能是无法计算出来的。

好在这个问题存在可以简化的方式。20 世纪初，俄国数学家马尔可夫（Andrey Markov）提出每当遇到类似这种情况时，就假设任意一个词出现的概率只与它前面的词相关，这样问题就变得简单了。这种假设在数学上称为马尔可夫假设，于是式（14.1）就可以简化为

$$P(S) = P(w_1, w_2, \cdots, w_n) = P(w_1) \cdot P(w_2|w_1) \cdot P(w_3|w_2) \cdots P(w_n|w_{n-1}) \quad (14.2)$$

式（14.2）对应的统计语言模型是**二元模型**（**Bigram Model**）。一个词出现的概率只与它前面一个词相关叫二元模型，一个词出现的概率与其前面两个词相关叫三元模型，一个词的出现概率与其前面三个词相关叫四元模型。以此类推，一个词出现的概率由前面 N-1 个词决定，称为 N 元模型。

可以想象 N 元模型中 N 的值越大就越接近句子真实的概率，当然计算量也会越大。当 N 从 1 到 2，再从 2 到 3，模型的效果上升显著，而当模型从 3 到 4 时，效果的提升就不是很明显了。所以一般三元或四元模型用得比较多，很少有人会使用四元以上的模型。

举例来说一下基于 N 元模型的应用，如在进行文本分类的时候，我们可以根据每个类别的语料库训练各自的语言模型，如情绪二分类，正面情绪有一个语料库，可以训练一个语言模型；负面情绪有一个语料库，可以训练一个语言模型。当新来一个文本的时候，只要根据各自的语言模型，计算每个语言模型下这篇文本发生的概率。文本在哪个模型的概率大，这篇文本就属于哪个类别。

例如，在做语音识别的时候，我们识别出了一个句子的发音"woaibeijingtiananmen"，正确的识别结果是"我爱北京天安门"。但其实这个句子的发音可以对应非常多的文本，如"我碍北京添安们""我爱北精天氨门"。通过 N 元模型我们可以计算出"我爱北京天安门"这句话出现概率是最大的。

统计语言模型可以很好地解决很多问题，但是该模型也存在很多问题。

问题 1：很多时候，在计算条件概率时，$P(w_t|w_{t-1})$ 会得到 0 值即新文本中两个相邻词在语料库中没有出现过。所以统计语言模型中需要设计各种平滑方法来处理这种情况。

问题 2：统计语言模型无法把 N 取得很大，最多就是 3 或 4。所以统计语言模型无法建模语言中上下文较长的依赖关系。

问题 3：统计语言模型无法表征词语之间的相似性。

14.2.3 词向量

在介绍神经网络语言模型（Neural Net Language Model，NNLM）之前，我们先聊一下 NNLM 的核心思想——词向量（Word Embedding），也可称为词嵌入，本书称其为词向量。

我们在处理图像时，图像数据就是一个密集的矩阵，矩阵中的每个数值对应图片中的每个像素点，我们所需的全部信息都储存在原始数据中，如图 14.7 所示。

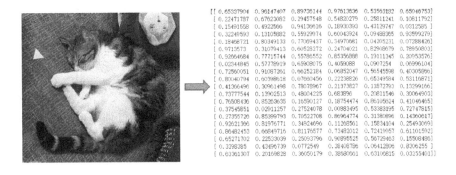

图 14.7　图像数据

所以我们将图像数据对应的矩阵分析好就行了。如果是分析文本数据，则我们通常会给每个词进行编号，如"猫"的编号是 343，"狗"的编号是 452。每个词的编号大小一般是跟该词在语料库中出现的频率相关（也有可能是其他编号方式或人为设置的编号），出现的频率越高，编号就越小。从词的编号我们无法知道这个词所包含的含义，也无法知道词与词之间的相关性。

接下来我们可能还会对编号进行独热编码处理。假设语料库中一共有 10000 个词，经过独热编码处理后，每个词的数据长度都为 10000，其中只有一个 1，其余的位置都是 0，如：

杭州　[0,0,0,0,0,0,0,1,0,……, 0,0,0,0,0,0,0]
上海　[0,0,0,0,1,0,0,0,0,……, 0,0,0,0,0,0,0]
宁波　[0,0,0,1,0,0,0,0,0,……, 0,0,0,0,0,0,0]
北京　[0,0,0,0,0,0,0,0,0,……, 1,0,0,0,0,0,0]

注意，虽然每个词经过独热编码处理后变成了一个向量，但是这种独热编码类型的向量可不是前面我们所说的词向量（Word Embedding）。独热编码的向量虽然在某些简单场景也可以得到不错的效果，但是在复杂一些的场景中就无法得到好的效果了。我们把一个词看作 1 行 10000 列的数据，把一个句子看作一个矩阵，那么这个矩阵将会是一个非常稀疏的矩阵，大部分的值都是 0，这个稀疏的矩阵也没有多少可以分析的价值。

所以传统的方式不管是将词变成编号还是将词转成独热编码，都无法对词包含的信息进行一个很好的描述。那么如何才能比较好地去描述一个词呢？用一个向量来描述一个词或许是一个不错的方法，这就是我们所说的词向量。

为什么用一个向量来描述一个词会是一个有效的方法？通常词向量的长度都是人为设置的，如我们设置词向量的长度为 128，也就是说每个词都会使用一个 128 维的向量来表示，这个向量的每一个维度都具有抽象的含义（具体的含义我们是无法知道的）。我举一个不是很恰当的例子，假设词向量的某一个维度 d 表示该词跟我们日常生活的相关性，相关越大，d 就越大。例如，"猫"这个词在我们日常生活中经常出现，那么"猫"这个词的词向量中维度 d 的数值就会比较大；而"引力红移"（广义相对论预言的一种电磁辐射波长变长，频率降低的效应）这个词在我们日常生活中几乎不会出现，所以"引力红移"这个词的词向量中维度 d 的数值就会比较小。如果每一个词都有 128 个维度可以用来描述它，那么理论上就可以把这个词包含的信息描述得比较好。最后再强调一下，词向量中每个维度的含义都是抽象的，无法知道它们的具体含义。

词向量的思想从 NNLM 中提出，并一直沿用至今，是深度学习在 NLP 领域中使用的既是基础又是核心的思想。

14.2.4 神经语言模型

2003 年约书亚·本吉奥（Yoshua Bengio）在他的经典论文 "*A Neural Probabilistic Language Model*" [2]中首次将神经网络融入语言模型中，并经过训练得到神经网络语言模型（Neural Net Language Model，NNLM）。其模型结构如图 14.8 所示。

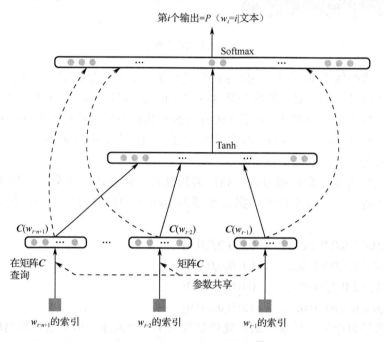

图 14.8　NNLM 的模型结构[2]

下面我们说一下 NNLM 的训练过程，其实很简单，就是传入前面几个词，然后再预测下一个词是什么。具体流程是我们会分析语料库并构建一个字典 V，所有的词都在这个字典中，并且每个词在该字典中有唯一的编号。每次训练时，NNLM 从语料库中选取一段长度为 n 的文本（$w_{t-N+1}, \cdots, w_{t-2}, w_{t-1}, w_t$）如 t=10，n=5，那么文本就是（$w_6, w_7, w_8, w_9, w_{10}$），$n$ 可以人为设置。

接下来我们把长度为 n 的文本序列用它们所对应的编号来替代，如（$w_6, w_7, w_8, w_9, w_{10}$）就变成了类似（26,42,267,6582,64）这样的编号。然后再将编号变为独热编码格式。假设字典 V 中一共有 10000 个词，文本序列的长度为 5，经过独热编码处理后的文本数据就变成了 5 行 10000 列的矩阵，类似下面这样：

[[0,…,0,…,1,…,0,…,0,…,0,…,0,…,0…,0,…,0…,0]
 [0,…,0,…,0,…,1,…,0,…,0,…,0,…,0…,0,…,0,…0]
 [0,…,0,…,0,…,0,…,1,…,0,…,0,…,0…,0,…,0,…0]
 [0,…,0,…,0,…,0,…,0,…,0,…,0,…,0…,0,…,1,…0]
 [0,…,0,…,0,…,1,…,0,…,0,…,0,…,0…,0,…,1,…0]]

最后把最后一个词的独热编码作为模型预测的标签值，其他词的独热编码作为输入传给模型。图 14.8 中权值矩阵 C 所在的层称为词特征层，可以理解其为所有词的词向量矩阵（矩阵 C 在训练开始的时候都是随机值，没有任何意义，经过模型训练以后才能得到有意义的词向量）。例如，词向量的长度为 128，那么矩阵 C 可能就是一个 10000 行 128 列的权值矩阵，矩阵中的一行表示一个词的词向量。

每个词的独热编码与矩阵 C 相乘，得到该词对应的词向量的值，如图 14.9 所示。

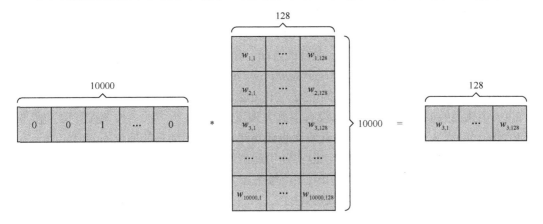

图 14.9　得到每个词的词向量

图 14.8 中的 $C(w_{t-n+1})$ 表示 w_{t-n+1} 的词向量，$C(w_{t-2})$ 表示 w_{t-2} 的词向量，$C(w_{t-1})$ 表示 w_{t-1} 的词向量。得到输入的每个词的词向量以后，对这些词向量进行拼接（Concatenation），如对 4 个长度为 128 维的词向量进行拼接，得到 512 维的数据。式（14.3）表示多个词向量进行拼接得到 **x**：

$$x = [C(w_{t-1}), C(w_{t-2}), \cdots, C(w_{t-n+1}),] \tag{14.3}$$

模型最终的输出值 y 的计算公式为

$$y = \mathrm{softmax}[b + Wx + U\mathrm{Tanh}(d + Hx)] \tag{14.4}$$

对照图 14.8 来看，**x** 为多个词向量拼接后的信号，**H** 为 **x** 到隐藏层之间的权值矩阵，**d** 为隐藏层的偏置值，Tanh 为隐藏层的激活函数，**U** 为隐藏层到输出层之间的权值矩阵。**b**+**Wx** 为图 14.8 中的虚线（表示可有可无）部分，**b** 是偏置值，**W** 是权值矩阵，如果设置了 **b** 不为 0 且 **W** 不为零矩阵，则计算 **b**+**Wx** 相当于 **x** 可以传给输出层。如果设置 **b** 为 0 且 **W** 为零矩阵，相当于不把 **x** 直接传给输出层。模型输出神经元的数量等于字典中的词汇数量，最后通过 softmax 函数得到每个词的预测概率值。

NNLM 就是在训练一个传入前面几个词，然后预测下一个词的模型。这个模型训练好之后，就得到了我们想要的词向量，其就保存在前面提到的权值矩阵 **C** 中。权值矩阵 **C** 中的每一行就对应了一个词的词向量，列数表示词向量的长度，可以人为设置。

NNLM 能够对句子中更长的依赖关系进行建模，并且得到了每个词的数值表示，然后可以使用词向量来计算词与词之间的相似性，这些都是传统统计模型无法做到的。将词表征为一个向量形式，这个思想直接启发了后来的 **word2vec** 的工作。

14.3 word2vec

14.3.1 word2vec 介绍

词向量的思想最早源于 2003 年约书亚·本吉奥（Yoshua Bengio）的论文，但是真正发扬光大是在 2013 年。2013 年托马斯·米科洛夫（Tomas Mikolov）在 Google 带领的研究团队创造了一套 Word Embedding 训练的方法，称之为 word2vec。最早提出 word2vec 的论文是 "*Efficient estimation of word representations in vector space*" [3]。

word2vec 就是 word to vector 的缩写，中文意思就是将词转化为向量。词向量的思想在 2003 年就已经被提出了，之所以没有得到大规模的应用，一方面是传统统计语言模型在 NLP 领域已经有大规模的应用，并且效果也还不错，想要撼动它的地位不容易；另一方面是词向量的思想虽然看起来很美好，但实际用起来效果也不算很突出。其实词向量的思想是一个正确的方向，为什么实际应用效果不够突出，主要是词向量的训练方法不够好。而 word2vec 正是一种更好的词向量训练方法。

14.3.2 word2vec 模型训练

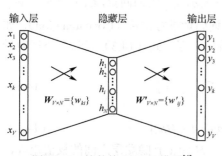

图 14.10 简单的 CBOW 模型[4]

word2vec[4]的模型训练有两种方式，分别是**连续词袋（Continuous Bag-of-Words，CBOW）模型**和 **Skip-Gram 模型**。CBOW 模型是给神经网络传入上下文词汇，然后预测目标词汇。例如，我们有一个用于训练的句子是"我爱北京天安门"，可以给模型传入"爱"和"天安门"，然后用"北京"作为要预测的目标词汇。而最简单的 CBOW 模型就是传入前一个词然后再预测后一个词，如图 14.10 所示。

图 14.10 是一个带有一个隐藏层的简单神经网络。数据预处理的部分跟 NNLM 一样，先准备一个语料库，然后利用语料库构建一个字典，每个词都有一个编号，最后把编号变成独热编码。训练模型的时候就把语料库中句子相邻的两个词作为一组，如把"我爱北京天安门"变成"我，爱""爱，北京""北京，天安门"，然后传给模型，前一个词作为输入，后一个词作为标签。图 14.10 中的输入为词的独热编码，W 为保存词向量的矩阵，字典中一共有 V 个词，人为设置的词向量长度为 N，所以词向量矩阵 W 是 V 行 N 列。词向量的长度其实是通过神经网络隐藏层的神经元个数来设置的，隐藏层的神经元个数等于词向量的长度。隐藏层到输出层之间的权值矩阵 W' 是 N 行 V 列，最后得到 V 个词的概率分布。

训练好图 14.10 所示的简单的 CBOW 模型以后，每个词的词向量组成的矩阵就是输入层到输出层之间的权值矩阵 W，W 中的每一行就是一个词的词向量。标准的 CBOW 模型如图 14.11 所示。

标准的 CBOW 模型跟前面简单的 CBOW 模型类似，只不过是使用上下文的词汇来预测目标词汇。具体是使用前后一个词还是前后两个词或是前后三个词可以人为设定。输入的每个词都共用一个权值矩阵 W，而模型训练好以后，输入层到隐藏层之间的权值矩阵 W

就是词向量矩阵。

Skip-Gram 模型跟 CBOW 模型相反，给模型传入一个词汇，然后预测上下文的词汇，如给模型传入"北京"，然后把"爱"和"天安门"作为要预测的词汇，如图 14.12 所示。

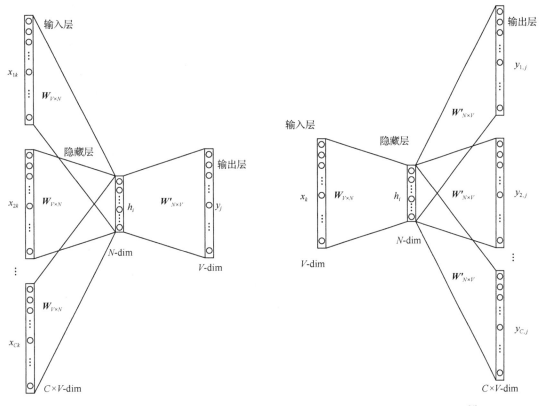

图 14.11　标准的 CBOW 模型[4]　　　　　图 14.12　Skip-Gram 模型[4]

传入一个词汇以后，要预测多少个上下文词汇，都是可以人为设置的。模型训练好以后，输入层到隐藏层之间的权值矩阵 W 就是词向量矩阵。

CBOW 模型和 Skip-Gram 模型都可以用于训练词向量。

14.3.3　word2vec 训练技巧和可视化效果

word2vec 训练过程中有两个技巧，主要是用于加速模型训练。分别是**层次 Softmax（Hierarchical Softmax）**和**负采样（Negative Sampling）**。这两个技巧并不是 word2vec 的精髓，只是训练技巧，所以这里我们只做个简单介绍，大家有兴趣可以自行研究。

Hierarchical Softmax 最早源于 2005 年约书亚·本吉奥（Yoshua Bengio）的论文"Hierarchical Probabilistic Neural Network Language Model"[5]。训练 word2vec 词向量的时候，模型的输出是一个多分类，并且由于字典中的词汇数量巨大，导致分类数量巨大。Hierarchical Softmax 的本质是把 N 分类问题变成了 $\log(N)$ 次二分类问题，可以加快模型的训练速度。但随着计算能力的提升，以及 GPU 和 TPU 加速的应用，现在 Hierarchical Softmax 已经用得不多了。

Negative Sampling 源自 2013 年托马斯·米科洛夫（Tomas Mikolov）的论文"*Distributed Representations of Words and Phrases and their Compositionality*"[6]。在该论文中，作者假设

训练 word2vec 词向量时，词典的大小为 30000，那么最后 softmax 分类就会有 30000 个结果。如果我们用的是 CBOW 模型，传入上下文词汇，预测目标词汇，把标签词汇看作正样本，将其他词汇看作负样本，那么在模型训练时，模型输出会最大化正样本（也就是标签词汇）的概率，同时最小化负样本（除标签词汇以外的词汇）的概率，而正样本只有 1 个，负样本有 29999 个，负样本的数量巨大，所以计算量比较大。Neyative Sampling 的做法是，每次训练时在所有负样本中选取部分（米科洛夫的建议是小数据集选取 5～20 个，大数据集选取 2～5 个）进行训练，由于只选取了少量的负样本进行训练，所以在进行模型计算和权值更新时，计算量减少了很多。

word2vec 训练得到的词向量通常都比较长，词向量的效果怎么样，我们可以通过可视化的方式来查看，如图 14.13 所示。

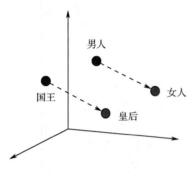

图 14.13　word2vec 可视化（1）

图 14.13 是对 word2vec 训练得到的词向量进行了降维可视化的结果，我们可以看到从男人到女人的向量与从国王到皇后的向量是差不多的，也就是从男人变成女人的这个过程与从国王变成皇后的过程差不多，似乎有些道理。

图 14.14 中也是词向量可视化的结果。

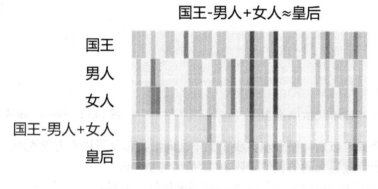

图 14.14　word2vec 可视化（2）

图 14.14 中国王的词向量减去男人的词向量再加上女人的词向量得到的结果约等于皇后的词向量。

从这些可视化的结果中我们可以看出，word2vec 训练出来的词向量确实包含了词语的信息，可以对词语进行比较好的描述。由于 word2vec 在实际应用中取得了比较好的效果，所以基于 word2vec，后来又出现了 phrase2vec（把词组/短语变成向量表示）、sentence2vec（把句子变成向量表示）和 doc2vec（把文章段落变成向量表示），NLP 技术的发展一下子变成了嵌入的世界。

14.4　CNN 在 NLP 领域中的应用

说到 CNN，大家可能会立马想到计算机视觉。确实，CNN 广泛应用于计算机视觉领域，并取得了非常好的效果。但 CNN 不仅可以用于计算机视觉，在 NLP 领域同样可以使用，并且效果也很好。下面我们通过一个文本分类的例子来学习 NLP 领域如何使用 CNN，这个例子主要参考论文"*A Sensitivity Analysis of (and Practitioners' Guide to) Convolutional Neural Networks for Sentence Classification*"[7]。这篇论文是在 word2vec 之后发表的，所以用到了词向量的思想。数据处理和模型计算的流程如图 14.15 所示。

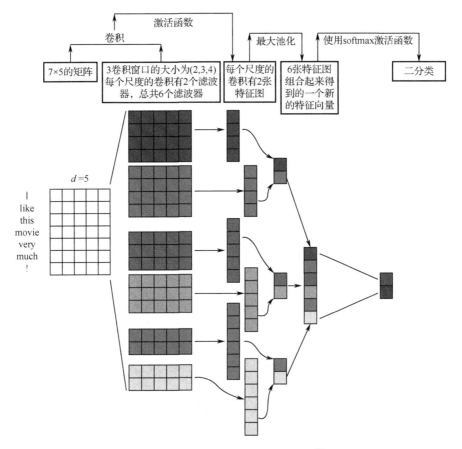

图 14.15　使用 CNN 进行文本分类[7]

我们可以对照图 14.15 来看具体的模型计算和训练步骤。

（1）对要分类的句子进行分词，然后获得每个词的词向量。这里关于词向量如何获取和训练要说明一下，有 3 种方式，第一种，载入预训练的词向量。预训练的词向量就是收集大量语料库，使用 word2vec 的方法训练出每个词的词向量，然后直接载入现在的模型中。载入词向量后的数值是固定的，其只做计算，不参与训练。第二种与第一种方式相同，载入预训练的词向量，但方式二中的词向量会跟模型一起在新数据集中进行微调。第三种随机初始化新的词向量，在新数据集中进行训练。通常来说方式二的训练效果更好一些，如果训练的数据集比较大话，使用方式三随机初始化新的词向量进行训练也可以。

（2）把一个句子的信息看作一个矩阵，矩阵的行是每个词汇，列是每个词汇的词向量，所以行数等于词汇数，列数等于词向量的长度，然后对这个矩阵进行卷积。这里的卷积计算跟图像中卷积的计算是一样的，我们可以设置卷积核的大小和步长。但要注意的是，卷积核的大小通常指的是卷积窗口的行数，如可以设置为 2、3、4 等；卷积窗口的列数等于词向量的长度，也就是等于矩阵的列数（图中的 $d=5$ 就是词向量的长度，主要是为了画图方便，实际应用中词向量的长度可能是 128、256、300 等这些值）。卷积的步长一般设置为 1。我们可以像 Inception 结构一样设置多个不同尺度的卷积来提取不同尺度的信息，如使用一些 2 行的卷积、使用一些 3 行的卷积、使用一些 4 行的卷积，这就有点像是 2 行的卷积对相邻的 2 个词进行特征提取、3 行的卷积对相邻的 3 个词进行特征提取，4 行卷积对相邻的 4 个词进行特征提取。

（3）卷积计算后会得到一些特征图，我们可以对这些特征图进行池化，这里的池化用的是最大池化，池化窗口的大小等于特征图的大小，也就是提取每个特征图的最大值。

（4）将池化后的数据进行拼接（Concatenate）。

（5）池化数据拼接后与最后的输出层进行全连接，得到分类结果。输出层神经元的个数等于分类的类别数。

14.5　RNN 在 NLP 领域中的应用

RNN 是专门用来处理序列问题的，所以 RNN 在 NLP 领域的应用很容易理解。这里的 RNN 指的是所有的类似 RNN 的模型，包括 SimpleRNN、LSTM、GRU、Bidirectional RNN 和多层 RNN 等，下面我们举两个例子来说明。

1. 使用 RNN 进行文本分类

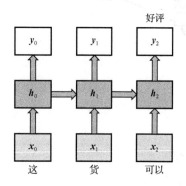

图 14.16　RNN 应用于文本分类

数据的预处理跟 CNN 在 NLP 领域中的应用一样，先对句子进行分词，获得每个词的词向量（前面我们说过有 3 种方式获取并训练词向量），然后再把每个词的词向量按照序列的顺序传入 RNN 模型，如图 14.16 所示。

图 14.16 中的 x_0、x_1、x_2 分别为 3 个词的词向量；h_0、h_1、h_2 分别表示 RNN 的隐藏状态（Hidden State），其加上一个用于分类的全连接层，即可得到 RNN 的预测结果 y。y_0、y_1、y_2 分别为 RNN 的 3 个序列的输出。由于我们的任务是文本分类，所以我们通常只需要关心序列的最后一个输出即可，用序列的最后一个输出与真实标签进行对比得到 Loss 训练模型。

2. 使用 RNN 进行中文分词标注

我们先简单介绍一下中文分词，在中文分词的任务中，句子中的每个字都会被打上标签。假如使用 4-tag（BMES）标注标签，其中，B 表示词的起始位置，M 表示词的中间位置，E 表示词的结束位置，S 表示单字词，可以得到类似如下的结果：

"人/B 们/E 常/S 说/S 生/B 活/E 是/S 一/S 部/S 教/B 科/M 书/E"

这里我们需要把每个字都变成向量，也就是把每个字都看作是一个"词"。同样地，我们也是有 3 种方式获取并训练词向量，跟我们前面提到的一样。然后再把每个字的词向量按照序列的顺序传入 RNN 模型，如图 14.17 所示。

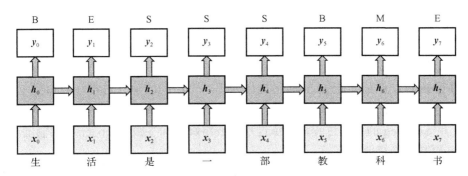

图 14.17 RNN 应用于中文分词标注

图 14.17 中的 $x_0 \sim x_7$ 分别为句子中每个字的词向量；$y_0 \sim y_7$ 分别为 RNN 的 8 个序列的输出。由于我们的任务是中文分词标注，所以我们都需要得到 RNN 模型的每个输出。然后将 RNN 模型的每个输出跟真实标签进行对比得到 Loss 训练模型。

14.6 Seq2Seq 模型在 NLP 领域中的应用

Seq2Seq 模型本质上其实也是 RNN，只不过它稍微特殊一些，它是由两个 RNN 组成。一个 RNN 是编码器（Encoder），另一个 RNN 是解码器（Decoder）。Seq2Seq 可以完成很多 NLP 的应用，如机器翻译、聊天机器人、自动摘要、文章生成和语音识别等。下面我们将使用机器翻译的例子给大家讲解 Seq2Seq 的工作流程，参考 Google 在 2014 年的论文 "Sequence to Sequence Learning with Neural Networks" [8]，这篇论文也是比较早期的一篇有关 Seq2Seq 的论文，应用于机器翻译，并取得了不错的效果，如图 14.18 所示。

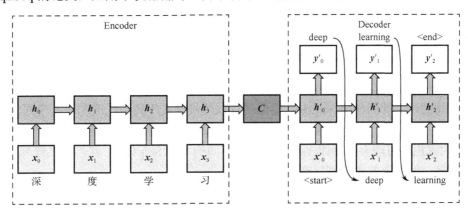

图 14.18 Seq2Seq 应用于机器翻译

图 14.18 中，左边部分为编码器（Encoder），输入句子中每个字的词向量进行计算，$x_0 \sim x_3$ 表示 Encoder 序列 4 个输入的词向量，其作用是将整个序列的信息压缩成一个向量表示，所以 Encoder 不需要进行预测。

经过 Encoder 计算后会得到 C，C 称为上下文向量（Context Vector），用来表示整个序列的信息。C 的实际内容是 Encoder 最后一个序列的状态，也就是隐藏状态。

图 14.18 中，右边部分为解码器（Decoder）。得到 C 以后，我们可以用 C 给 Decoder 的隐藏状态进行初始化（Encoder 和 Decoder 使用的 RNN 结构一致，所以 Encoder 最后一

个序列的隐藏状态可以传给 Decoder 的 State 进行初始化），然后给 Decoder 传入句子起始符 "<start>" 的词向量，起始符可以自己定义，其词向量跟其他词的词向量一样，会跟着模型参数一起训练。传入起始符词向量后计算得到 y'_0，把 y'_0 的词向量作为下一个序列的输入进行计算得到 y'_1，然后再把 y'_1 的词向量作为下一个序列的输入进行计算得到 y'_2。y'_2 是 "<end>" 符号，表示 Decoder 输出结束。"<end>" 符号是句子结束符，可以自定义。

以上是 Seq2Seq 的计算过程，训练过程只要将真实标签跟 Decoder 序列输出进行对比得到 Loss 更新网络权值即可。

这里再重复强调一下，Encoder 和 Decoder 的基本架构可以使用 SimpleRNN、LSTM、GRU、双向 RNN 和多层 RNN 等。在实际应用中，Seq2Seq 模型可能会更多地使用多层 RNN 或多层双向 RNN，提升模型的拟合能力，如图 14.19 所示是一个 3 层的 Seq2Seq 模型。

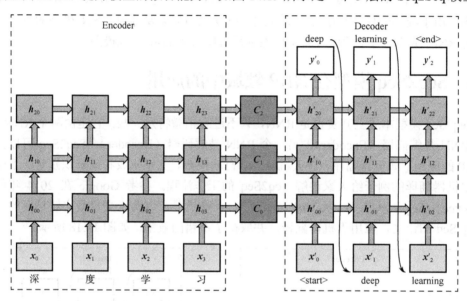

图 14.19　3 层的 Seq2Seq 模型

由此我们可以看到使用 Seq2Seq 模型就可以使得输入序列的长度和输出序列的长度不再受到限制，可以输入任意长度的序列得到任意长度的输出序列。Seq2Seq 的变化形式很多，所以大家也有可能会见到跟上面介绍略有不同的 Seq2Seq 模型。我们主要理解 Seq2Seq 的设计思路，细节上的实现可以有多种形式。

14.7　Attention 机制

14.7.1　Attention 介绍

Attention 也就是注意力机制，主要是一种思想，就是我们在做某些应用的时候可以把注意力放在某些重要的信息上，同时忽视一些不太重要的信息。其实之前我们介绍的 SENet 的核心技术就是一种 Attention 的思想，把注意力集中在某些比较重要的特征图通道上。Attention 的这种思想在自然语言处理、图像和语音等领域中都可以使用，但一般在自然语言处理领域中用得更多。

下面我们还是通过机器翻译的例子来给大家讲解一下 Seq2Seq 模型如何与 Attention 进行结合。我们在做机器翻译时，使用 Seq2Seq 模型的 Encoder 把整个句子压缩成一个上下文向量 C，然后把 C 传给 Decoder 得到翻译结果。这样做其实有个缺点，翻译时，翻译的结果过分依赖于上下文向量 C，C 是通过压缩整个句子得来的，在压缩的过程中不可避免地会造成信息的丢失，所以翻译的结果也不会特别准确。如何改进这种情况呢，可以考虑使用 Attention 机制，如图 14.20 所示。

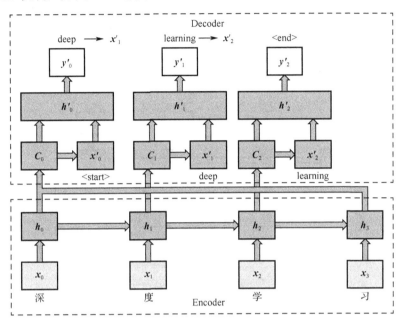

图 14.20　Seq2Seq 模型 Attention 的结合

还是熟悉的例子，图 14.20 不是一个真实的 Attention 模型，主要是先让大家了解一下 Attention 的思想，这里主要有两点我们需要注意：

（1）在带有 Attention 的 Seq2Seq 模型中，上下文向量 C 并不是通过 Encoder 最后一个序列的隐藏状态计算得到的，而是通过 Encoder 所有序列的隐藏状态计算得到的。

（2）Decoder 中每个序列的计算都需要用到不同的上下文向量 C。

当我们得到 Encoder 所有序列的隐藏状态后，Decoder 在进行计算时，可以重点关注对当前输出重要的 Encoder 隐藏状态，忽视不重要的 Encoder 隐藏状态。比如翻译的第一个英文单词"deep"，主要是通过"深"和"度"这两个输入得到的，在计算时应该重点关注"深"和"度"所对应的隐藏状态；第二个英文单词"learning"，主要是通过"学"和"习"这两个输入得到的，在计算时应该重点关注"学"和"习"所对应的隐藏状态，如图 14.21 所示。

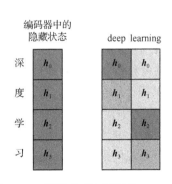

图 14.21　不同序列有不同的 Attention

如何可以得知 Encoder 中所有的隐藏状态，与当前 Decoder 序列相关性的强弱呢？想要得到这个问题的答案，必须建立起 Encoder 中的隐藏状态与 Decoder 序列中的隐藏状态的关系，这也是 Attention 模型的关键，图 14.20 中的模型显然没有做到这一点。后面我们将介绍几个实际的 Attention 模型，由于 Attention 的变化形式很多，所以这里主要给大家介绍 2 种比较常见的 Attention，即 Bahdanau Attention 和 Luong Attention。

14.7.2　Bahdanau Attention 介绍

最早提出 Bahdanau Attention 的论文是 *"Neural machine translation by jointly learning to align and translate"* [9]，由于该论文的第一作者为（Dzmitry Bahdanau），所以论文中所使用的 Attention 也称为 Bahdanau Attention。对于 Bahdanau Attention 的计算流程，我们还是看图更容易理解，如图 14.22 所示。

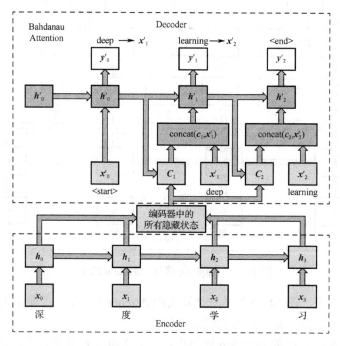

图 14.22　Bahdanau Attention

图 14.22 中 Encoder 没什么好说的，获得所有序列的隐藏状态。Decoder 有些小细节我们要注意，使用 Encoder 最后一个序列的隐藏状态作为 Decoder 的初始化隐藏状态，传入起始信号 "<start>"，其可以人为设定，计算得到 Decoder 的隐藏状态信号 h'_0，并预测出翻译结果 y'_0，y'_0 假设我们得到 "deep"。在进行下一次预测的时候，我们就要开始计算上下文向量 C_1 了，注意看 C_1 的信号是通过 Encoder 所有的隐藏状态和 Decoder 中上一个序列的隐藏状态信号 h'_0 共同计算得到的，具体怎么计算等下再说。计算得到 C_1 后，C_1 与上一个序列的预测结果 "deep" 对应的词向量进行拼接（Concatenate），然后传入 RNN 中进行计算，得到隐藏状态信号 h'_1，并预测出翻译结果 y'_1。后面的计算以此类推，直到得到句子的结束符 "<end>"。

下面我们来说一下 Bahdanau Attention 的上下文向量 C 具体是怎么计算的。首先我们要知道 C 是通过 Encoder 中所有的隐藏状态计算出来的，根据 Attention，我们给 Encoder 中的隐藏状态分配不同的权重，因此有公式：

$$C_i = \sum_{j=1}^{T} \alpha_{ij} h_j \tag{14.5}$$

式（14.5）中，C_i 表示 Decoder 中第 i 序列的上下文向量 C；α_{ij} 表示 Decoder 中第 i 序列对 Encoder 中第 j 个序列的 Attention 权重；h_j 表示 Encoder 中第 j 个序列的隐藏状态；T 表示 Encoder 一共有 T 个序列。例如，将"深"、"度"、"学"、"习"分别传入 Encoder 中得到的隐藏状态是 h_0、h_1、h_2、h_3。Decoder 在翻译"learning"的时候，假设对 h_0、h_1、h_2、h_3 的权重是 0.05、0.05、0.6、0.3（注意，这里权重的和为 1，"learning"对"学"和"习"的权重相对较大），那么在翻译"learning"的时候，上下文向量 $C_{learning} = 0.05h_0 + 0.05h_1 + 0.6h_2 + 0.3h_3$。

接下来再说一下权重 α 具体是怎么得到的，其计算公式如下：

$$\alpha_i = \text{softmax}(W_a \cdot \tanh(W_d \cdot H_d^{i-1} + W_e \cdot H_e)) \tag{14.6}$$

这里的 α 计算有点像是一个神经网络的计算。α_i 为 Decoder 中第 i 个序列的 Attention 权重；H_d^{i-1} 为 Decoder 中第 i-1 个序列的隐藏状态；H_e 为 Encoder 中所有序列的隐藏状态；W_d 和 W_e 分别为 H_d^{i-1} 和 H_e 对应的权值矩阵，其会跟着模型一起训练；tanh 为神经网络第一层的激活函数；W_a 为第二层的权值矩阵，其会跟着模型一起训练；softmax 为第二层的激活函数。

我们通过图片的方式来仔细理解一下这里的计算，为了画图方便，假设 Encoder 和 Decoder 输出的隐藏状态都是 4 个值，编码器的序列长度为 2。我们将计算过程分为以下几步来讲解：第一步，$W_d \cdot H_d^{i-1}$ 和 $W_e \cdot H_e$ 的计算如图 14.23 所示。

第二步，计算 $\tanh(W_d \cdot H_d^{i-1} + W_e \cdot H_e)$，如图 14.24 所示。

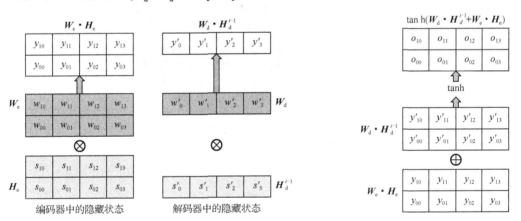

图 14.23　Attention 权值计算第一步　　　　图 14.24　Attention 权值计算第二步

第三步，计算 $W_a \cdot \tanh(W_d \cdot H_d^{i-1} + W_e \cdot H_e)$，如图 14.25 所示。

第四步，计算 $\text{softmax}[W_a \cdot \tanh(W_d \cdot H_d^{i-1} + W_e \cdot H_e)]$，如图 14.26 所示。

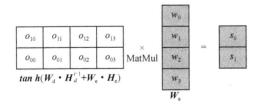

图 14.25　Attention 权值计算第三步　　　　图 14.26　Attention 权值计算第四步

由于在这个例子中，Encoder 的序列长度为 2，这里会得到两个权重的值，所以最后的上下文向量 C_i 计算如图 14.27 所示。

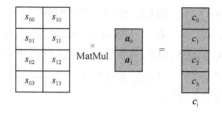

图 14.27 上下文向量 C_i 的计算

Bahdanau Attention 的论文中还给了一些可视化结果，英文翻译成法文时，英文单词和法文单词之间的 Attention 权重如图 14.28 所示。

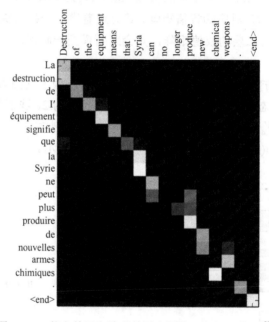

图 14.28 英文单词和法文单词之间的 Attention 权重[9]

14.7.3　Luong Attention 介绍

最早提出 Luong Attention 的论文是 "*Effective Approaches to Attention-based Neural Machine Translation*"[10]，论文的第一作者为明升龙（Minh-Thang Luong），所以论文使用的 Attention 也称为 Luong Attention。Luong Attention 的基本思想跟 Bahdanau Attention 差不多，但总的来说要比 Bahdanau Attention 复杂一些，同时也考虑得更加全面。Luong Attention 的计算流程如图 14.29 所示。

我们来看看 Luong Attention 的计算，也是通过编码器计算得到所有序列的隐藏状态。Decoder 部分的 RNN 也是用 Encoder 最后输出的隐藏状态信号 h_3 进行隐藏状态的初始化，然后传入 "\<start\>" 句子起始符，得到隐藏状态信号 h_0'。接下来计算上下文向量 C_0，C_0 是使用 Encoder 中所有序列的隐藏状态和 Decoder 中的隐藏状态信号 h_0' 一起计算出来的，具体的怎么算等下再说。得到 C_0 后与 h_0' 进行拼接（Concatenate），$\widetilde{h_0'}$ 的计算公式如下：

$$\widetilde{h'_0} = \tanh(W_c[C_0; h'_0]) \tag{14.7}$$

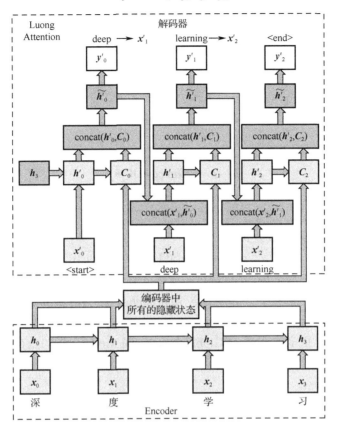

图 14.29 Luong Attention

其中，$[C_0; h'_0]$ 表示 C_0 与 h'_0 进行拼接（Concatenate）；W_c 为权值矩阵，其会跟着模型一起训练；tanh 为激活函数。

最后输出 y'_0 的计算公式如下：

$$y'_0 = \mathrm{softmax}(W_s \widetilde{h'_0}) \tag{14.8}$$

其中，W_s 为权值矩阵，其会跟着模型一起训练；softmax 为激活函数。假如预测得到结果"deep"，在进行下一个序列的计算时，将会把"deep"对应的词向量和 $\widetilde{h'_0}$ 一起作为输入传入 RNN 中。后面的计算以此类推，直到得到句子的结束符"<end>"。

下面我们来看一下怎么计算 Luong Attention 的上下文向量 C，其计算公式跟 Bahdanau Attention 的一样，为式（14.5），但 Luong Attention 中 Attention 权重 α 的计算方式不同。Luong Attention 论文中给出了 3 种计算 Attention 权重 α 的方法：

第一种称为"Dot"，也就是点乘（Dot Product）的意思：

$$\alpha = \mathrm{softmax}(h_t^\mathrm{T} \overline{h}_s) \tag{14.9}$$

其中，$\overline{h}_s$ 表示所有 Encoder 的隐藏状态；h_t 表示 Decoder 中的隐藏状态，h_t^T 表示 h_t 转置的意思。例如，假设 Decoder 和 Encoder 中的隐藏状态都是输出 4 个值，Encoder 总共有 2 个序列，如图 14.30 所示。

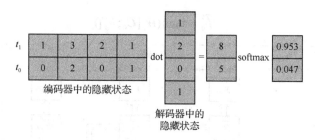

图 14.30　点乘

第二种称为"General"，公式为

$$\alpha = \text{softmax}(h_t^\mathrm{T} W_a \bar{h}_s) \tag{14.10}$$

"General"方法跟"Dot"方法其实差不多，只是在点乘时加入了一个可以训练的权值矩阵。

第三种称为"Concat"，公式为

$$\alpha = \text{softmax}[v_a^\mathrm{T} \text{Tanh}(W_a[h_t; \bar{h}_s])] \tag{14.11}$$

第三种方法其实跟 Bahdanau Attention 计算 Attention 权重 α 的公式是一样的。

最后我们再简单说一下"*Effective Approaches to Attention-based Neural Machine Translation*"论文中提到的"Global Attentional Model"和"Local Attention Model"，作者对 Attention 的细节做了更多的考虑，"Global Attentional Model"指的是在计算 Attention 权重 α 时考虑 Encoder 中所有序列的隐藏状态，如图 14.31 所示。

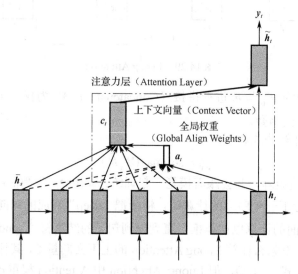

图 14.31　Global Attentional Model[10]

"Local Attention Model"指的是在计算 Attention 权重 α 时只考虑 Encoder 中部分序列的隐藏状态，如图 14.32 所示。

个人觉得这一部分已经不是 Attention 最核心的内容了，所以就不展开介绍了，大家有兴趣可以自行阅读论文中的说明。

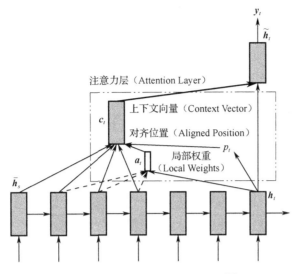

图 14.32 Local Attention Model[10]

14.7.4 谷歌机器翻译系统介绍

2016 年谷歌发布了基于深度学习机器翻译系统（Google's Neural Machine Translation，GNMT）。谷歌称 GNMT 与之前采用的基于短语的机器翻译算法（PBMT）相比，翻译误差降低了 55%~85%，并且多种语言互译已经接近人类水平，如英法互译、英语西班牙语互译。虽然我们最关心的中英互译跟人类还是有些差距，但也已经提高了很多。而 GNMT 所使用的模型正是融合了 Attention 机制的 Seq2Seq 模型（Seq2Seq with Attention），最早提出 GNMT 的论文是"*Google's Neural Machine Translation System: Bridging the Gap between Human and Machine Translation*"[11]。

下面我们简单介绍一下 GNMT 的内容，使用的是 8 层的 LSTM-Encoder 和 8 层的 LSTM-Decoder，并且 Encoder 的第一层是双向 LSTM，如图 14.33 所示。

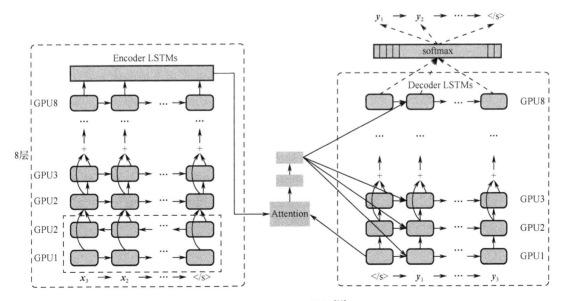

图 14.33 GNMT 结构[11]

图 14.34 中的 GPU1～GPU8 表示使用多个 GPU 加速训练。

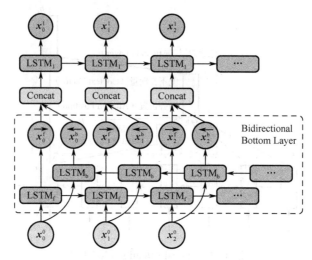

图 14.34　双向 LSTM[11]

大家仔细观察一下 GNMT 的结构，就会发现在多层 LSTM 结构中竟然还加上了类似 ResNet 的残差设计，如图 14.35 所示。

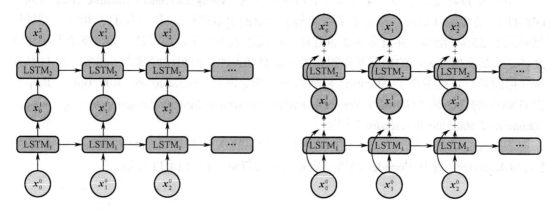

图 14.35　类似 ResNet 的残差设计[11]

深度学习在计算机视觉、自然语言处理和语音等方面的应用在很多地方是相通的，所以可以互相学习和借鉴。

GNMT 还有更多的细节内容，如为了加快翻译速度，在模型计算过程中使用低精度计算（模型中部分参数使用 8bit 计算）。

为了减少词汇数量，使用 **WordPiece** 技术，就是把一些词拆成一片一片，如"love""loving""loved""loves"都是爱的意思，"save""saving""saved""saves"都是保存的意思，是不是有点重复？使用 WordPiece 技术将其拆分后会得到"lo""sa""##ve""##ving""##ved""##ves"，这样词汇的数量就会减少很多。

其他细节内容大家有兴趣可以再进一步研究。

14.7.5　Attention 机制在视觉和语音领域的应用

Attention 机制虽然一般是应用在 NLP 领域中的，但在计算机视觉和语音领域也有着不少应用。"*Show, Attend and Tell: Neural Image Caption Generation with Visual Attention*"[12] 展示了 Attention 机制在图像标题生成应用中的效果，如图 14.36 所示。

下画线表示需要注意的词

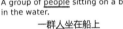 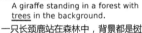

图 14.36　Attention 机制在图像标题生成应用中的效果[12]

图 14.36 中图片下面的句子为深度学习网络生成的图片标题，标题中带有下画线的单词所 Attention 的区域为图片中白色的部分。例如，"dog"所 Attention 的区域就是图片中的狗头，"stop"所 Attention 的区域为图片中的 STOP 指示牌，"trees"所 Attention 的区域为除长颈鹿外的背景区域。

论文"*Listen, Attend and Spell*"[13]展示了 Attention 机制在语音识别领域中的应用效果，如图 14.37 所示。

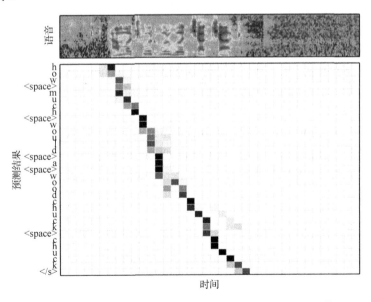

图 14.37　Attention 机制在语音识别领域中的应用效果[13]

从图 14.37 中我们可以看到语音识别的结果与原始语音片段之间的关系，语音识别结果的每个词都会 Attention 原始语音片段的某些特定区域。

Attention 机制作为一种思想可以应用于各种领域，大家在研究一些新的问题时也可以考虑加入 Attention 机制，说不定会得到意想不到的效果。

14.8　参考文献

[1] 吴军. 数学之美[M]. 北京：人民邮电出版社。

[2] Kandola E J, Hofmann T, Poggio T, et al. A Neural Probabilistic Language Model[J]. Studies in Fuzziness & Soft Computing, 2006, 194: 137-186.

[3] Mikolov T, Chen K, Corrado G, et al. Efficient estimation of word representations in vector space[J]. arXiv preprint arXiv: 1301.3781, 2013.

[4] Rong X. word2vec parameter learning explained[J]. arXiv preprint arXiv: 1411.2738, 2014.

[5] Morin F, Bengio Y. Hierarchical probabilistic neural network language model[C] // Aistats. 2005, 5: 246-252.

[6] Mikolov T, Sutskever I, Chen K, et al. Distributed representations of words and phrases and their compositionality[C]//Advances in neural information processing systems. 2013: 3111-3119.

[7] Zhang Y, Wallace B. A sensitivity analysis of (and practitioners' guide to) convolutional neural networks for sentence classification[J]. arXiv preprint arXiv:1510.03820, 2015.

[8] Sutskever I, Vinyals O, Le Q V. Sequence to sequence learning with neural networks[C] // Advances in neural information processing systems. 2014: 3104-3112.

[9] Bahdanau D, Cho K, Bengio Y. Neural machine translation by jointly learning to align and translate[J]. arXiv preprint arXiv: 1409.0473, 2014.

[10] Luong M T, Pham H, Manning C D. Effective approaches to attention-based neural machine translation[J]. arXiv preprint arXiv: 1508.04025, 2015.

[11] Wu Y, Schuster M, Chen Z, et al. Google's neural machine translation system: Bridging the gap between human and machine translation[J]. arXiv preprint arXiv:1609.08144, 2016.

[12] Xu K, Ba J, Kiros R, et al. Show, attend and tell: Neural image caption generation with visual attention[C]//International conference on machine learning. 2015: 2048-2057.

[13] Chan W, Jaitly N, Le Q V, et al. Listen, attend and spell[J]. arXiv preprint arXiv: 1508.01211, 2015.

第 15 章　自然语言处理（NLP）发展历程（下）

15.1　NLP 新的开始：Transformer 模型

可能很多人都知道 Transformer，就是"变形金刚"嘛，电影我们都看过，下面我们要了解的内容正是 NLP 领域的"变形金刚"——Transformer 模型[1]。为什么说 Transformer 模型是 NLP 新的开始？因为 Transformer 模型的出现给混乱的 NLP 领域发展指引了新的方向。NLP 领域在 2015-2017 年这段时间发展的有些混乱，因为传统的基于统计的 NLP 模型还有着很多应用，而基于深度学习的 CNN 和 RNN 等模型也展现出了不错的效果，未来应该往哪个方向发展，大家都说不准。这时谷歌 2017 年的一篇论文给我们指引了新的方向，论文很直接，标题直接告诉了我们答案，即 *"Attention is all you need"* [2]。没错，NLP 新的发展方向既不是 CNN 也不是 RNN，而是 Attention。Transformer 模型的重要性不在于它刷新了多少项 NLP 的记录，而在于它提出了一个新的建模方式，为后续的很多"刷榜"模型提供了基础。

15.1.1　Transformer 模型结构和输入数据介绍

下面我们使用机器翻译的例子来讲解 Transformer。Transformer 的基本框架用的也是 Seq2Seq 模型，注意这里的 Seq2Seq 模型，其没有用到 RNN，原始的 Transformer 用的是 6 层的编码器（Encoder）和 6 层的解码器（Decoder），如图 15.1 所示。

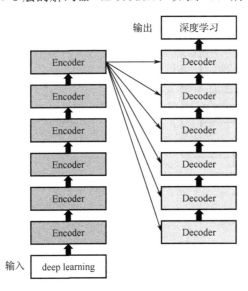

图 15.1　Transformer 的 Seq2Seq 结构

图 15.1 中的 6 个 Encoder 是相同的结构，6 个 Decoder 也是相同的结构，但 Encoder

和 Decoder 的结构有些不同。每个 Encoder 中有两个结构，每个 Encoder 中有三个结构，如图 15.2 所示。

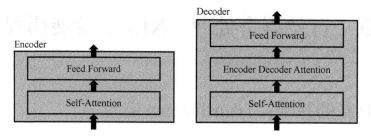

图 15.2 Encoder 和 Decoder 的内部结构

Transformer 中最核心的结构应该就是 Self-Attention 了，具体是什么后面再说。Feed Forward 其实就是两个全连接层，并且不会改变数据维度，这里我们就不多做介绍了。每个 Encoder 和 Decoder 中都有一个 Self-Attention 结构和 Feed Forward 结构。Decoder 中间还有一个 Encoder-Decoder-Attention 层，Encoder 部分最后输出的 Attention 信息会传给这个层，告诉 Decoder 要重点关注输入序列的哪些内容。

Transformer 的 Encoder 最开始的输入为每个词的编号，经过一个 Embedding 层，得到单词的词向量，词向量的长度为 512。Embedding 层的权值矩阵会随机初始化，然后跟着模型一起训练，为了画图方便，下面图中的词向量长度为 4（我们把它想象成长度为 512 就可以了），如图 15.3 所示。

图 15.3 中的 x_1 和 x_2 为序列输入。注意，Transformer 的 Encoder 中没有使用 RNN，所以序列输入不需要每次传入一个值，而是可以一次性传入所有词的词向量。但一次性传入所有词的词向量会丢失每个词的位置信息，所以除词向量（Embedding）以外，输入信息中还会加上一个表示每个词位置的信息（Positional Encoding），所以实际的 Encoder 输入是词向量（Encoder）加上位置信息（Positional Encoding），如图 15.4 所示。

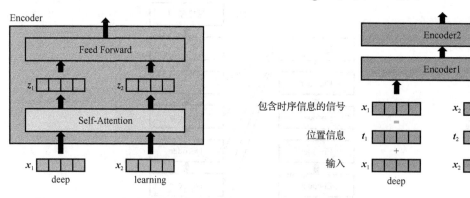

图 15.3 Encoder 词向量输入　　　图 15.4 Encoder 输入

位置信息可以通过固定公式计算出来，也可以通过一个神经网络训练出来，并且效果相差不大。"Attention is all you need" 论文中使用的是固定公式计算（其实固定公式也有很多种），论文中使用的固定公式为

$$PE_{(pos,2i)} = \sin\left(\frac{pos}{10000^{\frac{2i}{d_{model}}}}\right) \tag{15.1}$$

$$PE_{(pos,2i+1)} = \cos\left(\frac{pos}{10000^{\frac{2i}{d_{model}}}}\right) \tag{15.2}$$

其中，pos 表示当前词在句子中的位置；d_{model} 为词向量的长度（512）；$PE_{(pos,2i)}$ 表示偶数维度的计算公式；$PE_{(pos,2i+1)}$ 表示奇数维度的计算公式。词向量的长度为 512，句子的长度为 50，PE 的值如图 15.5 所示。

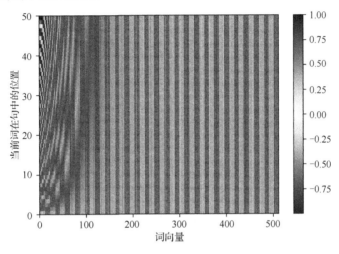

图 15.5 PE 的值（词向量的长度为 512，句子的长度为 50）

图 15.5 中，横坐标为 512 个维度的值，纵坐标为句子的 50 个词。其实这里的核心在于句子中每个词的位置信息不同就可以，所以可以有多种方式计算位置信息。

词向量和位置信息相加以后传入第一个编码器的 Self-Attention，如图 15.6 所示。

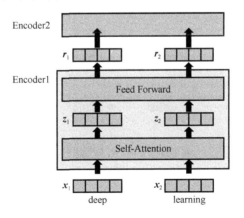

图 15.6 输入 Encoder

15.1.2 Self-Attention 介绍

Self-Attention 是 Transformer 模型中所使用的 Attention，其基本思想跟我们之前介绍过的 Attention 差不多。但由于 Self-Attention 主要计算一个句子中一个词与其他词之间的 Attention，所以名字中有个"Self"，如我们看下面这个例子：

The animal didn't cross the street because it was too tired.

句子中的"it"指的是"animal"还是"street"，我们很容易判断，但机器是比较难判断的。使用 Self-Attention 可以让机器把"it"和"animal"联系起来，如图 15.7 所示。

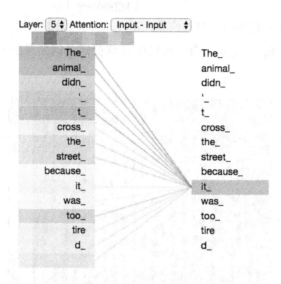

图 15.7　Self-Attention

下面我们来看一下 Self-Attention 的具体计算过程。

第一步：Self-Attention 的计算中会引入 3 个新的向量，分别是 Query、Key 和 Value 这 3 个向量是 Self-Attention 的输入向量 x 分别乘以 3 个不同的权值矩阵 W^Q、W^K、W^V 而得到的。权值矩阵是随机初始化的，维度是（64，512），其中 512 需要与 Self-Attention 输入向量的维度一致，64 和 512 都是人为设置的，理论上都可以修改。Query、Key、Value 的计算如图 15.8 所示。

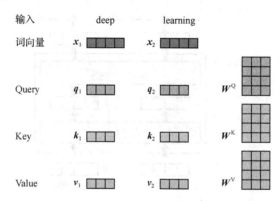

图 15.8　Self-Attention 计算（1）

第二步：计算 Self-Attention 的分数值，每个词都会与句子中的所有词计算一个分数值，这个分数值表示该词与句子中所有词之间的关注度。计算方法是该词的 Query 与每个词的

Key 做点乘，如针对例子中"deep"这个词，计算出该词与句子中所有词的分数，假设计算 $q_1 \cdot k_1$ 得到 112，假设计算 $q_1 \cdot k_2$ 得到 96，如图 15.9 所示。

第三步：把前面计算的 Score 除以 $\sqrt{d_k}$，这里的 d_k 为 Query、Key、Value 的权值矩阵的行数，"Attention is all you need"论文中为 64，则 $\sqrt{d_k}$ 就是 8。Score 除以 8 主要是为了模型训练时得到比较稳定的梯度，理论上取其他值也可以。然后再进行 Softmax 计算，得到当前的词与其他所有词的相关性大小，如图 15.10 所示。

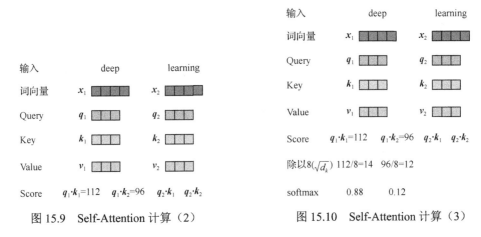

图 15.9　Self-Attention 计算（2）　　　图 15.10　Self-Attention 计算（3）

第四步：把 Value 的值与 softmax 的结果进行相乘，然后再相加，如 $z_1 = v_1 \times 0.88 + v_2 \times 0.12$，如图 15.11 所示。

每个词都可以计算出一个 z 值，z 值相当于是每个词的 Self-Attention 特征。以上就是 Self-Attention 层的主要计算内容了。在实际应用的时候，其一般都是以矩阵的形式来进行计算的，且输入 Self-Attention 层的数据也是一个矩阵，如图 15.12 所示。

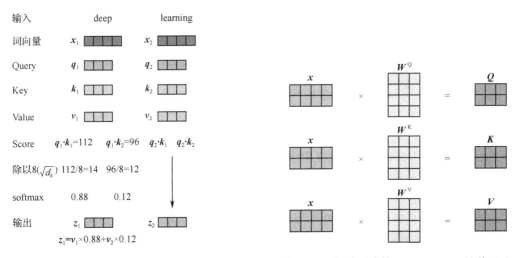

图 15.11　Self-Attention 计算（4）　　　图 15.12　矩阵形式的 Self-Attention 计算（1）

图 15.12 中，X 中的行数表示输入词汇的数量，2 行表示 2 个词；X 中的列数表示词向量的长度，实际应用中为 512；W 中的行数为词向量的长度，实际应用中为 512；W 中的列数在实际应用中为 64。接下来再进行如前面描述的 Self-Attention 计算，如图 15.13 所示。

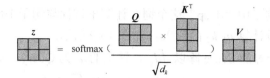

图 15.13 矩阵形式的 Self-Attention 计算（2）

15.1.3 Multi-Head Attention 介绍

在"*Attention is all you need*"论文中，为了增强 Self-Attention 的表达效果，作者使用了多头注意力机制（Multi-Head Attention），虽然名字有点奇怪，但是作用很大。Multi-Head Attention 理解起来很容易，上一小节我们介绍了 Self-Attention 的计算流程，其计算就是一个头（Head）。初始化多个 Query、Key、Value 权值矩阵，进行多次独立的计算，其就是 Multi-Head Attention 了。Multi-Head Attention 的主要作用是给模型引入更多的训练参数，使得不同的"头"起到不同的 Self-Attention 的表达效果。个人觉得有点像在图像识别中，卷积网络使用多个滤波器，提取图像不同的特征。Multi-Head Attention 计算如图 15.14 所示。

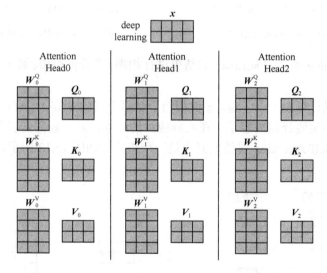

图 15.14 Multi-Head Attention 计算（1）

"*Attention is all you need*"论文中作者用了 8 个 Attention Head，那么每个词就可以计算得到 8 组 Z 值了，即 $Z_0 \sim Z_7$，如图 15.15 所示。

得到 8 组 Z 值以后，对其进行拼接（Concatenate），然后再乘以权值矩阵 W^O，得到 Self-Attention 层的最终输出 Z，如图 15.16 所示。

注意，Self-Attention 层最终输出的行数等于句子的词汇数，如"Thinking Machines"就 2 个词，所以 Z 只有 2 行，Z 的列数等于最开始时的词向量的长度（512）。

总结一下，Multi-Head Attention 的整个流程如图 15.17 所示。

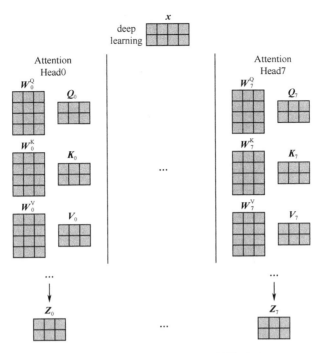

图 15.15　Multi-Head Attention 计算（2）

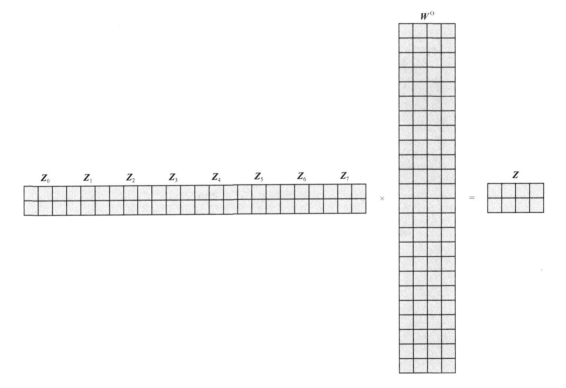

图 15.16　Multi-Head Attention 计算（3）

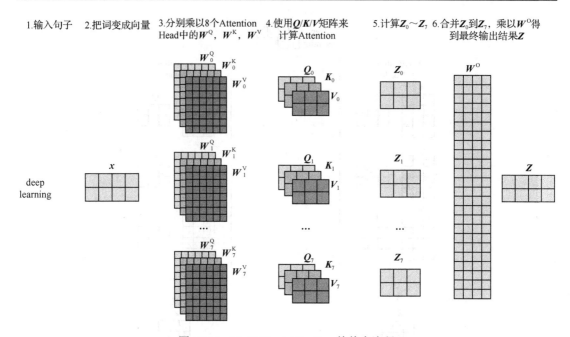

图 15.17 Multi-Head Attention 的整个流程

使用了 Multi-Head Attention 以后，我们可以看到不同的两个 Attention Head 会关注句子中不同的部位，如图 15.18 所示。

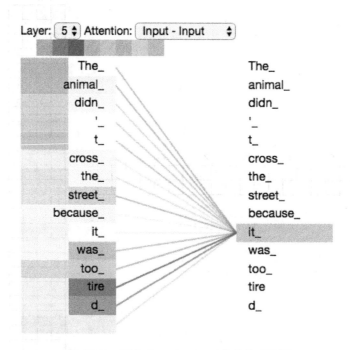

图 15.18 两个 Attention Head 的关注点不同

对于"it"这个词，一个 Attention Head 主要关注"tired"这个词，另一个 Attention Head 主要关注"The animal"。如果是 8 个 Attention Head，则可能会得到如图 15.19 所示的结果。

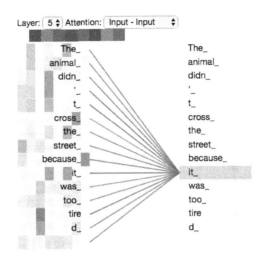

图 15.19　8 个 Attention Head

15.1.4　Layer Normalization 介绍

在 Transformer 中，每一个子层（Self-Attention，Feed forward）之后都会加上残差模块和 **Layer Normmalization**[3]，如图 15.20 所示。

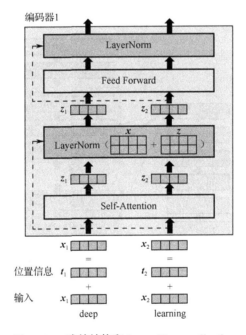

图 15.20　残差结构和 Layer Normmalization

残差结构应该不需要多说了，跟 ResNet 中的差不多，这里的残差结构是一个恒等映射。如图 15.20 所示，$X+Z$ 的结果会进行 Layer Normmalization。看名字就知道，Layer Normmalization 跟 Batch Normmalization 应该是差不多的。Batch Normalization 是计算一个批次中每个特征维度的平均值和标准差，然后再对每个特征维度进行标准化计算，如图 15.21 所示。

Layer Normmalization 是计算一个数据中所有特征维度的平均值和标准差，然后再对这个数据进行标准化计算，如图 15.22 所示。

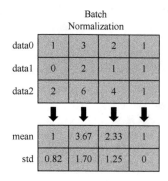

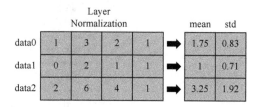

图 15.21　Batch Normalization

图 15.22　Layer Normmalization

Batch Normalization 和 Layer Normmalization 都可以起到标准化数据的效果，其在不同的场景下可能会得到不同的效果。在 Transformer 模型中使用 Layer Normmalization 效果会更好。

15.1.5　Decoder 结构介绍

Transformer 模型中叠加了 6 个相同结构的 Encoder，其最后的输出结果会传给所有 Decoder 中的 Encoder-Decoder Attention 层进行计算，如图 15.23 所示。

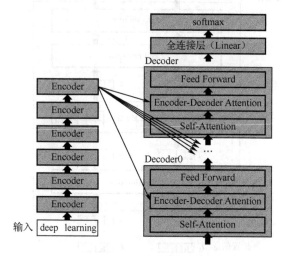

图 15.23　Encoder-Decoder

我们也可以看一下 "*Attention is all you need*" 论文中的结构图，但论文中只画出来一个 Encoder 和一个 Decoder（实际上 Encoder 和 Decoder 都各有 6 个），如图 15.24 所示。

从图 15.24 中我们可以看到，Decoder 中有两个 Multi-Head Attention，这两个 Multi-Head Attention 跟 Encoder 中的 Multi-Head Attention 差不多，具体一些细节上的不同我们将在后面详细说明。

Decoder 的最后（softmax）会计算下一个输出单词的概率。

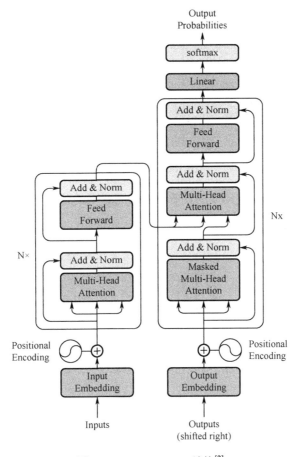

图 15.24　Transformer 结构[2]

15.1.6　Decoder 中的 Multi-Head Attention 和模型训练

下面我们仔细分析一下 Decoder 中的 Multi-Head Attention。先说一下第一个 Multi-Head Attention，其采用了 Mask（遮挡）操作，因为在翻译的时候，我们先翻译第一个词，然后翻译第二个词，最后翻译第三个词。解码的时候，我们需要根据之前的翻译结果来预测当前的最佳输出。

这里的 Mask 指的是在模型训练时遮挡住一部分的信息，当前预测的结果可以回顾之前的标签信息，但不能"偷看"之后的标签信息，如我们有一对训练数据，中文是"我有一只猫"，英文是"I have a cat"。"我有一只猫"的数据会传给 Encoder，"<start> I have a cat"会传给 Decoder。Decoder 的输出标签为"I have a cat <end>"，如图 15.25 所示。

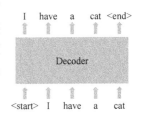

图 15.25　Decoder 预测

Mask 的作用就是我们在预测"have"的时候，可以借鉴"<start>"和"I"的信息，但是不能偷看"have"、"a"和"cat"的信息。我们在预测"a"的时候，可以借鉴"<start>"、"I"和"have"的信息，但不能偷看"a"和"cat"的信息。具体的做法是，假设这里的英文句子有 5 个单词，我们会得到一个 5×5 的遮挡矩阵，被遮挡的部分值为负无穷（inf），没有遮挡的部分值为 1，如图 15.26 所示。

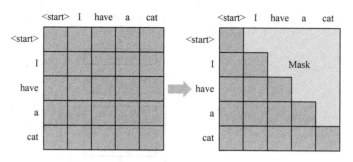

图 15.26　遮挡矩阵

Self-Attention 中 Query 和 Key 的计算跟 Encoder 中的计算一致，其使用矩阵的方式计算如图 15.27 所示。

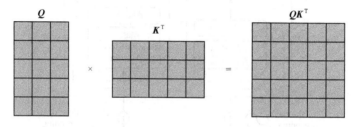

图 15.27　Self-Attention（解码器）计算（1）

得到 QK^T 之后需要进行 softmax 计算，在进行 softmax 计算之前，需要先使用遮挡矩阵遮挡住每一个单词之后的信息，如图 15.28 所示。

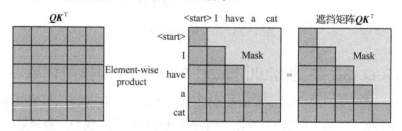

图 15.28　Self-Attention（解码器）计算（2）

得到遮挡矩阵 QK^T 以后，对其每一行进行 softmax 计算，计算后每一行的和都为 1。之后再与 Value 矩阵（V）相乘，得到 Z，如图 15.29 所示。

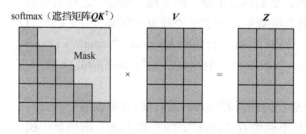

图 15.29　Self-Attention（解码器）计算（3）

矩阵 Z 中的第 1 行只包含单词 1 的信息，第 2 行包含单词 1 和单词 2 的信息，以此类推，第 5 行包含所有单词的信息。

后面的计算跟 Encoder 中的 Multi-Head Attention 类似，Multi-Head Attention 得到多个 Z 矩阵，然后乘以权值矩阵 W^O 得到 Mask Self-Attention 的输出。

Decoder 中的第二个 Multi-Head Attention 层（也就是 Encoder-Decoder Attention 层）中会使用 Encoder 的最终输出 C 作为 Multi-Head Attention 的输入来计算 Key 和 Value 矩阵，而 Query 矩阵则是使用上一个 Multi-Head Attention 的输出进行计算。每个 Decoder 的 Encoder-Decoder Attention 层都使用 Encoder 的输出信息 C 来计算 Key 和 Value 矩阵，有助于 Decoder 将注意力集中在输入序列中的适当位置。

经过 6 个叠加的 Decoder 计算得到最终输出的 Z 矩阵，因为使用了 Mask，所以 Z 矩阵的第 1 行只包含单词 1 的信息，第 2 行包含单词 1 和单词 2 的信息，以此类推。在模型最后（Softmax 计算）输出的矩阵中，其每一行会预测一个单词，如图 15.30 所示。

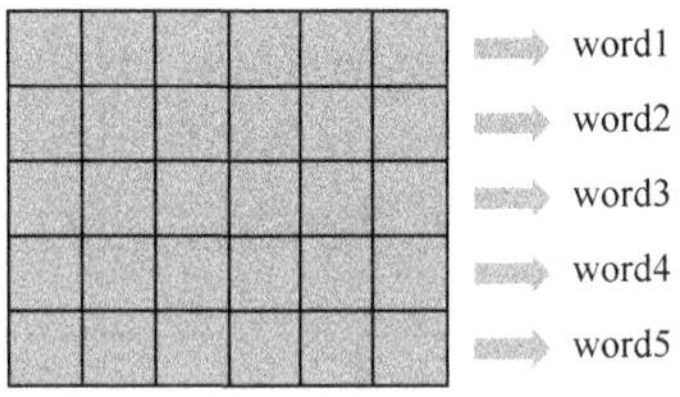

图 15.30 Softmax 输出

因为在训练阶段 Decoder 输入序列的长度等于标签序列的长度，如输入序列为"<start> I have a cat"，一共 5 个词，标签序列为"I have a cat <end>"，也是 5 个词，所以 Transformer 的训练可以并行计算。在训练阶段，编码器的一次前向计算就可以获得 Encoder 信息 C，Decoder 的一次前向计算就可以获得序列的预测结果，把预测结果跟标签进行对比，计算 Loss，使用反向传播算法就可以更新模型参数了。

在模型预测阶段，由于标签序列是未知的，所以 Decoder 无法进行并行计算，只能像普通的 Seq2Seq 模型一样，1 次计算得到 1 个预测结果；然后再运行一遍 Decoder 计算，传入第 1 次得到的预测结果，得到第 2 个预测结果；再运行一遍 Decoder 计算，传入第 1 次和第 2 次得到的预测结果，得到第 3 个预测结果，一直循环，直到出现结束符。

15.2 BERT 模型

Transformer 模型是 NLP 发展历程新的起点，而真正做到大放异彩，取得重大突破的是 BERT 模型。2018 年年底，论文 *"BERT: Pre-training of Deep Bidirectional Transformers for Language Understanding"*[4]在 11 种不同的 NLP 测试中获得最佳成绩，并且在机器阅读理解顶级水平测试 SQuAD1.1[5]中超过人类水平。

我们先说一下它的名字，BERT 的全称为 Bidirectional Encoder Representations from Transformers。大家有没有看过 1969 年美国的喜剧动画芝麻街（Sesame Street），如图 15.31 所示。我也没看过。

图 15.31 芝麻街（Sesame Street）

2018 年年初，AllenNLP 发布了一个新模型 ELMo，ELMo 是一种比 word2vec 更好的训练词向量的模型，在 BERT 发布之前也小火了一把。由于 ELMo 跟 Transformer 模型没什么关系，这里我们就不详细介绍了。这里我想说的是，ELMo 是芝麻街中的人物，图 15.31 中最左边的那个。BERT 也是芝麻街中的人物，图 15.31 中从左往右数第三个，所以 BERT 名字的真正来源应该是来自芝麻街。

15.2.1 BERT 模型介绍

BERT 模型在结构上几乎没有什么创新之处，因为 BERT 模型的结构就是 Transformer 模型的 Encoder 结构，只是具体参数上有些小改动。BERT 模型真正创新的地方在于模型的训练方法，具体如何训练，我们将在后面详细介绍。

"*BERT: Pre-training of Deep Bidirectional Transformers for Language Understanding*" 论文中训练了两种 BERT 模型，分别是 $BERT_{BASE}$（$L=12$，$H=768$，$A=12$，总共参数=110M）和 $BERT_{LARGE}$（$L=24$，$H=1024$，$A=16$，总共参数=340M）。其中，L 表示模型层数，$L=12$ 表示有 12 个 Encoder 层；H 表示词向量的长度，$H=768$ 表示词向量的长度为 768；A 表示 Multi-Head Attention 中有多少个头，$A=12$ 表示有 12 个头，这些超参数其实都是可以人为设置的。一般情况下，$BERT_{LARGE}$ 模型的效果会比 $BERT_{BASE}$ 的更好一些。如图 15.32 所示为两种 BERT 模型。

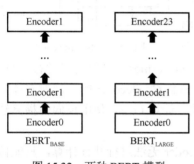

图 15.32 两种 BERT 模型

接下来说一下 BERT 模型中的输入信号，其跟 Transformer 模型中的有一点不同。Transformer 模型中的输入信号由**分词向量**（**Token Embedding**）和**位置向量**（**Position Embedding**）组成；BERT 模型中的输入信号由分词向量（Token Embedding）、**段落向量**（**Segment Embedding**）和位置向量（Position Embedding）组成。

关于**分词元素**（**Token**），之前的内容一直都没有特别详细地说明这个问题，这里刚好可以说明一下。Token 就是分词后的结果，这里的"词"不一定是一个词汇，也有可能是一个字符或其他自定义元素。我们最开始使用的分词方式如英文中使用空格作为分词符，中文中需要一些分词算法把句子分为一个一个的词汇（Word）。在后来的一些研究中，发现字符级别（Character）的分词方法也能得到同样的效果，有时候其效果甚至会更好。例如，把"hello world"分为"h""e""l""l""o""w""o""r""l""d"，把"我有一只猫"分为"我""有""一""只""猫"。而 BERT 模型中使用的是 WordPiece[6]技术，之前我们有介绍过它，其就是把一些词拆成一片一片的，如"love""loving""loved""loves"都是爱的意思，"save""saving""saved""saves"都是保存的意思，使用 WordPiece 技术将其拆分后会得到"lo""sa""##ve""##ving""##ved""##ves"，这样词汇的数量就会减少很多。所以 BERT 模型中的 Token 指的是使用 WordPiece 技术分词后得到的分词元素。BERT 模型中的输入信号如图 15.33 所示。

Token Embeddings 就是每个 Token 对应的向量，$BERT_{BASE}$ 模型中的向量长度为 768，$BERT_{LARGE}$ 模型中的向量长度为 1024。

举例说明 Segment Embeddings 比较容易理解，可以向 BERT 模型中传入一个句子或者两个句子，假设传入一个句子，该句子可以分为 5 个 Token，那么 Segment Embeddings 就是[0，0，0，0，0]；假设传入两个句子，第一个句子可以分为 4 个 Token，第二个句子可以分为 5 个 Token，那么 Segment Embeddings 就是[0，0，0，0，1，1，1，1，1]。所以 Segment Embeddings 就是标注哪几个 Token 是第一个句子的，哪几个 Token 是第二个句子的。

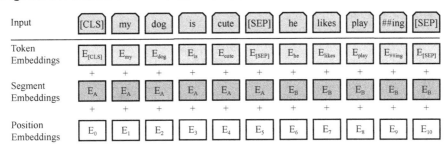

图 15.33　BERT 模型中的输入信号[4]

Position Embeddings 的作用跟 Transformer 模型的一样，表示每个 Token 的位置信息。但在 BERT 模型中的 Position Embeddings 使用的是可以训练的参数，不是预先设定好的值。

15.2.2　BERT 模型训练

BERT 模型的最大创新在于模型训练。在"*BERT: Pre-training of Deep Bidirectional Transformers for Language Understanding*"论文中，其作者使用了两个任务来训练，一个任务是**掩码语言模型**（**Masked Language Model**），简称 **MLM**，简单地说就是完形填空；另一个任务是**预测下一个句子**（**Next Sentence Prediction**），简称 **NSP**，就是根据字面意思预测下一个句子。

我们先来说一下 MLM，即完形填空。模型训练时会随机 Mask 一个句子中 15%的 Token（使用"[MASK]"符号替代掉原来的字符），然后将"[MASK]"位置的输出信号传给 Softmax 层预测被遮挡的 Token 具体是什么。这么做可能会有一个问题，就是所有的 Token 中有 15%被遮挡住了，有可能导致某些 Token 模型从来没见过。所以论文中还做了如下细节处理，如有一个句子"my dog is hairy"，我们要遮挡的词是"hairy"，那么：

● 有 80%的概率正常使用"[MASK]"，"my dog is hairy"会变成 my dog is [MASK]"；
● 有 10%的概率随机取一个词来替代 Mask 的词，"my dog is hairy"可能会变成 my dog is apple"；
● 有 10%的概率句子保持不变，"my dog is hairy"可能还是"my dog is hairy"。

随机替换发生的概率只有 15%×10%=1.5%，所以基本不会影响模型的语言理解能力。

MLM 训练如图 15.34 所示。

下面我们再来说一下 NSP，即根据字面意思预测下一个句子。其实很简单，就是模型训练时会向模型传入两个句子，其要做的就是判断这两个句子是不是连续的，如输入"[CLS] the man went to [MASK] store [SEP] he bought a gallon [MASK] milk [SEP] "，中文是"男人去商店买牛奶"，所以 Label=IsNext，这是两个连续的句子。这里的"[CLS]"字符是表示用于预测结果的字符，"[CLS]"位置的输出信号会传给 softmax 层来判断这两个句子是不是连续的。"[MASK]"字符前面介绍过了，用作随机遮挡一部分 Token。"[SEP]"字符用于表示句子结束，我们可以看到前面的句子中有两个"[SEP]"，第一个"[SEP]"表示第一个句子的结束，第二个"[SEP]"表示第二个句子的结束。这些特殊字符的 Token Embeddings

跟其他的 Token Embeddings 一样，都会跟着模型参数一起训练。假设有个句子是"[CLS] the man [MASK] to the store [SEP] penguin [MASK] are flightless birds [SEP]"，中文是"男人去商店，企鹅是不会飞的鸟"，所以 Label=NotNext，显然第二句话并不是第一句话的下一句。NSP 训练如图 15.35 所示。

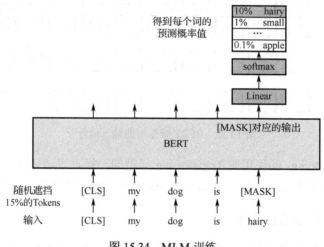

图 15.34　MLM 训练

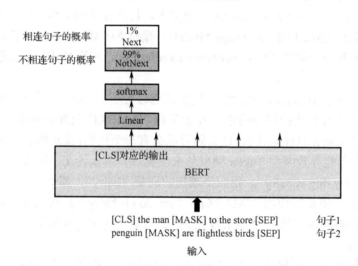

图 15.35　NSP 训练

BERT 模型中使用了大量没有人工标注但又自带标签的数据来进行训练（MLM 和 NSP 都可以看成语料本身就已经自带标签）。"*BERT: Pre-training of Deep Bidirectional Transformers for Language Understanding*" 论文中使用的训练数据集为 BooksCorpus[7]（800M Words）和英文的 Wikipedia（2500M Words），总共 33 亿个词。谷歌使用 64 块 TPU 训练 BERT$_{LARGE}$ 模型花了 4 天时间，租用这些 TPU 训练一次模型的价格大约是 30 万人民币，所以一般情况下我们就不要想复现模型了，直接使用谷歌发布的预训练模型就可以。

15.2.3　BERT 模型应用

使用上一小节介绍的方式把 BERT 模型训练好之后，就可以使用 BERT 模型来完成各种 NLP 任务了，"*BERT: Pre-training of Deep Bidirectional Transformers for Language Understanding*" 论文中测试的 NLP 任务大部分都是 GLUE（General Language Understanding Evaluation）中的任务，其是一个自然语言任务集合。除 GLUE 外，论文中作者也测试了其他一些任务，如图 15.36 所示为论文中涉及的 11 个 NLP 任务。

名称	全名	用途
(a)MNLI	multi-genre natural language inference 多类型文本蕴含关系识别	判断两个句子是蕴含关系、矛盾关系还是中立关系，3分类
(a)QQP	quora question pairs 文本匹配	判断两个问题是不是等价，2分类
(a)QNLI	question natural language inference 自然语言问题推理	判断两个句子（前面句子是一个问题），后一个句子是否包含前一个句子的答案，2分类
(a)STS-B	the semantic textual similarity benchmark 语义文本相似度数据集	判断两个句子相似性，有5个等级，5分类
(a)MRPC	microsoft research paraphrase corpus 微软研究院释义语料库	判断两个文本对语音信息是否等价，2分类
(a)RTE	recognizing textual entailment 识别文本蕴含关系	类似于MNLI，只不过是2分类
(a)SWAG	the situations with adversarial generations dataset 情景对抗生成数据集	从四个句子中选择可能是前一句下文的那个，4分类
(b)SST-2	the stanford sentiment treebank 斯坦福情感分类任务	电影评论的情感分类，2分类
(b)CoLA	the corpus of linguistic acceptability 语言可接受性语料库	判断一个句子语法是否正确，2分类
(c)SQuAD v1.1	the standFord question answering dataset 斯坦福问答数据集	传入两个句子，前一个句子是问题，后一个句子是文本段落。判断问题的答案在文本段落的哪个部分。
(d)CoNLL-2003	the conference on natural language learning 自然语言学习会议	NER命名实体识别，判断一个句子中的单词是不是人名，机构名，地名，以及其他所有以名称为标识的实体

图 15.36 BERT 模型测试的 NLP 任务

"*BERT: Pre-training of Deep Bidirectional Transformers for Language Understanding*" 论文的作者把图 15.36 中所示的 11 个应用分为了（a）、（b）、（c）、（d）四个大类，下面我们逐一来介绍，第一个类别是 Sentence Pair Classification Tasks，两个句子的分类任务，如图 15.37 所示，也就是传入两个句子，得到分类结果。对应的任务有 MNLI、QQP、QNLI、STS-B、MRPC、RTE、SWAG。我们随便举个例子，如 QQP，就是传入两个句子（这两个句子是两个问题），判断这两个问题是不是等价，属于 2 分类问题。[CLS]对应的输出加上一个用于分类的全连接层，然后微调（Finetune）整个模型（包括最后的全连接层）就可以进行训练了。

第二个类别是 Single Sentence Classification，一个句子的分类任务，如图 15.38 所示。

比如情感分类，传入一个句子，判断这个句子是正面情感还是负面情感，属于 2 分类问题。训练跟第一类差不多，[CLS]对应的输出加上一个用于分类的全连接层，然后微调整个模型（包括最后的全连接层）就可以进行训练了。

第三个类别是 Question Answering Tasks，问答任务，如图 15.39 所示。

问答任务，传入两个句子，第一个句子是问题，第二个句子是一段文本，问题的答案在第二个句子中，模型要预测的是答案的位置。有一个权值向量 S 和一个权值向量 E 用于预测答案的开始位置和结束位置，每个段落中的 Token 对应的输出为 $T'_1 - T'_M$，假设标签中 i 表示答案的开始，j 表示答案的结束，$j \geq i$。训练阶段最大化 i 作为开始位置的概率

$P_i = \dfrac{\mathrm{e}^{S \cdot T_i}}{\sum_j \mathrm{e}^{S \cdot T_j}}$ 和 j 作为结束位置的概率 $P_j = \dfrac{\mathrm{e}^{E \cdot T_j}}{\sum_j \mathrm{e}^{S \cdot T_j}}$。然后微调整个模型（包括 S 和 E）就可以进行训练了。预测阶段计算从 m 到 n 的区间分数即 $S \cdot T_m + E \cdot T_n (n \geq m)$，得到最大的区间分数就是预测的答案区间。

第四个类别是 Single Sentence Tagging，一个句子的标注任务，如图 15.40 所示。

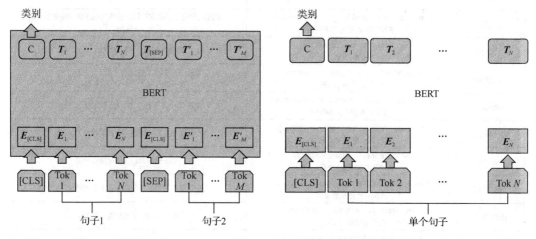

图 15.37　Sentence Pair Classification Tasks[4]　　　　图 15.38　Single Sentence Classification[4]

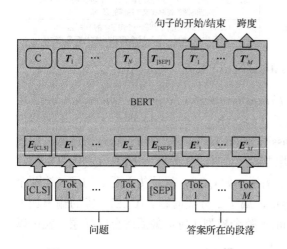

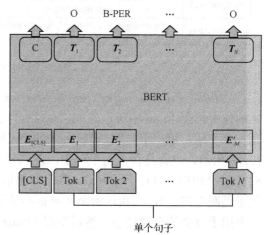

图 15.39　Question Answering Tasks[4]　　　　图 15.40　Single Sentence Tagging[4]

标注任务，如我们之前说过的分词标注或者**命名实体识别**（**Named Entity Recognition，NER**）。命名实体识别就是判断一个句子中的单词是不是人名、机构名、地名，以及其他所有以名称为标识的实体。模型训练就是传入一个句子，句子的每个 Token 的输出都会经过一个全连接层预测是不是命名实体或者命名实体的类型，然后微调整个模型（包括最后的全连接层）就可以进行训练了。

很显然 BERT 模型的应用范围不止于此，并且 BERT 模型也只是一个新的开端。在 BERT 模型发布以后，很多类似 BERT 的模型不断被推出，不断刷新着 NLP 任务的新纪录，NLP 领域也因此迎来了新一轮的快速发展。

15.3 参考文献

[1] Alammar, Jay (2018). The Illustrated Transformer [Blog post]. Retrieved from https://jalammar.github.io/illustrated-transformer/

[2] Vaswani A, Shazeer N, Parmar N, et al. Attention is all you need[C]//Advances in neural information processing systems. 2017: 5998-6008.

[3] Ba J L, Kiros J R, Hinton G E. Layer Normalization[J]. arXiv preprint arXiv:1607.06450, 2016.

[4] Devlin J, Chang M W, Lee K, et al. BERT: Pre-training of Deep Bidirectional Transformers for Language Understanding J]. arXiv preprint arXiv:1810.04805, 2018.

[5] Rajpurkar P, Zhang J, Lopyrev K, et al. Squad: 100,000+ questions for Machine Comprehension of Text[J]. arXiv preprint arXiv:1606.05250, 2016.

[6] Wu Y, Schuster M, Chen Z, et al. Google's neural machine translation system: Bridging the gap between human and machine translation[J]. arXiv preprint arXiv:1609.08144, 2016.

[7] Zhu Y, Kiros R, Zemel R, et al. Aligning Books and Movies: Towards Story-like Visual Explanations by Watching Movies and Reading Books[C]//Proceedings of the IEEE international conference on computer vision. 2015: 19-27.

第 16 章　NLP 任务项目实战

本章的内容为第 14 章和第 15 章 NLP 内容的项目实战部分。在前两章中我们介绍了多种 NLP 的技术，涉及的内容比较多，所以本章会选取部分内容完成相关项目的代码实战。相关理论介绍主要参考第 14 章和第 15 章的内容，本章就不做过多介绍了。

16.1　一维卷积英语电影评论情感分类项目

16.1.1　项目数据和模型说明

在第 14 章的内容中我们有介绍过卷积在文本分类中的使用，当时介绍的是二维卷积在文本分类中的应用。本章的第一个程序我们先来一个开胃菜，先做一个简单一点的程序，使用一维卷积对英语文本进行情感分类，二维卷积的程序我们留在后面再做。这里说的简单，并不是二维卷积比一维卷积难，其实二维卷积和一维卷积在文本分类中的使用几乎没什么区别。这里说的简单指的是数据处理上的简单，我们要使用的数据集是 IMDB 电影评论数据集，数据分为正面评论和负面评论。这个数据集直接从 Tensorflow 中获得：

```
from tensorflow.keras.datasets import imdb
```

我们不需要进行任何数据处理就可以直接载入数据，数据的训练集有 25000 条评论数据，正面评论 12500 条，负面评论 12500 条。测试集数据也是 25000 条数据，正负样本各占 50%，并且句子已经做好了分词，而且还把每个词都变成了编号（词出现的频率越高，编号越小）。例如，测试集第 0 行的数据如图 16.1 所示。

```
1  print(x_test[0])
```

[1, 591, 202, 14, 31, 6, 717, 10, 10, 2, 2, 5, 4, 360, 7, 4, 177, 5760, 394, 354, 4, 123, 9, 1035, 1035, 1035, 10, 10, 13, 92, 124, 89, 488, 794, 4, 100, 28, 1668, 14, 31, 23, 27, 7479, 29, 220, 468, 8, 124, 14, 286, 1, 70, 8, 157, 46, 5, 27, 239, 16, 179, 2, 38, 32, 25, 7944, 451, 202, 14, 6, 717]

图 16.1　具体数据的展示

下面我们再说一下一维卷积在文本分类中的应用，如图 16.2 所示。

我们可以用一个简单的方式来理解一维卷积和二维卷积的区别，二维卷积它的卷积核（kernel_size）也是两维的，并且可以沿两个方向进行移动（如水平方向和竖直方向），计算时要求输入的数据必须是 4 维的（数据数量、图片高度、图片宽度、通道数）；一维卷积的 kernel_size 是一维的，并且只能沿一个方向进行移动，计算时要求输入的数据必须时 3 维的（数据数量、序列长度、通道数）。在文本分类中，使用一维卷积和二维卷积都可以。

如果使用的是一维卷积，则相当于对一个序列进行特征提取，如图 16.2 中假设我们使用一维卷积，词汇数相当于序列的长度，每个词的词向量长度相当于通道数。我们把 kernel_size 设置为 3，即每次卷积时会对图 16.2 中的 3 行数据进行卷积计算（图 16.2 中的列数其实就是通道数），步长一般设置为1就可以，每次走一步。卷积计算后得到特征图，接下来再进行最大池化计算，最后再进行全连接得到分类结果。

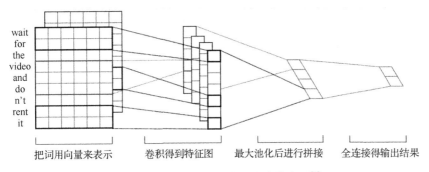

图 16.2　一维卷积在文本分类中的应用[1]

16.1.2　一维卷积英语电影评论情感分类程序

实现一维卷积英语电影评论情感分类的代码如代码 16-1 所示。

代码 16-1：一维卷积英语电影评论情感分类（片段 1）

```
from tensorflow.keras.preprocessing import sequence
from tensorflow.keras.models import Sequential
from tensorflow.keras.layers import Dense,Dropout
from tensorflow.keras.layers import Embedding
from tensorflow.keras.layers import Conv1D,GlobalMaxPooling1D
from tensorflow.keras.datasets import imdb
from plot_model import plot_model
# 最大词汇数量
max_words = 10000
# 句子的长度值最大设置为400
# 句子的长度值就是句子的词汇数量，如句子有100个词，则其长度为100
maxlen = 400
# 批次大小
batch_size = 32
# 词向量长度
embedding_dims = 128
# 训练周期
epochs = 3
# 滤波器数量
filters = 64
# 卷积核大小
kernel_size = 3
# 载入 IMDB 评论数据集，设置最大词汇数，只保留出现频率最高的前 10000（max_words）个词
# 出现频率越高，编号越小。词的编号从 4 开始，也就是频率最大的词编号为 4
# 编号 0 表示 padding，1 表示句子的开始(每个句子的第一个编号都是1)，2 表示 OOV，3 表示预留(所
# 有的数据中都没有 3)
# Out-of-vocabulary,简称 OOV,表示不在字典中的词
# 数据的标签为 0 和 1。0 表示负面情感，1 表示正面情感
(x_train, y_train), (x_test, y_test) = imdb.load_data(num_words=max_words)
# 查看测试集第 0 个句子
print(x_test[0])
```

结果输出如下：

```
[1, 591, 202, 14, 31, 6, 717, 10, 10, 2, 2, 5, 4, 360, 7, 4, 177, 5760, 394, 354, 4, 123, 9, 1035, 1035, 1035, 10,
10, 13, 92, 124, 89, 488, 7944, 100, 28, 1668, 14, 31, 23, 27, 7479, 29, 220, 468, 8, 124, 14, 286, 170, 8, 157,
46, 5, 27, 239, 16, 179, 2, 38, 32, 25, 7944, 451, 202, 14, 6, 717]
```

代码 16-1：一维卷积英语电影评论情感分类（片段 2）

```python
# 获得 IMDB 数据集的字典，字典的键是英语词汇，值是编号
# 注意这个字典的词汇编号跟数据集中的词汇编号是不对应的
# 数据集中的编号减去 3 才能得到这个字典的编号，举个例子：
# 如在 x_train 中'a'的编号为 6，在 word2id 中'a'的编号为 3
word2id = imdb.get_word_index()

# 把字典的键值对反过来：键是编号，值是英语词汇
# 编号的数值范围为 0~88587
# value+3 把字典中词汇的编号跟 x_train 和 x_test 数据中的编号对应起来
id2word = dict([(value+3, key) for (key, value) in word2id.items()])
# 设置预留字符
id2word[3] = '[RESERVE]'
# 设置 Out-of-vocabulary 字符
id2word[2] = '[OOV]'
# 设置起始字符
id2word[1] = '[START]'
# 设置填充字符
id2word[0] = '[PAD]'

# 在词典中查询得到原始的英语句子，如果编号不在字典中，则用'?'替代
decoded_review = ' '.join([id2word.get(i, '?') for i in x_test[0]])
print(decoded_review)
```

结果输出如下：

```
[START] please give this one a miss br br [OOV] [OOV] and the rest of the cast rendered terrible
performances the show is flat flat flat br br i don't know how michael madison could have allowed this one on
his plate he almost seemed to know this wasn't going to work out and his performance was quite [OOV] so all
you madison fans give this a miss
```

代码 16-1：一维卷积英语电影评论情感分类（片段 3）

```python
# 序列填充，因为模型的结构是固定的，而句子的长度是不固定的，所以我们需要把句子变成相同的长度
# 如果句子长度不足 400（maxlen），则把句子填充到 400（maxlen）的长度，如果句子的长度超过 400
# （maxlen），则取句子前 400（maxlen）个词
x_train = sequence.pad_sequences(x_train, maxlen=maxlen)
x_test = sequence.pad_sequences(x_test, maxlen=maxlen)
# 填充后，所有句子都变成了 400 的长度
print('x_train shape:', x_train.shape)
print('x_test shape:', x_test.shape)
print(x_test[0])
```

结果输出如下：

```
x_train shape: (25000, 400)
x_test shape: (25000, 400)
[    0    0    0    0    0    0    0    0    0    0    0 ...    0    0    0
     0    0    0    0    0    0    0    1  591  202   14   31    6  717   10   10    2    2
     5    4  360    7    4  177 5760  394  354    4  123    9 1035 1035 1035   10   10   13
    92  124   89  488 7944  100   28 1668   14   31   23   27 7479   29  220  468    8  124
    14  286  170    8  157   46    5   27  239   16  179    2   38.   32   25 7944  451  202
    14    6  717]
```

代码 16-1：一维卷积英语电影评论情感分类（片段 4）

```
# 构建模型
model = Sequential()
# Embedding 是一个权值矩阵，包含所有词汇的词向量，Embedding 的行数等于词汇数，列数等于词向
# 量的长度
# Embedding 的作用是获得每个词对应的词向量，这里的词向量是没有经过预训练的随机值，会跟随模
# 型一起训练
# max_words 词汇数，embedding_dims 词向量长度
# 模型训练时，数据输入为(batch, maxlen)
model.add(Embedding(max_words,
          embedding_dims))

# 设置一个一维卷积
model.add(Conv1D(filters,
          kernel_size,
          strides=1,
          padding='same',
          activation='relu'))

# 卷积计算后得到的数据为(batch, maxlen, filters)
# GlobalMaxPooling1D-全局最大池化计算每一张特征图的最大值
# 池化后得到(batch, filters)
model.add(GlobalMaxPooling1D())
# 加上 Dropout
model.add(Dropout(0.5))
# 最后 2 分类，设置 2 个神经元
model.add(Dense(2,activation='softmax'))
# 画图
plot_model(model)
```

结果输出如下：

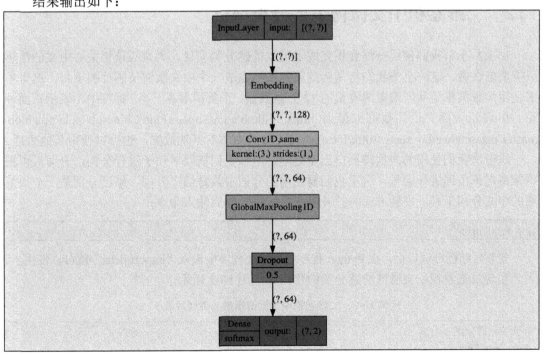

代码 16-1：一维卷积英语电影评论情感分类（片段 5）

```python
# sparse_categorical_crossentropy 和 categorical_crossentropy 都是交叉熵代价函数
# categorical_crossentropy 需要把标签变成独热编码 One-Hot
# sparse_categorical_crossentropy 不需要把标签变成独热编码(不是真的不需要，而是程序会自动帮你做
# 转换)
# 所以这个程序中的标签没有转独热编码
model.compile(loss='sparse_categorical_crossentropy',
              optimizer='adam',
              metrics=['accuracy'])

# 训练模型
model.fit(x_train, y_train,
          batch_size=batch_size,
          epochs=epochs,
          validation_data=(x_test, y_test))
```

结果输出如下：

```
Train on 25000 samples, validate on 25000 samples
Epoch 1/3
25000/25000 [==============================] - 31s 1ms/sample - loss: 0.4680 - accuracy: 0.7660 - val_loss: 0.3246 - val_accuracy: 0.8635
Epoch 2/3
25000/25000 [==============================] - 31s 1ms/sample - loss: 0.2997 - accuracy: 0.8777 - val_loss: 0.2927 - val_accuracy: 0.8766
Epoch 3/3
25000/25000 [==============================] - 31s 1ms/sample - loss: 0.2161 - accuracy: 0.9168 - val_loss: 0.2991 - val_accuracy: 0.8772
```

16.2 二维卷积中文微博情感分类项目

16.1.2 小节我们使用一维卷积完成了英语情感分类项目，大家应该更关心中文的情感分类要怎么做。这一小节我们将从头到尾完整地完成一个中文微博情感分类项目，这里本书使用的数据集是从新浪微博收集的 12 万条数据，正负样本各一半。标签中 1 表示正面评论，0 表示负面评论。数据来源为 https://github.com/SophonPlus/ChineseNlpCorpus/blob/master/datasets/weibo_senti_100k/intro.ipynb。如果大家有其他数据，也可以使用其他数据。

这一次我们使用的数据需要自己做处理，所以我们需要对句子进行分词，分词后再根据频率对每个词进行编号。这里我们要使用的分词工具是结巴分词，结巴分词是一个很好用的中文分词工具，安装方式为打开命令提示符，然后输入命令：

```
pip install jieba
```

安装好结巴分词以后，在 Python 程序中直接在程序中输入"import jieba"就可以使用了。实现二维卷积中文微博情感分类的代码如代码 16-2 所示。

代码 16-2：二维卷积中文微博情感分类（片段 1）

```python
# 安装结巴分词
# pip install jieba
```

```python
import jieba
import pandas as pd
import numpy as np
from tensorflow.keras.layers import Dense, Input, Dropout
from tensorflow.keras.layers import Conv2D, GlobalMaxPool2D, Embedding, concatenate
from tensorflow.keras.preprocessing.text import Tokenizer
from tensorflow.keras.preprocessing.sequence import pad_sequences
from tensorflow.keras.models import Model,load_model
from tensorflow.keras.backend import expand_dims
from tensorflow.keras.layers import Lambda
import tensorflow.keras.backend as K
from sklearn.model_selection import train_test_split
import json
# 批次大小
batch_size = 128
# 训练周期
epochs = 3
# 词向量长度
embedding_dims = 128
# 滤波器数量
filters = 32
# 数据的前半部分都是正样本，后半部分都是负样本
data = pd.read_csv('weibo_senti_100k.csv')
# 查看前 5 行数据
data.head()
```

结果输出如下：

	label	review
0	1	更博了，爆照了，帅的呀，就是越来越爱你！生快傻缺[爱你][爱你][爱你]
1	1	@张晓鹏jonathan 土耳其的事要认真对待[哈哈]，否则直接开除。@丁丁看世界 很是细心...
2	1	姑娘都羡慕你呢...还有招财猫高兴......//@爱在蔓延-JC:[哈哈]小学徒一枚，等着明天见您呢/...
3	1	美~~~~~[爱你]
4	1	梦想有多大，舞台就有多大![鼓掌]

代码 16-2：二维卷积中文微博情感分类（片段 2）

```python
# 计算正样本数量
poslen = sum(data['label']==1)
# 计算负样本数量
neglen = sum(data['label']==0)
print('正样本数量：', poslen)
print('负样本数量：', neglen)
```

结果输出如下：

```
正样本数量： 59993
负样本数量： 59995
```

代码 16-2：二维卷积中文微博情感分类（片段 3）

```python
# 测试一下结巴分词的使用
print(list(jieba.cut('做父母一定要有刘墉这样的心态，不断地学习，不断地进步')))
```

结果输出如下：

```
['做', '父母', '一定', '要', '有', '刘墉', '这样', '的', '心态', ',', ' ', '不断', '地', '学习', ',', ' ', '不断', '地', '进步']
```

代码 16-2：二维卷积中文微博情感分类（片段 4）

```
#定义分词函数，对传入的 x 进行分词
cw = lambda x: list(jieba.cut(x))
# apply，传入一个函数，把 cw 函数应用到 data['review']的每一行
# 把分词后的结果保存到 data['words']中
data['words'] = data['review'].apply(cw)
# 再查看前 5 行数据
data.head()
```

结果输出如下：

	label	review	words
0	1	更博了，爆照了，帅的呀，就是越来越爱你！生快傻缺[爱你][爱你][爱你]	[更博, 了, ，, 爆照, 了, ，, 帅, 的, 呀, ，, 就是, 越来越, 爱...
1	1	@张晓鹏jonathan 土耳其的事要认真对待[哈哈]，否则直接开除。@丁丁看世界 很是细心...	[@, 张晓鹏, jonathan, ，, 土耳其, 的, 事要, 认真对待, [, 哈哈...
2	1	姑娘都羡慕你呢...还有招财猫高兴......//@爱在蔓延-JC:[哈哈]小学徒一枚，等着明天见您呢/...	[姑娘, 都, 羡慕, 你, 呢, ..., 还有, 招财猫, 高兴, ..., ..., /, /, ...
3	1	美~~~~~[爱你]	[美, ~, ~, ~, ~, ~, [, 爱, 你,]]
4	1	梦想有多大，舞台就有多大![鼓掌]	[梦想, 有, 多, 大, ，, 舞台, 就, 有, 多, 大, !, [, 鼓掌,]]

代码 16-2：二维卷积中文微博情感分类（片段 5）

```
# 计算一条数据最多有多少个词汇
max_length = max([len(x) for x in data['words']])
# 打印看到结果为 202，最长的句子词汇数不算太多
# 后面就以 202 作为标准，把所有句子的长度都填充到 202 的长度
# 如最长的句子为 2000，那么说明有些句子太长了，我们可以设置一个小一点的值作为所有句子的标
# 准长度
# 如设置为 1000，那么超过 1000 的句子只取前面 1000 个词，不足 1000 的句子填充到 1000 的长度
print(max_length)
```

结果输出如下：

```
202
```

代码 16-2：二维卷积中文微博情感分类（片段 6）

```
# 把 data['words']中所有的 list 都变成字符串格式
texts = [' '.join(x) for x in data['words']]
# 查看一条评论，现在的数据变成了字符串格式，并且词与词之间用空格隔开
# 这是为了满足下面数据处理对格式的要求，下面要使用 Tokenizer 对数据进行处理
print(texts[4])
```

结果输出如下：

```
'梦想 有 多 大 ， 舞台 就 有 多 大 ! [ 鼓掌 ]'
```

代码 16-2：二维卷积中文微博情感分类（片段 7）

```
# 实例化 Tokenizer，设置字典中最大的词汇数为 30000
# Tokenizer 会自动过滤掉一些符号，如!"#$%&()*+,-./:;<=>?@[\\]^_`{|}~\t\n
tokenizer = Tokenizer(num_words=30000)
```

```python
# 传入训练数据，建立词典，词的编号根据其频率设定，频率越大，编号越小
tokenizer.fit_on_texts(texts)
# 把词转换为编号，编号大于 30000 的词会被过滤掉
sequences = tokenizer.texts_to_sequences(texts)
# 把序列的长度设定为 max_length，超过 max_length 的部分舍弃，不足 max_length 则补 0
# padding='pre'在句子前面进行填充，padding='post'在句子后面进行填充
X = pad_sequences(sequences, maxlen=max_length, padding='pre')
# 获取字典
dict_text = tokenizer.word_index
# 在字典中查询词对应的编号
print(dict_text['梦想'])
```

结果输出如下：

```
581
```

代码 16-2：二维卷积中文微博情感分类（片段 8）

```python
# 把 token_config 保存到 json 文件中，在模型的预测阶段可以使用
file = open('token_config.json','w',encoding='utf-8')
# 把 tokenizer 变成 json 数据
token_config = tokenizer.to_json()
# 保存 json 数据
json.dump(token_config, file)
print(X[4])
```

结果输出如下：

```
[   0    0    0    0  ...    0    0    0    0    0    0  581   18   75   77    1
 1946   20   18   75   77   19]
```

代码 16-2：二维卷积中文微博情感分类（片段 9）

```python
# 定义标签
# 01 为正样本，10 为负样本
positive_labels = [[0, 1] for _ in range(poslen)]
negative_labels = [[1, 0] for _ in range(neglen)]
# 合并标签
Y = np.array(positive_labels + negative_labels)
# 切分数据集
x_train,x_test,y_train,y_test = train_test_split(X, Y, test_size=0.2)
# 定义函数式模型
# 定义模型输入，shape-(batch, 202)
sequence_input = Input(shape=(max_length,))
# Embedding 层，30000 表示 30000 个词，每个词对应的向量为 128 维
embedding_layer = Embedding(input_dim=30000, output_dim=embedding_dims)
# embedded_sequences 的 shape-(batch, 202, 128)
embedded_sequences = embedding_layer(sequence_input)
# embedded_sequences 的 shape 变成了(batch, 202, 128, 1)
embedded_sequences = K.expand_dims(embedded_sequences, axis=-1)

# 卷积核的大小为 3，列数必须等于词向量长度
cnn1 = Conv2D(filters=filters, kernel_size=(3,embedding_dims), activation='relu')(embedded_sequences)
cnn1 = GlobalMaxPool2D()(cnn1)

# 卷积核的大小为 4，列数必须等于词向量长度
```

```
cnn2 = Conv2D(filters=filters, kernel_size=(4,embedding_dims), activation='relu')(embedded_sequences)
cnn2 = GlobalMaxPool2D()(cnn2)

# 卷积核的大小为 5，列数必须等于词向量长度
cnn3 = Conv2D(filters=filters, kernel_size=(5,embedding_dims), activation='relu')(embedded_sequences)
cnn3 = GlobalMaxPool2D()(cnn3)

# 合并
merge = concatenate([cnn1, cnn2, cnn3], axis=-1)
# 全连接层
x = Dense(128, activation='relu')(merge)
# Dropout 层
x = Dropout(0.5)(x)
# 输出层
preds = Dense(2, activation='softmax')(x)
# 定义模型
model = Model(sequence_input, preds)
plot_model(model)
```

结果输出如下：

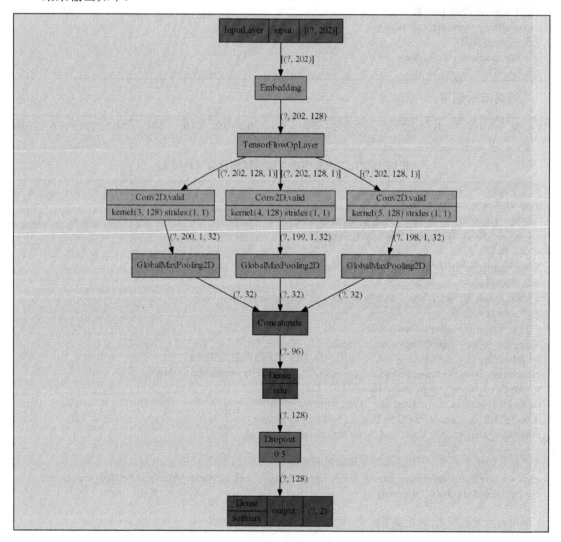

代码 16-2：二维卷积中文微博情感分类（片段 10）

```
# 定义代价函数和优化器
model.compile(loss='categorical_crossentropy',
        optimizer='adam',
        metrics=['acc'])

# 训练模型
model.fit(x_train, y_train,
      batch_size=batch_size,
      epochs=epochs,
      validation_data=(x_test, y_test))
# 保存模型
model.save('cnn_model.h5')
```

结果输出如下：

```
Train on 95990 samples, validate on 23998 samples
Epoch 1/3
95990/95990 [==============================] - 30s 318us/sample - loss: 0.0765 - acc: 0.9705 - val_loss: 0.0434 - val_acc: 0.9814
Epoch 2/3
95990/95990 [==============================] - 27s 282us/sample - loss: 0.0415 - acc: 0.9821 - val_loss: 0.0528 - val_acc: 0.9815
Epoch 3/3
95990/95990 [==============================] - 27s 282us/sample - loss: 0.0346 - acc: 0.9832 - val_loss: 0.0720 - val_acc: 0.9793
```

从结果输出中我们可以看到，最后得到的准确率有点高。一般准确率太低时我们需要分析原因，有时候非常高我们也需要想一想原因。我们来看一下原始数据，如图 16.3 所示。

```
1    label,review
2    1,@更博了，爆照了，帅的呀，就是越来越爱你！生快傻缺[爱你][爱你][爱你]
3    1,@张晓鹏jonathan 土耳其的事要认真对待[哈哈]，否则直接开除。@丁丁看世界 很是细心，酒/
4    1,姑娘都羡慕你呢...还有招财猫高兴......//@爱在蔓延-JC:[哈哈]小学徒一枚，等看明天见您呢//@寻
5    1,美~~~~[爱你]
6    1,梦想有多大，舞台就有多大![鼓掌]
7    1,[花心][鼓掌]//@小懒猫Melody2011:[春暖花开]
8    1,某问答社区上收到一大学生发给我的私信:"偶喜欢阿姨！偶是阿姨控！"我告他:"阿姨稀饭小盆
9    1,吃货们无不啧啧称奇，好不喜欢！PS:写错一个字！[哈哈]@森林小天使-波琪 @SEVEN厦门摄影
10   1,"#Sweet Morning#From now on,love yourself,enjoy living then smile.从现在
11   1,【霍思燕剖腹产下"小江江"老公落泪】今晨9时霍思燕产下一名男婴，宝宝重8斤3两，母子平安
12   1,[鼓掌]//@慕春彦：一流的经纪公司是超模的摇篮！[鼓掌] //@姚戈：东方宾利强大的名模军团
13   1,真好//@宁波华侨豪生大酒店:[可爱][害羞]
```

图 16.3 微博情感分类数据集

从图 16.3 中可以看到，原始数据中有大量表情符号，如[爱你]、[哈哈]、[鼓掌]、[可爱]等，这些表情符号中对应的文字较大程度上代表了这一句话的情感。所以我们做的这个项目之所以得到这么高的准确率，跟这里的表情符号是有很大关系的。大家如果使用其他数据集来做情感分类，应该也会得到不错的结果，但是应该很难得到98%这么高的准确率。

模型训练好以后，我们再来看看如何使用训练好的模型进行预测，如代码 16-3 所示。

代码 16-3：中文情感分类模型预测（片段 1）

```
from tensorflow.keras.models import load_model
```

```python
from tensorflow.keras.preprocessing.sequence import pad_sequences
from tensorflow.keras.preprocessing.text import tokenizer_from_json
import jieba
import numpy as np
# 载入 tokenizer
json_file = open('token_config.json','r',encoding='utf-8')
token_config = json.load(json_file)
tokenizer = tokenizer_from_json(token_config)
# 载入模型
model = load_model('cnn_model.h5')
# 情感预测
def predict(text):
    # 对句子分词
    cw = list(jieba.cut(text))
    # list 转字符串,元素之间用' '隔开
    texts = ' '.join(cw)
    # 把词转换为编号,编号大于 30000 的词会被过滤掉
    sequences = tokenizer.texts_to_sequences([texts])
    # model.input_shape 为(None, 202),202 为训练模型时的序列长度
    # 把序列设定为 202 的长度,超过 202 的部分舍弃,不足 202 则补 0
    sequences = pad_sequences(sequences, maxlen=model.input_shape[1], padding='pre')
    # 模型预测
    result = np.argmax(model.predict(sequences))
    if(result==1):
        print("正面情绪")
    else:
        print("负面情绪")

predict("今天阳光明媚,手痒想打球了。")
```

结果输出如下:

```
正面情绪
```

代码 16-3:中文情感分类模型预测(片段 2)

```
predict("一大屋子人,结果清早告停水了,我崩溃到现在[抓狂]")
```

结果输出如下:

```
负面情绪
```

16.3 双向 LSTM 中文微博情感分类项目

16.2 节我们讲解了 CNN 在中文微博情感分类项目中的应用,这一节我们改用 LSTM 来完成,前期的数据处理部分都是一样的流程,只有建模部分的程序不同。由于之前是第一次讲解完整流程,所以加上了很多说明的步骤,下面这个程序把一些说明的步骤给去掉了,更加精简一些,如代码 16-4 所示。

代码 16-4:双向 LSTM 中文微博情感分类(片段 1)

```
# 安装结巴分词
# pip install jieba
import jieba
```

```python
import pandas as pd
import numpy as np
from tensorflow.keras.layers import Dense,Input,Dropout,Embedding,LSTM,Bidirectional
from tensorflow.keras.preprocessing.text import Tokenizer
from tensorflow.keras.preprocessing.sequence import pad_sequences
from tensorflow.keras.models import Model
from sklearn.model_selection import train_test_split
import json
# pip install plot_model
from plot_model import plot_model
# 批次大小
batch_size = 128
# 训练周期
epochs = 3
# 词向量长度
embedding_dims = 128
# cell 数量
lstm_cell = 64


########step1-数据预处理########
# 数据的前半部分都是正样本,后半部分都是负样本
data = pd.read_csv('weibo_senti_100k.csv')
# 计算正样本的数量
poslen = sum(data['label']==1)
# 计算负样本的数量
neglen = sum(data['label']==0)
#定义分词函数,对传入的 x 进行分词
cw = lambda x: list(jieba.cut(x))
# apply 传入一个函数,把 cw 函数应用到 data['review']的每一行
# 把分词后的结果保存到 data['words']中
data['words'] = data['review'].apply(cw)
# 计算一条数据最多有多少个词汇
max_length = max([len(x) for x in data['words']])
# 把 data['words']中所有的 list 都变成字符串格式
texts = [' '.join(x) for x in data['words']]
# 实例化 Tokenizer,设置字典中最大的词汇数为 30000
# Tokenizer 会自动过滤掉一些符号,如!"#$%&()*+,-./:;<=>?@[\\]^_`{|}~\t\n
tokenizer = Tokenizer(num_words=30000)
# 传入训练数据,建立词典,词的编号根据其频率设定,频率越大,编号越小
tokenizer.fit_on_texts(texts)
# 把词转换为编号,编号大于 30000 的词会被过滤掉
sequences = tokenizer.texts_to_sequences(texts)
# 把序列的长度设定为 max_length,超过 max_length 的部分舍弃,不足 max_length 则补 0
# padding='pre'在句子前面进行填充,padding='post'在句子后面进行填充
X = pad_sequences(sequences, maxlen=max_length, padding='pre')

########step2-保存 tokenizer########
# 把 token_config 保存到 json 文件中,在模型的预测阶段可以使用
file = open('token_config.json','w',encoding='utf-8')
# 把 tokenizer 变成 json 数据
token_config = tokenizer.to_json()
# 保存 json 数据
json.dump(token_config, file)

########step3-定义标签切分数据########
# 定义标签
# 01 为正样本,10 为负样本
```

```python
positive_labels = [[0, 1] for _ in range(poslen)]
negative_labels = [[1, 0] for _ in range(neglen)]
# 合并标签
Y = np.array(positive_labels + negative_labels)
# 切分数据集
x_train,x_test,y_train,y_test = train_test_split(X, Y, test_size=0.2)

########step4-搭建模型########
# 定义函数式模型
# 定义模型输入，shape-(batch, 202)
sequence_input = Input(shape=(max_length,))
# Embedding 层，30000 表示 30000 个词，每个词对应的向量为 128 维
embedding_layer = Embedding(input_dim=30000, output_dim=embedding_dims)
# embedded_sequences 的 shape-(batch, 202, 128)
embedded_sequences = embedding_layer(sequence_input)
# 双向 LSTM
x = Bidirectional(LSTM(lstm_cell))(embedded_sequences)

# 全连接层
x = Dense(128, activation='relu')(x)
# Dropout 层
x = Dropout(0.5)(x)
# 输出层
preds = Dense(2, activation='softmax')(x)
# 定义模型
model = Model(sequence_input, preds)
# 画图
plot_model(model)
```

结果输出如下：

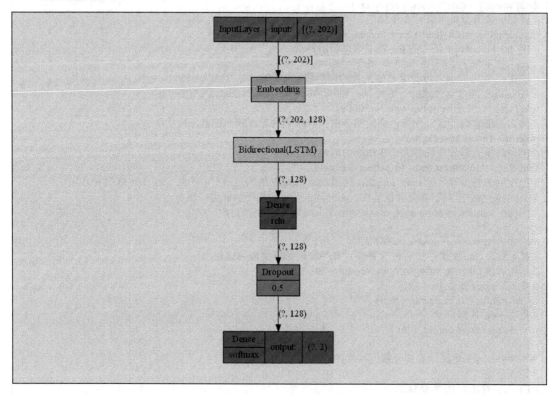

代码16-4：双向LSTM中文微博情感分类（片段2）

```
########step5-模型训练和保存########
# 定义代价函数和优化器
model.compile(loss='categorical_crossentropy',
        optimizer='adam',
        metrics=['acc'])

# 训练模型
model.fit(x_train, y_train,
    batch_size=batch_size,
    epochs=epochs,
    validation_data=(x_test, y_test))

# 保存模型
model.save('lstm_model.h5')
```

结果输出如下：

```
Train on 95990 samples, validate on 23998 samples
Epoch 1/3
95990/95990 [==============================] - 39s 410us/sample - loss: 0.1177 - acc: 0.9642 - val_loss: 0.0710 - val_acc: 0.9821
Epoch 2/3
95990/95990 [==============================] - 36s 370us/sample - loss: 0.0602 - acc: 0.9816 - val_loss: 0.0532 - val_acc: 0.9814
Epoch 3/3
95990/95990 [==============================] - 35s 367us/sample - loss: 0.0440 - acc: 0.9818 - val_loss: 0.0519 - val_acc: 0.9820
```

双向 LSTM 模型最后得到的结果跟 CNN 的差不多，都是 98%左右的准确率。双向 LSTM 模型的预测程序跟代码 16-3 完全一样。

16.4 堆叠双向LSTM中文分词标注项目

16.4.1 中文分词标注模型训练

中文分词标注在之前的内容中我们有介绍过，常用的是 4-tag(BMES)标注标签，B 表示词的起始位置，M 表示词的中间位置，E 表示词的结束位置，S 表示单字词。分词标注的数据需要对每一个字都进行标注。使用的是微软亚洲研究院开源的数据集（http://sighan.cs.uchicago.edu/bakeoff2005/），本书会把数据跟书中的代码放在一起给大家下载。实现堆叠双向 LSTM 中文分词标注的代码如代码 16-5 所示。

代码16-5：堆叠双向LSTM中文分词标注（片段1）

```
import re
import numpy as np
import pandas as pd
from tensorflow.keras.preprocessing.text import Tokenizer
from tensorflow.keras.preprocessing.sequence import pad_sequences
```

```python
from tensorflow.keras.layers import Dense, Embedding, LSTM, TimeDistributed, Input, Bidirectional
from tensorflow.keras.models import Model
from sklearn.model_selection import train_test_split
# pip install plot_model
from plot_model import plot_model
import json
# 批次大小
batch_size = 256
# 训练周期
epochs = 30
# 词向量长度
embedding_dims = 128
# cell 数量
lstm_cell = 64
# 句子的长度最大设置为 128，只保留长度小于 128 的句子，最好不要截断句子
# 大部分的句子长度都是小于 128 的
max_length=128
# 读入数据
# {b:begin, m:middle, e:end, s:single}，分别代表每个状态代表的是该字在词语中的位置
# b 代表该字是词语中的起始字，m 代表该字是词语中的中间字，e 代表该字是词语中的结束字，s 则
# 代表单字成词
text = open('msr_train.txt').read()
# 根据换行符切分数据
text = text.split('\n')
# 得到所有的数据和标签
def get_data(s):
    # 匹配(.)/(.)格式的数据
    s = re.findall('(.)/(.)', s)
    if s:
        s = np.array(s)
        # 返回数据和标签，0 为数据，1 为标签
        return s[:,0],s[:,1]

# 数据
data = []
# 标签
label = []
# 循环每个句子
for s in text:
    # 分离文字和标签
    d = get_data(s)
    if d:
        # 0 为数据
        data.append(d[0])
        # 1 为标签
        label.append(d[1])

# 存入 DataFrame
df = pd.DataFrame(index=range(len(data)))
df['data'] = data
df['label'] = label
# 只保留长度小于 max_length 的句子
```

```python
df = df[df['data'].apply(len) <= max_length]

# 把 data 中所有的 list 都变成字符串格式
texts = [' '.join(x) for x in df['data']]
# 实例化 Tokenizer，设置字典中最大的词汇数为 num_words
# Tokenizer 会自动过滤掉一些符号，如!"#$%&()*+,-./:;<=>?@[\\]^_`{|}~\t\n
tokenizer = Tokenizer()
# 传入训练数据，建立词典，词的编号根据其频率设定，频率越大，编号越小
tokenizer.fit_on_texts(texts)
# 把词转换为编号，编号大于 num_words 的词会被过滤掉
sequences = tokenizer.texts_to_sequences(texts)
# 把序列的长度设定为 max_length，超过 max_length 的部分舍弃，不足 max_length 则补 0
# padding='pre'在句子前面进行填充，padding='post'在句子后面进行填充
X = pad_sequences(sequences, maxlen=max_length, padding='post')
# 把 token_config 保存到 json 文件中，在模型的预测阶段可以使用
file = open('token_config.json','w',encoding='utf-8')
# 把 tokenizer 变成 json 数据
token_config = tokenizer.to_json()
# 保存 json 数据
json.dump(token_config, file)
# 计算字典中词的数量，由于有填充的词，所以加 1
# 中文的单字词数量一般比较少，这个数据集只有 5000 多个词
num_words = len(tokenizer.index_word)+1

# 相当于把字符类型的标签变成了数字类型的标签
tag = {'o':0, 's':1, 'b':2, 'm':3, 'e':4}
Y = []
# 循环原来的标签
for label in df['label']:
    temp = []
    # 把"sbme"转变成 1234
    temp = temp + [tag[l] for l in label]
    temp = temp + [0]*(max_length-len(temp))
    Y.append(temp)
Y = np.array(Y)

# 切分数据集
x_train,x_test,y_train,y_test = train_test_split(X, Y, test_size=0.2)

# 定义模型
sequence_input = Input(shape=(max_length))
# Embedding 层
# mask_zero=True，计算时忽略 0 值，也就是填充的数据不参与计算
embedding_layer = Embedding(num_words, embedding_dims, mask_zero=True)(sequence_input)
# 双向 LSTM，因为我们的任务是分词标签，因此需要 LSTM 每个序列的 Hidden State 输出值
# return_sequences=True 表示返回所有序列 LSTM 的输出，默认只返回最后一个序列 LSTM 的输出
x = Bidirectional(LSTM(lstm_cell, return_sequences=True))(embedding_layer)
# 堆叠多个双向 LSTM
x = Bidirectional(LSTM(lstm_cell, return_sequences=True))(x)
x = Bidirectional(LSTM(lstm_cell, return_sequences=True))(x)
# TimeDistributed 该包装器可以把一个层应用到输入的每一个时间步上
# 也就是说 LSTM 每个序列输出的 Hidden State 都应该连接一个 Dense 层，并预测出 5 个结果
```

```
# 这 5 个结果分别对应"sbmeo"。o 为填充值，对应标签 0。
preds = TimeDistributed(Dense(5, activation='softmax'))(x)
# 定义模型的输入与输出
model = Model(inputs=sequence_input, outputs=preds)
# 画图
plot_model(model)
```

结果输出如下：

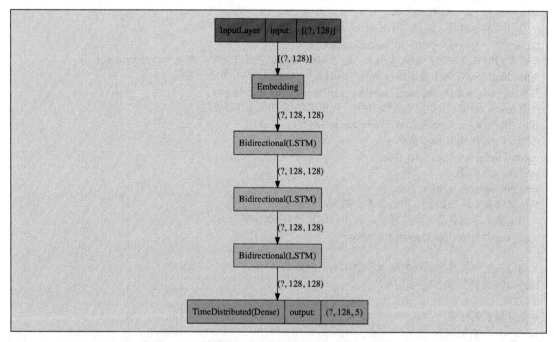

代码 16-5：堆叠双向 LSTM 中文分词标注（片段 2）

```
# 定义代价函数和优化器
# 使用 sparse_categorical_crossentropy，标签不需要转变为独热编码
model.compile(loss='sparse_categorical_crossentropy', optimizer='adam', metrics=['accuracy'])
# 训练模型
model.fit(x_train, y_train,
      batch_size=batch_size,
      epochs=epochs,
      validation_data=(x_test, y_test))
# 保存模型
model.save('lstm_tag.h5')
```

结果输出如下：

```
Train on 68496 samples, validate on 17124 samples
Epoch 1/30
68496/68496 [==============================] - 35s 514us/sample - loss: 0.2811 - accuracy: 0.6381 - val_loss: 0.1426 - val_accuracy: 0.8518
...
Epoch 29/30
68496/68496 [==============================] - 22s 320us/sample - loss: 0.0122 - accuracy: 0.9892 - val_loss: 0.0604 - val_accuracy: 0.9578
Epoch 30/30
```

```
68496/68496 [==============================] - 22s 319us/sample - loss: 0.0114 - accuracy: 0.9900 - val_loss: 0.0629 - val_accuracy: 0.9563
```

最后训练得到的准确率在 95%左右。

16.4.2 维特比算法

这一小节我们将要介绍**维特比算法**（**Viterbi Algorithm**），因为在中文分词标注模型的预测阶段需要用到它。维特比算法是应用最广泛的动态规划算法之一，主要应用在数字通信、语音识别、机器翻译、分词等领域。

例如，我们在进行分词的时候，可能会有多种分词结果，把每一种分词结果看作一条路径，如图 16.4 所示。

图 16.4 中的 o 表示填充标注；b 代表该字是词语中的起始字；m 代表该字是词语中的中间字；e 代表该字是词语中的结束字；s 代表单字成词。如果我们要遍历所有路径找到概率最大的路径（最优路径），则计算量是非常大的。

维特比算法就是用来解决最优路径问题的，我没有想到特别简洁又清晰的表达方式把维特比算法给描述清楚，所以打算直接用一个实际例子来给大家讲解维特比

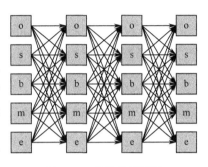

图 16.4 多种分词路径

算法的计算流程。本书使用的是一个真实的分词例子，例子中所有的数值都是真实计算得到的数值。

首先我们先说一下状态转移矩阵，我们把"osbme"看作 5 种状态，这 5 种状态之间的转移是有一定概率的。例如，跟 o 相关的状态转移（o->s，e->o 等）都是不存在的，因为真正分词的时候是不可能出现 o 这个标注的；再比如 s->m、s->e、b->s、b->b、m->s、m->b、e->m、e->e 这些状态也都是不可能存在的，这不符合我们的标注规则。这些不可能出现的状态转移我们可以把它们的值设置为-inf（负无穷）。那么存在的状态转移 s->s、s->b、b->m、b->e、m->m、m->e、e->s、e->b 应该要怎么确定状态转移权重呢？最简单的方式是全都设置为 1，表示这些合理的状态转移概率都相等。较好一些的方法是可以使用二元模型，统计语料库里 s->s 的概率，s->b 的概率，一直到 e->b 的概率。更好一些的方法是可以使用**条件随机场**（**Conditional Random Field，CRF**）。状态转移矩阵的计算不属于维特比算法的内容，这里我们就用一个相对简单的方法——二元模型来进行计算（具体操作在后面程序中），得到的状态转移矩阵如图 16.5 所示。

o->o	o->s	o->b	o->m	o->e		-inf	-inf	-inf	-inf	-inf
s->o	s->s	s->b	s->m	s->e	→	-inf	0.108	0.151	-inf	-inf
b->o	b->s	b->b	b->m	b->e		-inf	-inf	-inf	0.054	0.262
m->o	m->s	m->b	m->m	m->e		-inf	-inf	-inf	0.054	0.054
e->o	e->s	e->b	e->m	e->e		-inf	0.166	0.150	-inf	-inf

图 16.5 状态转移矩阵

例如，我们要对"深度学习"这4个字进行分词，那么我们就要把"深"、"度"、"学"、"习"这4个字对应的词向量传入模型中，模型的输出结果是"o"、"s"、"b"、"m"、"e"这5个结果的分类概率（"o"表示用了填充的标注），如图16.6所示。

我们先将图16.6看懂，每个字传入模型中就会得到5种标注的预测概率值，图16.6中的 T 表示状态转移矩阵。每一时刻，我们都根据上一时刻的情况和当前时刻的情况来计算当前每个状态的最佳路径，这句话可能有点难理解，但这就是维特比算法的核心内容。

假设"度"的标注是"s"，那么路径可能是 o->s、s->s、b->s、m->s、e->s，每条路径我们都会计算一个分数（score），我们可以认为分数越高，这条路径就越好。分数的计算，如 score(o->s)= $P_0^o + T_{os} + P_1^s$，P_0^o 为模型输入"深"得到"o"的概率，本书模型计算得到的值为 $5.24×10^{-8}$；T_{os} 为转移矩阵中 o->s 的值，为-inf；P_1^s 为模型输入"度"得到"s"的概率，本书模型计算得到的值为 $6.39×10^{-5}$，所以 score(o->s)=-inf。同样的方式，我们把 o->s、s->s、b->s、m->s、e->s 所有的分数计算出来，只保留最高的得分 score(e->s)=0.17。

"度"的标注还可能是"o"、"b"、"m"、"e"，所以我们还需要分别计算上一时刻的状态到"o"、"b"、"m"、"e"的最佳路径，以及路径得分，最后得到的结果如图16.7所示。

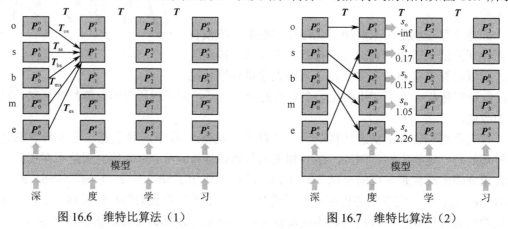

图16.6　维特比算法（1）　　　　图16.7　维特比算法（2）

图16.7中的 s 表示路径得分（score）。接下来计算从"度"到"学"这一阶段，如 score(e->s)=上一时刻的得分（s_e）+状态转移得分（T_{es}）+这一时刻的得分（P_2^s），同样根据上一时刻的情况和当前时刻的情况来计算当前每个状态的最佳路径，结果如图16.8所示。

最后得到的结果如图16.9所示。

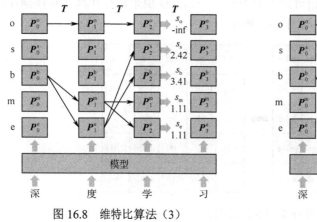 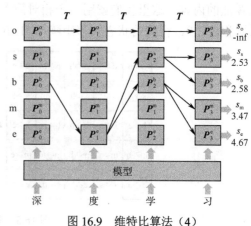

图16.8　维特比算法（3）　　　　图16.9　维特比算法（4）

最后阶段得到 5 条最佳路径，即 o->o->o->o、b->e->s->s、b->e->s->b、b->e->b>m、b->e->b->e。最高得分是 4.67，所以我们最后选择的分词标注为 b->e->b->e，所以分词结果如下：

['深度', '学习']

最后总结一下，路径的分数是由模型预测的概率作为分数再加上转移矩阵的分数得到的。也就是说如果每个序列模型预测的结果非常准确，其实状态转移矩阵的分数也就不太重要了，甚至可以忽略状态转移矩阵的分数；如果每个序列模型预测的结果不够准确，那么状态转移矩阵的分数就比较关键了，甚至可以适当增加状态转移矩阵分数的权重。所以在早期的一些NLP应用中，模型预测的结果准确率不够高，可能需要使用条件随机场（CRF）来训练出一个好的状态转移矩阵，这样可以使得标注结果更好。而现在如果我们使用 BERT 模型来预测序列结果，由于 BERT 模型预测的准确率很高，所以状态转移矩阵就不一定是关键的影响因素了。

16.4.3 中文分词标注模型预测

实现中文分词标注模型预测的代码如代码 16-6 所示。

代码 16-6：中文分词标注模型预测（片段 1）

```python
import numpy as np
import re
from tensorflow.keras.models import load_model
from tensorflow.keras.preprocessing.text import tokenizer_from_json
from tensorflow.keras.preprocessing.sequence import pad_sequences
import json
# 句子长度，需要跟模型训练时一致
max_length = 128
# 载入 tokenizer
json_file = open('token_config.json','r',encoding='utf-8')
token_config = json.load(json_file)
tokenizer = tokenizer_from_json(token_config)
# 获得字典，键为字，值为编号
word_index = tokenizer.word_index
# 载入模型
model = load_model('lstm_tag.h5')
# 载入数据集做处理主要是为了计算状态转移概率
# 读入数据
text = open('msr_train.txt', encoding='gb18030').read()
# 根据换行符切分数据
text = text.split('\n')

# 得到所有的数据和标签
def get_data(s):
    # 匹配(.)/(.)格式的数据
    s = re.findall('(.)/(.)', s)
    if s:
        s = np.array(s)
        # 返回数据和标签，0 为数据，1 为标签
```

```python
    return s[:,0],s[:,1]

# 数据
data = []
# 标签
label = []
# 循环每个句子
for s in text:
    # 分离文字和标签
    d = get_data(s)
    if d:
        # 0 为数据
        data.append(d[0])
        # 1 为标签
        label.append(d[1])
# texts 二维数据，一行一个句子
# 如 ngrams(texts,2,2)，只计算 2-grams
# 如 ngrams(texts,2,4)，计算 2-grams、3-grams、4-grams
def ngrams(texts, MIN_N, MAX_N):
    # 定义空字典记录
    ngrams_dict = {}
    # 循环每一个句子
    for tokens in texts:
        # 计算一个句子中分词（token）的数量
        n_tokens = len(tokens)
        # 词汇组合统计
        for i in range(n_tokens):
            for j in range(i+MIN_N, min(n_tokens, i+MAX_N)+1):
                # 词汇组合（list）转字符串
                temp = ''.join(tokens[i:j])
                # 字典计数加一
                ngrams_dict[temp] = ngrams_dict.get(temp, 0) + 1
    # 返回字典
    return ngrams_dict
# 统计状态转移次数
ngrams_dict = ngrams(label,2,2)
print(ngrams_dict)
```

结果输出如下：

```
{'sb': 600115, 'be': 1039906, 'es': 659674, 'ss': 427204, 'bm': 215149, 'me': 215149, 'mm': 211874, 'eb': 594480}
```

代码 16-6：中文分词标注模型预测（片段 2）

```python
# 计算状态转移总次数
sum_num = 0
for value in ngrams_dict.values():
    sum_num = sum_num + value
# 计算状态转移概率
p_sb = ngrams_dict['sb']/sum_num
p_be = ngrams_dict['be']/sum_num
p_es = ngrams_dict['es']/sum_num
```

```python
p_ss = ngrams_dict['ss']/sum_num
p_bm = ngrams_dict['bm']/sum_num
p_me = ngrams_dict['me']/sum_num
p_mm = ngrams_dict['mm']/sum_num
p_eb = ngrams_dict['eb']/sum_num
# p_oo 用于表示不可能的转移,-np.inf 表示负无穷
p_oo = -np.inf

# 使用条件随机场(CRF)来计算转移矩阵有可能效果会更好
# 这里我们用简单的二元模型来定义状态转移矩阵
# oo,os,ob,om,oe
# so,ss,sb,sm,se
# bo,bs,bb,bm,be
# mo,ms,mb,mm,me
# eo,es,eb,em,ee
# 其中 sm、se、bs、bb、ms、mb、em、ee 这几个状态转移是不存在的
# o 为填充状态,跟 o 相关的转移也都不需要考虑
transition_params = [[p_oo,p_oo,p_oo,p_oo,p_oo],
            [p_oo,p_ss,p_sb,p_oo,p_oo],
            [p_oo,p_oo,p_oo,p_bm,p_be],
            [p_oo,p_oo,p_oo,p_mm,p_me],
            [p_oo,p_es,p_eb,p_oo,p_oo]]

# 维特比算法
def viterbi_decode(sequence, transition_params):
    """
    Args:
      sequence: 一个[seq_len, num_tags]矩阵
      transition_params: 一个[num_tags, num_tags]矩阵
    Returns:
      viterbi: 一个[seq_len]序列
    """
    # 假设状态转移共有 num_tags 种状态
    # 创建一个跟 sequence 相同形状的网格
    score = np.zeros_like(sequence)
    # 创建一个跟 sequence 相同形状的路径(path),用于记录路径
    path = np.zeros_like(sequence, dtype=np.int32)
    # 起始分数
    score[0] = sequence[0]
    for t in range(1, sequence.shape[0]):
        # t-1 时刻的得分(score)加上 trans 分数,得到下一时刻所有状态转移[num_tags, num_tags]的得分
        T = np.expand_dims(score[t - 1], 1) + transition_params
        # t 时刻的得分(score) = 每个状态转移的最大得分 + 下个序列的预测得分
        score[t] = np.max(T, 0) + sequence[t]
        # 记录每个状态转移最大得分所在的位置
        path[t] = np.argmax(T, 0)
    # score[-1]为最后得到 num_tags 种状态的得分
    # np.argmax(score[-1])找到最高得分所在的位置
    viterbi = [np.argmax(score[-1])]
    # 回头确定来的路径,相当于知道最高得分以后从后往前走
    for p in reversed(path[1:]):
        viterbi.append(p[viterbi[-1]])
```

```python
        # 反转viterbi列表，把viterbi变成正向路径
        viterbi.reverse()
        # 计算最大得分，如果需要，可以返回
        # viterbi_score = np.max(score[-1])
        return Viterbi

# 小句分词函数
def cut(sentence):
    # 如果句子大于最大长度，只取max_length个词
    if len(sentence) >= max_length:
        seq = sentence[:max_length]
    # 如果不足max_length，则填充
    else:
        seq = []
        for s in sentence:
            try:
                # 在字典里查询编号
                seq.append(word_index[s])
            except:
                # 如果不在字典里，则填充0
                seq.append(0)
        seq = seq + [0]*(max_length-len(sentence))
    # 获得预测结果，shape(32,5)
    preds = model.predict([seq])[0]
    # 维特比算法
    viterbi = viterbi_decode(preds, transition_params)
    # 只保留跟句子相同长度的分词标注
    y = viterbi[:len(sentence)]
    # 分词
    words = []
    for i in range(len(sentence)):
        # 如果标签为s或b，添加（append）到结果的表格（list）中
        if y[i] in [1, 2]:
            words.append(sentence[i])
        else:
            # 如果标签为m或e，在list的最后一个元素中追加内容
            words[-1] += sentence[i]
    return words

# 根据符号断句
cuts = re.compile(u'([\da-zA-Z ]+)|[。，、？！\.\?,!()（）]')
# 先分小句，再对小句分词
def cut_word(s):
    result = []
    # 指针设置为0
    i = 0
    # 根据符号断句
    for c in cuts.finditer(s):
        # 对符号前的部分分词
        result.extend(cut(s[i:c.start()]))
        # 加入符号
        result.append(s[c.start():c.end()])
```

```
    # 移动指针到符号后面
    i = c.end()
# 对最后的部分进行分词
result.extend(cut(s[i:]))
return result

print(cut_word('针对新冠病毒感染,要做好"早发现、早报告、早隔离、早治疗",及时给予临床治疗的措施。'))
```

结果输出如下:

```
['针对', '新冠', '病毒', '感染', ',', '要', '做好', '"', '早', '发现', '、', '早', '报告', '、', '早', '隔离', '、', '早', '治疗', '"', ',', '及时', '给予', '临床', '治疗', '的', '措施', '。']
```

代码 16-6:中文分词标注模型预测(片段 3)

```
print(cut_word ('广义相对论是描写物质间引力相互作用的理论'))
```

结果输出如下:

```
['广义', '相对论', '是', '描写', '物质', '间', '引力', '相互', '作用', '的', '理论']
```

代码 16-6:中文分词标注模型预测(片段 4)

```
print(cut_word('阿尔法围棋(AlphaGo)是第一个击败人类职业围棋选手、第一个战胜围棋世界冠军的人工智能,是谷歌(Google)旗下 DeepMind 公司戴密斯·哈萨比斯领衔的团队开发。'))
```

结果输出如下:

```
['阿尔法围棋', '(', 'AlphaGo', ')', '是', '第一个', '击败', '人类', '职业', '围棋', '选手', '、', '第一个', '战胜', '围棋', '世界', '冠军', '的', '人工', '智能', ',', '是', '谷歌', '(', 'Google', ')', '旗', '下', 'DeepMind', '公司', '戴密斯·哈萨比斯', '领衔', '的', '团队', '开发', '。']
```

经过测试,我们看到模型可以得到较好的分词结果,对公司名和人名等这些命名实体也可以得到很好的识别效果。

16.5 最新的一些激活函数介绍

NLP 实战章突然又讲到激活函数,大家不要觉得奇怪,这是因为下面的 NLP 实战内容涉及新的激活函数的使用。BERT 模型中使用的激活函数为 GELU(Gaussian Error Linear Unit)函数[2],不再是我们熟悉的 ReLU 函数。在近年的深度学习技术发展中又诞生了许多新的激活函数,既然要介绍 GELU 函数,那干脆把一些新的激活函数都一起介绍一下吧。

之前我们有介绍过 sign、sigmoid、tanh、softsign、ReLU 这些激活函数,其中表现最好的自然是 ReLU 函数。ReLU 函数的优点是计算简单,可以避免梯度消失。下面要介绍的这些激活函数大部分都跟 ReLU 函数有点关系。新的一些激活函数有部分在 Tensorflow 中可以直接调用,有部分在 Tensorflow 中没有,需要自行定义,如何自定义激活函数可以参考后面 BERT 的源代码。

16.5.1 Leaky ReLU

带泄露修正线性单元(**Leaky ReLU**[3])算是 ReLU 函数的一个变种,可以简写为

LReLU，公式为：

$$\text{LReLU}(x) = \begin{cases} x & \text{if}(x > 0) \\ \alpha x & \text{if}(x \leq 0) \end{cases} \tag{16.1}$$

LReLU 的导数公式为

$$\text{LReLU}'^{(x)} = \begin{cases} 1 & \text{if}(x > 0) \\ \alpha & \text{if}(x \leq 0) \end{cases} \tag{16.2}$$

这里的 α 是一个人为设置的超参数，一般取值范围是 $0.1 \sim 0.3$。α 为 0.3 时，Leaky ReLU 函数如图 16.10 所示。

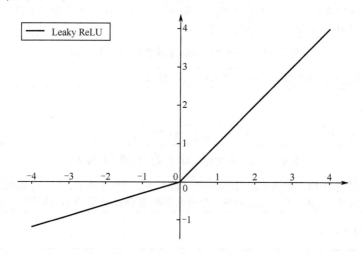

图 16.10 Leaky ReLU 函数

Leaky ReLU 函数的导数如图 16.11 所示。

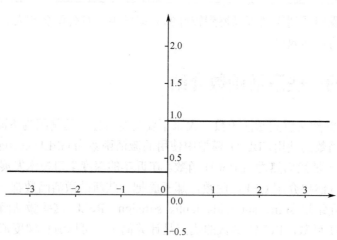

图 16.11 Leaky ReLU 函数的导数

从图 16.10 中我们就可以看出，Leaky ReLU 函数的特点是当 x 取值为负时，函数也有对应的输出，并且 x 取值为负时也存在较小的梯度，可以解决 ReLU 函数中当 x 取值为负时函数只能输出 0 并且导数也为 0 的问题。其实总的来说，ReLU 函数和 Leaky ReLU 函数的效果差不多，只不过有些时候使用 Leaky ReLU 函数可以得到更好的效果。

16.5.2 ELU

指数线性单元（Exponential Linear Unit，ELU）[4]也是一个跟 ReLU 函数类似的激活函数，其公式为

$$\mathrm{ELU}(x) = \begin{cases} x & \text{if}(x>0) \\ \alpha(\mathrm{e}^x - 1) & \text{if}(x \leq 0) \end{cases} \qquad (16.3)$$

ELU 的导数公式为

$$\mathrm{ELU}'^{(x)} = \begin{cases} 1 & \text{if}(x>0) \\ \alpha \mathrm{e}^x & \text{if}(x \leq 0) \end{cases} \qquad (16.4)$$

这里的 α 是一个人为设置的超参数，一般取值范围是 0.1~0.3。α 为 0.3 时，ELU 函数如图 16.12 所示。

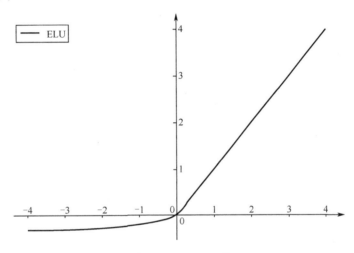

图 16.12　ELU 函数

ELU 函数的导数如图 16.13 所示。

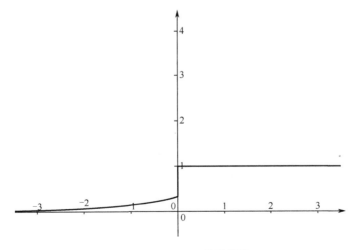

图 16.13　ELU 函数的导数

从图 16.12 中我们就可以看出 ELU 函数跟 Leaky ReLU 函数挺像的，当 x 取值为负数

时，函数也有对应的输出，并且也存在较小的梯度。只不过 ELU 函数中有指数计算，x 越小，梯度的值也会越接近于 0。一般来说，使用 ELU 函数作为激活函数，模型的效果可能会比使用 ReLU 函数要稍微好一些。

16.5.3 SELU

扩展指数线性单元（Scaled Exponential Linear Unit，SELU）[5]，看名字就知道其应该跟 ELU 函数差不多，它的公式为

$$\text{SELU}(x) = \lambda \times \begin{cases} x & \text{if}(x > 0) \\ \alpha(e^x - 1) & \text{if}(x \leq 0) \end{cases} \tag{16.5}$$

SELU 函数的导数公式为

$$\text{SELU}'^{(x)} = \lambda \times \begin{cases} 1 & \text{if}(x > 0) \\ \alpha e^x & \text{if}(x \leq 0) \end{cases} \tag{16.6}$$

比 ELU 多了一个 λ，大家可能会想又多了一个参数，调参岂不是更困难。这个大家可以放心，作者用一篇包含 300 多个公式推导的 100 页左右的论文告诉我们：

$$\alpha \approx 1.6732632423543772848170429916717$$
$$\lambda \approx 1.0507009873554804934193349852946$$

具体的推导过程估计没几个人会去看，大家有兴趣的话可以自行研究。总之得到 α 和 λ 这两个具体的数值以后，神经网络每一层的激活值都会满足均值接近于 0、标准差接近于 1 的正态分布。可以有效地解决梯度消失问题，同时也加快模型的收敛速度，这跟 Batch Normalization 比较类似。而使用了 SELU 激活函数的网络也被称为**自归一化神经网络 (Self-Normalizing Neural Networks)**，简称 **SNN**。

SNN 模型训练有一个条件，必须要对网络的权值进行标准化的权值初始化，如可以使用 lecun_normal 初始化网络权值，否则可能会训练失败。另外，如果网络中需要使用 Dropout，最好使用 **Alpha Dropout**。Alpha Dropout 是一种保持信号均值和方差不变的 Dropout，该层的作用是即使在 Dropout 的时候也保持数据的自规范性。

SELU 函数如图 16.14 所示。

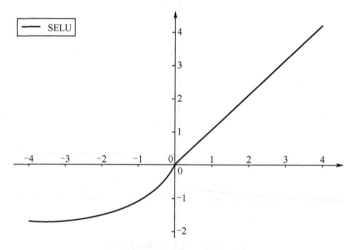

图 16.14 SELU 函数

SELU 函数的导数如图 16.15 所示。

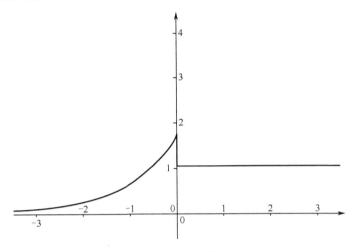

图 16.15　SELU 函数导数

SELU 函数良好的自归一化特性使得它在很多任务中都会比 ReLU 函数得到更好的效果。

16.5.4　GELU

高斯误差线性单元（Gaussian Error Linear Unit，GELU）[6]，BERT 模型中使用的激活函数就是它。

GELU 函数的公式为

$$\text{GELU}(x) = xP(X \leq x) = x\Phi(x) \tag{16.7}$$

其中，$P(X \leq x)$ 表示概率值，$\Phi(x)$ 指的是 x 的正态分布的累积分布函数：

$$\text{GELU}(x) = xP(X \leq x) = x\int_{-\infty}^{x} \frac{e^{-\frac{(X-\mu)^2}{2\sigma^2}}}{\sqrt{2\pi}\sigma} dX \tag{16.8}$$

计算结果可以约等于：

$$\text{GELU}(x) = 0.5x\left\{1 + \text{Tanh}\left[\sqrt{\frac{2}{\pi}}(x + 0.044715x^3)\right]\right\} \tag{16.9}$$

GELU 函数的导数公式为

$$\begin{aligned}\text{GELU}'(x) = {}& 0.5\text{Tanh}(0.0356774x^3 + 0.797885x) + \\ & (0.0535161x^3 + 0.398942x) \times \text{sech}^2(0.0356774x^3 + 0.797885x) + 0.5\end{aligned} \tag{16.10}$$

概率 $P(X \leq x)$ 中的 x 表示当前神经元的激活值输入，X 的正态分布的累积分布 $\Phi(x)$ 是随着 x 的变化而变化的。当神经元激活值输入 x 增大，$\Phi(x)$ 也会增大；当 x 减小，$\Phi(x)$ 也会减小。如果 x 很小，$\Phi(x)$ 的值会接近于 0，神经元的输出值会接近于 0，相当于神经元被 Dropout；如果 x 比较大，$\Phi(x)$ 的值会接近于 1，相当于神经元会保留。

GELU 函数如图 16.16 所示。

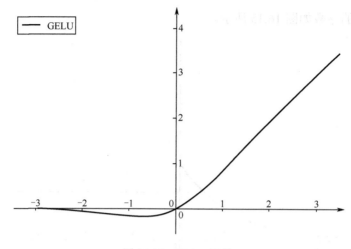

图 16.16　GELU 函数

GELU 函数的导数如图 16.17 所示。

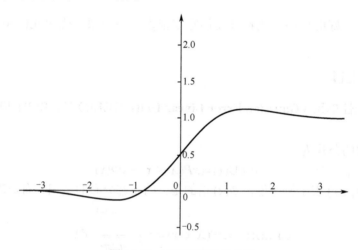

图 16.17　GELU 函数的导数

GELU 函数在很多实验中也表现出了比 ReLU 函数和 ELU 函数更好的效果。

16.5.5　Swish

Swish[7]是由谷歌提出的一个激活函数，谷歌做了很多实验证明 Swish 函数比 ReLU 函数更好，甚至比 LReLU、ELU、SELU、GELU 这些 ReLU 的变形还要好。当然，Swish 函数真正的效果如何，大家不妨在之后的项目中尝试使用看看，对比一下其他的激活函数就知道了。

Swish 函数的公式为

$$\text{Swish}(x) = x \times \text{sigmoid}(\beta x) \tag{16.11}$$

这里的 β 是一个人为设置的参数值，也可以通过模型训练得到。

Swish 函数的导数公式为：

$$\text{Swish}'(x) = \beta \text{Swish}(x) + \text{sigmoid}(\beta x) \times (1 - \beta \text{Swish}(x)) \tag{16.12}$$

Swish 函数如图 16.18 所示。

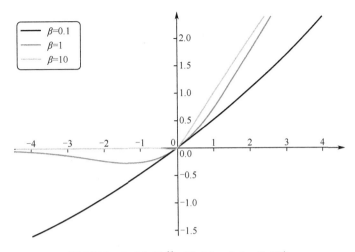

图 16.18 Swish 函数（β=0.1，β=1，β=10）

Swish 函数的导数如图 16.19 所示。

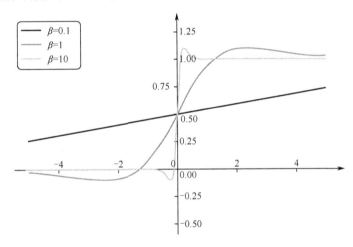

图 16.19 Swish 函数的导数（β=0.1，β=1，β=10）

16.6 BERT 模型的简单使用

16.6.1 安装 tf2-bert 模块并准备预训练模型

笔者参考 Github 上一个做得比较好的 BERT 开源项目 bert4kera(参考内容来自 https://github.com/bojone/bert4keras)，在它的基础上进行了进一步的精简，只留下跟 BERT 模型相关的最核心的代码，并把它变成了"全注释代码"，主要是方便大家学习和使用。笔者精简和注释过的项目发布在笔者的 Github 上，即 https://github.com/Qinbf/tf2_bert。

BERT 模型的完整实现即便是做了很多的精简，整个程序也还是有 1000 多行的代码。所以在这里我们就不讲解 BERT 模型实现的细节了，大家可以到作者的 Github 上下载程序来进行学习。下面我们主要讲一下如何使用 BERT 模型来完成 NLP 相关的一些任务。首先我们需要先安装 tf2_bert 模块，其安装方式为打开命令提示符运行命令：

```
pip install tf2-bert
```

安装好 tf2_bert 模块以后，我们还需要下载预训练模型，可以通过网址 https://github.com/google-research/bert 下载谷歌官方的预训练模型，谷歌提供的预训练模型大部分都是使用英文语料训练出来的。如果大家要使用中文语料训练的 BERT 模型，推荐大家使用哈尔滨工业大学提供的预训练模型，其网址为 https://github.com/ymcui/Chinese-BERT-wwm。

笔者在哈尔滨工业大学提供的预训练模型中下载了一个简称为"RoBERTa-wwm-ext, Chinese"的模型，下载地址为 http://pan.iflytek.com/#/link/98D11FAAF0F0DBCB094EE19CCDBC98BF，密码为 Xe1p。下载好以后，得到一个名为"chinese_roberta_wwm_ext_L-12_H-768_A-12"的文件夹，文件夹中的文件如图 16.20 所示。

图 16.20 模型文件

其中，"bert_config.json"是 BERT 模型相关的一些配置文件；"vocab.txt"为 BERT 模型训练时用到的词表；剩下的 3 个为 Tensorflow 的模型文件。"ckpt"为"checkpoint"的缩写，"ckpt"这种模型保存格式在 Tensorflow1.0 中用得比较多，也可以沿用至 Tensorflow2。

16.6.2 使用 BERT 模型进行文本特征提取

准备工作做好以后，下面我们开始进行 BERT 模型的使用，首先我们先用预训练的 BERT 模型来进行文本特征提取，如代码 16-7 所示。

代码 16-7：使用 BERT 模型进行文本特征提取（片段 1）

```python
from tf2_bert.models import build_transformer_model
from tf2_bert.tokenizers import Tokenizer
import numpy as np
# 定义预训练模型路径
model_dir = './chinese_roberta_wwm_ext_L-12_H-768_A-12'
# BERT 参数
config_path = model_dir+'/bert_config.json'
# 保存模型权值参数的文件
checkpoint_path = model_dir+'/bert_model.ckpt'
# 词表
dict_path = model_dir+'/vocab.txt'
# 建立分词器
tokenizer = Tokenizer(dict_path)
# 建立模型，加载权重
model = build_transformer_model(config_path, checkpoint_path)
# 句子 0
sentence0 = '机器学习'
```

```
# 句子1
sentence1 = '深度学习'
# 用分词器对句子分词
tokens = tokenizer.tokenize(sentence0)
# 分词后自动在句子前加上[CLS]、在句子后加上[SEP]
print(tokens)
```

结果输出如下：

```
['[CLS]', '机', '器', '学', '习', '[SEP]']
```

代码 16-7：使用 BERT 模型进行文本特征提取（片段 2）

```
# 编码测试
token_ids, segment_ids = tokenizer.encode(sentence0)
# [CLS]的编号为101，机为3322，器为1690，学为2110，习为739，[SEP]为102
print('token_ids:',token_ids)
# 因为只有一个句子，所以 segment_ids 都是 0
print('segment_ids:',segment_ids)
```

结果输出如下：

```
token_ids: [101, 3322, 1690, 2110, 739, 102]
segment_ids: [0, 0, 0, 0, 0, 0]
```

代码 16-7：使用 BERT 模型进行文本特征提取（片段 3）

```
# 编码测试
token_ids, segment_ids = tokenizer.encode(sentence0,sentence1)
# 可以看到两个句子分词后的结果为：
# ['[CLS]', '机', '器', '学', '习', '[SEP]', '深', '度', '学', '习', [SEP]]
print('token_ids:',token_ids)
# 0 表示第一个句子的 token，1 表示第二个句子的 token
print('segment_ids:',segment_ids)
```

结果输出如下：

```
token_ids: [101, 3322, 1690, 2110, 739, 102, 3918, 2428, 2110, 739, 102]
segment_ids: [0, 0, 0, 0, 0, 0, 1, 1, 1, 1, 1]
```

代码 16-7：使用 BERT 进行文本特征提取（片段 4）

```
# 增加一个维度表示批次大小为 1
token_ids = np.expand_dims(token_ids,axis=0)
# 增加一个维度表示批次大小为 1
segment_ids = np.expand_dims(segment_ids,axis=0)
# 传入模型进行预测
pre = model.predict([token_ids, segment_ids])
# 得到的结果中，1 表示批次大小，11 表示 11 个分词，768 表示特征向量的长度
# 这里就是把句子的分词转化为了特征向量
print(pre.shape)
```

结果输出如下：

```
(1, 11, 768)
```

16.6.3 使用 BERT 模型进行完形填空

使用 BERT 模型进行完形填空其实就是使用 BERT 模型的掩码语言模型（MLM）来对包含"[MASK]"符号的句子进行预测，把"[MASK]"符号变成合理的词填入句子中，如代码 16-8 所示。

代码 16-8：使用 BERT 模型进行完形填空（片段 1）

```python
from tf2_bert.models import build_transformer_model
from tf2_bert.tokenizers import Tokenizer
import numpy as np
# 定义预训练模型路径
model_dir = './chinese_roberta_wwm_ext_L-12_H-768_A-12'
# BERT 参数
config_path = model_dir+'/bert_config.json'
# 保存模型权值参数的文件
checkpoint_path = model_dir+'/bert_model.ckpt'
# 词表
dict_path = model_dir+'/vocab.txt'
# 建立分词器
tokenizer = Tokenizer(dict_path)
# 建立模型，加载权重
# with_mlm=True 表示使用 MLM 的功能，模型结构及最后的输出会发生一些变化，可以用来预测被遮
# 挡的分词
model = build_transformer_model(config_path, checkpoint_path, with_mlm=True)
# 分词并转化为编码
token_ids, segment_ids = tokenizer.encode('机器学习是一门交叉学科')
# 把"学"字和"习"字变成"[MASK]"符号
token_ids[3] = token_ids[4] = tokenizer._token_dict['[MASK]']
# 增加一个维度表示批次大小为 1
token_ids = np.expand_dims(token_ids,axis=0)
# 增加一个维度表示批次大小为 1
segment_ids = np.expand_dims(segment_ids,axis=0)
# 传入模型进行预测
pre = model.predict([token_ids, segment_ids])[0]
# 我们可以看到第 3 和第 4 个位置经过模型预测，[MASK]变成了"学习"
print(tokenizer.decode(pre[3:5].argmax(axis=1)))
```

结果输出如下：

```
学习
```

代码 16-8：使用 BERT 进行完形填空（片段 2）

```python
# 分词并转化为编码
token_ids, segment_ids = tokenizer.encode('机器学习是一门交叉学科')
# 把"交"字和"叉"字变成"[MASK]"符号
token_ids[8] = token_ids[9] = tokenizer._token_dict['[MASK]']
# 增加一个维度表示批次大小为 1
```

```
token_ids = np.expand_dims(token_ids,axis=0)
# 增加一个维度表示批次大小为 1
segment_ids = np.expand_dims(segment_ids,axis=0)
# 传入模型进行预测
pre = model.predict([token_ids, segment_ids])[0]
# 我们可以看到第 8 和第 9 个位置经过模型预测，[MASK]变成了"什么"，句子变成了一个疑问句
# 虽然模型没有预测出原始句子的词汇，但作为完形填空，填入一个"什么"句子也是正确
print(tokenizer.decode(pre[8:10].argmax(axis=1)))
```

结果输出如下：

```
什么
```

16.7 BERT 电商用户多情绪判断项目

16.7.1 项目背景介绍

之前我们使用的情感分类数据都是网上可以找到的开源数据，并且相对简单。这一小节我们来点更硬核的内容，给大家介绍一个笔者之前给某化妆品公司做的电商用户多种情绪判断的项目，项目用到的部分标注好的数据笔者会跟本书的代码一起开放给大家下载，供大家学习和研究使用。项目背景大概就是化妆品公司希望可以通过分析自己用户的评论数据，挖掘影响产品购买的因素，提供产品建议或策略指导，进而提升效率。了解对方需求后，笔者对用户评论的分析并不只是针对好评还是差评这一个维度来判断，只判断好评和差评，维度太单一，无法挖掘出更深层次的内容。因此，笔者把用户评论的分析分为了 7 个不同的维度，分别是总体评论、是否为老用户、是否是参与活动购买、产品质量评价、性价比评价、客户物流包装等服务评价、是否考虑在再次购买，如图 16.21 所示。

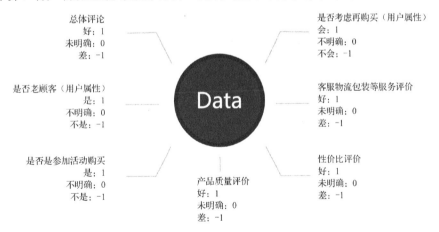

图 16.21 用户评论的 7 个维度分析

每个维度都有 3 个分类，在数据的标注中使用 1、0、-1 来标注，具体情况如图 16.22 所示。

评论	性价比	产品质量	参加活动	客服物流包装	是否为老顾客	最喜欢内容	总体评价
这款面膜非常的好，真的，特别的水分充足，然后这个面膜材质非常的细腻，对皮肤很好，没有过敏，自己亲测，我看一下基本上没以来之后味道很好的，所以我每天都敷，我是属于油性皮肤，所以最重要的就是水油平衡，一定要补水，效果非常好，而且买的时候 ，质量很好的一款面膜。	1	1	0	0	0	0	1
眼膜很好，挺滋润的，精华很多，买了对几次了，下次有活动再屯点吧！喜欢	0	1	1	0	1	1	1
这款补水保湿的面膜收到货就用了，感觉还不错，吸收挺好，精华液也挺多的，贴完后按摩了一下，吸收差不多了清水洗一下脸，很清爽，面部滑滑的。面膜不小，男士都可以用。	0	1	0	0	0	0	1
美白效果：发觉皮肤越来越水润光泽，肤色也被提亮了，气色变得越来越好，敷上去感觉滑滑的。补水效果真的不错，而且每次清洗过后脸上滑滑的，我是油性皮肤，每年到了这个天，我脸上都很油，现在用这补水面膜一周多了，脸上没那么油了，效果真的很满意！对收缩毛孔很有效哦~补水美白	0	1	0	0	-1	0	1
什么事也可以我们自己来好啊，一个定只想加入看到到入外问题让他背后可以让自己喜欢你的自己的，不能够让我们看到时代是人个美好时光，什么意思什么意思，不想不想那么什么来就要就要接到你怎么的回答 什么意用	0	0	0	0	0	0	0
试了一下，感觉味道超级好闻一拿出来没有黏糊糊的感觉，敷到脸上精华液也不会到处流，感觉软软的薄薄一层很舒服，用完以后吸收的很好~这个比较好贵	1	1	0	0	0	0	1
好评，好评好评，一如既往，好评好评，一如既往，好评好评，一如既往，好评好评，一如既往，好评好评，一如既往，好评好评	0	0	0	0	0	0	1
面收到了活动买货还买，我用了很好保湿效果非常好。晚上做第二天皮肤特别好不干燥很舒服，用了下次有活动再买吧！不错好评、好评	1	1	1	0	0	1	1
【保湿效果：紧张脸都是滑溜溜的，很舒服，也没有出现什么过敏的反应，精华液吸收很快速，质量真的是很别的好，敷上去滑爽的感觉也是给力的	0	1	0	0	0	0	1
宝贝不错卖家服务周到，另外跑啦好几次，平时用啊，补的很多啊，充不超日补水质，发货速度非常快，包装非常仔细，严实，物流公司服务态度很好，送货速度也 相当的令人满意	0	1	0	1	0	0	1
我要是用的面膜，我是干皮，用着很好，也不会过敏。	0	1	0	0	0	0	1
终于收到我爱的宝贝了，听我一朋友卖的啊 说这款，这这张口的我的 淘宝购物以来让我最满意的一次购物。无论是家主的态度还是对物品，我都非常满意的，掌柜的态度很专业热情，有问必答，回复也很快，我问了不少问题，他都不厌其烦，都认真的答复了我，这点让我觉得掌柜是一个很细心的人，我很喜欢在这样的买家手中购物，还有就是对他价超级好的评价啦，宝贝超级好收到，活动优惠时候买，很划算，我一直都在使用会继续支持的	1	0	1	0	0	1	1
不错，精华比较多，之前买过一盒觉得好用，正好看见在做活动就买了2盒，还 推荐给朋友了，朋友一次买了4盒。	0	1	0	0	1	0	1
用感没什么呢，评价一下下，评评评评评评评评评评，合眼睛的影响	0	0	0	-1	0	0	1
宝贝用着很棒哦，非常补水！用着特别舒服清凉！适合阴起来经常用哦！	0	1	0	0	0	1	1

图 16.22 7 个维度的具体标注情况

获得用户评论中更多维度的信息以后就可以对用户评论进行更深入的挖掘和更全面的分析。

16.7.2 模型训练

实现 BERT 电商用户多情绪判断——模型训练的代码如代码 16-9 所示。

代码 16-9：BERT 电商用户多情绪判断——模型训练（片段 1）

```
from tf2_bert.models import build_transformer_model
from tf2_bert.tokenizers import Tokenizer
from tensorflow.keras.utils import to_categorical
from tensorflow.keras.layers import Lambda,Dense,Input,Dropout
from tensorflow.keras.models import Model
from tensorflow.keras.optimizers import Adam
from tensorflow.keras.callbacks import ModelCheckpoint
import numpy as np
import pandas as pd
from plot_model import plot_model
# 周期数
epochs = 5
# 批次大小
batch_size = 16
# 验证集占比
validation_split = 0.2
# 句子长度
seq_len = 256
# 载入数据
data = pd.read_excel('reviews.xlsx')
```

```
# 查看前5行数据
data.head()
```

结果输出如下：

	评论	性价比	产品质量	参加活动	客服物流包装	是否为老顾客	是否会再买	总体评论
0	这款面膜非常的好，真的，特别的水分充足，然后这个面膜材质非常的细腻，对皮肤很好，没有过敏，我...	1	1	0	0	0	0	1
1	面膜很好，挺滋润的，精华很多，买了好几次了，下次有活动再屯点吧！喜欢喜欢喜欢喜欢喜欢喜欢喜欢...	0	1	1	0	1	1	1
2	这款补水保湿的面膜收到货就用了，感觉还不错，吸收挺好，精华液也挺多的，贴完后按摩了一下，吸收...	1	0	0	0	0	0	1
3	美白效果：发觉皮肤越来越水润光泽，肤色也被提亮了，气色变得越来越好，敷上去感觉滑滑的。补水效...	0	1	0	0	-1	0	1
4	什么事也可以让我们变好吗、不会让别人看到别人和她们在背后议论自己喜欢你什么地方好玩不了自己了...	0	0	0	0	0	0	0

代码 16-9：BERT 电商用户多情绪判断——模型训练（片段 2）

```
# 定义预训练模型路径
model_dir = './chinese_roberta_wwm_ext_L-12_H-768_A-12'
# BERT 参数
config_path = model_dir+'/bert_config.json'
# 保存模型权值参数的文件
checkpoint_path = model_dir+'/bert_model.ckpt'
# 词表
dict_path = model_dir+'/vocab.txt'
# 建立分词器
tokenizer = Tokenizer(dict_path)
# 建立模型，加载权重
bert_model = build_transformer_model(config_path, checkpoint_path)

token_ids = []
segment_ids = []
# 循环每个句子
for s in data['评论'].astype(str):
    # 分词，并把分词变成编号
    token_id,segment_id = tokenizer.encode(s, first_length=seq_len)
    token_ids.append(token_id)
    segment_ids.append(segment_id)
token_ids = np.array(token_ids)
segment_ids = np.array(segment_ids)

label = []
# 定义标签
def LabelEncoder(y):
    # 增加一个维度
    y = y[:,np.newaxis]
    # 原始标签把-1、0、1变成0、1、2
    y = y+1
    y = y.astype('uint8')
    # 转成独热编码
    y = to_categorical(y, num_classes=3)
    return y
```

```python
# 获取 7 个维度的标签,并把每个维度的标签从-1、0、1 变成 0、1、2
label = [(LabelEncoder(np.array(data[columns]))) for columns in data.columns[1:]]
label = np.array(label)
print(label.shape)
```

结果输出如下:

```
(7, 10000, 3)
```

代码 16-9:BERT 电商用户多情绪判断——模型训练(片段 3)

```python
# token 输入
token_in = Input(shape=(None,))
# segment 输入
segment_in = Input(shape=(None,))
# 使用 BERT 进行特征提取
x = bert_model([token_in, segment_in])
# 每个序列的第一个字符是句子的分类[CLS],该字符对应的词向量可以用作分类任务中该序列的总表示
# 即用句子第一个字符的词向量来表示整个句子
# 取出每个句子的第一个字符对应的词向量
x = Lambda(lambda x: x[:, 0])(x)

# 多任务学习
# 性价比输出层
x0 = Dropout(0.5)(x)
preds0 = Dense(3, activation='softmax',name='out0')(x0)
# 产品质量输出层
x1 = Dropout(0.5)(x)
preds1 = Dense(3, activation='softmax',name='out1')(x1)
# 参加活动输出层
x2 = Dropout(0.5)(x)
preds2 = Dense(3, activation='softmax',name='out2')(x2)
# 客服物流包装输出层
x3 = Dropout(0.5)(x)
preds3 = Dense(3, activation='softmax',name='out3')(x3)
# 是否为老顾客输出层
x4 = Dropout(0.5)(x)
preds4 = Dense(3, activation='softmax',name='out4')(x4)
# 是否会再买输出层
x5 = Dropout(0.5)(x)
preds5 = Dense(3, activation='softmax',name='out5')(x5)
# 总体评论输出层
x6 = Dropout(0.5)(x)
preds6 = Dense(3, activation='softmax',name='out6')(x6)
# 定义模型
model = Model([token_in, segment_in], [preds0,preds1,preds2,preds3,preds4,preds5,preds6])
# 画出模型结构
plot_model(model,dpi=200)
```

结果输出如下:

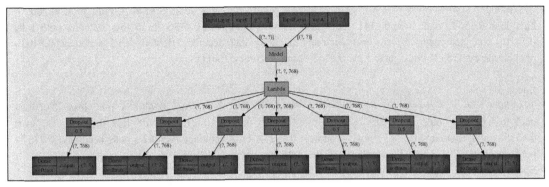

代码 16-9：BERT 电商用户多情绪判断——模型训练（片段 4）

```
# 定义模型训练的 loss、loss_weights、optimizer
# loss_weights 表示每个任务的权重，可以看情况设置
model.compile(loss={
        'out0': 'categorical_crossentropy',
        'out1': 'categorical_crossentropy',
        'out2': 'categorical_crossentropy',
        'out3': 'categorical_crossentropy',
        'out4': 'categorical_crossentropy',
        'out5': 'categorical_crossentropy',
        'out6': 'categorical_crossentropy'},
    loss_weights={
        'out0': 1.,
        'out1': 1.,
        'out2': 1.,
        'out3': 1.,
        'out4': 1.,
        'out5': 1,
        'out6': 2.},
    optimizer=Adam(1e-5),
    metrics=['accuracy'])

# 保存 val_loss 最低的模型
callbacks = [ModelCheckpoint(filepath='bert_model/'+'{epoch:02d}.h5',
        monitor='val_loss',
        verbose=1,
        save_best_only=True)]

# 训练模型
model.fit([token_ids, segment_ids], [label[0],label[1],label[2],label[3],label[4],label[5],label[6]],
    batch_size=batch_size,
    epochs=epochs,
    validation_split=validation_split,
    callbacks=callbacks)
```

结果输出如下：

```
Train on 8000 samples, validate on 2000 samples
Epoch 1/5
```

```
7984/8000 [============================>.] - ETA: 0s - loss: 3.4144 - out0_loss: 0.2809 -
out1_loss: 0.6564 - out2_loss: 0.2141 - out3_loss: 0.4407 - out4_loss: 0.4736 - out5_loss: 0.2666 - out6_loss:
0.5410 - out0_accuracy: 0.9176 - out1_accuracy: 0.7325 - out2_accuracy: 0.9400 - out3_accuracy: 0.8403 -
out4_accuracy: 0.8391 - out5_accuracy: 0.9163 - out6_accuracy: 0.8111
……
Epoch 5/5
7984/8000 [============================>.] - ETA: 0s - loss: 0.9488 - out0_loss: 0.0636 -
out1_loss: 0.2589 - out2_loss: 0.0501 - out3_loss: 0.0752 - out4_loss: 0.1288 - out5_loss: 0.0652 - out6_loss:
0.1535 - out0_accuracy: 0.9797 - out1_accuracy: 0.9023 - out2_accuracy: 0.9862 - out3_accuracy: 0.9757 -
out4_accuracy: 0.9543 - out5_accuracy: 0.9770 - out6_accuracy: 0.9461
Epoch 00005: val_loss did not improve from 2.51170
8000/8000 [==============================] - 287s 36ms/sample - loss: 0.9486 - out0_loss: 0.0635 -
out1_loss: 0.2588 - out2_loss: 0.0500 - out3_loss: 0.0751 - out4_loss: 0.1293 - out5_loss: 0.0651 - out6_loss:
0.1534 - out0_accuracy: 0.9797 - out1_accuracy: 0.9022 - out2_accuracy: 0.9862 - out3_accuracy: 0.9758 -
out4_accuracy: 0.9540 - out5_accuracy: 0.9770 - out6_accuracy: 0.9461 - val_loss: 3.0706 - val_out0_loss:
0.1404 - val_out1_loss: 0.5145 - val_out2_loss: 0.2064 - val_out3_loss: 0.1928 - val_out4_loss: 0.3246 -
val_out5_loss: 0.2494 - val_out6_loss: 0.7211 - val_out0_accuracy: 0.9580 - val_out1_accuracy: 0.8125 -
val_out2_accuracy: 0.9515 - val_out3_accuracy: 0.9450 - val_out4_accuracy: 0.9015 - val_out5_accuracy:
0.9185 - val_out6_accuracy: 0.8260
```

16.7.3 模型预测

实现 BERT 电商用户多情绪判断——模型预测的代码如代码 16-10 所示。

代码 16-10：BERT 电商用户多情绪判断——模型预测（片段 1）

```python
from tf2_bert.models import build_transformer_model
from tf2_bert.tokenizers import Tokenizer
from tensorflow.keras.models import load_model
import numpy as np
# 载入模型
model = load_model('bert_model.h5')
# 词表路径
dict_path = './chinese_roberta_wwm_ext_L-12_H-768_A-12'+'/vocab.txt'
# 建立分词器
tokenizer = Tokenizer(dict_path)
# 预测函数
def predict(text):
    # 分词，并把分词变成编号，句子的长度需要与模型训练时的一致
    token_ids, segment_ids = tokenizer.encode(text, first_length=256)
    # 增加一个维度表示批次大小为1
    token_ids = np.expand_dims(token_ids,axis=0)
    # 增加一个维度表示批次大小为1
    segment_ids = np.expand_dims(segment_ids,axis=0)
    # 模型预测
    pre = model.predict([token_ids, segment_ids])
    # 去掉一个没用的维度
    pre = np.array(pre).reshape((7,3))
    # 获得可能性最大的预测结果
    pre = np.argmax(pre,axis=1)
    
    comment = ''
    if(pre[0]==0):
```

```python
        comment += '性价比差,'
    elif(pre[0]==1):
        comment += '-,'
    elif(pre[0]==2):
        comment += '性价比好,'

    if(pre[1]==0):
        comment += '质量差,'
    elif(pre[1]==1):
        comment += '-,'
    elif(pre[1]==2):
        comment += '质量好,'

    if(pre[2]==0):
        comment += '希望有活动,'
    elif(pre[2]==1):
        comment += '-,'
    elif(pre[2]==2):
        comment += '参加了活动,'

    if(pre[3]==0):
        comment += '客服物流包装差,'
    elif(pre[3]==1):
        comment += '-,'
    elif(pre[3]==2):
        comment += '客服物流包装好,'

    if(pre[4]==0):
        comment += '新用户,'
    elif(pre[4]==1):
        comment += '-,'
    elif(pre[4]==2):
        comment += '老用户,'

    if(pre[5]==0):
        comment += '不会再买,'
    elif(pre[5]==1):
        comment += '-,'
    elif(pre[5]==2):
        comment += '会继续购买,'

    if(pre[6]==0):
        comment += '差评'
    elif(pre[6]==1):
        comment += '中评'
    elif(pre[6]==2):
        comment += '好评'

    return pre,comment

pre,comment = predict("还没用,不知道怎么样")
print('pre:',pre)
```

```
print('comment:',comment)
```

结果输出如下:

```
pre: [1 1 1 1 1 1 1]
comment: -,-,-,-,-,-,中评
```

代码 16-10:BERT 电商用户多情绪判断——模型预测(片段 2)

```
pre,comment = predict("质量不错,还会再来,价格优惠")
print('pre:',pre)
print('comment:',comment)
```

结果输出如下:

```
pre: [2 2 1 1 1 2 2]
comment: 性价比好,质量好,-,-,-,会继续购买,好评
```

代码 16-10:BERT 电商用户多情绪判断——模型预测(片段 3)

```
pre,comment = predict("好用不贵物美价廉,用后皮肤水水的非常不错")
print('pre:',pre)
print('comment:',comment)
```

结果输出如下:

```
pre: [2 2 1 1 1 1 2]
comment: 性价比好,质量好,-,-,-,-,好评
```

代码 16-10:BERT 电商用户多情绪判断——模型预测(片段 4)

```
pre,comment = predict('一直都用这款产品,便宜又补水,特别好用,今后要一直屯下去。')
print('pre:',pre)
print('comment:',comment)
```

结果输出如下:

```
pre: [2 2 1 1 2 2 2]
comment: 性价比好,质量好,-,-,老用户,会继续购买,好评
```

代码 16-10:BERT 电商用户多情绪判断——模型预测(片段 5)

```
pre,comment = predict('趁着搞活动又囤了几盒,很划算,天天用也不心疼,补水效果还可以的')
print('pre:',pre)
print('comment:',comment)
```

结果输出如下:

```
pre: [2 2 2 1 1 1 2]
comment: 性价比好,质量好,参加了活动,-,-,-,好评
```

代码 16-10:BERT 电商用户多情绪判断——模型预测(片段 6)

```
pre,comment = predict('我周六买的,星期一才发货,问客服没有回复,不过速度还是快,星期二收到的。发货速度有待改进。')
print('pre:',pre)
print('comment:',comment)
```

结果输出如下：

```
pre: [1 1 1 0 1 1 0]
comment: -,-,-,客服物流包装差,-,-,差评
```

代码 16-10：BERT 电商用户多情绪判断——模型预测（片段 7）

```
pre,comment = predict('人生中第一次差评,差评一是给这个产品,用了过敏；二是给这个客服,说过敏
仅支持退货并且运费自理。我的天！那我就不退了吧。只能说自己倒霉咯,过敏了没人管,退货还得
自掏腰包,最惨不过我')
print('pre:',pre)
print('comment:',comment)
```

结果输出如下：

```
pre: [1 0 1 0 1 1 0]
comment: -,质量差,-,客服物流包装差,-,-,差评
```

代码 16-10：BERT 电商用户多情绪判断——模型预测（片段 8）

```
pre,comment = predict('自从朋友推荐就一直使用这款面膜,哈哈哈哈,这款面膜一件用了很久了,每次
活动买,比较实惠划算,比较适合我自己。唯一感觉不足的就是乳液太少。发货也特别快,值得购买。
会在买的。')
print('pre:',pre)
print('comment:',comment)
```

结果输出如下：

```
pre: [2 2 2 2 2 2 2]
comment: 性价比好,质量好,参加了活动,客服物流包装好,老用户,会继续购买,好评
```

16.8 参考文献

[1] Kim Y . Convolutional Neural Networks for Sentence Classification[J]. Eprint Arxiv, 2014.

[2] Hendrycks D, Gimpel K. Gaussian error linear units (gelus)[J]. arXiv preprint arXiv:1606.08415, 2016.

[3] Maas A L, Hannun A Y, Ng A Y. Rectifier nonlinearities improve neural network acoustic models[C]//Proc. icml. 2013, 30(1): 3.

[4] Clevert D A, Unterthiner T, Hochreiter S. Fast and accurate deep network learning by exponential linear units (elus)[J]. arXiv preprint arXiv:1511.07289, 2015.

[5] Klambauer G, Unterthiner T, Mayr A, et al. Self-normalizing neural networks[C]// Advances in neural information processing systems. 2017: 971-980.

[6] Hendrycks D, Gimpel K. Gaussian error linear units (gelus)[J]. arXiv preprint arXiv:1606.08415, 2016.

[7] Ramachandran P, Zoph B, Le Q V. Searching for activation functions[J]. arXiv preprint arXiv:1710.05941, 2017.

第 17 章　音频信号处理

深度学习目前应用最广泛的 3 大领域就是计算机视觉、自然语言处理和语音。计算机视觉和自然语言处理的内容在前面我们都已经有所了解，这一章我们就来介绍一下语音方面的任务。本章出现的新概念比较多，要想把这一章的内容学好，最好把这些新概念的中英文名称都记住，对应的含义都理解清楚。

17.1　深度学习在声音领域的应用

1．音频分类

音频分类算是音频领域的一个基本应用，即判断一段音频数据属于哪一种分类，如分类可以是人的说话声、飞机的轰鸣声、汽车的声音、火车的声音、小孩的哭声、玻璃的破碎声、狗叫声、警报声等，如图 17.1 所示。

2．音频事件检测

音频事件检测（Audio Event Detection）其实跟音频分类有点像，就是实时监测环境中的音频事件，这里的音频事件可以看作是某种声音的分类。例如，一对新婚夫妻生了一个小婴儿，父母的睡眠质量都比较好，并且他们对婴儿的哭声不太敏感，半夜婴儿肚子饿，哭了半天父母才能醒过来。如果要解决这个问题，我们可以把婴儿的哭声作为要检测的音频事件，检测到婴儿的哭声后，可以触发一个音量比较大的闹钟铃声唤醒婴儿的父母，如图 17.2 所示。

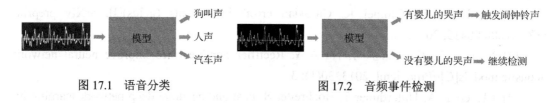

图 17.1　语音分类　　　　　　　　图 17.2　音频事件检测

3．语音识别

语音识别大家应该比较熟悉，就是把语音信息转化为文字信息。在我们的日常生活中，语音识别已经得到了较大规模的应用，日常用语的语音识别效果已经可以达到非常高的准确率。

4．音乐检索

音乐检索就是通过一小段音乐去检索出该音乐出自哪一首歌曲，也就是我们日常所说的听歌识曲。不少音乐类 APP 现在都已经实现了该功能。

5. 音乐生成

AI 与音乐的结合在这几年变得越来越频繁，在 2019 年中国数字音乐产业发展峰会上，有音乐制作公司在现场演示了 AI 作曲的操作，只需要给 AI 算法随意唱几个音符，它就可以做出一首完整的歌曲。例如，美国的网红歌手泰琳·萨顿（Taryn Southern）跟 AI 一起创作歌曲《Break Free》。AI 技术用于音乐的生成目前还处于比较早期的阶段，相信未来我们可以听到更多、更好的 AI 音乐作品。

6. 语音合成

语音合成包括把文本文字合成人声。近几年有部分广告推销电话已经开始使用语音合成技术了，使用机器来给我们打电话。如果不仔细分辨，则有可能还不知道对方是机器人。当然，目前这个技术还不算特别成熟，机器人的声音相比于普通人的声音来说会显得更僵硬一些，说话方式也没有人这么自然。

7. 语音克隆

语音克隆技术指的是克隆某个人的声音。给算法输入某个人的一个声音片段，算法会学习这个人的方式，然后再把这种说话方式跟其他的人声相结合。例如，你想模仿"小团团"魔性的声音，则准备一段"小团团"的语言片段，将其传给算法学习，这样算法就可以把你的说话声音变成"小团团"的声音了。

17.2 MFCC 和 Mel Filter Banks

这一小节我们来介绍一下**自动语言识别**（**Automatic Speech Recognition**，**ASR**）领域中最常用的两种语音处理方法：**梅尔滤波器组**（**Mel Filter Banks**）和**梅尔频率倒谱系数**（**Mel-Frequency Cepstral Coefficients**，**MFCC**）。

语音数据处理的流程如图 17.3 所示。

17.2.1 音频数据采集

我们先大概了解一下语音中的一些基本概念。语音信号在自然界中属于**模拟信号**（**Analog Signal**），模拟信号是指用连续变化的物理量表示的信号。我们需要把模拟信号变成**数字信号**（**Digital Signal**）以后才能进行后续的分析和建模，数字信号指的是离散的数值信号。所以我们一般可以使用数字麦克风（可以直接输出数字信号的麦克风），或者模拟麦克风（输出模拟信号的麦克风）加上模数转换芯片（把模拟信号变成数字信号的芯片）得到数字信号。

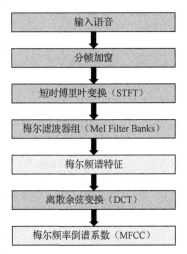

图 17.3 语音数据处理的流程

在采集声音数据的时候，可以通过设置**采样频率**（**Sampling Frequency**）来控制信号采集的快慢，如采样频率为 8kHz 时，表示每秒可以采集到 8000 个数据。一个数据就是一个数值，数值的大小表示信号的强弱。我们人耳的听力范围一般是 20Hz~20kHz，根据奈奎斯特采样定理,采样频率至少是信号中的最高频率的两倍,也就是说要采样20Hz～20kHz 的信号,需要至少40kHz以上的采样频率。由于在CD中采用了44.1kHz的采样频率,所以CD可以保存高质量的音频信号。采样频率也不是越高越好,因为采样频率越高,采集到的数据就越多,音频文件也会变得越大。人耳对低频声音比较敏感,对高频声音不太敏感,并且人说话的声音频率也比较低,所以在普通的录音应用中8kHz或16kHz的采样频率用得比较多。

除采样频率外,**量化位数(Quantization Bits)** 也会影响音频文件的大小,量化位数是对模拟信号进行数字化时的精度,如8位就是用8bit来表示音频信号,16位就是用16bit来表示音频信号。位数越高,数字化后的音频信号就越可能接近原始信号,但所需的存储空间也就越大。通常8位和16位用得比较多。

17.2.2 分帧加窗

我们在分析视频数据的时候会把连续的视频数据拆分为一帧一帧的图像数据来进行分析,处理语音数据的时候也是如此,我们会把一长串语音数据拆分为一帧一帧的数据进行处理。语音数据中的帧指的是一小段语音数据,一般情况下我们会把20～40ms的数据看作一帧。选择20～40ms这个长度主要是我们假设在短时尺度上音频信号没有太大的变化,如果帧的长度更短,则我们没有足够的样本来获取可靠的频谱估计;如果帧更长,则信号在整个帧中的变化就会更大。比较常用的帧长为20～25ms,帧移为10ms,如图17.4所示。

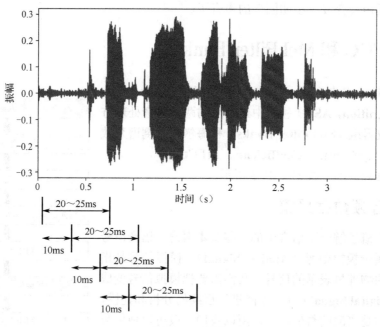

图 17.4 分帧

分帧后一般还会有一个加窗的操作,如常用的窗口有矩形窗口(Rectangular Window)、汉明窗口(Hamming Window)和汉宁窗口(Hanning Window)等,如图17.5所示。

Rectangular Window其实就是保留分帧后的数据不做处理,Hamming Window的效果和Hanning Window的效果差不多,就是增强每一帧数据中间部分的信号,减弱每一帧数据边缘的信号。一般来说Hamming Window和Hanning Window用得比较多。

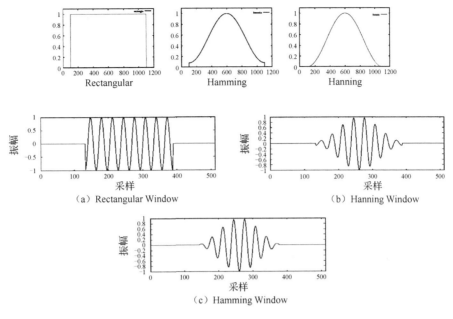

图 17.5 常用的窗口

17.2.3 傅里叶变换

分帧加窗做好以后,下一步就要对每帧数据进行**傅里叶变换**(**Fourier Transform**)了,如图 17.6 所示。

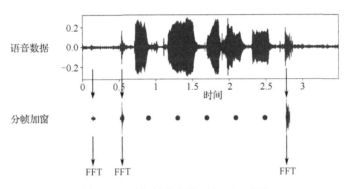

图 17.6 对每帧数据进行傅里叶变换

因为我们使用的数据都是离散的数值信号,所以对离散的数值信号进行的傅里叶变换也称为**离散傅里叶变换**(**Discrete Fourier Transform,DFT**)。在计算机中一般会使用更高效、更快速的离散傅里叶变换,我们将其称为**快速傅里叶变换**(**Fast Fourier Transform,FFT**),FFT 是 DFT 的快速算法。

我们这里的具体操作是将信号加上滑动时间窗,并对每个时间窗口内的数据进行 FFT,这种操作有一个专门的名词,称为**短时傅里叶变换**(**Short-Term Fourier Transform,STFT**)。

下面我们就以 FFT 为例来说明一下傅里叶变换具体是一种什么变换。如果用一句话来说明傅里叶变换,则是将**时域**(**Time Domain**)信号转换为**频域**(**Frequency Domain**)信号。时域信号就是信号的强弱与时间的关系，如一段语音信号跟时间的关系，如图 17.7 所示。

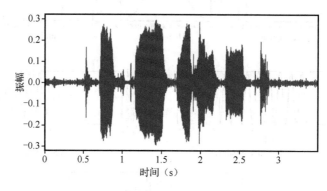

图 17.7 时域信号

任何一段复杂的声音信号我们都可以将其看作很多个正余弦波叠加得到的，如图 17.8 所示。

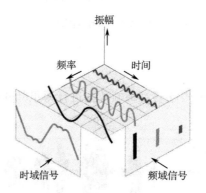

图 17.8 时域信号转频域信号

利用 FFT 算法对时域信号进行转换，会得到如图 17.9 所示的频域信号。

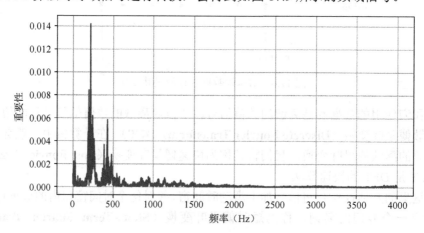

图 17.9 频域信号

频域信号就是信号的强弱与频率的关系，横坐标为频率，纵坐标为重要性，信号的强弱与频率的关系图也称为**频谱图（Spectrum）**。从图 17.9 中可以看到这段语音中低频的信号比较强，如 250Hz 和 450Hz 左右的信号是最强的，高频的信号很弱。关于 FFT 的具体细节大家有兴趣的话可以自行研究，这里我们就不展开介绍了。

对一段语音数据进行 STFT 以后得到的结果如图 17.10 所示。

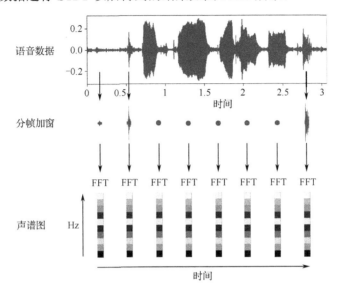

图 17.10　对一段语音数据进行 STFT 以后得到的

从图 17.10 中可以看到不同的频率有不同的灰度值，这里的灰度值表示数值的大小，颜色越深，表示该频率的振幅越大。使用 STFT 计算后得到的二维信号我们称为**声谱图**（**Spectrogram**）。

17.2.4　梅尔滤波器组

梅尔滤波器组（Mel Filter Banks）是模拟人耳听力特点设计出来的一组滤波器。前面我们有提到过人耳对低频信号比较敏感，对高频信号不太敏感，如我们很容易区分 500Hz 和 1000Hz 这两个声音信号，但是比较难区分 18000Hz 和 18500Hz 这两个声音信号。梅尔滤波器可以模拟人类对声音频率非线性的感知能力，对信号进行进一步的特征提取。梅尔（m，单位为 Mels）与频率（f，单位为 Hz）的转换关系如下：

$$m = 2595\log_{10}\left(1+\frac{f}{700}\right) \tag{17.1}$$

$$f = 700\left(10^{\frac{m}{2595}}-1\right) \tag{17.2}$$

m 与 f 的关系如图 17.11 所示。

下面举例说明一下梅尔滤波器组中的滤波器是如何生成的。梅尔滤波器组的个数是可以人为设置的，一般设置为 40。假设我们现在将其设置为 10 个滤波器，这 10 个滤波器需要 12（10+2）个频率点（这里的 2 表示最小频率点和最大频率点）。例如，我们使用的采样频率是 8000Hz，根据奈奎斯特采样定理，我们采集到的信号的频率上限为 4000Hz，根据式（17.1），4000Hz 约等于 2146.06Mels。现在我们从 0～2146.06 均匀划分 12 个点，得到：

$m(i)$ = 0，195.10，390.19，585.29，780.39，975.48，1170.58，1365.68，1560.77，1755.87，1950.97，2146.06

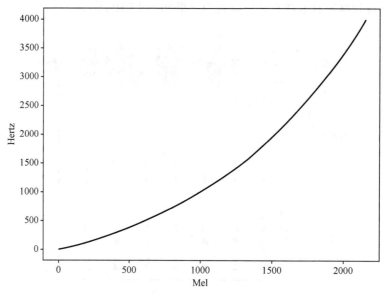

图 17.11 m 与 f 的关系

将这 12 个点转换为频率：

$f(i)$ = 0，132.30，289.60，476.64，699.02，963.44，1277.83，1651.64，2096.10，2624.56，3252.90，4000

根据这 12 个频率点可以得到 10 个三角滤波器。三角滤波器的特点是三角形区域以外的信号都会被过滤掉，三角形区域内中间的信号比较强，两边的信号会被减弱。如图 17.12 所示，第一个滤波器从第 1 个频率点开始，在第 2 个频率点达到最大值 1，然后在第 3 个频率点降为 0；第二个滤波器从第 2 个频率点开始，在第 3 个频率点达到最大值 1，然后在第 4 个频率点降为 0。以此类推，得到 10 个三角滤波器，如图 17.12 所示。

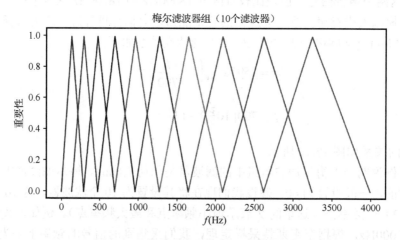

图 17.12 梅尔滤波器组（10 个滤波器）

接下来使用梅尔滤波器组对经过 STFT 计算后得到的声谱图（Spectrogram）进行滤波，

得到**梅尔频谱**（**Mel Spectrogram**），如图 17.13 所示。

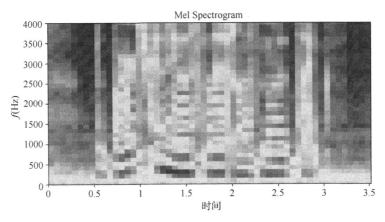

图 17.13 梅尔频谱（Mel Spectrogram）

图 17.13 为图 17.7 所示语音数据对应的梅尔频谱，其中梅尔滤波器组中滤波器的个数为 40。到这里，通过梅尔滤波器组（Mel Filter Banks）计算得到的梅尔频谱（Mel Spectrogram）就可以用来作为图 17.7 所示的这一段语音的特征数据了。然后再使用 CNN 或者 RNN 网络就可以对这段语音的特征数据进行进一步的分析和预测了。

17.2.5 梅尔频率倒谱系数（MFCC）

在介绍具体怎么计算 MFCC 之前，我们先介绍一下其相关背景。如图 17.14 所示为一段语音的频谱图。

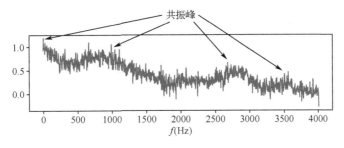

图 17.14 一段语音的频谱图

峰值表示语音的主要频率成分，我们把这些峰值称为**共振峰**（**Formants**）。共振峰携带了声音的辨识属性，通过它就可以识别不同的声音。我们可以把共振峰提取出来，不仅要提取共振峰的位置，还要提取其变化过程，得到**包络**（**Spectral Envelope**）。包络就是一条将所有共振峰连接起来的平滑曲线，如图 17.15 所示。

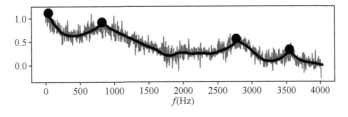

图 17.15 包络

我们可以认为频谱信号是由包络和**包络细节（Spectral Details）**组成的，如图 17.16 所示。

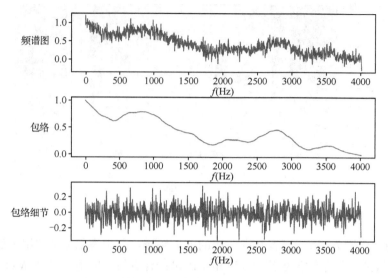

图 17.16 频谱信号的组成

我们可以认为包络是比较重要的特征，包络细节是不太重要的特征，甚至可能是噪声。现在我们要转换一下思维，如果我们把图 17.16 中的横坐标看作时间，把包络和包络细节看作波形。那包络的波形属于低频信号，包络细节的波形属于高频信号。那也就是说频谱图中的低频信号是重要特征，高频信号不太重要。

所以，我们可以对频谱图再做一次 FFT，得到频谱图的**倒谱（Cepstrum）**。倒谱这个词的英文实际上就是频谱图的英文前 4 个字母顺序颠倒过来得到的。倒谱中的频率称为**伪频率（Pseudo-Frequency）**，因为它不是真正的音频信号频率，它表示的是频谱图中波形的频率。

根据我们前面所说的，倒谱中的伪频率低频信号是重要特征，所以我们可以只取倒谱中低频信号的特征值，舍弃倒谱中高频信号的特征。具体取多少个倒谱中的低频信号，可以人为设置。对于 ASR 任务，一般取前 12~20 个。

MFCC 的具体计算就是对梅尔频谱再做一次**离散余弦变换（Discrete Fourier Transform，DCT）**，DCT 类似于 DFT，其只使用实数。然后取倒谱中前 n 个低频信号，n 可以人为设置。MFCC 可以看作对梅尔频谱进一步的特征提取，可以得到更适合 ASR 任务的特征。语音信号是时域连续的，分帧提取的信息只反映了本帧语音的特性，所以我们还可以计算 MFCC 的差分信号，常用的是一阶差分和二阶差分，差分的简单计算公式如下：

$$d(t) = \frac{c_{t+1} - c_{t-1}}{2} \qquad (17.3)$$

其中，c 为 MFCC 中的倒谱特征，t 为时间，也可以理解为第 t 帧，d 为差分特征。使用原始 MFCC 的值可以计算出一阶差分 ΔMFCC，然后使用 ΔMFCC 又可以计算出二阶差分 Δ^2MFCC。实际计算时，差分计算公式不一定用的是这一个，也可以使用其他的差分计算公式。图 17.7 所示的语音数据的 MFCC、ΔMFCC、Δ^2MFCC 结果如图 17.17 所示。

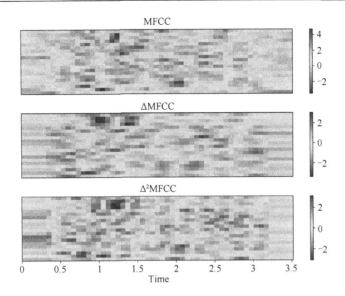

图 17.17　MFCC 及其一阶差分和二阶差分

可以计算也可以不计算差分信号，计算差分信号相当于可以得到多一些特征。得到 MFCC 后，使用 CNN 或者 RNN 网络就可以对图 17.7 所示的这段语音的特征数据进行进一步的分析和预测了。

17.3　语音分类项目

17.3.1　librosa 介绍

语音信号有很多复杂的处理流程，因此使用一个封装好的 Python 模块会让事情变得简单很多，下面我们将使用一个专门做音频数据处理的模块（librosa）。先进行 librosa 的安装，同样也是打开命令提示符，输入命令：

```
pip install librosa
```

安装好 librosa 以后，就可以使用 librosa 进行一些音频数据的处理了。我们需要准备一些音频文件，如果你暂时找不到音频文件，那么在下面这个地址下载到一些音频文件的例子：http://www.voiptroubleshooter.com/open_speech/american.html

librosa 的基本操作如代码 17-1 所示。

代码 17-1：librosa 的基本操作（片段 1）

```
import matplotlib.pyplot as plt
import librosa
import librosa.display
import sklearn
import IPython.display as ipd
# 播放音频文件
ipd.Audio('OSR_us_000_0010_8k.wav')
# 读取一段音频文件
# sr=None 表示不设置采样频率，默认会使用音频文件自身的采样频率
# duration=3.5 表示读取该文件前 3.5s 的数据
```

```
# 读取文件后返回文件数据 signal 和采样频率 sample_rate
signal,sample_rate = librosa.load('OSR_us_000_0010_8k.wav', sr=None, duration=3.5)
print('sample_rate:',sample_rate)
print('signal:',len(signal))
```

结果输出如下:

```
sample_rate: 8000
signal: 28000
```

代码 17-1: librosa 的基本操作（片段 2）

```
# 画出音频数据的波形图
librosa.display.waveplot(signal, sample_rate)
plt.show()
```

结果输出如下:

代码 17-1: librosa 的基本操作（片段 3）

```
# 提取梅尔频谱特征
# n_fft 为 FFT 的窗口长度，hop_length 为帧移，n_mels 为滤波器的个数
melspec = librosa.feature.melspectrogram(signal, sample_rate, n_fft=1024, hop_length=512, n_mels=40)
# 取对数
logmelspec = librosa.power_to_db(melspec)
# 画出梅尔频谱特征 Mel Spectrogram
# fmax 为最大频率
librosa.display.specshow(logmelspec, sr=sample_rate, fmax=4000, x_axis='time', y_axis='hz')
# 设置 title
plt.title('Mel Spectrogram')
# 显示颜色数值
plt.colorbar()
plt.show()
```

结果输出如下:

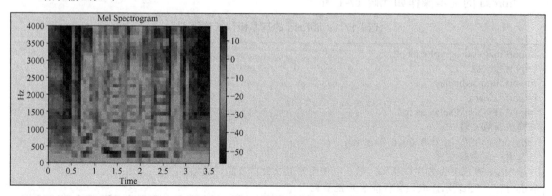

代码 17-1：librosa 基本操作（片段 4）

```
# 计算 mfcc,n_mfcc 为每帧数据 mfcc 的特征数量
mfcc = librosa.feature.mfcc(signal,sample_rate,n_mfcc=20)
# 数据标准化
mfcc = sklearn.preprocessing.scale(mfcc, axis=1)
# 画出 mfcc 频谱图
librosa.display.specshow(mfcc,sr=sample_rate)
plt.title('MFCC')
plt.colorbar()
plt.show()
```

结果输出如下：

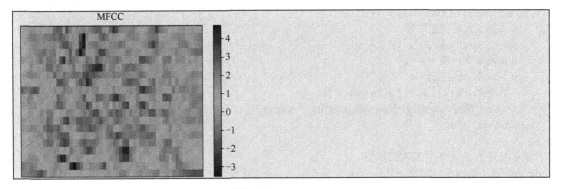

17.3.2 音频分类项目——模型训练

这里我们使用的分类数据集为 UrbanSound，数据集地址为 https://urbansounddataset.weebly.com/。如果大家有其他数据集，也可以使用其他数据集。UrbanSound 数据集有 10 个种类的声音，分别是 0 冷气机、1 汽车喇叭、2 孩子声音、3 狗叫声、4 电钻声、5 发动机声音、6 枪声、7 手提钻、8 警报声、9 街头音乐声。原始数据一共有 10 个文件夹，每个文件夹里有 800 多个音频文件，每个文件为某种声音类型的音频数据，时长为几秒。由于数据比较大，所以只使用了其中 3 个文件夹，大约 2500 个音频文件。音频文件名中包含标签信息，标签为文件名中的第二个数字，如"7061-6-0-0.wav"标签为 6 枪声，"9031-3-2-0.wav"标签为 3 狗叫声，具体实现如代码 17-2 所示。

代码 17-2：音频分类项目——模型训练（片段 1）

```
import warnings
warnings.filterwarnings("ignore")
import glob
import os
# 需要安装 tqdm，用于查看进度条
# pip install tqdm
from tqdm import tqdm
# pip install librosa
import librosa
import numpy as np
import sklearn
from sklearn.model_selection import train_test_split
# pip install plot_model
```

```python
from plot_model import plot_model
# 音频文件存放的位置
# 在'audio 文件夹下还有 fold1、fold2、fold3 这 3 个文件夹
audio_dir = 'audio/'
# 批次的大小
batch_size = 64
# 训练周期
epochs = 500
# 获取所有 wav 文件
def get_wav_files(audio_dir):
    # 用于保存音频文件的路径
    audio_files = []
    # 循环文件夹
    for sub_file in os.listdir(audio_dir):
        # 得到文件的完整路径
        file = os.path.join(audio_dir,sub_file)
        # 如果是文件夹
        if os.path.isdir(file):
            # 得到 file 文件夹下所有的 wav 文件
            audio_files += glob.glob(os.path.join(file, '*.wav'))
    return audio_files

# 获取文件的 mfcc 特征和对应标签
def extract_features(audio_files):
    # 用于保存 mfcc 特征
    audio_features = []
    # 用于保存标签
    audio_labels = []
    # 由于特征提取需要的时间比较长，可以加上 tqdm 实时查看进度
    for audio in tqdm(audio_files):
        # 读入音频文件
        # 由于音频文件原始的采样频率高低不一，所以我们将其固定为 22050
        signal,sample_rate = librosa.load(audio,sr=22050)
        # 由于音频的长度长短不一，基本上都在 4s 左右，所以我们把所有音频数据的长度都固定为 4s
        # 采样频率为 22050，时长为 4s，所以信号数量为 22050×4=88200
        # 小于 88200 填充
        if len(signal)<88200:
            # 给 signal 信号前面填充 0 个数据，后面填充 88200-len(signal)个数据，填充值为 0
            signal = np.pad(signal,(0,88200-len(signal)),'constant',constant_values=(0))
        # 大于 88200，只取前面 88200 个数据
        else:
            signal = signal[:88200]
        # 获取音频的 mfcc 特征，然后对数据进行转置
        # 将原始的 mfcc 数据重塑（shape）为（mfcc 特征数，帧数）-> （帧数，mfcc 特征数）
        # 相当于把序列长度的维度放前面，特征数的维度放后面
        mfcc = np.transpose(librosa.feature.mfcc(y=signal, sr=sample_rate, n_mfcc=40), [1,0])
        # 数据标准化
        mfcc = sklearn.preprocessing.scale(mfcc, axis=0)
        # 保存 mfcc 特征
        audio_features.append(mfcc.tolist())
        # 获取 label
        # 获取文件名的第 2 个数字，其为标签
```

第 17 章 音频信号处理

```
    label = audio.split('/')[-1].split('-')[1]
    # 保存标签
    audio_labels.append(int(label))
  return np.array(audio_features), np.array(audio_labels)

# 获取所有 wav 文件
audio_files = get_wav_files(audio_dir)
print('文件数量：',len(audio_files))
```

结果输出如下：

```
文件数量： 2685
```

代码 17-2：音频分类项目——模型训练（片段 2）

```
# 获取文件的 mfcc 特征和对应的标签
audio_features,audio_labels = extract_features(audio_files)
# 切分训练集和测试集
x_train,x_test,y_train,y_test = train_test_split(audio_features,audio_labels)

from tensorflow.keras.models import Sequential,Model
from tensorflow.keras.layers import Conv1D,GlobalMaxPool1D,AlphaDropout,Dense,Input,concatenate
from tensorflow.keras.optimizers import Adam
from tensorflow.keras.activations import selu
from tensorflow.keras.callbacks import EarlyStopping,CSVLogger,ModelCheckpoint,ReduceLROnPlateau
from tensorflow.keras.regularizers import l2
# 定义模型的输入
inputs = Input(shape=(x_train.shape[1:]))
# 定义 1 维卷积，权值初始化使用 lecun_normal，主要是为了跟 selu 搭配
x0 = Conv1D(filters=256, kernel_size=3, activation='selu', kernel_initializer='lecun_normal', kernel_regularizer=l2(0.0001))(inputs)
x0 = GlobalMaxPool1D()(x0)
# 定义 1 维卷积
x1 = Conv1D(filters=256, kernel_size=4, activation='selu', kernel_initializer='lecun_normal', kernel_regularizer=l2(0.0001))(inputs)
x1 = GlobalMaxPool1D()(x1)
# 定义 1 维卷积
x2 = Conv1D(filters=256, kernel_size=5, activation='selu', kernel_initializer='lecun_normal', kernel_regularizer=l2(0.0001))(inputs)
x2 = GlobalMaxPool1D()(x2)
# 合并特征
x = concatenate([x0,x1,x2],axis=-1)
# 可以用 AlphaDropout 保持信号的均值和方差不变，AlphaDropout 一般跟 selu 搭配
x = AlphaDropout(0.5)(x)
# 10 分类
preds = Dense(10, activation='softmax', kernel_initializer='lecun_normal')(x)
# 定义模型
model = Model(inputs, preds)
# 画结构图
plot_model(model, dpi=200)
```

结果输出如下：

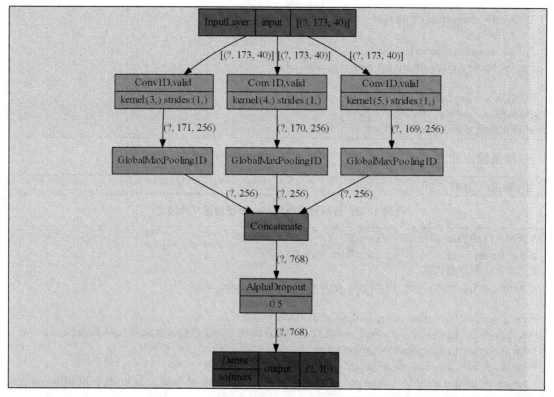

代码 17-2:音频分类项目——模型训练(片段 3)

```
# 定义优化器
# 因为标签没有转独热编码,所以 loss 用 sparse_categorical_crossentropy
model.compile(optimizer=Adam(0.01),
        loss='sparse_categorical_crossentropy',
        metrics=['accuracy'])

# 监控指标统一使用 val_accuracy
# 可以使用 EarlyStopping 让模型停止,连续 40 个周期 val_accuracy 没有下降就结束训练
# ModelCheckpoint 保存所有训练周期中 val_accuracy 最高的模型
# ReduceLROnPlateau 学习率调整策略,连续 20 个周期 val_accuracy 没有提升,当前学习率乘以 0.1
callbacks = [EarlyStopping(monitor='val_accuracy', patience=40, verbose=1),
        ModelCheckpoint('audio_model/'+'cnn_{val_accuracy:.4f}.h5', monitor='val_accuracy', save_best_only=True),
        ReduceLROnPlateau(monitor='val_accuracy', factor=0.1, patience=20, verbose=1)]

# 模型训练
history = model.fit(x_train, y_train, epochs=epochs, batch_size=batch_size, validation_data=(x_test, y_test),
callbacks=callbacks)
```

训练模型后,最后得到测试集的准确率大概为 90%。

17.3.3 音频分类项目——模型预测

下面我们再看一下模型预测程序,单独准备一些用于测试的音频文件,存放在 audio_test 文件夹下面,具体实现如代码 17-3 所示。

代码 17-3：音频分类项目——模型预测（片段 1）

```python
import warnings
warnings.filterwarnings("ignore")
import librosa
from tensorflow.keras.models import load_model
import glob
import os
from tqdm import tqdm
import numpy as np
import sklearn
# 测试文件存放的路径
audio_dir = 'audio_test/'
# 载入模型
model = load_model('audio_model/cnn_0.8943.h5')
# 获取文件的 mfcc 特征和对应的标签
def extract_features(audio_files):
    # 用于保存 mfcc 特征
    audio_features = []
    # 用于保存标签
    audio_labels = []
    # 由于特征提取需要的时间比较长，所以可以加上 tqdm 实时查看进度
    for audio in tqdm(audio_files):
        # 读入音频文件
        # 由于音频文件原始的采样频率高低不一，这里我们把采样频率固定为 22050
        signal,sample_rate = librosa.load(audio,sr=22050)
        # 由于音频的长度长短不一，基本上都在 4s 左右，所以我们把所有音频数据的长度都固定为 4s
        # 采样频率为 22050，时长为 4s，所以信号的数量为 22050×4=88200
        # 小于 88200 填充
        if len(signal)<88200:
            # 给 signal 信号前面填充 0 个数据，后面填充 88200-len(signal)个数据，填充值为 0
            signal = np.pad(signal,(0,88200-len(signal)),'constant',constant_values=(0))
        # 大于 88200，只取前面 88200 个数据
        else:
            signal = signal[:88200]
        # 获取音频的 mfcc 特征，然后对数据进行转置
        # 将原始的 mfcc 数据重塑(shape)为(mfcc 特征数，帧数)->(帧数，mfcc 特征数)
        # 相当于把序列长度的维度放前面，特征数的维度放后面
        mfcc = np.transpose(librosa.feature.mfcc(y=signal, sr=sample_rate, n_mfcc=40), [1,0])
        # 数据标准化
        mfcc = sklearn.preprocessing.scale(mfcc, axis=0)
        # 保存 mfcc 特征
        audio_features.append(mfcc.tolist())
        # 获取 label
        # 获取文件名的第 2 个数字，其为标签
        label = audio.split('/')[-1].split('-')[1]
        # 保存标签
        audio_labels.append(int(label))
    return np.array(audio_features), np.array(audio_labels)

# 获取所有 wav 文件
audio_files = glob.glob(os.path.join(audio_dir, '*.wav'))
```

```
print('文件数量：',len(audio_files))
```

结果输出如下：

```
文件数量： 10
```

代码 17-3：音频分类项目——模型预测（片段 2）

```
# 获取文件的 mfcc 特征和对应的标签
audio_features,audio_labels = extract_features(audio_files)
# 把测试数据当作一个批次进行预测
preds = model.predict_on_batch(audio_features)
# 计算概率最大的类别
preds = np.argmax(preds, axis=1)
print('真实标签为：',audio_labels)
print('预测结果为：',preds)
```

结果输出如下：

```
真实标签为： [3 0 5 1 8 7 9 5 2 1]
预测结果为： [3 0 5 1 8 7 9 5 2 1]
```

第 18 章　图像风格转换

图像风格转换对应的英文为 Image Style Transfer，即将两个图像（一张内容图像 A，一张风格图像 B）混合在一起，使得输出的图像内容像 A、风格像 B，如图 18.1 所示。

图 18.1　图像风格转换[1]

18.1　图像风格转换实现原理

下面主要以"*A Neural Algorithm of Artistic Style*"[1]这篇论文的思路给大家介绍一下图像风格转换如何实现。我们在之前学习卷积网络的时候有介绍过，卷积的功能主要是特征提取，那么经过大量训练的卷积网络就可以具备良好的特征提取能力。并且，不同的卷积层可以提取不同的特征。一般来说，浅层的卷积主要是提取图像边缘轮廓的特征，而深层的卷积则是提取图像更抽象的特征。因此我们可以选用一个经过预训练的图像识别卷积网络来作为特征提取器，如可以选择 VGG16。

图像风格转换的模型训练其实跟其他的深度学习模型训练类似，模型中有一些需要训练的权值，在图像风格变换中模型需要训练的权值是生成图片的像素值。我们一般使用内容图片来初始化生成图片的像素值，之后生成图片的像素值会随着模型的训练不断变化。我们还需要定义一个代价函数，然后使用优化器最小化代价函数的值。所以这里的重点在于这个代价函数如何定义。

18.1.1 代价函数的定义

我们把代价函数分为内容（Content Loss）和风格（Style Loss）。其中，Content Loss 表示生成出来的新图片与作为内容的图片 A 之间的 loss；Style Loss 表示生成出来的新图片与作为风格的图片 B 之间的 loss，总的代价函数公式如下：

$$L_{\text{total}} = \alpha L_{\text{content}} + \beta L_{\text{style}} \tag{18.1}$$

其中，L_{content} 表示 Content Loss，L_{style} 表示 Style Loss，α 表示 Content Loss 的权重，β 表示 Style Loss 的权重，权重的值可以人为设定。L_{content} 和 L_{style} 的计算如图 18.2 所示。

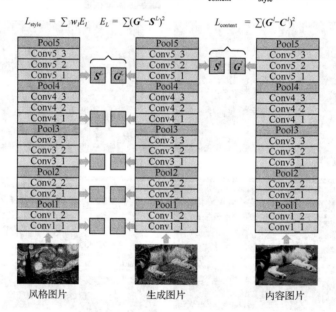

图 18.2 L_{content} 和 L_{style} 的计算

图 18.2 中的卷积网络为一个经过预训练的 VGG16 模型，在计算 L_{style} 时使用的卷积层为 Conv1_1、Conv2_1、Conv3_1、Conv4_1、Conv5_1，L_{style} 的计算公式如下：

$$E_L = \sum (G^L - S^L)^2 \tag{18.2}$$

$$L_{\text{style}} = \sum w_l E_l \tag{18.3}$$

其中，L 表示不同的卷积层，G 为生成图片的特征图计算得到的**格拉姆矩阵（Gram Matrix）**，S 为风格图片的特征图计算得到的格拉姆矩阵。这里计算格拉姆的原因是我们可以使用格拉姆矩阵来表示一副图片的风格，关于格拉姆矩阵的具体计算后面再介绍。总之，我们可以计算出风格图片和生成图片 Conv1_1、Conv2_1、Conv3_1、Conv4_1、Conv5_1

这 5 个卷积层输出的特征图所计算得到的 Gram 矩阵 S^L 和 G^L，然后根据 S^L 和 G^L 来计算 E_L。将所有 E_l 乘以对应的权重 w_l，再累加起来得到 L_{style}。权重 w_l 可以人为设置，一般设置为 1/5，即所有卷积层的特征权重相等。

计算 $L_{content}$ 时使用的是 Conv5_2 输出的特征图，也可以取多个卷积层输出，但效果变化不大，$L_{content}$ 的计算公式如下：

$$L_{content} = \sum (G^l - C^l)^2 \tag{18.4}$$

其中，G^l 为生成图片 Conv5_2 输出的特征图，C^l 为内容图片 Conv5_2 输出的特征图。注意，在计算 $L_{content}$ 的时候这里是直接对比特征图 G^l 和特征图 C^l，并没有计算 Gram 矩阵。因为计算 Gram 矩阵可以得到特征图和特征图之间的相关性，对于表示图片的风格是有意义的，跟图片的内容关系不大。

当我们使用优化器最小化代价函数的时候，相当于是在对比风格图片和生成图片的图像风格，使得图片风格的差异越小越好；然后再对比生成图片和内容图片的内容特征，使得图片内容特征的差异越小越好。生成图片的像素值经过不断的变化，就可以得到风格转换后的结果。

18.1.2 格拉姆矩阵介绍

上一小节我们有提到，在计算图像风格的时候用到了格拉姆矩阵（Gram Matrix），那么这一小节我们将主要来介绍一下格拉姆矩阵是如何计算的。

我们使用图像经过卷积计算后得到的特征图来计算格拉姆矩阵，然后用格拉姆矩阵表示图像风格。在计算格拉姆矩阵前，我们先把 2 维的特征图变成 1 维的特征向量，如图 18.3 所示。

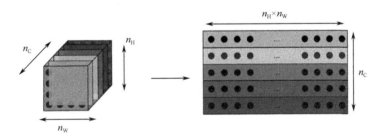

图 18.3 把 2 维特征图变成 1 维特征向量

假设我们现在一共有 5 张特征图，如图 18.3 所示。特征图的宽为 n_W，高为 n_H，所以展开成 1 维后，得到的特征图矩阵的列数为 $n_H \times n_W$，行数为特征图数量 5。

接下来的计算如图 18.4 所示。

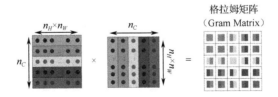

图 18.4 格拉姆矩阵的计算

把前面得到的特征图矩阵乘以该特征图矩阵的转置，得到的结果就是格拉姆矩阵。在上面这个例子中，因为一共有 5 张特征图，所以最后得到的格拉姆矩阵为 5×5 的矩阵。格拉姆矩阵可以把图像特征之间的联系提取出来，也就是可以得到特征之间的相关性。所以在图像风格转换中，可以使用格拉姆矩阵来表示图像的特征。

18.2 图像风格转换项目实战

在运行程序之前，大家可以自己收集一些风格图片和内容图片，然后尝试使用不同的图片看看可以得到什么结果。也可以尝试设置不同的 Loss 权重，看看图片的变化情况。实现图像风格装换的代码如代码 18-1 所示。

代码 18-1：图像风格转换（片段 1）

```
import matplotlib.pyplot as plt
import tensorflow as tf
import numpy as np
from PIL import Image
# 设置最长的一条边的长度
max_dim = 800
# 内容图片的路径
content_path = '臭臭.jpeg'
# 风格图片的路径
style_path = 'starry_night.jpg'
# 风格的权重
style_weight=10
# 内容的权重
content_weight=1
# 全变差正则权重
total_variation_weight=1e5
# 训练的次数
stpes = 301
# 是否保存训练过程中产生的图片
save_img = True

# 载入图片
def load_img(path_to_img):
    # 读取文件中的内容
    img = tf.io.read_file(path_to_img)
    # 变成 3 通道图片数据
    img = tf.image.decode_image(img, channels=3, dtype=tf.float32)
#    img = tf.image.convert_image_dtype(img, tf.float32)
    # 获得图片的高度和宽度，并将其转成 Float 类型
    shape = tf.cast(tf.shape(img)[:-1], tf.float32)
    # 最长的边的长度
    long_dim = max(shape)
    # 图像缩放，把图片最长的边变成 max_dim
    scale = max_dim / long_dim
    new_shape = tf.cast(shape * scale, tf.int32)
    # resize 图片大小
    img = tf.image.resize(img, new_shape)
```

```python
    # 增加 1 个维度,变成 4 维数据
    img = img[tf.newaxis, :]
    return img

# 用于显示图片
def imshow(image, title=None):
    # 如图是 4 维度数据
    if len(image.shape) > 3:
        # 去掉 size 为 1 的维度,如(1,300,300,3)->(300,300,3)
        image = tf.squeeze(image)
    # 显示图片
    plt.imshow(image)
    if title:
        # 设置图片的 title
        plt.title(title)
    plt.axis('off')
    plt.show()

# 载入内容图片
content_image = load_img(content_path)
# 载入风格图片
style_image = load_img(style_path)
# 显示内容图片
imshow(content_image, 'Content Image')
# 显示风格图片
imshow(style_image, 'Style Image')
```

结果输出如下:

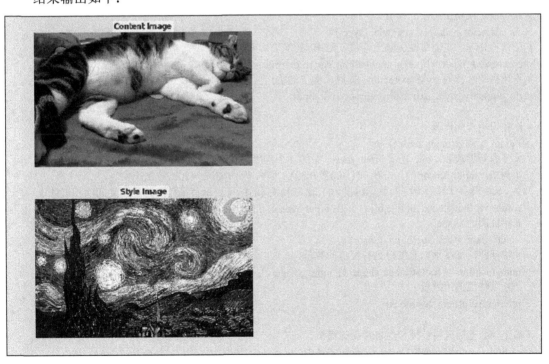

代码 18-1：图像风格转换（片段 2）

```python
# 用于计算 Content Loss
# 这里只取了一层的输出进行对比，取多层输出效果变化不大
content_layers = ['block5_conv2']

# 用于计算风格的卷积层
style_layers = ['block1_conv1',
                'block2_conv1',
                'block3_conv1',
                'block4_conv1',
                'block5_conv1']

# 计算层数
num_content_layers = len(content_layers)
num_style_layers = len(style_layers)
# 创建一个新模型，输入与 VGG16 一样，输出为指定层的输出
def vgg_layers(layer_names):
    # 载入 VGG16 的卷积层部分
    vgg = tf.keras.applications.VGG16(include_top=False, weights='imagenet')
    # VGG16 的模型参数不参与训练
    vgg.trainable = False
    # 获取指定层的输出值
    outputs = [vgg.get_layer(name).output for name in layer_names]
    # 定义一个新的模型，输入与 VGG16 一样，输出为指定层的输出
    model = tf.keras.Model([vgg.input], outputs)
    # 返回模型
    return model
# 获得输出风格层特征的模型
style_extractor = vgg_layers(style_layers)
# 图像预处理，主要是减去颜色均值，RGB 转 BGR
preprocessed_input = tf.keras.applications.vgg16.preprocess_input(style_image*255)
# 将风格图片传入 style_extractor，提取风格层的输出
style_outputs = style_extractor(preprocessed_input)

# 格拉姆矩阵的计算
def gram_matrix(input_tensor):
    # 爱因斯坦求和，bijc 表示 input_tensor 中的 4 个维度，bijd 表示 input_tensor 中的 4 个维度
    # 例如，input_tensor 的 shape 为(1,300,200,32)，那么 b=1,i=300,j=200,c=32,d=32
    # ->bcd 表示计算后得到的数据维度为(1,32,32),得到的结果表示特征图与特征图之间的相关性
    result = tf.linalg.einsum('bijc,bijd->bcd', input_tensor, input_tensor)
    # 特征图的 shape
    input_shape = tf.shape(input_tensor)
    # 特征图的高度乘以宽度得到特征值的数量
    num_locations = tf.cast(input_shape[1]*input_shape[2], tf.float32)
    # 除以特征值的数量
    return result/(num_locations)

# 构建一个返回风格特征和内容特征的模型
class StyleContentModel(tf.keras.models.Model):
    def __init__(self, style_layers, content_layers):
        super(StyleContentModel, self).__init__()
```

```python
    # 获得输出风格层和内容层特征的模型
    self.vgg = vgg_layers(style_layers + content_layers)
    # 用于计算风格的卷积层
    self.style_layers = style_layers
    # 用于计算 Content Loss 的卷积层
    self.content_layers = content_layers
    # 风格层的数量
    self.num_style_layers = len(style_layers)

  def call(self, inputs):
    # 图像预处理,主要是减去颜色均值,RGB 转 BGR
    preprocessed_input = tf.keras.applications.vgg16.preprocess_input(inputs*255.0)
    # 图片传入模型,提取风格层和内容层的输出
    outputs = self.vgg(preprocessed_input)
    # 获得风格特征输出和内容特征输出
    style_outputs, content_outputs = (outputs[:self.num_style_layers],
                                      outputs[self.num_style_layers:])
    # 计算风格特征的格拉姆矩阵
    style_outputs = [gram_matrix(style_output) for style_output in style_outputs]
    # 把风格特征的格拉姆矩阵分别存入字典
    style_dict = {style_name:value for style_name, value in zip(self.style_layers, style_outputs)}
    # 把内容特征存入字典
    content_dict = {content_name:value for content_name, value in zip(self.content_layers, content_outputs)}
    # 返回结果
    return {'content':content_dict, 'style':style_dict}

# 构建一个返回风格特征和内容特征的模型
extractor = StyleContentModel(style_layers, content_layers)
# 计算得到风格图片的风格特征
style_targets = extractor(style_image)['style']
# 计算得到内容图片的内容特征
content_targets = extractor(content_image)['content']
# 初始化要训练的图片
image = tf.Variable(content_image)
# 定义优化器
opt = tf.optimizers.Adam(learning_rate=0.02, beta_1=0.99, epsilon=1e-1)
# 把数值范围限制在 0~1 之间
def clip_0_1(image):
    return tf.clip_by_value(image, clip_value_min=0.0, clip_value_max=1.0)

# 定义风格和内容 loss
def style_content_loss(outputs):
    # 模型输出的风格特征
    style_outputs = outputs['style']
    # 模型输出的内容特征
    content_outputs = outputs['content']
    # 计算风格 loss
    style_loss = tf.add_n([tf.reduce_mean((style_outputs[name]-style_targets[name])**2)
                    for name in style_outputs.keys()])
    style_loss *= style_weight / num_style_layers
    # 计算内容 loss
    content_loss = tf.add_n([tf.reduce_mean((content_outputs[name]-content_targets[name])**2)
```

```python
                    for name in content_outputs.keys()])
    content_loss *= content_weight / num_content_layers
    # 风格加内容 loss
    loss = style_loss + content_loss
    return loss

# 施加全变差正则，全变差正则化常用于图片去噪，可以使生成的图片更加平滑自然
def total_variation_loss(image):
    x_deltas = image[:,:,1:,:] - image[:,:,:-1,:]
    y_deltas = image[:,1:,:,:] - image[:,:-1,:,:]
    return tf.reduce_mean(x_deltas**2) + tf.reduce_mean(y_deltas**2)

# 我们可以用@tf.function 装饰器来将 Python 代码转成 Tensorflow 的图表示代码，用于加速代码运行速
# 度
@tf.function()
# 定义一个训练模型的函数
def train_step(image):
    # 固定写法，使用 tf.GradientTape()函数来计算梯度
    with tf.GradientTape() as tape:
        # 传入图片，获得风格特征和内容特征
        outputs = extractor(image)
        # 计算风格和内容 loss
        loss = style_content_loss(outputs)
        # 再加上全变差正则 loss
        loss += total_variation_weight*total_variation_loss(image)
    # 传入 Loss 和模型参数，计算权值调整
    grad = tape.gradient(loss, image)
    # 进行权值调整，这里要调整的权值就是 image 图像的像素值
    opt.apply_gradients([(grad, image)])
    # 把数值范围限制在 0～1 之间
        image.assign(clip_0_1(image))

# 训练 steps 次
for n in range(stpes):
    # 训练模型
    train_step(image)
    # 每训练 5 次打印一次图片
    if n%5==0:
        imshow(image.read_value(), "Train step: {}".format(n))
        # 保存图片
        if save_img==True:
            # 去掉一个维度
            s_image = tf.squeeze(image)
            # 把 array 变成 Image 对象
            s_image = Image.fromarray(np.uint8(s_image.numpy()*255))
            # 设置保存路径保存图片
            s_image.save('temp/'+'steps_'+str(n)+'.jpg')
```

结果输出如下：

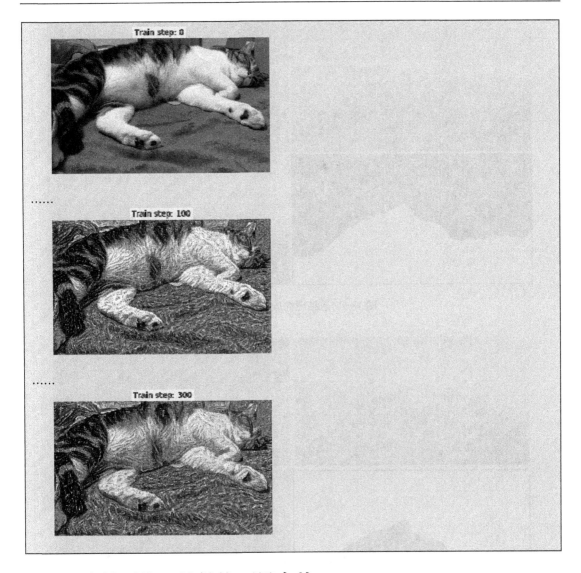

18.3 遮挡图像风格转换项目实战

我们可以自己制作图片中某些物体的遮挡（Mask），这样就可以在做风格转换的时候将图片中的某些部分进行了风格转换，而某些部分还是保持原有的样子，如图 18.5 和图 18.6 所示。

图 18.5 和图 18.6 中，左上角的图片内容图片，右上角为风格图片，左下角为遮挡图片，遮挡图片从内容图片中获得，需要自己手动制作。遮挡图片中的白色部分会进行图像风格转换，黑色部分保持不变。右下角为风格转换后的效果。

遮挡图像风格转换其实就是多了一个 Mask，其他部分跟之前的图像风格转换是一样的，所以下面只给出遮挡部分的代码，这部分代码放在图像风格转换的代码后面即可，如代码 18-2 所示。

图 18.5 遮挡图像风格转换（1）

图 18.6 遮挡图像风格转换（2）

代码 18-2：遮挡图像风格转换

```
...
# mask 图片的路径
mask_path = 'mask.jpg'
# 载入 mask 图片
def load_mask(mask_path, shape):
    # 读取文件
    mask = tf.io.read_file(mask_path)
    # 变成图片格式
    mask = tf.image.decode_image(mask, channels=1)
    mask = tf.image.convert_image_dtype(mask, tf.float32)
    # 获得生成图片的宽度和高度
```

```python
    _, width, height, _ = shape
    # 把 mask 图片 shape 变得跟生成图片一样
    mask = tf.image.resize(mask, (width, height))
    return mask

# 把 mask 应用到生成的图片中
def mask_content(content, generated, mask):
    # 生成图片的 shape
    width, height, channels = generated.shape
    # 把内容图片变成 numpy 格式
    content = content.numpy()
    # 把生成图片变成 numpy 格式
    generated = generated.numpy()
    # mask 图片的黑色部分,把内容图片的像素值填充到生成图片中
    for i in range(width):
        for j in range(height):
            if mask[i, j] == 0.:
                generated[i, j, :] = content[i, j, :]
    return generated
# 载入 mask 图片
mask = load_mask(mask_path, image.shape)
# 3 维降 2 维
s_mask = tf.squeeze(mask)
# 4 维降 3 维
s_image = tf.squeeze(image)
# 4 维降 3 维
s_content_image = tf.squeeze(content_image)
# 把 mask 应用到生成的图片中
img = mask_content(s_content_image, s_image, s_mask)
# 显示图片
imshow(img)
```

18.4 参考文献

[1] Gatys L A, Ecker A S, Bethge M. A neural algorithm of artistic style[J]. arXiv preprint arXiv:1508.06576, 2015.

第 19 章　生成对抗网络

生成对抗网络（Generative Adversarial Network，GAN）是近几年深度学习领域一个非常热门的新的研究方向，其最早是由"深度学习三巨头"之一约书亚·本吉奥（Yoshua Bengio）的学生伊恩·古德菲勒（Ian Goodfellow）提出的，相关论文为"*Generative Adversarial Nets*"[1]。经过几年时间的发展，生成对抗网络已经从深度学习的一个新方向发展成为一个庞大的分支，是目前深度学习领域最有发展潜力的算法之一。本书的内容主要还是以入门为主，所以本章主要还是介绍关于生成对抗网络的基础知识和基本应用。

19.1　生成对抗网络的应用

GAN 的应用非常多，下面列举了部分 GAN 的常见应用。

1. 图像生成

你能猜出图 19.1 中这些人脸的共同点吗？

图 19.1　人脸图片[2]

图 19.1 中的人都不是真人，它们都是由 GAN 产生的假图片。GAN 最擅长做的事就是生成假图片，不只可以生成假的人脸，理论上什么类型的图片它都可以生成。

2. 向量空间运算

如图 19.2 所示，我们可以看到戴眼镜的男人减去没有戴眼镜的男人加上没有戴眼镜的女人可以得到戴眼镜的女人。

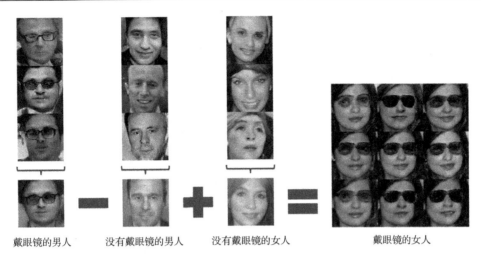

图 19.2 向量空间运算[3]

3. 图像转换

如图 19.4 所示,通过简笔画可以转换为真实的物体图像。

图 19.3 图像转换[4]

4. 图像风格转换

如图 19.4 所示,最左边的一张图片可以转换为右边的 4 种不同的图像风格。

5. 文字转图像

如图 19.5 所示,给模型传入一段文字,输出的结果为一张图片。

6. 图像渐变

如图 19.6 所示,一张图片逐渐变化成另一张图片。

图 19.4 图像风格转换[5]

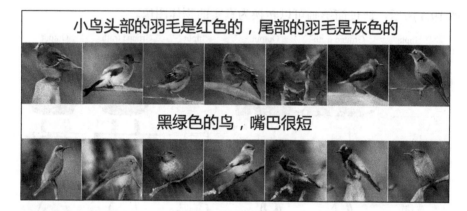

图 19.5 文字转图像[6]

图 19.6 图像渐变[7]

7. 超分辨率

如图 19.7 所示，提升图像的分辨率。

图 19.7　超分辨率[8]

19.2　DCGAN 介绍

1. DCGAN 原理

下面我们主要以 DCGAN（Deep Convolution GAN）为例，给大家介绍 DCGAN 的设计思路和程序实现，最早提出 DCGAN 的论文是 "*Unsupervised Representation Learning with Deep Convolutional Generative Adversarial Networks*" [3]。

生成对抗网络的核心思想是同时训练两个相互协作、相互竞争的深度神经网络，一个称为生成器（Generator），另一个称为判别器（Discriminator）。生成器用来生成假图片，而判别器用来判断图片的真假。

2. 转置卷积介绍

生成器网络中使用到了**转置卷积（Transposed Convolution）**，所以这里我们先来了解一下转置卷积。普通的卷积操作是一种**下采样（Subsampled）**操作，其会使得图像的分辨率从大变小，而转置卷积是一种**上采样（Upsampling）**操作，其会使得图像的分辨率从小变大。

下面举两个例子给大家说明。

例如，我们使用 3×3 的卷积核对 4×4 的图像进行卷积计算，步长为 1，Valid Padding，卷积计算后可以得到 2×2 的特征图，如图 19.8 所示。

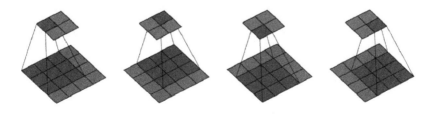

图 19.8　普通卷积（1）

当我们使用同样的条件：3×3 的卷积核，步长为 1，Valid Padding 对 2×2 的图像进行转置卷积就可以得到 4×4 的特征图，如图 19.9 所示。

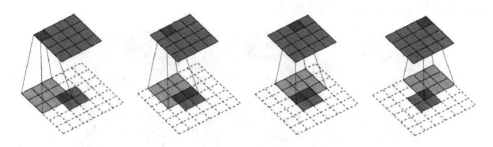

图 19.9　转置卷积（1）

例如，我们使用 3×3 的卷积核对 5×5 的图像进行卷积计算，步长为 2，Valid Padding，卷积计算后可以得到 2×2 的特征图，如图 19.10 所示。

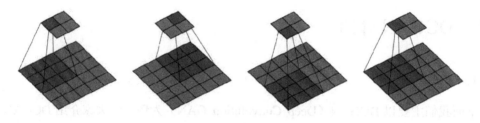

图 19.10　普通卷积（2）

当我们使用同样的条件：3×3 的卷积核，步长为 2，Valid Padding 对 2×2 的图像进行转置卷积就可以得到 5×5 的特征图，如图 19.11 所示。

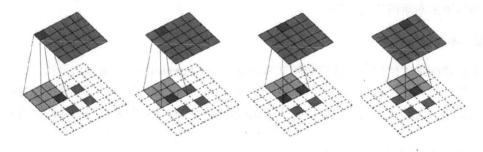

图 19.11　转置卷积（2）

大家应该能从这里找到些规律了，同样的条件下，对得到的特征图进行转置卷积可以得到原始图像的大小。但要注意，其只是恢复图像的大小，图像的数值不一定会恢复。因为转置卷积的本质还是卷积，转置卷积中的卷积计算跟普通卷积一致，卷积核的具体数值也是需要通过模型训练得到的。

3. DCGAN 模型结构

下面我们以 MNIST 数据生成为例来介绍 DCGAN 的模型结构。DCGAN 由两部分模型组成，即生成器和判别器，如图 19.12 所示。

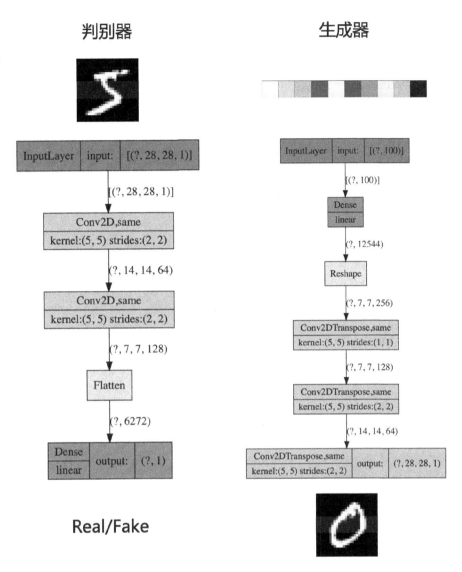

图 19.12 DCGAN

判别器的作用是判断一张图片是真还是假，属于二分类问题，所以模型的最后输出只需要 1 个神经元。而生成器的作用是生成假图片，生成器的输入是一个 100 维的随机数，其实也不一定是 100 维，任意维度也可以。把随机数加上全连接层再 Reshape 就可以变成 4 维图像数据。然后再进行几次转置卷积，使得图像的大小不断变大，最后输出 28×28 的图片。

我们把 MNIST 数据集中的原始数据看作真图片，然后把生成器生成的图片看作假图片。将真图片和假图片都传给判别器进行学习，提升判别器的判断能力，同时利用判别器来提升生成器的造假能力。

19.3 手写数字图像生成

实现手写数字图像生成的代码如代码 19-1 所示。

代码 19-1：手写数字图像生成（片段 1）

```python
from tensorflow.keras.layers import Dense,BatchNormalization,LeakyReLU,Conv2DTranspose,Reshape,Conv2D,Dropout,Flatten
import tensorflow as tf
import matplotlib.pyplot as plt
import numpy as np
import os
# Dataset 中的buffer
buffer_size = 60000
# 批次大小
batch_size = 256
# 训练周期
epochs = 51
# 100 维的随机噪声
noise_dim = 100
# 载入 MNNIST 数据，只需要训练集的图片就可以
(train_images, train_labels), (_, _) = tf.keras.datasets.mnist.load_data()
# reshape 为 4 维数据
train_images = train_images.reshape(-1, 28, 28, 1).astype('float32')
# 将图片归一化到 [0, 1] 区间内
train_images = train_images/ 255.0
# 定义 Dataset，用于生成打乱后的批次数据
train_dataset = tf.data.Dataset.from_tensor_slices(train_images).shuffle(buffer_size).batch(batch_size)

# 定义生成器
def generator_model():
    # 顺序模型
    model = tf.keras.Sequential()
    # 传入噪声数据，然后与 7×7×256 个神经元进行全连接
    # 7×7×256 主要是为了后面可以 Reshape 变成(7, 7, 256)
    model.add(Dense(7*7*256, input_shape=(noise_dim,)))
    model.add(BatchNormalization())
    model.add(LeakyReLU())
    # 变成 4 维图像数据(-1,7,7,256)
    model.add(Reshape((7, 7, 256)))
    # 转置卷积，图像 shape 变成(-1,7,7,128)
    model.add(Conv2DTranspose(128, (5, 5), strides=(1, 1), padding='same'))
    model.add(BatchNormalization())
    model.add(LeakyReLU())
    # 转置卷积，图像 shape 变成(-1,14,14,64)
    model.add(Conv2DTranspose(64, (5, 5), strides=(2, 2), padding='same'))
    model.add(BatchNormalization())
    model.add(LeakyReLU())
    # 转置卷积，图像 shape 变成(-1,28,28,1)
    # 使用 sigmoid 激活函数，主要是因为我们把 MNIST 数据图片归一化为[0,1]之间了，生成的假图片
    # 要跟真实图片数据匹配
    model.add(Conv2DTranspose(1, (5, 5), strides=(2, 2), padding='same', activation='sigmoid'))
    return model

# 定义判别器
def discriminator_model():
    # 顺序模型
    model = tf.keras.Sequential()
    # 传入一张图片数据进行卷积，卷积后图像 shape 为(1,14,14,64)
```

```
    model.add(Conv2D(64, (5, 5), strides=(2, 2), padding='same', input_shape=[28, 28, 1]))
    model.add(LeakyReLU())
    model.add(Dropout(0.3))
    # 卷积后图像 shape 为(1,7,7,128)
    model.add(Conv2D(128, (5, 5), strides=(2, 2), padding='same'))
    model.add(LeakyReLU())
    model.add(Dropout(0.3))
    model.add(Flatten())
    # 最后输出一个值，激活函数为 sigmoid 函数，用于判断图片的真假
    model.add(Dense(1, activation='sigmoid'))
    return model

# 创建生成器模型
generator = generator_model()
# 创建判别器模型
discriminator = discriminator_model()
# 生成随机数
noise = tf.random.normal([1, noise_dim])
# 传入生成器生成一张图片
generated_image = generator(noise, training=False)
# 显示出图片，刚开始模型还没有训练，所以生成的图片会得到噪声图片
plt.imshow(generated_image[0, :, :, 0], cmap='gray')
plt.show()
```

结果输出如下：

代码 19-1：手写数字图像生成（片段 2）

```
# 定义 2 分类交叉熵代价函数
cross_entropy = tf.keras.losses.BinaryCrossentropy()

# 判别器 loss，传入对真实图片的判断结果，以及对假图片的判断结果
def discriminator_loss(real_output, fake_output):
    # tf.ones_like(real_output)表示对真实图片的判断结果应该全为 1
    real_loss = cross_entropy(tf.ones_like(real_output), real_output)
    # tf.zeros_like(fake_output)表示对假图片的判断结果应该全为 0
    fake_loss = cross_entropy(tf.zeros_like(fake_output), fake_output)
    # 求总 loss，再返回
    total_loss = real_loss + fake_loss
    return total_loss

# 生成器 loss，传入判别器对假图片的判断结果
def generator_loss(fake_output):
    # 对于生成器来说，生成器希望判别器对假图片的判断结果都是 1
```

```python
        # 所以标签设定为 tf.ones_like(fake_output)，全为 1
        # 生成器模型在训练的过程中会不断优化自身参数，使得模型生成逼真的假图片
        return cross_entropy(tf.ones_like(fake_output), fake_output)
# 由于我们需要分别训练两个网络，所以判别器和生成器的优化器是不同的
generator_optimizer = tf.keras.optimizers.Adam(3e-4)
discriminator_optimizer = tf.keras.optimizers.Adam(1e-4)
# 把生成器模型和判别器模型，以及对应的优化器存入 checkpoint
checkpoint = tf.train.Checkpoint(generator_optimizer=generator_optimizer,
                 discriminator_optimizer=discriminator_optimizer,
                 generator=generator,
                 discriminator=discriminator)
# 用于管理模型
# checkpoint 为需要保存的内容
# 'checkpoint_dir'为模型保存位置
# max_to_keep 设置最多保留几个模型
manager = tf.train.CheckpointManager(checkpoint, 'checkpoint_dir', max_to_keep=3)

# 我们将重复使用该随机数，这个随机数用于在训练过程中生成、显示和保存图片
seed = tf.random.normal([16, noise_dim])

# 我们可以用@tf.function 装饰器来将 Python 代码转成 Tensorflow 的图表示代码，用于加速代码运行速
# 度
@tf.function
# 定义模型的训练
def train_step(images):
    # 生成一个批次的随机数，该随机数用于模型训练
    noise = tf.random.normal([batch_size, noise_dim])
    # 固定写法，使用 tf.GradientTape()来计算梯度
    with tf.GradientTape() as gen_tape, tf.GradientTape() as disc_tape:
        # 产生一个批次的假图片
        generated_images = generator(noise, training=True)
        # 将真图片传入判别器中，得到预测结果
        real_output = discriminator(images, training=True)
        # 将假图片传入判别器中，得到预测结果
        fake_output = discriminator(generated_images, training=True)
        # 计算生成器 loss
        gen_loss = generator_loss(fake_output)
        # 计算判别器 loss
        disc_loss = discriminator_loss(real_output, fake_output)
    # 传入 loss 和模型参数，计算生成器的权值调整
    gradients_of_generator = gen_tape.gradient(gen_loss, generator.trainable_variables)
    # 传入 loss 和模型参数，计算判别器的权值调整
    gradients_of_discriminator = disc_tape.gradient(disc_loss, discriminator.trainable_variables)
    # 生成器的权值调整
    generator_optimizer.apply_gradients(zip(gradients_of_generator, generator.trainable_variables))
    # 判别器的权值调整
    discriminator_optimizer.apply_gradients(zip(gradients_of_discriminator, discriminator.trainable_variables))

# 生成图片，保存并显示它
def generate_and_save_images(model, epoch, test_input):
    # 注意，training 设定为 False，所有层都在预测模式下运行
    predictions = model(test_input, training=False)
```

```
    # 画 16 张子图
    for i in range(16):
        plt.subplot(4, 4, i+1)
        # 显示图片
        plt.imshow(predictions[i, :, :, 0], cmap='gray')
        # 不显示刻度
        plt.axis('off')
    # 保存图片
    plt.savefig('image_at_epoch_{:04d}.png'.format(epoch))
    # 显示图片
    plt.show()
# 训练模型
def train(dataset, epochs):
    # 训练 epochs 周期
    for epoch in range(epochs):
        # 将每次获得的一个批次的真实图片传入 train_step 函数进行训练
        for image_batch in dataset:
            train_step(image_batch)
        # 显示和保存图片
        generate_and_save_images(generator, epoch, seed)
        # 每 5 个 epoch 保存一次模型
        if epoch % 5 == 0:
            # 保存模型
            # checkpoint_number 设置模型编号
            manager.save(checkpoint_number=epoch)

# 模型训练
train(train_dataset, epochs)
```

结果输出如下：

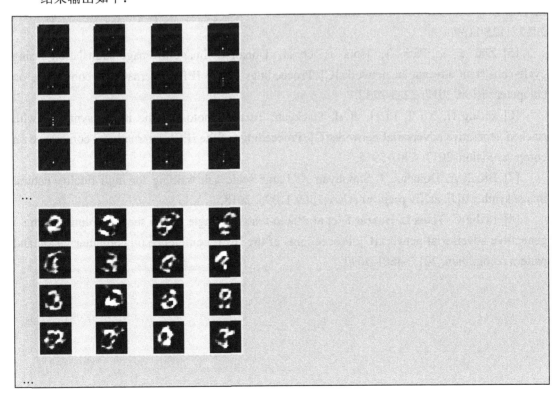

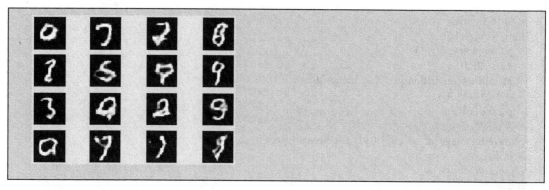

最后训练得到的图片已经比较接近真实的 MNIST 数据集的图片了，有些假图片看起来就跟真的一样。

19.4 参考文献

[1] Goodfellow I, Pouget-Abadie J, Mirza M, et al. Generative adversarial nets[C]//Advances in neural information processing systems. 2014: 2672-2680.

[2] Karras T, Laine S, Aila T. A style-based generator architecture for generative adversarial networks[C]//Proceedings of the IEEE conference on computer vision and pattern recognition. 2019: 4401-4410.

[3] Radford A, Metz L, Chintala S. Unsupervised Representation Learning with Deep Convolutional Generative Adversarial Networks [J]. arXiv preprint arXiv:1511.06434, 2015.

[4] Isola P, Zhu J Y, Zhou T, et al. Image-to-image translation with conditional adversarial networks[C]//Proceedings of the IEEE conference on computer vision and pattern recognition. 2017: 1125-1134.

[5] Zhu J Y, Park T, Isola P, et al. Unpaired image-to-image translation using cycle-consistent adversarial networks[C]//Proceedings of the IEEE international conference on computer vision. 2017: 2223-2232.

[6] Zhang H, Xu T, Li H, et al. Stackgan: Text to photo-realistic image synthesis with stacked generative adversarial networks[C]//Proceedings of the IEEE international conference on computer vision. 2017: 5907-5915.

[7] Brock A, Donahue J, Simonyan K. Large scale gan training for high fidelity natural image synthesis[J]. arXiv preprint arXiv:1809.11096, 2018.

[8] Ledig C, Theis L, Huszár F, et al. Photo-realistic single image super-resolution using a generative adversarial network[C]//Proceedings of the IEEE conference on computer vision and pattern recognition. 2017: 4681-4690.

第 20 章　模型部署

本章我们来了解一下模型部署。深度学习的模型训练好以后要在工程中应用，需要将其部署到服务器中，其实就是我们需要运行一个用于数据预测的后台服务程序，该后台服务程序中运行着我们训练好的模型，然后等待其他客户端程序把数据传给用于数据预测的后台服务程序。后台服务程序把接收到的数据传给模型进行预测，然后再把模型的预测结果返回给客户端程序，如图 20.1 所示。

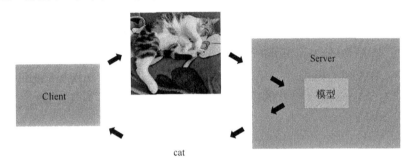

图 20.1　模型部署示例

可以自行编写后台的服务程序，也可以使用谷歌官方提供的模型部署工具 Tensorflow Serving。推荐在 Docker 中搭建 Tensorflow Serving。

20.1　Tensorflow Serving 环境部署

Tensorflow Serving 是一个用于为机器学习模型提供灵活高性能服务的系统，其专为生产环境设计。通过使用 Tensorflow Serving，我们可以很容易地部署新的模型到生产环境中。

虽然 Tensorflow Serving 有多种安装方式，但 Tensorflow 官方建议我们使用 Docker 来安装 Tensorflow Serving，所以将给大家介绍如何在 Docker 中搭建 Tensorflow Serving 的环境。Docker 是一种轻量级的虚拟化技术，和传统的虚拟机不同，Docker 的启动速度更快，性能更好，占用的内存和硬盘空间小，并且具有更好的迁移性，近几年得到了快速发展和大规模的应用。

1. 安装 Docker

首先我们需要安装 Docker。Docker 可以在 Linux、MacOS 和 Windows 环境下安装，软件下载的官网地址为 https://docs.docker.com/get-docker/。具体安装方式可以查看官网说明。

如果我们需要使用 GPU，则还需要安装 NVIDIA 的 Docker 工具 nvidia-docker，安装方式可以查看 https://github.com/NVIDIA/nvidia-docker#quick-start。不过，nvidia-docker 目前只支持 Linux 的系统。

2. 拉取 Tensorflow Serving 镜像

安装并运行 Docker 以后，在命令提示符中执行：

```
docker pull tensorflow/serving
```

默认下载最新版本的 Tensorflow Serving 镜像。如果是下载最新版本的 GPU 版本的镜像，可以执行：

```
docker pull tensorflow/serving:latest-gpu
```

20.2 运行客户端和服务器程序

20.2.1 准备 SavedModel 模型

本书第 7 章在介绍 Tensorflow 模型的保存和载入的时候，介绍过 SavedModel 是 Tensorflow 中一种模型的格式，它的优点是与语言无关。在 Tensorflow Serving 中所使用的模型要求必须为 SavedModel 格式的模型。下面作为演示，我们可以先生成一个 SavedModel 模型，如代码 20-1 所示。

代码 20-1：生成 SavedModel 模型

```python
import tensorflow as tf
from tensorflow.keras.optimizers import SGD

# 载入数据集
mnist = tf.keras.datasets.mnist
# 载入数据，载入数据的时候就已经划分好训练集和测试集
(x_train, y_train), (x_test, y_test) = mnist.load_data()
# 对训练集和测试集的数据进行归一化处理有助于提升模型的训练速度
x_train, x_test = x_train / 255.0, x_test / 255.0
# 把训练集和测试集的标签转为独热编码
y_train = tf.keras.utils.to_categorical(y_train,num_classes=10)
y_test = tf.keras.utils.to_categorical(y_test,num_classes=10)

# 定义模型
model = tf.keras.models.Sequential([
  tf.keras.layers.Flatten(input_shape=(28, 28), name='image'),
  tf.keras.layers.Dense(10, activation='softmax', name='output')
])

# 定义优化器和代价函数
sgd = SGD(0.2)
model.compile(optimizer=sgd,
        loss='mse',
        metrics=['accuracy'])

# 传入训练集数据和标签训练模型
model.fit(x_train, y_train, epochs=3, batch_size=32, validation_data=(x_test,y_test))
# 保存模型为 SavedModel 格式
```

```
#1 在这里用于表示模型的版本号
model.save('my_model/1')
```

结果输出如下：

```
Train on 60000 samples, validate on 10000 samples
Epoch 1/3
60000/60000 [==============================] - 2s 32us/sample - loss: 0.0368 - accuracy: 0.7843 - val_loss: 0.0212 - val_accuracy: 0.8808
Epoch 2/3
60000/60000 [==============================] - 2s 33us/sample - loss: 0.0202 - accuracy: 0.8820 - val_loss: 0.0175 - val_accuracy: 0.8964
Epoch 3/3
60000/60000 [==============================] - 2s 30us/sample - loss: 0.0177 - accuracy: 0.8937 - val_loss: 0.0160 - val_accuracy: 0.9040
```

我们训练了一个 MNIST 图像识别模型，首先设置模型的输入和输出名称分别为"image"和"output"（后面会用到），然后把模型保存到"my_model/1"文件夹中，其中这里的"1"表示模型的版本号。

20.2.2　启动 Tensorflow Serving 服务器程序

接下来我们就可以启动 Tensorflow Serving 的服务器程序了，即我们需要运行一个后台程序，在这个后台程序中载入 SavedModel 模型，等待客户端程序传输数据。Tensorflow Serving 支持 gRPC 和 REST API 两种请求方式。

我们需要在命令提示符中运行如图 20.2 所示的命令。

```
docker run \
-p {gRPC}:{gRPC} \
-p {REST API}:{REST API} \
--mount type=bind,\
source={SavedModel_Path},\
target=/models/{Model_Name} \
-e MODEL_NAME={Model_Name} \
-t tensorflow/serving \
```

图 20.2　启动服务器程序的命令

注意：这是一条比较长的命令，为了让大家看清楚，我把这条长命令分为了很多行。大家在命令行中运行的时候需要把"\"符号去掉，然后组成一条连续的长命令。大家需要注意什么地方有空格，什么地方没有空格，需要跟图中一致。例如，"run"、"-p"、"--mount"、"-e"、"-t"、"{gRPC}:{gRPC}"、"{Model_Name}"等的后面是有空格的；"type=bind,"和"{SavedModel_Path},"的后面是没有空格的。

"docker run"表示在 Docker 中运行；"{gRPC}"表示填入 gRPC 端口号，可以自定义；"{REST API}"表示填入 REST API 端口号，可以自定义；"Source={SavedModel_Path}"表示填入我们准备的 SavedModel 模型的路径，这里要填入 SavedModel 模型所在的绝对路径，不包括版本号；"target=/models/{Model_Name}"表示把 SavedModel 模型挂载到 Docker 中的/models/{Model_Name}文件夹中；"MODEL_NAME={Model_Name}"表示设置模型的名字，"{Model_Name}"表示模型的名字，可以自定义；"tensorflow/serving"表示运行

tensorflow/serving，如果要用 GPU，则可以改成"tensorflow/serving:latest-gpu"，当然前提是前面已经安装 nvidia-docker 并拉取了 tensorflow/serving:latest-gpu 镜像。

本书的 SavedModel 保存在$(pwd)/my_model/1 文件夹中，下面给大家看一下本书运行的一个完整命令（"$(pwd)"表示当前位置的绝对路径）：

docker run -p 8500:8500 -p 8501:8501 --mount type=bind,source=$(pwd)/my_model,target=/models/my_model -e MODEL_NAME=my_model -t tensorflow/serving

如果运行成功，则会看到如下输出信息：

```
2020-05-23 10:04:05.996573: I tensorflow_serving/model_servers/server.cc:86] Building single TensorFlow model file config:  model_name: my_model model_base_path: /models/my_model
2020-05-23 10:04:05.998649: I tensorflow_serving/model_servers/server_core.cc:462] Adding/updating models.
2020-05-23 10:04:05.998684: I tensorflow_serving/model_servers/server_core.cc:573]  (Re-)adding model: my_model
2020-05-23 10:04:06.126071: I tensorflow_serving/core/basic_manager.cc:739] Successfully reserved resources to load servable {name: my_model version: 1}
2020-05-23 10:04:06.126126: I tensorflow_serving/core/loader_harness.cc:66] Approving load for servable version {name: my_model version: 1}
2020-05-23 10:04:06.126144: I tensorflow_serving/core/loader_harness.cc:74] Loading servable version {name: my_model version: 1}
2020-05-23 10:04:06.126589: I external/org_tensorflow/tensorflow/cc/saved_model/reader.cc:31] Reading SavedModel from: /models/my_model/1
2020-05-23 10:04:06.133228: I external/org_tensorflow/tensorflow/cc/saved_model/reader.cc:54] Reading meta graph with tags { serve }
2020-05-23 10:04:06.133263: I external/org_tensorflow/tensorflow/cc/saved_model/loader.cc:264] Reading SavedModel debug info (if present) from: /models/my_model/1
2020-05-23 10:04:06.134544: I external/org_tensorflow/tensorflow/core/platform/cpu_feature_guard.cc:142] Your CPU supports instructions that this TensorFlow binary was not compiled to use: AVX2 FMA
2020-05-23 10:04:06.184545: I external/org_tensorflow/tensorflow/cc/saved_model/loader.cc:203] Restoring SavedModel bundle.
2020-05-23 10:04:06.241474: I external/org_tensorflow/tensorflow/cc/saved_model/loader.cc:152] Running initialization op on SavedModel bundle at path: /models/my_model/1
2020-05-23 10:04:06.245208: I external/org_tensorflow/tensorflow/cc/saved_model/loader.cc:333] SavedModel load for tags { serve }; Status: success: OK. Took 118607 microseconds.
2020-05-23 10:04:06.246544: I tensorflow_serving/servables/tensorflow/saved_model_warmup.cc:105] No warmup data file found at /models/my_model/1/assets.extra/tf_serving_warmup_requests
2020-05-23 10:04:06.258998: I tensorflow_serving/core/loader_harness.cc:87] Successfully loaded servable version {name: my_model version: 1}
2020-05-23 10:04:06.265112: I tensorflow_serving/model_servers/server.cc:358] Running gRPC ModelServer at 0.0.0.0:8500 ...
[warn] getaddrinfo: address family for nodename not supported
2020-05-23 10:04:06.272848: I tensorflow_serving/model_servers/server.cc:378] Exporting HTTP/REST API at:localhost:8501 ...
[evhttp_server.cc : 238] NET_LOG: Entering the event loop ...
```

大家如果看到类似信息，则说明 Tensorflow Serving 的服务程序已经在后台运行了。在打印的信息中我们可以看到"Running gRPC ModelServer at 0.0.0.0:8500"和"Exporting HTTP/REST API at:localhost:8501"，这两个信息需要在客户端程序中使用。

20.2.3 Tensorflow Serving 客户端 gRPC 程序

使用 gPRC 程序，我们需要先安装 tensorflow-serving-api，即打开命令提示符，输入命令：

```
pip install tensorflow-serving-api
```

然后我们还需要在命令行中使用"saved_model_cli"命令查看 SavedModel 模型的一些基本信息，即

```
saved_model_cli show --dir my_model/1 --all
```

这里的"my_model/1"为本书 SavedModel 模型的位置。运行该命令后，我们会看到很多输出信息，其中比较重要的部分如下：

```
signature_def['serving_default']:
  The given SavedModel SignatureDef contains the following input(s):
    inputs['image_input'] tensor_info:
        dtype: DT_FLOAT
        shape: (-1, 28, 28)
        name: serving_default_image_input:0
  The given SavedModel SignatureDef contains the following output(s):
    outputs['output'] tensor_info:
        dtype: DT_FLOAT
        shape: (-1, 10)
        name: StatefulPartitionedCall:0
  Method name is: tensorflow/serving/predict
```

这里我们可以看到模型的签名（signature）为"['serving_default']"，这是由于我们之前没有设置模型的签名，所以这里使用的是默认签名。模型的输入（inputs）为"['image_input']"，其实就是在笔者之前设置的模型输入名称"image"的基础上增加了"_input"。模型的输出（outputs）为"['output']"，跟之前设置的模型输出名称一样。实现客户端 gRPC 程序的代码如代码 20-2 所示。

代码 20-2：客户端 gRPC 程序（片段 1）

```python
from tensorflow_serving.apis import predict_pb2
from tensorflow_serving.apis import prediction_service_pb2_grpc
import grpc

# 向 TensorFlow Serving 服务请求预测结果
def request_server(img, server_url):
    # 为服务器创建一个通道
    channel = grpc.insecure_channel(server_url)
    # 在客户端中实现 stub，利用这个 stub 可以调用相应服务器中的服务
    stub = prediction_service_pb2_grpc.PredictionServiceStub(channel)
    # 定义请求
    request = predict_pb2.PredictRequest()
    # 设置模型的名称，需要跟启动 tf-serving 服务器时模型的名称一样
    request.model_spec.name = "my_model"
    # 模型签名，可以使用 saved_model_cli 命令查看
```

```
request.model_spec.signature_name = "serving_default"
# 模型的输入名称为"image_input"，之前保存模型的时候其设置为"image"，后面的"_input"是程序自
# 动加上的
# 设置要传输的数据 img，数据的格式为 tf.float32，数据的形状为 img.shape
request.inputs["image_input"].CopyFrom(tf.make_tensor_proto(img, dtype=tf.float32, shape=img.shape))
# 传输数据获得预测结果，最多等待 5s
response = stub.Predict(request, 5.0)
# "output" 为模型的输出名称，是之前保存模型的时候设置的，变成 array 后返回
return np.asarray(response.outputs["output"].float_val)

import tensorflow as tf
import matplotlib.pyplot as plt
import numpy as np

# 载入数据集
mnist = tf.keras.datasets.mnist
# 载入数据，载入数据的时候就已经划分好训练集和测试集了
(x_train, y_train), (x_test, y_test) = mnist.load_data()
# 对训练集和测试集的数据进行归一化处理
x_train, x_test = x_train / 255.0, x_test / 255.0
# x_test 中第 5 张图片的标签为 1
plt.imshow(x_test[5],cmap='gray')
# 显示图片
plt.show()
```

结果输出如下：

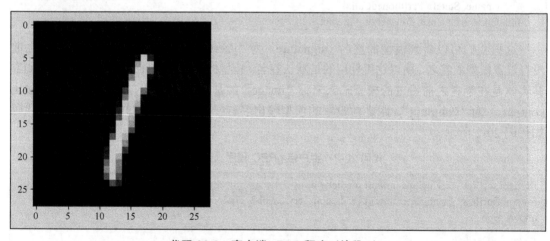

代码 20-2：客户端 gRPC 程序（片段 2）

```
# grpc 的地址及端口，启动 tf-serving 服务器程序的时候有看到过
server_url = '0.0.0.0:8500'
# 预测一个数据
pre = request_server(x_test[5], server_url)
print("预测结果为：",np.argmax(pre))
```

结果输出如下：

预测结果如下： 1

代码20-2：客户端 gRPC 程序（片段3）

```
# 预测一个批次的数据，比如一次性预测 16 个数据
num = 16
# 获得预测结果
pre = request_server(x_test[:num], server_url)
# reshape 变成 16 行 10 列
pre = pre.reshape((num,10))
print("预测结果为：",np.argmax(pre,axis=1))
print("真实标签为：",y_test[:num])
```

结果输出如下：

```
预测结果为： [7 2 1 0 4 1 4 9 6 9 0 6 9 0 1 5]
真实标签为： [7 2 1 0 4 1 4 9 5 9 0 6 9 0 1 5]
```

20.2.4 Tensorflow Serving 客户端 REST API 程序

Tensorflow Serving 还可以使用 REST API 请求，并且 REST API 看起来更简单一些。实现客户端 REST API 程序的代码如代码 20-3 所示。

代码20-3：客户端 REST API 程序

```
import tensorflow as tf
import matplotlib.pyplot as plt
import numpy as np

# 载入数据集
mnist = tf.keras.datasets.mnist
# 载入数据，载入数据的时候就已经划分好训练集和测试集了
(x_train, y_train), (x_test, y_test) = mnist.load_data()
# 对训练集和测试集的数据进行归一化处理
x_train, x_test = x_train / 255.0, x_test / 255.0

import json
import numpy
import requests
# 定义模型的签名，可以使用 saved_model_cli 命令查看
# 定义 instances，一次性传入 16 张图进行预测
data = json.dumps({"signature_name": "serving_default",
            "instances": x_test[0:16].tolist()})
# 定义 headers
headers = {"content-type": "application/json"}
# 定义 url，启动 tf-serving 服务器程序的时候有看到过
# /models/my_model 为模型挂载到 Docker 中的位置
url = 'http://localhost:8501/v1/models/my_model:predict'
# 传输数据进行预测，得到返回结果
json_response = requests.post(url, data=data, headers=headers)
# 对结果进行解析，然后变成 array
pre = numpy.array(json.loads(json_response.text)["predictions"])
print("预测结果为：",np.argmax(pre,axis=1))
print("真实标签为：",y_test[:16])
```

结果输出如下:

```
预测结果为: [7 2 1 0 4 1 4 9 6 9 0 6 9 0 1 5]
真实标签为: [7 2 1 0 4 1 4 9 5 9 0 6 9 0 1 5]
```

专业术语汇总

1. 前言

全注释代码：本书中所使用的代码风格，最大的特点是注释所有程序。

2. 第1章

深度学习（Deep Learning）：多层神经网络算法。20世纪60年代叫作感知器，20世纪80年代叫作神经网络，21世纪后改名为深度学习。

人工智能（Artificial Intelligence）：1956年在美国达特茅斯会上提出的一个抽象概念，它不是任何具体的机器或算法。任何类似于人的智能或高于人的智能的机器或算法都可以称为人工智能。

图灵测试（Turing Test）：具体解释见正文。

机器学习（Machine Learning）：人工智能是抽象的概念，那么就需要具体的算法让它落地，机器学习就是一大类具体智能算法的统称。机器学习不是一个算法，而是很多算法的统称。使用机器学习算法我们可以解决生活中如人脸识别、垃圾邮件分类和语音识别等具体问题。

训练集（Training Set）：可以用来训练，构建模型。

验证集（Validation Set）：模型训练阶段测试模型的效果。

测试集（Testing Set）：模型训练好之后最后再用于测试模型的效果。

K折交叉检验（K-fold Cross-Validation）：具体解释见正文。

监督学习（Supervised Learning）：具体解释见正文。

分类（Classification）：预测类别，并且类别是已知的，如图像识别和文本分类都是属于分类任务。

回归（Regression）：预测数值，可以是连续型的数值，如预测国家的人口增长和公司的销售业绩等。

标签（Label）：数据的标签。

非监督学习（Unsupervised Learning）：具体解释见正文。

聚类（Clustering）：把数据划分成不同的类别，并且类别是未知的，如某电商平台可以根据用户的行为数据把用户划分为不同的聚类。

半监督学习（Semi-Supervised Learning）：具体解释见正文。

强化学习（Reinforcement Learning）：具体解释见正文。

决策树（Decision Tree）：具体解释见正文。

线性回归（Linear Regreesion）：具体解释见正文。

KNN（K-Nearest Neighbor）：具体解释见正文。

欧氏距离（Euclidean Distance）：也叫欧几里得距离，欧几里得空间中两点间直线的距离，也就是我们日常生活中用得最多的距离计算方法。

K-Means：具体解释见正文。

神经网络（Neural Network）：具体解释见正文。

输入层（Input Layer）：神经网络信号输入的层。

隐藏层（Hidden Layers）：神经网络中间的网络层。

输出层（Output Layer）：神经网络信号输出的层。

神经元（Neuron）：神经网络中的基本结构，大量的神经元组成了神经网络。

权值（Weights）：神经网络中可以变化的参数，其训练就是训练网络的权值。

激活函数（Activation Function）：神经元进行完信号汇总以后会经过一个激活函数后再输出，激活函数的主要作用是给网络增加非线性。

朴素贝叶斯（Naive Bayes）：经典的机器学习算法，是基于贝叶斯定理与特征条件独立假设的分类方法。

支持向量机（Support Vector Machine）：简称 SVM，经典的机器学习算法，是一类按监督学习方式对数据进行二分类的广义线性分类器，其决策边界是对学习样本求解的最大边距超平面。

Adaboost：经典的机器学习算法，是一种迭代算法，其核心思想是针对同一个训练集训练不同的分类器（弱分类器），然后把这些弱分类器集合起来，构成一个更强的最终分类器（强分类器）。

弱人工智能（Weak AI）：具体解释见正文。

强人工智能（Strong AI）：具体解释见正文。

人工神经网络（Artificial Neural Networks）：简称 ANN，人工构建的神经网络算法。

控制论（Cybernetics）：被看作是一门研究机器、生命社会中控制和通信的一般规律的科学，是研究动态系统在变的环境条件下如何保持平衡状态或稳定状态的科学。

联结主义（Connectionism）：又称为仿生学派（Bionicsism）或生理学派（Physiologism），其原理主要为神经网络及神经网络间的连接机制与学习算法。

卷积神经网络（Convolutional Neural Network）：简称 CNN，一种包含卷积计算的多层网络结构，深度学习代表算法之一。在计算机视觉领域有着非常多的应用。

长短时记忆网络（Long Short Term Memory Network）：简称 LSTM，是一种时间循环神经网络，是为了解决一般的循环神经网络（RNN）存在的长期依赖问题而专门设计出来的。

深度残差网络（Deep Residual Network）：一种深度的卷积神经网络，其网络层数可以多达上百层，其中的残差结构是它的特色。

感知器（Perceptron）：早期的神经网络模型，只有输入层和输出层，只能用于线性问题的求解，不能解决非线性问题。

Hopfield 神经网络：一种递归神经网络，由约翰·霍普菲尔德在 1982 年发明，现在已经基本不用了。

玻尔兹曼机（Boltzmann Machine）：一种可通过输入数据集学习概率分布的随机生成神经网，现在已经基本不用了。

受限玻尔兹曼机（Restricted Boltzmann Machine）：对玻尔兹曼机的改良，现在已经基本不用了。

BP（Back Propagation）算法：多层感知器的误差反向传播算法，BP 神经网络也是整个神经网络体系中的精华，广泛应用于分类识别、逼近、回归、压缩等领域。该算法从 1986 年一直沿用至今，在实际应用中，包括深度学习在内的大部分神经网络都使用了 BP 算法。

BP 神经网络（Back Propagation Neural network）：主要指的是 20 世纪八九十年代使用 BP 算法的多层神经网络。

深度置信网络（Deep Belief Net：DBN）：多个受限玻尔兹曼机堆叠而成，深度学习灵感的开端。现在已经基本不用了。

NLP（Natural Language Processing）：自然语言处理。

GPU（Graphics Processing Unit）：图形处理器，可用于打游戏、图像渲染或高性能计算。

TPU（Tensor Processing Unit）：Tensor 处理器，专门用于机器学习计算。

3. 第3章

偏置值（Bias）：与输入信号无关的偏置信号。

sign(x)激活函数：神经网络中最早使用的激活函数，当 $x>0$ 时，输出值为 1；当 $x=0$ 时，输出值为 0,；当 $x<0$ 时，输出值为-1。

学习率（Learning Rate）：可以用来调节模型训练的速度快慢。

代价函数（Loss Function）：也称为目标函数或损失函数，通常用来定义模型的误差。

迭代周期（Epoch）：迭代周期。把所有训练集数据训练一次称为训练一个周期。

超参数（Hyperparameters）：机器学习或者深度学习中经常用到的一个概念，我们可以认为其是根据经验来人为设置的一些与模型相关的参数。

参数（Parameters）：一般指的是模型中需要训练的变量，如模型的权值和偏置值。

purelin 函数：线性函数，$y=x$。

4. 第4章

均方差（Mean-Square Error, MSE）：也称为二次代价函数，用来表示模型的误差，多用于回归问题。

二次代价函数：也就是均方差代价函数。

导数（Derivative）：具体解释见正文。

偏导数（Partial Derivative）：具体解释见正文。

方向导数（Directional Derivative）：具体解释见正文。

梯度（Gradient）：具体解释见正文。

梯度下降法（Gradient Descent）：神经网络常用的优化算法，用于最小化代价函数的值。

全局最小值（Global Minimum）：代价函数的最小值，只有一个。

局部极小值（Local Minimum）：代价函数的局部最小值，可能会有多个。

sigmoid 函数：也称为逻辑函数。20 世纪 80 年代，BP 神经网络中最开始使用的 S 形非线性激活函数。取值范围为 0～1，导数范围为 0～0.25。

tanh 函数：一种 S 形非线性激活函数，取值范围为-1～1，导数范围为 0～1。

softsign 函数：一种 S 形非线性激活函数，取值范围为-1～1，导数范围为 0～1。

ReLU 函数（The Rectified Linear Unit）：ReLU 的中文名称是校正线性单元，一种模拟生物神经元激活函数的新型非线性激活函数，广泛应用于深度学习中，可以用来抵抗梯度消失问题。

欠拟合（Under-Fitting）：模型的拟合程度不够，训练集和测试集都无法得到很好的结果。

过拟合（Over-Fitting）：模型对训练集的拟合程度过好，使得模型在训练集的预测结果比较好，在测试集的预测结果比较差。

梯度消失（Vanishing Gradient）：误差反向传播过程中学习信号越来越小的现象。

梯度爆炸（Exploding Gradient）：误差反向传播过程中学习信号越来越大的现象。

稀疏性（Sparsity）：神经网络的稀疏性指的是网络中神经元输出为 0 的数量，输出为 0 的神经元数量越多，网络越稀疏。

L1 正则化（L1 Regularization）：一种正则化手段，可以使得神经网络变得稀疏，所有网络权值都会趋近于 0，部分网络权值会变成 0。

Dropout：一种正则化手段，在神经网络训练过程中让网络变稀疏进行训练。

准确率（Accuracy）：机器学习常见的分类评估指标，具体含义查看书中介绍。

精确率（查准率，Precision）：机器学习常见的分类评估指标，具体含义查看书中介绍。

召回率（查全率，Recall）：机器学习常见的分类评估指标，具体含义查看书中介绍。

5. 第 6 章

交叉熵（Cross Entropy）：一种代价函数，用于表示模型的误差，主要用于分类任务。

对数似然（Log Likelihood）代价函数：一种代价函数，用于表示模型的误差，主要用于分类任务，与 softmax 函数搭配使用。

标签平滑（Label Smoothing）：也称为标签平滑正则化（Label-Smoothing Regularization），简称 LSR，是一种正则化方法。通过调节数据标签的数值来达到抵抗过拟合的效果。

数据增强（Data Augmentation）：是一种对现有数据进行处理并且生成更多训练数据的方法。

Early-Stopping：一种提前停止模型训练的策略。

L2 正则化（L2 Regularization）：一种正则化手段，会使所有网络权值都会趋近于 0，但是一般不会等于 0。

6. 第 8 章

CV（Computer Vision）：计算机视觉。

卷积窗口（Convolution Window）：进行卷积计算的一个窗口。

特征图（Feature Map）：卷积计算后得到的用于表示图像特征的图。

视觉感受野（Receptive field of vision）：视网膜上一定的区域或范围。

局部感受野（Local Receptive Field）：卷积网络中的局部感受野指的是后一层神经元只连接前一层的部分神经元。

权值共享（Weight Sharing）：同一卷积层中的同一个卷积窗口的权值是共享的。

卷积核（Convolution Kernel）：卷积窗口。

池化（**Pooling**）：卷积网络中常用的一种特征提取的计算。
最大池化（**MaxPooling**）：提取池化窗口中的最大值。
平均池化（**MeanPooling**）：提取池化窗口中的平均值。
随机池化（**Stochastic Pooling**）：随机提取池化窗口中的一个值。
Valid Padding：不会进行填充的一种 Padding。
Same Padding：可能会进行填充的一种 Padding。
滤波器（**Filter**）：由一个或多个不同的卷积核组成，一个滤波器可以产生一个特征图。

7．第9章

循环神经网络（**Recurrent Neural Network**）：简称 RNN，一种常用的深度学习算法，专门用来处理序列数据。

Simple Recurrent Networks（**SRN**）：早期的结构比较简单的循环神经网络。

SimpleRNN：早期的结构比较简单的循环神经网络。

Seq2Seq：Sequence to Sequence 模型，由编码器（Encoder）和解码器（Decoder）组成。可以用于机器翻译、聊天机器人、自动摘要、文章生成、语音识别等。

记忆块（**Memory Block**）：LSTM 网络中的核心结构。

遗忘门（**Forget Gate**）：LSTM 网络中用于控制信号遗忘的控制门。

输入门（**Input Gate**）：LSTM 网络中用于控制信号输入的控制门。

输出门（**Output Gate**）：LSTM 网络中用于控制信号输出的控制门。

记忆单元（**Cell**）：LSTM 网络中用于保存信号的单元。

Hidden State：LSTM 的 Memory Block 输出信号。

Cell State：LSTM 的 Memory Block 中间 Cell 位置的信号。

双向 RNN（**Bidirectional RNN**）：同时利用前向传递和反向传递的信号进行计算的 RNN。

8．第10章

迁移学习（**Transfer Learning**）：深度学习中的迁移学习指的是把训练好的模型经过少量修改和训练后即可用于新的类似的任务中。

模型融合（**Ensemble Model**）：把多个不同的模型组合起来进行训练或预测，有可能会得到更好的结果。

LRN（**Local Response Normalization**）：局部响应归一化。一种数据归一化计算，在 AlexNet 和 GoogleNet 中曾使用。

批量标准化（**Batch Normalization**）：深度学习中常用的一种网络标准化操作，可以使得网络输入的数据分布相对稳定，加速模型的训练。

退化问题（**Degradation Problem**）：网络模型层数越多、效果越差的现象。

残差块（**Residual Block**）：残差网络（ResNet）中的基本组成单元，用于解决退化问题。

9．第11章

分组卷积（**Group Convolution**）：将特征图分为不同的组，然后再对每组特征图分别进行卷积。

10. 第 12 章

微调（Finetune）：对预训练的模型参数进行微调。

11. 第 13 章-验证码识别项目

多任务学习（Multi-task Learning）：同时训练多个不同的任务。
CTC（Connectionist Temporal Classification）：用来解决输入序列和输出序列难以一一对应的问题，主要用于语音识别和 OCR(Optical Character Recognition)领域。
OCR（Optical Character Recognition）：光学字符识别。
贪心算法（Greedy Search）：对问题求解时，总是做出当前看来最好的选择，不一定能得到全局最优解。
集束搜索算法（Beam Search）：对问题求解时，做出当前看来最好的 N 个选择，不一定能得到全局最优解。当 N 等于 1 时就是贪心算法。

12. 第 14 章

语法规则（Grammar Rules）：语言使用的规则。
词性（Part of Speech）：词的词性，如名词、动词、形容词等。
构词法（Morphologie）：研究词形变化现象和规则的学问。
上下文无关文法（Context Independent Grammar）：跟上下文无关的文法规则。
上下文相关文法（Context Dependent Grammar）：跟上下文相关的文法规则。
语料库（Corpus）：大量文本的数据集。
二元模型（Bigram Model）：一个词的出现概率只与它前面的一个词相关。
N 元模型（N-Gram Model）：一个词的出现概率由前面 N-1 个词决定。
神经网络语言模型 NNLM（Neural Net Language Model）：最早基于神经网络训练出来的语言模型。
词向量（Word Embedding）：用一个向量来表达一个词包含的信息。
Word2vec：Word to Vector，将词转化为向量的一套训练方法。
连续词袋模型 CBOW（Continuous Bag-of-Words）：通过上下文词汇预测中间词汇。
Skip-Gram 模型：通过中间词汇预测上下文词汇。
层次 softmax（Hierarchical softmax）：对 softmax 进行优化的一种策略，可以加快模型训练速度。
负采样（Negative Sampling）：具体解释见正文。
上下文向量（Context Vector）：Seq2Seq 中用来表示 Encoder 中整个序列的信息。
WordPiece：为了减少词汇数量，把词拆分为一片一片。

13. 第 15 章

Layer Normmalization：与 Batch Normalization 类似的一种归一化计算。其是计算一个数据中所有特征维度的平均值和标准差，然后再对这个数据进行归一化计算。
分词向量（Token Embeddings）：词向量。

位置向量（Position Embeddings）：表示每个 Toker 的位置信息。

段落向量（Segment Embeddings）：用来标注哪几个 Toker 是第一句话，哪几个 Toker 是第二句话。

分词元素（Token）：分词的基本单位，可以是一个词汇或一个字符或其他自定义元素。

掩码语言模型（Masked Language Model）：简称 MLM，BERT 模型中使用的训练方法，简单的说就是完形填空。

MLM：掩码语言模型（Masked Language Model）。

预测下一个句子（Next Sentence Prediction）：简称 NSP，BERT 模型中使用的训练方法，意思就是预测下一个句子。

NSP：预测下一个句子（Next Sentence Prediction）。

GLUE（General Language Understanding Evaluation）：GLUE 是一个自然语言任务集合。

命名实体识别（Named Entity Recognition，NER）：判断一个句子中的单词是不是人名、机构名、地名，以及其他所有以名称为标识的实体。

14．第 16 章

维特比算法（Viterbi Algorithm）：应用最广泛的动态规划算法之一，主要应用在数字通信、语音识别、机器翻译、分词等领域，用于求解最优路径问题。

条件随机场（Conditional Random Field，CRF）：主要用于分词标注、词性标注、命名实体识别等序列标注任务的无向图模型。

带泄露修正线性单元 Leaky ReLU：ReLU 的变形，当输入为负数时也有输出值和梯度，并且其都不为 0。

指数线性单元（Exponential Linear Unit，ELU）：ReLU 的变形，当输入为负数时也有输出值和梯度，并且其都不为 0。

扩展指数线性单元（Scaled Exponential Linear Unit，SELU）：ReLU 的变形，可以使得神经网络每一层的激活值都会满足均值接近于 0、标准差接近于 1 的正态分布。

自归一化神经网络（Self-Normalizing Neural Networks）：简称为 SNN，表示使用了 SELU 激活函数的网络。

SNN：自归一化神经网络。

Alpha Dropout：Alpha Dropout 是一种保持信号均值和方差不变的 Dropout，该层的作用是即使在 Dropout 的时候也保持数据的自规范性。

高斯误差线性单元（Gaussian Error Linear Unit，GELU）：BERT 模型中使用的激活函数。

Swish：谷歌提出的一种较新的激活函数。

15．第 17 章

自动语言识别(Automatic Speech Recognition)：简称 ASR，将人的语音转换为文本的技术。

梅尔滤波器组（Mel Filter Banks）：模拟人耳听力特点设计出来的一组滤波器。

梅尔频率倒谱系数（Mel-Frequency Cepstral Coefficients）：简称 MFCC，梅尔频谱进

行离散余弦变换后得到的音频特征。

模拟信号（Analog Signal）：连续变化的物理量表示的信号。

数字信号（Digital Signal）：离散的数值信号。

采样频率（Sampling frequency）：采集信号的速率。

量化位数（Quantization Bits）：对模拟信号进行数字化时的精度。

傅里叶变换（Fourier Transform）：将时域（Time Domain）信号转换为频域（Frequency Domain）信号。

离散傅里叶变换（Discrete Fourier Transform）：简称 DFT，对离散的数值信号进行的傅里叶变换。

快速傅里叶变换（Fast Fourier Transform）：简称 FFT，FFT 是 DFT 的快速算法。

短时傅里叶变换（short-term Fourier transform）：简称 STFT，将信号加上滑动时间窗，并对每个时间窗口内的数据进行 FFT。

时域（Time Domain）信号：表示信号强弱与时间的关系。

频域（Frequency Domain）信号：表示信号强弱与频率的关系。

频谱图（Spectrum）：一段时间内信号频率与强弱的关系图，可以通过傅里叶变换得到。

声谱图（Spectrogram）：由一段时间内的多张频谱图组成。

梅尔频谱（Mel Spectrogram）：声谱图经过梅尔滤波器组后得到梅尔频谱。

共振峰（Formants）：语音的主要频率成分。

包络（Spectral Envelope）：将所有共振峰连接起来的平滑曲线。

包络细节（Spectral Details）：频谱曲线的高频信号。

倒谱（Cepstrum）：对频谱图再做一次傅里叶变换后得到。

伪频率（Pseudo-Frequency）：倒谱中的频率，并不是真正的音频信号的频率，它表示的是频谱图中波形的频率。

离散余弦变换（Discrete Fourier Transform）：简称 DCT，DCT 类似于 DFT，DCT 只使用实数。

16. 第 18 章

格拉姆矩阵（Gram Matrix）：计算图像特征图的 Gram 矩阵可以用于表示图像的风格，具体计算见正文。

17. 第 19 章

转置卷积（Transposed Convolution）：又名反卷积（Deconvolution）或是分数步长卷积（Fractially Straced Convolutions），是一种上采样操作，卷积后可以得到分辨率更大的图像。

下采样（Subsampled）：通过某些操作增加图像的分辨率。

上采样（Upsampling）：通过某些操作减小图片的分辨率。

结束语

  这本书的内容暂时到这里就结束了，但对于大家的人工智能之旅才刚刚开始。这本书的内容对大家来说只是一个起点，人工智能/深度学习领域还有更多、更深入、更有趣的技术与应用等待大家学习和发现。

  这本书对于我来说也只是一个新的起点，我之后还会不断更新和完善这本书的内容，大家可以到我的 Github 查看本书的最新进展。本书涉及的代码和资料也可以到我的 Github 查看下载地址。Github 地址为 https://github.com/Qinbf/Deep-Learning-Tensorflow2

  本书免费配套学习视频可以到我的 B 站主页查找。另外，我的 B 站中还有大量 Python、机器学习、深度学习、计算机视觉、论文讲解的学习视频：

https://space.bilibili.com/390756902

联系邮箱：

qinbf@ai-xlab.com